安装工人技术学习丛书

通 风 工

（第三版）

张学助 邵琦智 周翔宇 编著

中国建筑工业出版社

图书在版编目（CIP）数据

通风工/张学勋，邵琦智，周翔宇编著．—3版．—北京：中国建筑工业出版社，2011.11

安装工人技术学习丛书

ISBN 978-7-112-13438-0

Ⅰ．①通… Ⅱ．①张…②邵…③周… Ⅲ．①通风工程 Ⅳ．①TU834

中国版本图书馆CIP数据核字（2011）第153158号

安装工人技术学习丛书

通风工

（第三版）

张学勋 邵琦智 周翔宇 编著

*

中国建筑工业出版社出版、发行（北京西郊百万庄）

各地新华书店、建筑书店经销

霸州市顺浩图文科技发展有限公司

世界知识印刷厂印刷

*

开本：850×1168毫米 1/32 印张：11⅞ 字数：318千字

2011年10月第三版 2011年10月第七次印刷

定价：**29.00**元

ISBN 978-7-112-13438-0

（21203）

本书共由10章组成。第1章基本知识；第2章通风、空调工程常用的材料；第3章金属风管的加工工艺及机具设备；第4章金属通风管道及管件的加工制作；第5章通风、空调系统部件及消声器的加工制作；第6章风管和部件的安装；第7章非金属风管的制作和安装；第8章通风与空调设备的安装；第9章风管和设备的防腐与绝热；第10章通风、空调系统的调试。

本书内容简明实用，图文并茂，适于通风工学习使用。

*　　*　　*

责任编辑：刘　江　张　磊
责任设计：李志立
责任校对：张　颖　姜小莲

出版说明

20世纪70年代末，为满足广大安装工人工作和学习要求，我社出版了一套《安装工人技术学习丛书》。这套丛书基本上是按照安装工种编写的，分《管工》、《电焊工》、《气焊工》、《通风工》、《安装钳工》、《安装电工》、《电工试调》、《热工试调》、《空调试调》、《水暖维修工》、《设备起重工》、《筑炉工》12本，以当时的陕西省建筑工程局为主体，组织有关人员编写，给安装工人的学习和培训带来了巨大帮助，社会反响良好。该套丛书从出版到现在已经30多年，由于相关的技术和标准规范等已经发生了非常大的变化，已经不再适应现在的安装行业，因此我社重新组织相关人员进行了修订。

本套丛书从当前安装行业的实际情况出发，对原有的12本书进行整合，对丛书的分册办法进行重新的划分和规划，力求满足安装行业迫切需要提高工作技能，掌握工作技巧的广大安装工人的需求。

这套丛书以安装工人应知应会的内容为主体编写，着重介绍工作中需要掌握的实用操作技术，辅以必要的理论知识，对于工程质量标准和安全技术，做适当的叙述，各工种有关的新技术、新机具和新材料，也进行必要的介绍。

这套丛书可供具有初中以上文化程度的工人学习，也可作技工培训读物。

前　言

随着科学技术的发展和人民生活水平的提高，通风与空调技术在工业和民用建筑中得到广泛的普及和应用，在建筑工程中占有举足轻重的地位。近年来通风与空调技术得到了飞跃发展，推出了不少新设备、新材料、新工艺，为我国的节能减排填补了空白。

在工业建设、科学实验、国防建设及人民生活等各领域中，依照生产工艺的特殊性和生活的舒适性，对室内的空气条件提出了相应的要求，即：室内应保持一定的空气条件，使空气温度、相对湿度、空气的流动速度及空气的洁净度达到相应的要求。为保证环境不受污染和人们生活的更安全，对建筑物内的通风、除尘系统及消防的防排烟系统，也应达到相应的标准。

通风与空调工程的安装是一项综合性技术，涉及面较广，除通风与空调系统本身外，还涉及制冷系统、供热系统及自动调节等系统。就工程安装和系统的试运转、调试工作而言，应由通风工、管工、安装钳工、电工及调试人员等多工种配合来完成。为了使施工人员较全面掌握通风与空调工程安装基本技术和施工程序及工程施工质量的要求，本书共分10章，对其相关的内容简要进行介绍。

本书在编写过程中得到陕西四季春中央空调工程有限公司李建峰、郭维煦的大力支持和帮助，在此顺致谢意。

由于作者水平有限，书中难免有错误和不妥之处，敬请读者批评指正。

目　　录

1. 基本知识

1.1 通风、空调工程的分类

通风空调工程按不同的使用场合和生产工艺要求，大致可分为通风系统、防排烟系统．空调系统和空气洁净系统，它们最终所达到的目的各不相同。

1.1.1 通风系统

（1）通风系统按作用范围分类

1）全面通风：在整个房间内，全面地进行空气交换。

当有害物在很大范围内产生并扩散的房间，就需要全面通风，以排出有害气体或送入大量的新鲜空气，将有害气体浓度冲淡到允许浓度以内。

2）局部通风：将污浊空气或有害气体直接从产生的部位抽出，防止扩散到全室。或将新鲜空气送到某个局部地区，改善局部地区的环境条件。

当车间内某些设备产生大量危害人体健康的有害气体时，采用全面通风不能冲淡到允许浓度，或者采用全面通风很不经济时，也采用局部通风。

3）混合通风：是指用全面的送风和局部排风，或全面的排风和局部的送风混合起来的通风形式。

（2）通风系统按动力分类

1）自然通风：利用室外冷空气与室内热空气比重的不同，以及建筑物迎风面和背风面风压的不同而进行换气的通风方式，称为自然通风。

2）机械通风：机械通风是利用通风机所产生的风压（负压

或正压)，借助通风管网进行室内外空气交换的。

机械通风可以向房间的任何地方，供给适当数量新鲜的、用适当方法处理过的空气；也可以从房间任何地方以要求的速度排出一定数量的污浊空气。

(3) 通风系统按工艺要求分类

1) 送风系统：送风系统是用以向室内输送新鲜的、用适当方法处理过的空气。

2) 排风系统：排风系统是将室内产生的污浊、有害高温空气排到室外大气中，消除室内环境的污染，保证工作人员免受其害。对于排放到大气中的污浊空气，其有害物质的排放标准超过国家制定的排放标准时，不能直接排到大气中而污染环境，必须按污浊空气的化学性质经中和或吸收处理，使排放浓度低于排放标准后，再排到大气。表 1-1 所列的为“工业企业设计卫生标准”中的居住区大气中有害物质的最高允许浓度。

居住区大气中有害物质的最高允许浓度　　　表 1-1

编号	特质名称	最高允许浓度 /(mg/m³)		编号	特质名称	最高允许浓度 /(mg/m³)	
		一次	日平均			一次	日平均
1	一氧化碳	3.00	1.00	12	甲醛	0.05	
2	乙醛	0.01		13	汞		0.0003
3	二甲苯	0.30		14	吡啶	0.08	
4	二氧化硫	0.50	0.15	15	苯	2.40	0.80
5	二硫化碳	0.04		16	苯乙烯	0.01	
6	五氧化二磷	0.15	0.05	17	氨	0.20	
7	丙烯腈		0.05	18	氯	0.10	0.03
8	丙烯醛	0.01		19	氯化氢	0.05	0.015
9	丙酮	0.08		20	酚	0.02	
10	甲醇	3.00	1.00	21	硫酸	0.30	0.10
11	硫化氢	0.01		22	飘尘	0.50	0.15

3) 除尘系统：除尘系统是用吸尘罩将车间局部产生的污浊空气，通过风管、除尘器和风机，经风帽排到大气。除尘器是用来将车间内排出的空气中含有大量的灰尘进行收集，免得使排出

的空气污染周围环境，其排放浓度必须符合排放标准。

1.1.2 防排烟系统

（1）防排烟系统的一般要求

高层建筑的防烟设施可分为机械加压送风的防烟设施和可开启外窗的自然排烟设施等两种。高层建筑的排烟设施可分为机械排烟设施和可开启外窗的自然排烟设施等两种。

（2）自然排风

自然排烟是利用建筑物的外窗、阳台、凹廊或专用排烟口、竖井等将烟气排出或稀释烟气的浓度。在高层建筑中除建筑物高度超过50m的一类公共建筑和建筑高度超过100m的居住建筑外，靠外墙的防烟楼梯间及其前室，消防电梯间前室和合用前室，宜采用自然排烟方式。采用自然排烟的开窗面积应符合有关规定。

（3）机械防烟

机械防烟是采取机械加压送风方式，用以通过风机所产生的气体流动和压力差控制烟气的流动，要求烟气不侵入的地区并增加其压力。对防烟楼梯间及其前室、消防电梯前室和两者合用前室设置的防、排烟设施，为机械加压送风的防烟设施，达到疏散通道无烟的目的，从而保证人员疏散和扑救的需要。

（4）机械排烟

一类高层建筑和建筑高度超过32m的二类高层建筑的有关部位，应设置机械排烟设施。

1.1.3 空调系统

空气调节系统根据不同的使用要求，可分为恒温恒湿空调系统、舒适性空调系统和除湿性空调系统。空调系统根据空气处理设备设置的集中程度可分为三类：

（1）集中式空调系统

集中式空调系统是将处理空气的空调器集中安装在专用的机房内，空气加热、冷却、加湿和除湿用的冷源和热源，由专用的冷冻站和锅炉房供给。这类空调系统适用于大型空调系统。

（2）局部式空调系统

局部式空调系统处理空气用的冷源、空气加热加湿设备、风机和自动控制设备均组装在一个箱体内，空调箱多为定型产品。这类空调系统又称为机组系统，可直接安装在空调房间附近，就地对空气进行处理，可用于空调房间布局分散和小面积的空调工程。

（3）混合式空调系统

混合式空调系统是由集中式和局部式空调系统组成。常用的混合式空调系统有诱导式空调系统和风机盘管空调系统。前者常用于建筑空间不太富余且装饰要求较高的旧建筑、地下建筑、舰船、客机等场所。后者常用于新建的高层建筑和需要增设空调的小面积、多房间的旧建筑等。

1.1.4 空气洁净系统

随着科学技术和现代工业的发展，为保证部件加工的精密化、产品的微型化、高纯度及高可靠性，对生产环境不但要保证温湿度的要求，而且还要保证空气的洁净度，否则将空气中的微粒进入产品，会使产品出现障碍、短路、杂质源等缺陷。因此，空气洁净技术是发展现代工业不可忽视的新兴综合性技术。空气洁净系统根据洁净房间含尘浓度和生产工艺要求，按洁净室的气流流型可分为两类：

（1）非单向流洁净室

乱流洁净室的气流流型不规则，工作区气流不均匀，并有涡流。乱流洁净室只要求对室内空气起稀释作用，适用于5级（每升空气中≥0.5/μm 粒径的尘粒数平均值超过35粒）以下的空气洁净系统。非单向流洁净室的原理如图1-1所示。

（2）单向流洁净室

单向流洁净室又称为层流洁净室。根据气流流动方向又可分为垂直向下和水平平行两种。它的作用是利用活塞原理使干净的空气沿着房间四壁向前推压，把含尘浓度较高的空气挤压出室内，使洁净室的尘埃浓度保持在允许范围内。单向流洁净室适用

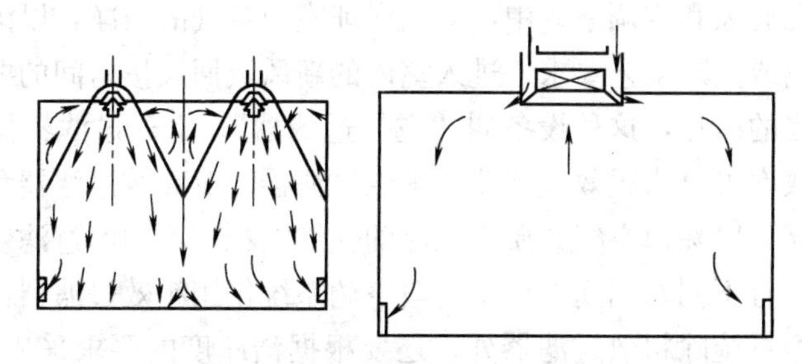

图 1-1　非单向流洁净室原理图

丁 5 级（每升空气中≥0.5μm 粒径数平均值不超过 35 粒）以上的洁净系统。单向流洁净室的原理如图 1-2 所示。

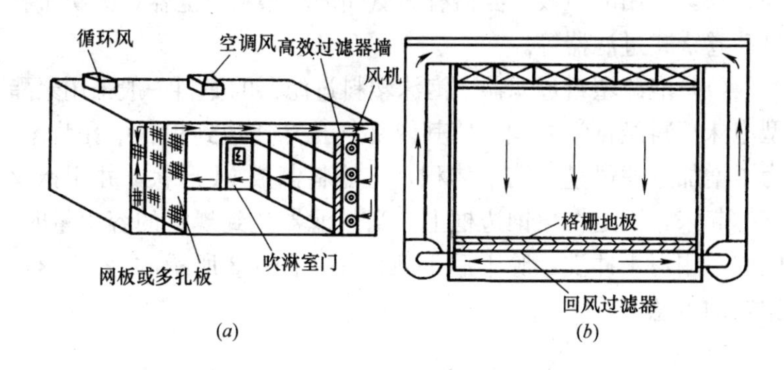

图 1-2　单向流洁净室原理图
(a) 水平式；(b) 垂直式

1.2　空气的处理

通风、空调工程中不管采用哪类系统，对室内输入的空气或由室内排出的空气，一般都需要不同程度的处理，按工艺的需要可对空气进行净化、加热、冷却、加湿、减湿、除尘及空气中有毒害物质中和处理等。

1.2.1 空气的净化

在通风和空调系统中，为了保证室内空气的洁净，以满足空调房间或生产工艺要求，进入室内的新风或回风按房间的要求进行适当的净化，这种设备叫“空气过滤器”。空气过滤器按其过滤的效率可分为粗效过滤器、中效过滤器、亚高效过滤器和高效过滤器，以除掉空气介质中悬浮的尘埃微粒，不同的过滤效率的过滤器有不同的用途。对于一般空调系统仅用粗效过滤器，而空气洁净系统除粗效过滤器外，还要根据洁净度的要求采用中效、亚高效和高效过滤器。

1. 粗效过滤器

粗效过滤器用来过滤新风中 10～100μm 的沉降性微粒和各种异物。常用的粗效过滤器有聚氨酯泡沫塑料过滤器、无纺布和自动卷绕式过滤器等。

（1）泡沫塑料过滤器　泡沫塑料过滤器的滤料一般采用聚酯型泡沫塑料经化学处理，使其内部气孔穿透达到粗、中孔状态。为了增加过滤风量，缩小体积，将滤料制成 M 形状，并用钢丝支撑起来，固定在角钢边框上。当过滤器达到规定的容尘量时，应取下用清水冲洗，晾干后重新使用。图 1-3 所示的是 M 形过滤器的示意图。

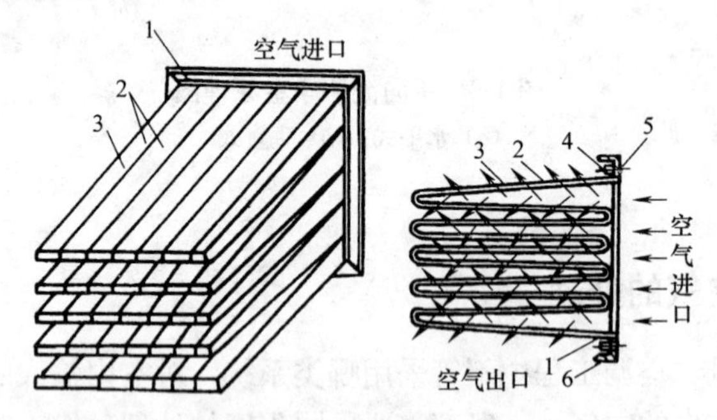

图 1-3　M 形泡沫塑料过滤器

1—角钢边框；2—支撑铅丝；3—泡沫塑料滤层；

4—固定螺栓；5—螺帽；6—安装框架

（2）无纺布过滤器　选用泡沫塑料用于粗效过滤器，由于性能不稳定，阻力偏大，而逐渐被无纺布所代替。无纺布性能优于泡沫塑料，其阻力低、效率高、容尘量大。用无纺布制作的过滤器构造与泡沫塑料过滤器基本相同。

（3）自动卷绕式过滤器　图 1-4 是 ZJK-1 型自动卷绕式人字形过滤器。它由箱体、滤料和固定滤料部分、传动部分、控制部分等组成，滤料采用 DV-1 型化纤组合滤料，也可根据需要选用其他型号滤料。

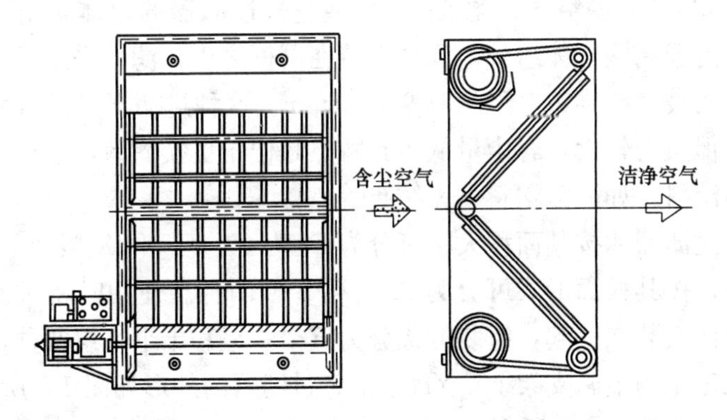

图 1-4　ZJK-1 型自动卷绕式过滤器

当滤料积尘到一定程度时，根据过滤器前后的压差变化，过滤器的滤料自动卷绕，每卷滤料可用半年以上。用过的滤料可做一次清洗，但洗后的滤料其过滤效率较新滤料低 3%～5%。

自动卷绕式过滤器的型式还有 TJ-3 型过滤器，它是平板形，滤料采用厚度为 10～25mm 的无纺布，其动作原理与 ZJK-1 型相同。

2. 中效过滤器

中效过滤器用来过滤经粗效过滤器过滤后空气中的 1～10μm 的悬浮性微粒，防止在高效滤器表面沉积而堵塞，其滤料常使用棉短绒纤维滤纸、玻璃纤维、中细孔泡沫塑料及无纺布等。另外还有静电过滤器等。

（1）ZKL 型过滤器　ZKL 型过滤器结构原理与高效过滤器相同，不同的是滤料采用棉绒纤维滤纸，它具有效率高、阻力低、重量轻的特点，也可作为亚高效过滤器使用，其技术性能如表 1-2 所示。

ZKL 型空气过滤器技术性能　　　表 1-2

项目 型号	标准风量 (m^3/h)	钠焰效率 (%)	初阻力 (Pa)	外形尺寸 (mm)
ZKL-01	1000	＞90	＜98	484×484×220
ZKL-03	1500	＞90	＜78	600×600×300

(2) YB 型空气过滤器　YB 型空气过滤器的单体是由两个平行的金属网框体组成，滤料夹持在网框之中，滤料采用经树脂处理的玻璃纤维毡，毡的厚度为 18mm。这种过滤器虽然效率较高，但阻力较大，容尘量低。其特点是便于更换滤料，也可改装其他滤料，如泡沫塑料、无纺布等。

过滤器如按其面积大小可分为 D 型（大型）和 X 型（小型）两种；按其板面形式可分为 A 型和 B 型两种。使用时将过滤器的单体组装在一起，组装方式分为五个一组和十个一组两种，安装在定型的金属支架上。YB 型空气过滤器的外形如图 1-5 所示，技术性能如表 1-3 所列。

YB 型空气过滤器技术性能　　　表 1-3

<table>
<tr><th rowspan="2">项目
型号</th><th rowspan="2">标准风量
(m^3/h)</th><th colspan="2">阻力(Pa)</th><th rowspan="2">容尘量
(g)</th><th colspan="2">大气尘过滤效率</th><th rowspan="2">外形尺寸
(mm)</th><th rowspan="2">过滤面积
(m^2)</th></tr>
<tr><th>初</th><th>终</th><th>比色法(%)</th><th>计重法(%)</th></tr>
<tr><td>X 型</td><td>200</td><td>88</td><td>196</td><td>＞50</td><td>≥40</td><td>≥60</td><td>496×477×100</td><td>约 0.4</td></tr>
<tr><td rowspan="2">D 型</td><td>200</td><td>59</td><td>196</td><td rowspan="2">＞90</td><td rowspan="2">≥40</td><td rowspan="2">≥60</td><td rowspan="2">496×807×110</td><td rowspan="2">约 0.7</td></tr>
<tr><td>300</td><td>103</td><td>196</td></tr>
</table>

(3) 静电空气过滤器　静电空气过滤器是利用电晕放电和静电场对荷电粒子的相互作用的原理，来净化空气中的灰尘。它与电除尘器是不同的，不是用负电晕放电，而是用正电晕放电，以减少臭氧的产生。它具有过滤效率高、阻力小，使用方便的特

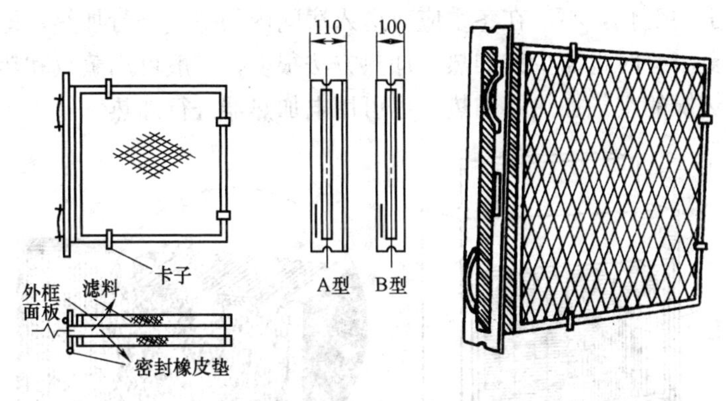

图 1-5　YB 型空气过滤器的外形

点。但在列场所不适宜使用：

1）存放有爆炸性气体的场所；

2）低温下可能点燃的油雾或油气；

3）高温或高湿的空气；

4）纤维性或粘结性的粉尘。

图 1-6 是 JKG-2A 型静电空气过滤器，它是由尼龙网过滤器、电过滤器、高压发生器和控制盒等四部分组成。过滤器内还装有清洗用水喷头。

3. 高效过滤器：高效过滤器用来过滤粗、中效过滤器不能过滤的，而且含量最多的 1μm 以下的亚微米级的微粒，是空气洁净系统最关键部位。其滤料常用石棉纤维滤纸、玻璃纤维滤纸和合成纤维滤纸。

高效过滤器按其结构形式可分为有格板和无格板两种，不论采用哪种滤纸其结构形式基本相同。目前国内生产高效过滤器的厂家很多，但品种和规格较少，有待进一步开发新产品，以适应洁净工程的需要。高效过滤器的外形如图 1-7 所示。

1.2.2　空气的加热和冷却

在通风系统中，当室外气温较低时，就需要对送入室内的空气进行加热。在空调系统中，为保证空调房间的温、湿度在给定范围内变化，不仅在冬季应对送入房间内的空气进行加热，即使在夏季有时也需少许加热。加热方法很多，一般可用蒸汽和热水做热媒的空气加热器加热，也可用电加热器进行加热。

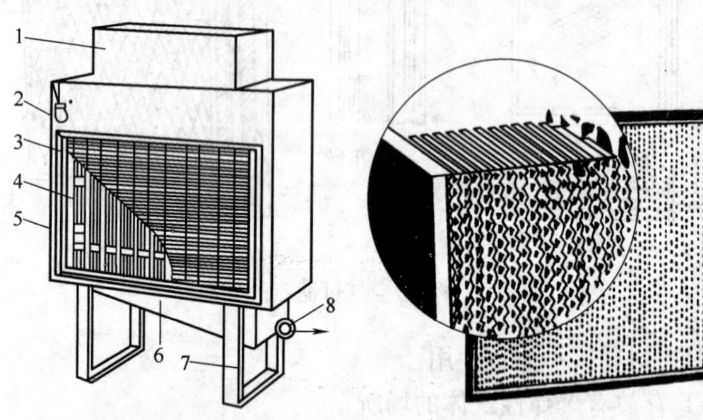

图 1-6　JKG-2A 型静电空气过滤器

1—高压发生器；2—进水管；3—尼龙过滤器；4—电过滤器；5—接风管法兰；6—排水槽；7—支架；8—排水管

图 1-7　高效过滤器外形

在夏季由于室外空气温度较高，对于空调系统，为保证空调房间温、湿度达到给定的范围，空气在送入房间以前必须冷却。空气可通过和空气加热器相似的表面冷却器进行冷却。用冷冻水做冷媒的表面冷却器，叫水冷式表面冷却器。用制冷剂（如氟利昂）做冷媒的，叫做直接蒸发式表面冷却器。

冷却空气还可以用冷冻水在喷水室喷成水雾，当热空气通过时和冷冻水接触进行热湿交换，使空气温度降低。

空气的加热和冷却一般是通过空气热交换器来完成的。对于热交换器来讲，如对空气进行加热常称为空气加热器；如对空气进行冷却常称空气表面冷却器。

空气热交换器根据其材料、结构特点和热工特性，有适用于一般热风采暖的 SRZ、SRL、$GL_{Ⅱ}$ 及 S 型；有适用于空调系统冷却除湿用的 KL 和 $U_{Ⅱ}$ 型，其中 KL 型因其翅片为光滑无皱折的梯形翅片，易于折出冷凝水，特别适用于除湿场合。图 1-8 为

SRZ 型热交换器的外形。

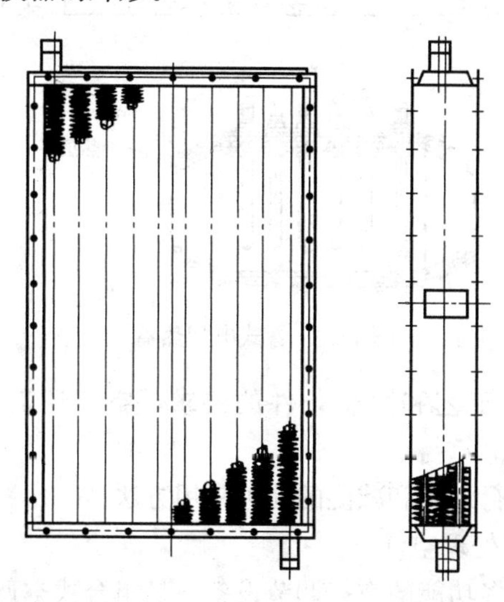

图 1-8　SRZ 型热交换器

空气加热除采用蒸汽和热水做热媒的空气热交换器外，对于空调系统，特别是恒温恒湿要求调节精度较高的系统，还有用电来加热空气的电加热器。电加热器可在空调器或风道中设置裸露的电热丝或管式电加热器，利用电热丝通电发出的热量来加热空气，其特点是反应灵敏、体积小，便于自动调节。其外形如图 1-9 和图 1-10 所示。

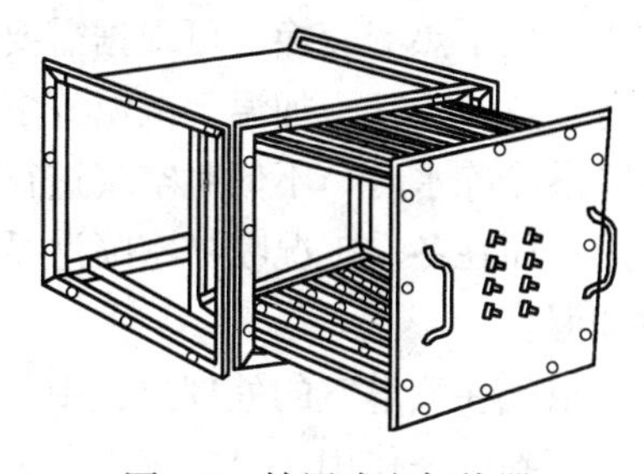

图 1-9　抽屉式电加热器

1.2.3　空气的加湿和减湿

空调系统在冬季工况运行时，室外空气湿度低，含湿量小，只将空气加热进入空调房间，其相对湿度很低，满足不了生产工艺或卫生条件的要求，应对空气进行加湿。而在夏季工况则室外空气温度高、含湿量大，只对空气进行冷却，相对湿度太高，也

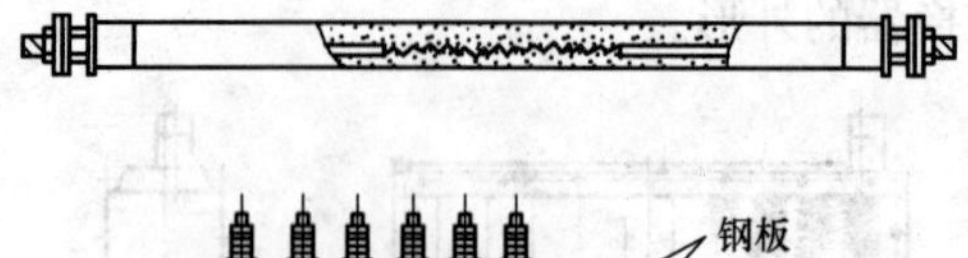

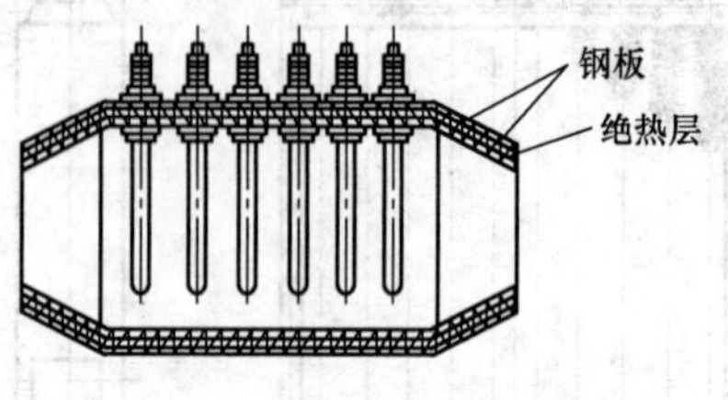

图 1-10　管式电加热器

满足不了生产工艺和卫生条件的要求，空气还需要进行减湿处理。

对空气进行加湿和减湿的几种常用方法：

1. 喷淋室处理空气

喷淋室是多功能的空气调节设备，是组合式空调器的组成部分，当空气进入喷淋室和排列成行的喷嘴喷出的水相接触，空气和水发生了热湿交换。可根据需要送入不同温度的水，对空气可进行加热、冷却、加温、减温等多种处理过程。在夏季工况喷淋室喷淋冷冻水时，不但对空气进行冷却，而且还对空气起到减湿作用；而在冬季工况喷淋室喷淋循环水，其空气的处理过程为等焓加湿。

空气在喷淋室的处理过程中，除对空气进热湿交换外，还对空气起到洗涤作用，对空气中大颗粒尘埃经水的喷淋而被清除。

2. 表面冷却器处理空气

在空调工程中，除了用喷水室处理空气外，还大量地用表面冷却器处理空气。表面冷却器和空气加热器没有什么区别，只是将热媒换成冷媒，都是空气热交换器。当空气与低于它的“露点”温度的冷表面直接接触时，就有一部分水汽凝结成水珠，同时空气把热量传给冷表面，从而获得冷却减湿的效果。

目前，表面冷却器在空调工程中占有很重要的地位。与喷水室相比较具有结构紧凑、减少空调机房占地面积、水系统简单、冷冻水流失少和操作管理方便等特点。

表面冷却器按照所采用的冷媒不同，可分为直接蒸发式和水冷式两种。直接用制冷剂（如氟利昂）做冷媒的，称为直接蒸发式表面冷却器；用深井水、冷冻水做冷媒的，称为水冷式表面冷却器。

在集中式空调系统中，用来集中冷却空气的表面冷却器装在空调器内，作为局部冷却空气用的表面冷却器可装在送风支管上或装在风机盘管、诱导器内。

3. 空气蒸气加湿

空气蒸气加湿可分为来自锅炉房的蒸气通过加湿器直接喷到空调器的空气中，或者用电加热水产生的水汽混合到空气中。

（1）蒸气加湿器

蒸气加湿是一种比较简便的加湿方法，常用于表面冷却器的空调系统，作为湿度调节系统的加湿环节。最简单的蒸气加湿器，是在一根钢管上按需要钻出一定数量的喷孔，喷孔孔径为2～3mm，其间距不小于50mm。这种加湿器的效果不理想，常在喷出的蒸气中带有水滴，已被干式蒸气加湿器所代替。

图1-11所示的干式蒸气加湿器，其工作原理是蒸气沿着输送钢管进入喷管外套，并在喷蒸气管外表面绕一个来回，用来加热喷管内蒸气防止冷凝。从喷管外套出来的蒸气先经导流板至加

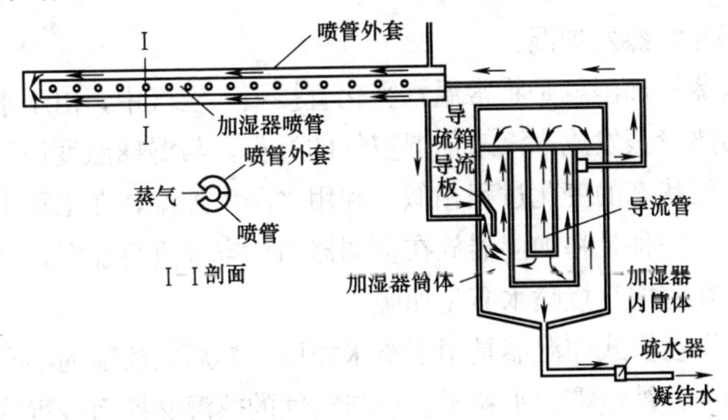

图1-11　干式蒸气加湿器

湿筒体、导疏箱和导流管，然后进入加湿器内筒体。在这个过程中可将表面冷凝水排除，蒸气导向二次蒸发。从加湿器内筒体出来的干燥蒸气被送往喷蒸气管对空气进行等温加湿。

（2）电加湿器

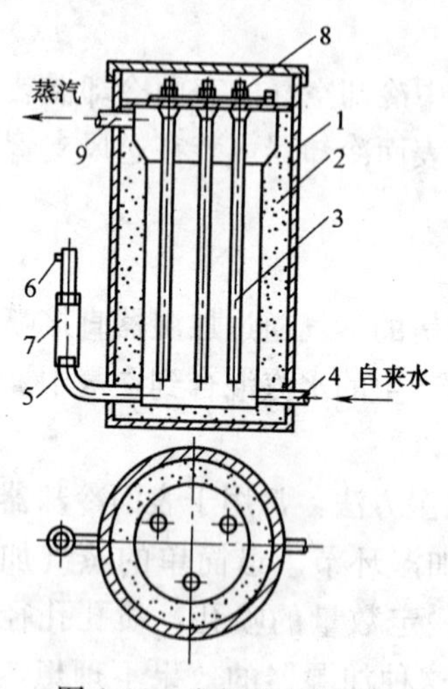

图 1-12　电极式加湿器

1—外壳；2—保护层；3—电极；4—进水管；5—溢水管；6—溢水嘴；7—橡胶管；8—接线柱；9—蒸汽管

电加湿器有电热式和电极式两种。电热加湿器是将管状电热元件，通电后使水槽中的水加热至沸腾产生蒸气。电极式加湿器如图 1-12 所示，是用三根不锈钢棒作为电极，放在不易生锈的容器中，以水作为电极，金属容器接地，待三相电源接通后，水被加热而产生蒸气，由蒸气排出管送到被加湿的空气中。加湿器内水位越高，电极通过的电流越强，产生的蒸气量越多。与电热式相比，电极式加湿器较为安全，容器中无水，电流不能通过，不必考虑防断水空烧措施，常用于空调机组内。

（3）水蒸发加湿

水蒸发加湿就是将常温水雾化直接喷入空气中，由于水吸收空气的热量蒸发成水汽来加湿空气的过程，与湿球温度计湿纱布周围空气状态的变化过程相似。利用水蒸发加湿，在工程中有两种形式，一种是将加湿器放在空调器内对空气进行加湿，另一种是将放在室内直接喷水雾化加湿。

高压喷雾式加湿器是用泵给水加压，然后由喷嘴的小孔喷雾到空气中，被喷雾的水粒子通过与空气的热湿交换而进行蒸发加湿。这种加湿器主要用于组合式空调器的加湿极。

放到室内直接喷水雾化的加湿器如图 1-13 所示。

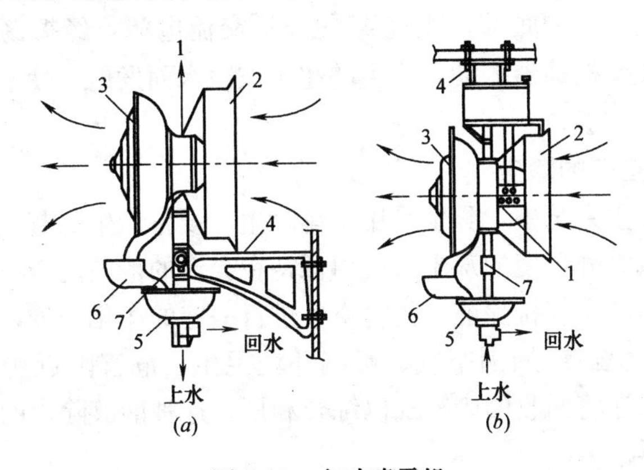

图 1-13　电动喷雾机

(a) 101 型-固定式；(b) 103 型-转动式

1—电机；2—风扇；3—转动圆盘；4—固定架；5—回水盆；

6—回水漏斗；7—喷水量调节阀

图 1-14 为超声波加湿器的外形构造图。不锈钢制的水槽内装有超声波加湿器、变压器、继电器、浮子开关及电磁阀等。超

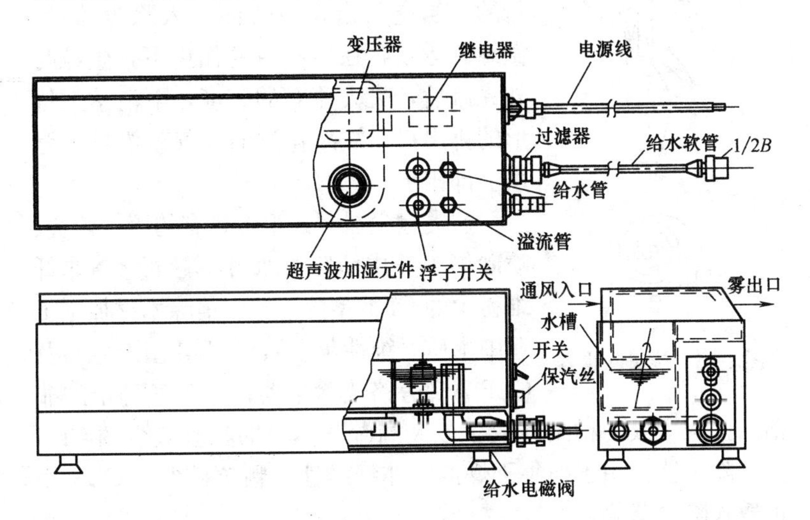

图 1-14　超声波加湿器

声波加湿器是将振荡电路、放大器、振荡器组装在一起的小型装置，安装于水槽底部，通过 45～48V 交流电源，经振荡放大的高频电能使振荡器振动，产生的超声波向水面发射，使水雾化对空气进行加湿。

1.2.4 空气的除尘

在除尘系统中，除尘是用于排除生产设备产生的灰尘，使生产场所或室外环境的灰尘浓度值保持在允许的范围内。在将含有大量灰尘的空气排除前，先对空气进行一定的净化处理，再排入大气，以免污染周围空气、影响环境卫生、危害附近居民的健康，有时还将回收的废料加以综合利用，这种能够除尘的设备叫做除尘器。

常用的除尘器有旋风除尘器、袋式除尘器、旋筒式水膜除尘器、水浴除尘器和电除尘器等。

(1) 旋风除尘器

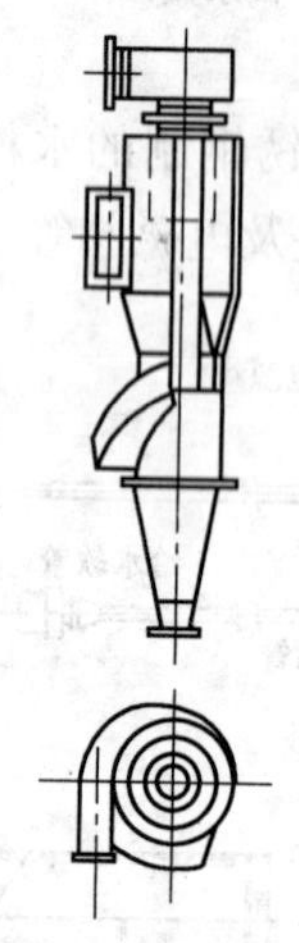

图 1-15 旋风除尘器

图 1-15 所示的旋风除尘器，是利用螺旋运动和离心力的作用来达到分离尘粒的目的。当空气沿切线方向进入除尘器后，做螺旋运动，在离心力的作用下，尘粒与外壳碰后，失去原有的速度，下滑落至锥形的排出口，被净化过的空气就沿排气管由上部排出。

这类除尘器型式很多，有的用于铸造、喷砂等工业中清除含水分不超过 4%非纤维粉尘的 CLT 型除尘器和清除木材加工工业中木质纤维性灰尘的 CLTM 型除尘器及 CLP-A型旁路式除尘器；用于各种干的非粘结性灰尘或弱粘结性灰尘以及高湿气体中的相应灰尘的 CLG 多管除尘器；用于捕集干燥的、非纤维性的颗粒粉尘的 CLK 型扩散式除尘器等。

(2) 袋式除尘器

袋式除尘器是将含尘空气由进口进入箱体，箱体中装有几排用绒布做成的滤袋，含尘空气经过滤袋时，灰尘被阻挡在滤布的绒上，经除尘的干净空气进入上部箱体由排气口排出。目前生产的袋式除尘器就其清灰方式有压缩空气脉冲反吹滤袋和机械抖动滤袋两种。

这种除尘器能清除空气中细小的灰尘，效率较高，其工作原理如图 1-16 所示。

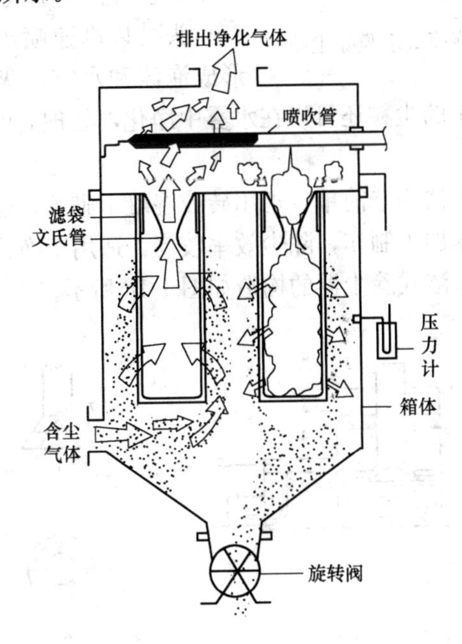

图 1-16　袋式除尘器

（3）旋筒式水膜除尘器

除尘器是由横放着的筒形外壳和内壳组成，断面为倒卵形，在内外壳之间有螺旋形的导流片，筒体下部为水箱，并当作灰浆槽使用。

含尘空气由一端沿切线方向进入，在内外壳之间顺着导流片做螺旋状流动，空气中的粉尘由于离心力的作用被分离在外壳的内表面上，与水膜和水雾接触而被清除。

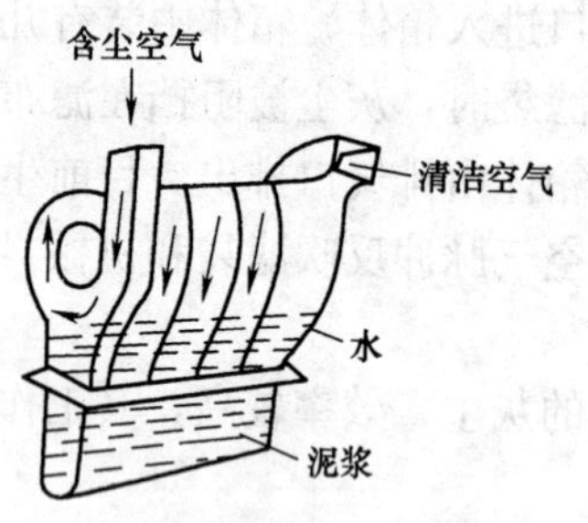

图 1-17　旋筒式水膜除尘图

这种除尘器效率高，构造简单，成本低并且使用寿命长，故应用较广。其外形如同 1-17 所示。

（4）水浴除尘器

水浴除尘器又叫做冲击式除尘器。它将含尘空气经进气管后，在喷头处以高速喷出，冲击水面形成泡沫和水雾，灰尘随气流冲入水中，细小的尘粒还可以在水雾中净化，处理后的空气经挡水板排出。

这种除尘器构造简单，可用砖或混凝土砌筑，也可用钢板制作，便于现场加工制作，除尘效率较高，适用于净化非水化性的各种粉尘。水浴式除尘器的构造如图 1-18 所示。

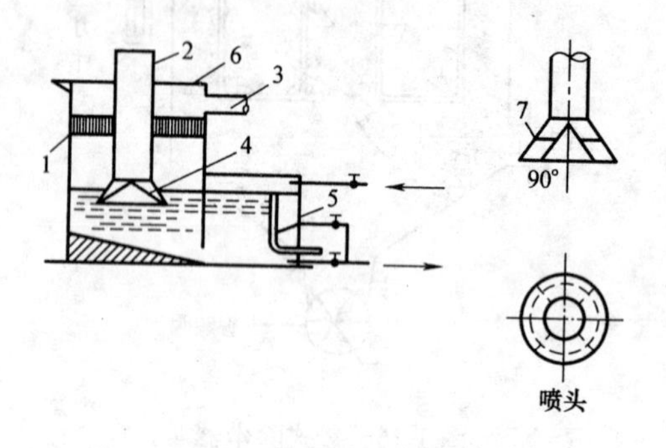

图 1-18　水浴除尘器

1—挡水板；2—进气管；3—出风管；4—喷头；
5—溢水管；6—盖板；7—拉条

（5）电除尘器

用电能直接作用于含尘气体，使气体得到净化的设备叫做电除尘器。电除尘器的工作原理是使含尘气体中的粉尘微粒荷电，在电场力的作用下驱使带电尘粒沉积在沉降极的表面上，如图

1-19所示。电晕电极又称阴极或放电电极，由不同形状截面的金属导线制成，接至高压直流电源的负极。沉降极又称为阳极板，由不同形状金属板制成并接地。

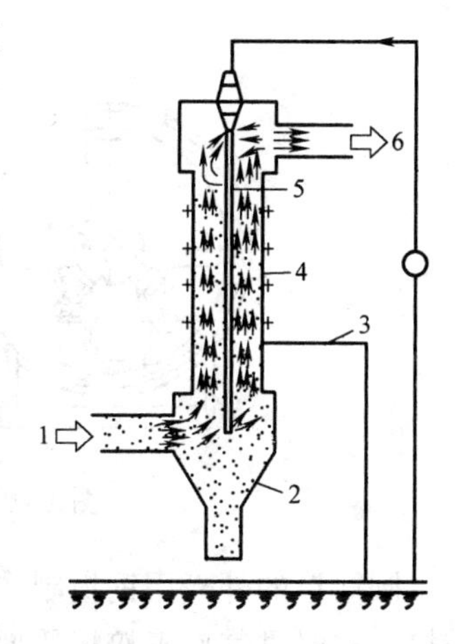

图1-19 电除尘器工作原理
1—含尘气流入口；2—沉降空；3—接地；4—沉降极；5—电晕极；6—除尘后气流出口

电除尘器按清灰方法可分为干式和湿式电除尘器；按含尘气体在电除尘器的流动方向，可分为立式和卧式电除尘器；按沉降电极的结构形式，可分为管式和板式电除尘器。这种除尘器具有净化除尘效率高，处理含尘气体量大及阻力低等特点，已广泛用于各个工业部门，特别是冶金、化工、建材、电站等。

1.3 空气的输导

1.3.1 通风机

通风机是通风、空调系统的重要的组成部分。无论是通风、除尘系统，还是空调、空气洁净系统，都是用它来输送空气和其他气体，对系统的运行效果有着很大的影响。根据风机的构造原理，通风工程中常用的有轴流式风机和离心式风机；

1. 轴流式风机：图1-20所示的轴流式风机是由带叶片的轴套1，圆筒形的外壳2、支架3、电动机4组成。

当叶轮由电动机带动旋转时，因叶片与螺旋桨相似，对空气产生一种推升力，空气沿着轴向流入圆筒形的外壳，并在与轴的平行方向排出，促使空气流动。

叶轮的叶片，大都用钢板模压而成，以一定的角度固定在轴套上，轴套用键与电机相连接。

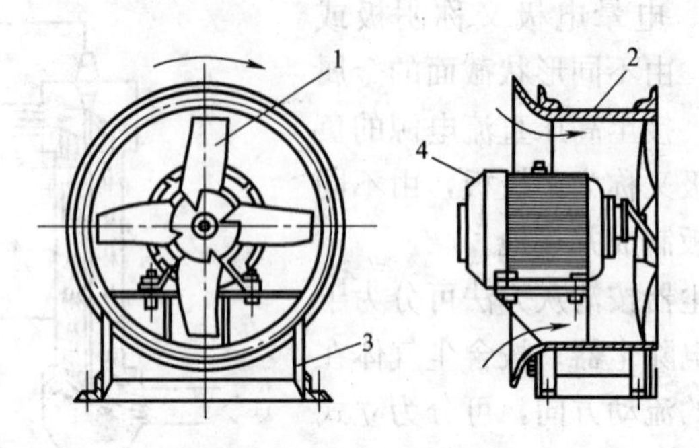

图 1-20　轴流式风机

圆筒形的外壳用钢板制作，两端设有角钢法兰，便于与风管连接。有时进气口不接风管时，往往加有流线型的圆锥进气口，以减少阻力。

支架常用钢板、型钢作制，以便设置电机并便于安装。

轴流式风机一般与电动机同轴连接，有时也有用皮带传动或长轴的联轴器传动，可根据使用情况选择。

（1）轴流式风机的型号

通风机系列产品的型号用型式表示。单台产品型号用型式和品种表示。轴流式风机的型号组成的顺序如表 1-4 所列。

风机的品种是指其机号，它是以叶轮直径的分米（dm）数表示，前冠的符号“No”。

例如：通用轴流式风机其型号 T30，品种为 No18，则表示该风机为一般通风换气用，叶轮毂比为 0.3，机号 8 即叶轮直径为 800mm。

（2）轴流式风机的规格

根据风机产品的分类，有各种不同的规格内容，除风机的流量、风压外，还有传动方式、出风口位置及气流方向等。它包括了风机各项性能参数，能够将风机性能正确的表达出来，便于设计和安装。轴流式风机的规格内容组成顺序如表 1-5 所列。

轴流式风型号组成顺序　　　　表 1-4

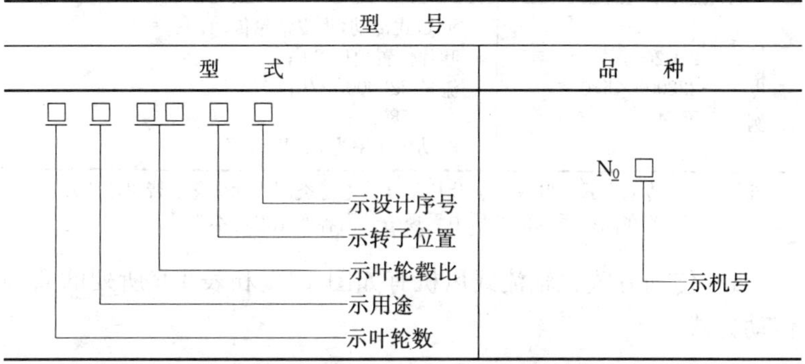

说明：1. 叶轮数代号，单叶品轮可不表示，双叶轮用“2”表示。

2. 用途代号按风机产品用途代号。

3. 叶轮毂比为叶轮底径与外径之比，取两位整数。

4. 转子位置代号卧式用 *A* 表示，立式用 *B* 表示。产品无转子位置变化可不表示。

5. 若产品的型式中产生有重复代号或派生型时，则在设计序号前加流序号。采用罗马数体Ⅰ、Ⅱ等表示。

6. 设计序号用阿拉伯数字“1”、“2”等表示。

轴流式风机的规格内容组成顺序　　　　表 1-5

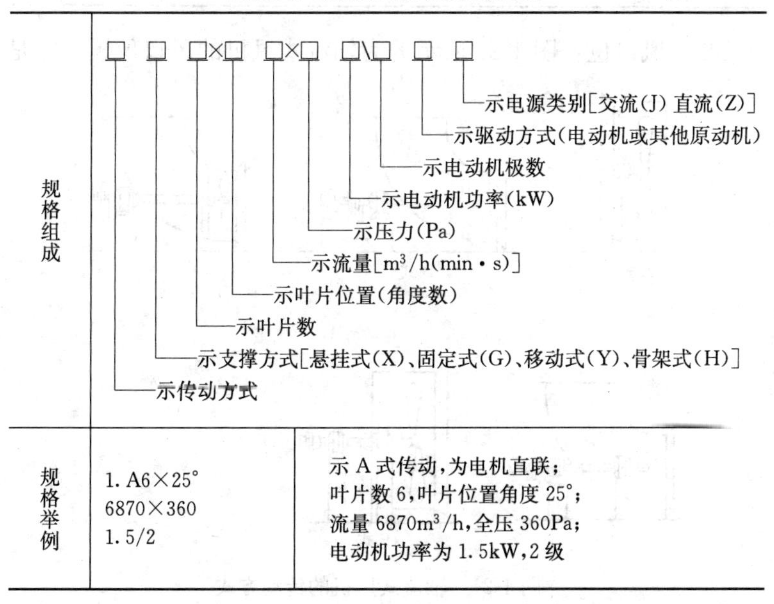

续表

规格举例	2. C20° 222000×580 55/4	示C式传动，为皮带轮传动； 叶片位置角度 20°； 流量 222000m³/h； 全压 580Pa； 电动机功率为 55kW，4级

说明：1. 传动方式、叶片数、叶片角度、电源类别等无变化者皆可不表示。

2. 若在同一系列的型号中无规格、内容变化也可不表示。

1）传动方式：轴流式风机有如图 1-21 和表 1-6 所列的 6 种传动方式。

轴流式风机传动方式　　表 1-6

传动方式 / 风机	A	B	C	D	E	F
轴流式风机	无轴承，电机直联传动	悬臂支承，皮带轮在轴承中间	悬臂支承，皮带在轴承外侧	悬臂支承联轴器传动（有风筒）	悬臂支承，联轴器传动（无风筒）	齿轮传动

2）风口位：图 1-22 所示的为轴流式风机的风口位置，它是

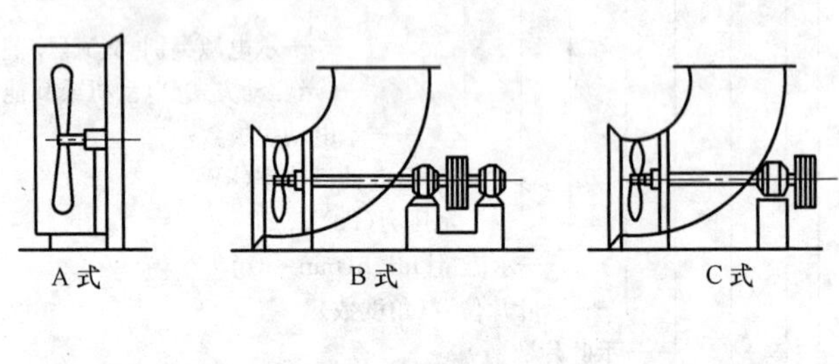

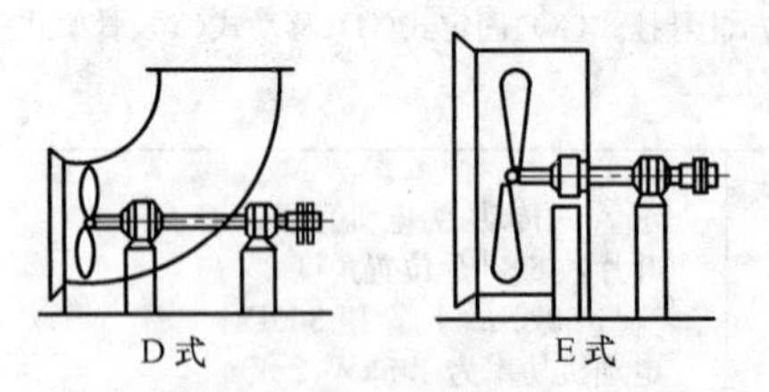

图 1-21　轴流式风机的传动方式

用入（出）若干角度来表示。如无进、出风口位置则可不表示。基本风口位置有 4 个，特殊用途还可增加，如表 1-7 所列。

轴流式风机风口位置　　表 1-7

基本的	0°	90°	180°	270°
补充的	45°	135°	225°	315°

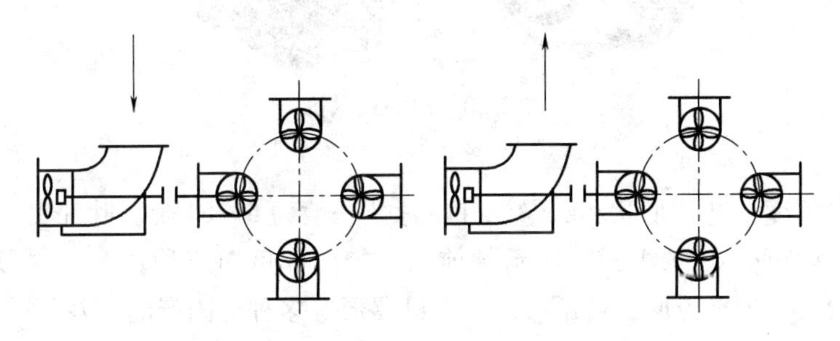

图 1-22　轴流式风机风口位置

3）气流方向：气流方向是轴流式风机用来区别吸气、出气，用“入”、“出”表示，其方法如表 1-8 所列。

轴流式风机气流方向　　表 1-8

表号	代表意义
入	正对风口气流顺面方向流入
出	正对风口气流逆面方向流入

2. 离心式风机

离心式风机主要由叶轮 1、螺壳 2、轴承 3 组成，如图 1-23 所示。

当叶轮由电动机带动旋转时，叶轮内的空气因离心力作用从叶轮外周送出，再经断面逐渐增大的螺壳，从螺壳的方形出风口排出。当叶轮内空气被压出时，叶轮内部空间形成真空，此时通风机圆形吸气口外的空气处于大气压下，压力高于通风机吸入压力，外部空气即进入叶轮内，以补充叶轮内被压出的空气。叶轮不断被旋转，空气就不断被吸入和压出，形成通风机连续不断地工作。

叶轮是由许多叶片组成的轮子，根据不同的要求决定叶片出

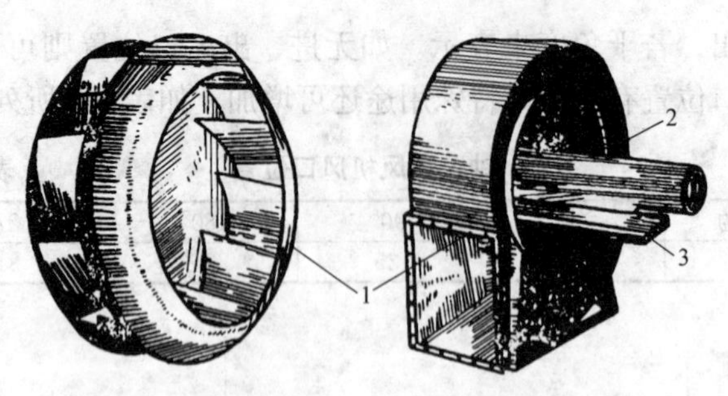

图 1-23　离心式风机

1—叶轮；2—螺壳；3—轴承座

口角度、叶片形状和数量。叶轮片数一般为 6～64 个。叶片出口角度可分为如图 1-24 所示的前向、径向和后向三种。而叶片形状可分为平板形、圆弧形、中空机翼形等多种，国产的 4-72 型和 4-73 型离心式通风机均采用中空机翼形叶片。叶片用铆钉或焊接固定在底盘上，底盘和轴套相连，轴套再用键和通风机主轴或直接和电机轴相连，叶片前面还有一个圆环以保持叶片的正确位置。

螺壳是罩在叶轮外面的螺旋形外壳，为了降低出口气流速度，使部分动压转变为静压，螺壳出风口处设有方形或圆形扩散器，在螺壳的侧壁设有圆形的进气口。为便于同风管连接，其出风口和进风口都装有法兰。螺壳一般用钢板制成。

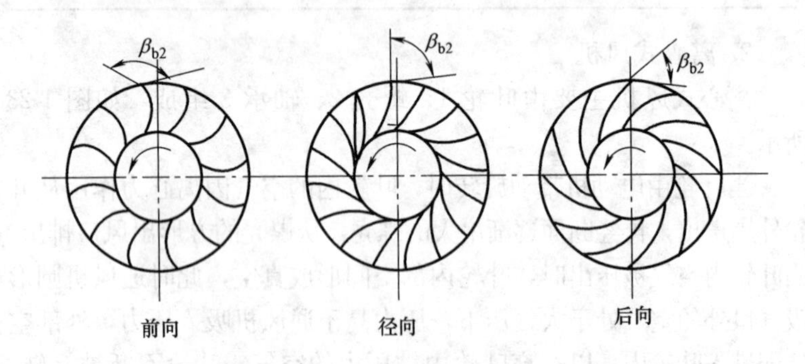

图 1-24　叶轮叶片出口角度示意图

轴承座用钢板和型钢焊成或用铸铁铸成，内装滚珠轴承，主轴在轴承内旋转，主轴一端装有叶轮，另一端装设皮带轮或联轴器。

离心式通风机的旋转方向，应向螺壳的放大方向运动，当叶轮反转时，送风量就急剧下降。

(1) 离心式风机的分类

离心式通风机根据压力可分为：

低压通风机：压力等于或小于 980Pa，用于一般通风、空调系统。

中压通风机：压力大于 980 小于 2940Pa，用于除尘、空气洁净或管网较长，阻力较大的通风、空调系统。

高压通风机：压力大于 2940Pa，用于锻造炉、加热炉的鼓风。

常用的通风机是用钢板制成的。但随着输送的空气性质的不同，也有用铝制的防爆通风机，耐腐蚀的塑料和不锈钢通风机。

(2) 离心式风机的型号

离心式通风机的型号组成顺序如表 1-9 所列。

例如：(通用) 离心式通风机的型号 4-72，品种为 №20，则表示该风机为一般通风换气用，压力系数为 0.4，比转数为 72，机号为 20 即叶轮直径 2000mm。

离心式通风机的型号用规格内容组成顺序表示，如表 1-10 所列。

离心式通风机型号组成顺序　　表 1-9

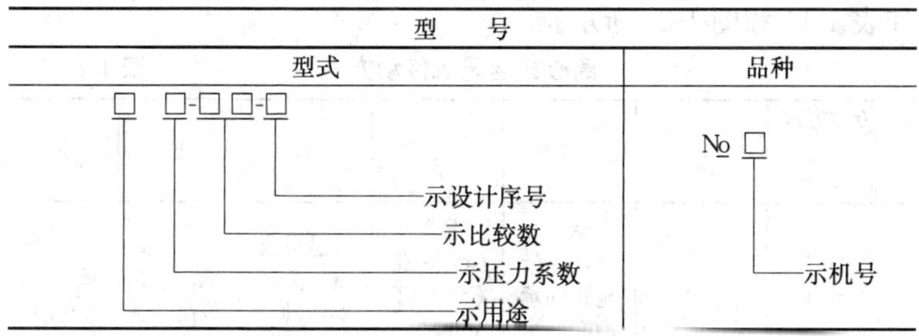

说明：1. 用途代号按风机产品用途代号。

2. 压力系数采用一位整数。个别前向片轮的压力系数大于 1.0 时，也可用二位整数表示。若用二叶轮串联结构则用 2×压力系数表示。

3. 比转数采用二位整数。若用二叶轮并联结构，或单叶轮双吸入结构，则用 2×比转数表示。

4. 机号用叶轮直径的分米 (dm) 数表示。

离心式通风机规格内容组成顺序　　　　表 1-10

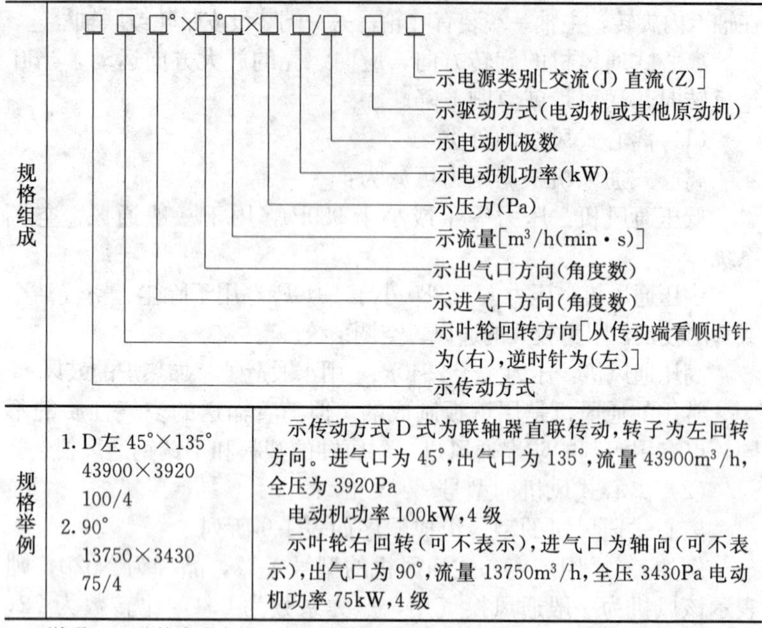

规格组成	□ □ □°×□°□×□ □/□ □ □ 示电源类别[交流(J) 直流(Z)] 示驱动方式(电动机或其他原动机) 示电动机极数 示电动机功率(kW) 示压力(Pa) 示流量[m³/h(min·s)] 示出气口方向(角度数) 示进气口方向(角度数) 示叶轮回转方向[从传动端看顺时针为(右),逆时针为(左)] 示传动方式	
规格举例	1. D左 45°×135° 43900×3920 100/4 2. 90° 13750×3430 75/4	示传动方式 D 式为联轴器直联传动,转子为左回转方向。进气口为 45°,出气口为 135°,流量 43900m³/h,全压为 3920Pa 电动机功率 100kW,4 级 示叶轮右回转(可不表示),进气口为轴向(可不表示),出气口为 90°,流量 13750m³/h,全压 3430Pa 电动机功率 75kW,4 级

说明：1. 叶轮为向右转，进气口轴向进气，电动机驱动，交流电源等代号皆可不表示。
2. 若在同一系列的型号中无规格内容变化也可不表示。

1）离心式通风机传动方式：离心式通风机有六种传动方式，如表 1-11 和图 1-25 所示。

离心式通风机传动方式　　　　表 1-11

传动方式 / 风机	A	B	C	D	E	F
离心式通风机	无轴承，电机直接传动	悬臂支承，皮带轮在轴承中间	悬臂支承，皮带轮在轴承外侧	悬臂支承，联轴器传动	双支承，皮带轮在外侧	双支承，联轴器传动

2）风口位置：通风机的风口位置和叶轮的旋转方向，由通风机在通风系统中设置地点和位置而定。离心式通风机的进气方式有单侧进气（单吸）和双侧进气（双吸）两种。离心式通风机

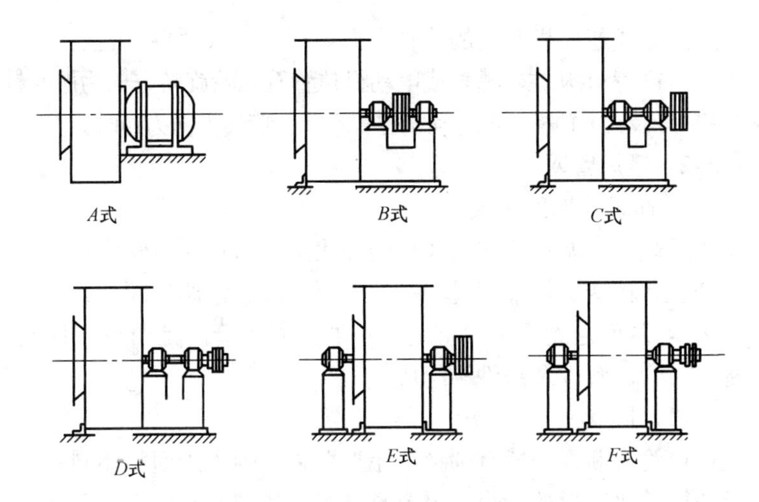

图 1-25　离心式风机的传动方式

的出口方向，规定了如图 1-26 所示的八个基本出风口位置，一般用“右”或“左”及角度来表示。如出口基本角度不够还可以采用下列的补充角度（表 1-12）。

通风机出口的补充角度　　　　**表 1-12**

补充角度	15°	30°	60°	75°	105°	120°	150°	165°	195°	210°

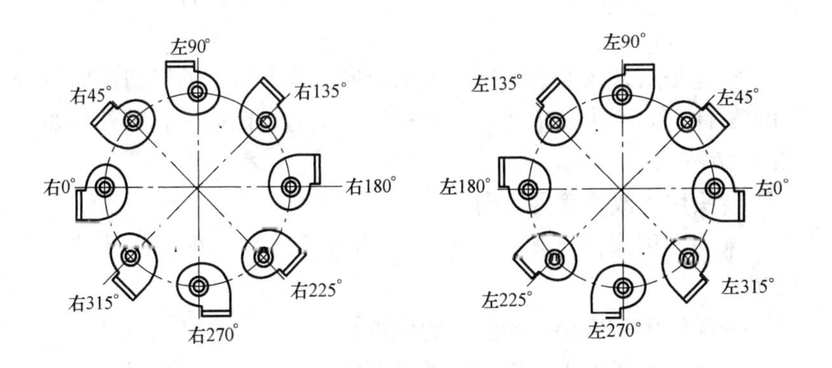

图 1-26　离心式通风机出风口位置

离心式通风机叶轮的旋转方向，用“右”、“左”表示。

“右”表示从主轴槽轮或电动机位置看叶轮旋转方向为顺时针。“左”表示从主轴槽轮或电动机位置看叶轮旋转方向为逆时针。

1.3.2 通风管网

1. 通风管网的组成

通风、空调系统在通风机的作用下，通过通风管网对空气进行处理和输送，使处理过的空气送至通风、空调房间（或从房间排出），从而达到通风、空调的目的。通风管网是由空气处理设备、风管、管件及部件等组成。

（1）风管

风管的断面一般有圆形和矩形两种。因为当面积相同时，圆形的周长比矩形的为小，可节省材料，故圆形断面最为有利。国外还采用机械加工制作成螺旋风管，然后再压成椭圆形，常用于空调系统。

圆形风管常用于一般通风、排风、除尘系统，矩形风管常用于空调、空气洁净系统。

随着建筑安装施工技术的不断发展，目前通风管道已定型系列化，要求设计单位设计的风管规格尺寸符合现行的《通风与空调工程施工及验收规范》推荐采用“国通风管道计算表”中规定的规格尺寸，为安装工程实现工厂化施工创造了条件。

（2）管件

管件是用来改变管网空气流动方向或改变管网的流通断面所用的配件。如弯头、来回弯、变径管、三通、四通等，其外形如图 1-27 所示。

弯头用于改变管网方向；

来回弯用来改变标高，躲让、绕过建筑物的梁、柱及其他管道；

变径管用来连接不同断面的风管；

三通、四通用于风管的分叉和汇集。

（3）部件：通风、空调系统的部件，包括调节总管或支风管

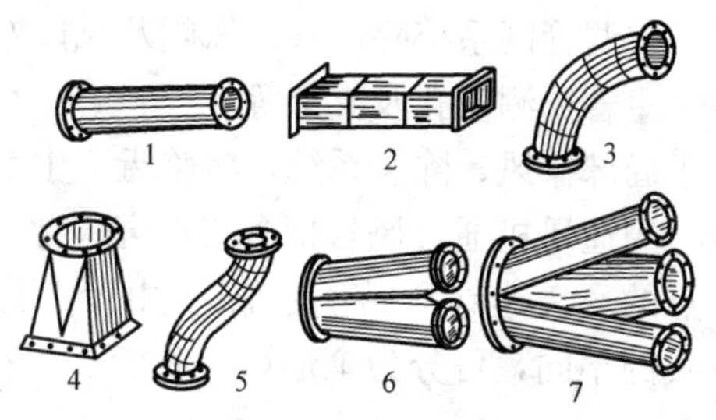

图 1-27　通风管与异形管

1—圆直管；2—矩形风管；3—弯头；4—变径管；
5—来回弯；6—三通；7—四通

风量用的调节阀和防烟防火调节阀、系统的末端装置及连接风机的柔性短管等。末端装置包括风机盘管机组、诱导器、变风量装置及各类送、回（排）风口、局部通风系统的各类风罩等。

1）风口

风口是用来将送至房间的气流，能够按要求的气流组织进行流动和衰减，使房间工作区的气流速度、温度及尘埃分布达到预计的效果。风口的外形如图 1-28 所示。

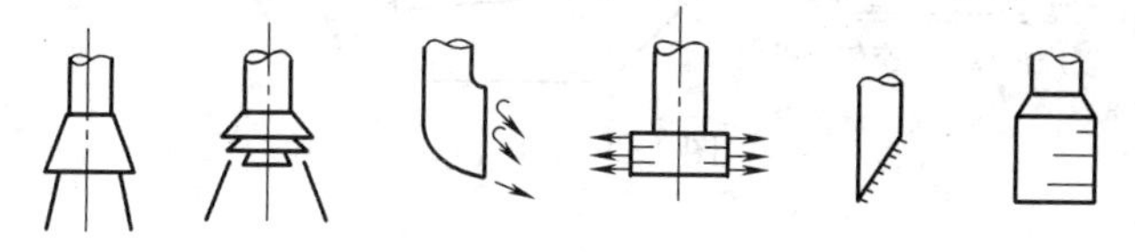

图 1-28　风口的外形图

通风系统常用圆形风管插板式送风口、旋转吹风口、单面或双面送、吸风口、矩形空气分布器、塑料插板式侧面送风口等。

空调系统常用百叶送风口（单、双、三层等）、圆形或方形散流器、送吸式散流器、送风孔板及网式回风口等。

2）风阀

风阀在通风、空调系统中，根据不同的作用，可分为启动阀、蝶阀、止回阀、防烟防火调节阀、三通调节阀及对开式多叶调节阀等。

3）其他部件

组成通风、空调管网系统除风管、风阀及风口外，还有排气罩、风帽、柔性短管、测量孔及支架等。

排气罩用于局部排风、除尘系统，将临近产生毒害气体、尘埃的设备位置，用通风机通过风管把含有毒害式含尘的气体排至室外，使工作点的环境达到“卫生标准”。由于工艺设备、工艺过程及操作方式的不同，可分为伞形罩、条缝罩、密闭罩及吸吹罩等，如图 1-29 所示。

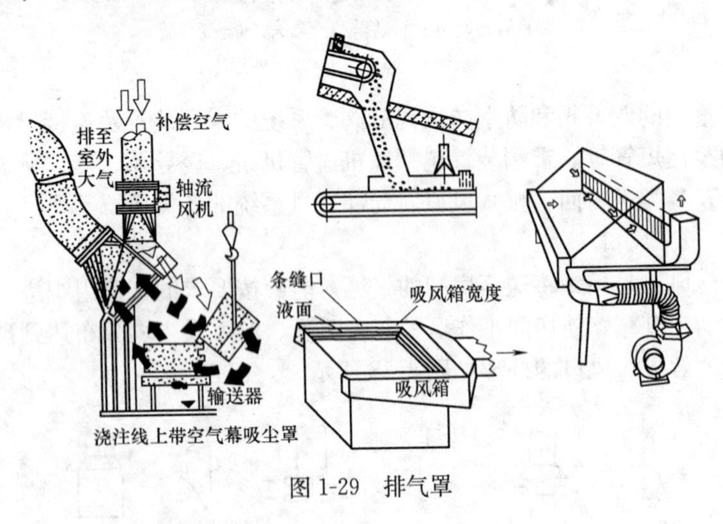

图 1-29　排气罩

1.4　空调制冷

在空气调节系统中制冷装置是对空气进行冷却、除湿所必备的设备。空调制冷技术属于普通制冷范围，主要采用液体气化制冷，其中包括蒸汽压缩式制冷、吸收式制冷及蒸汽喷射式制冷。经常采用的是蒸汽压缩式制冷。

蒸汽压缩式制冷装置主要分为活塞式、离心式和螺杆式三种机型。按使用的制冷剂又可分为氨和氟利昂压缩机。空调制冷装置一般采用氟利昂活塞压缩机。

氟利昂活塞式制冷设备，可分为整台成套设备、分组成套设备及散装成套设备等三种形式。整台成套设备一般是较小型的制冷设备，压缩机、冷凝器、蒸发器、风机及自动调节装置，全部组装在一个箱体内。分组成套设备一般是将压缩机与冷凝器组装在一起，蒸发器安装在其他部位，它们之间用管道连接。散装成套设备一般是较大型的制冷设备，压缩机、冷凝器、蒸发器等部件，分别安装在机房的不同部位。

离心式压缩制冷设备，是由离心式压缩机、冷凝器、高压浮球调节阀、蒸发器、制冷剂回收装置、控制屏和油过滤器、油冷却器等部件组装在一起。

螺杆式压缩制冷设备与离心式压缩制冷设备基本相同，不同点是采用螺杆式压缩机，无制冷剂回收装置。

图 1-30 所示的风机盘管空调系统示意图，图中明显表示空调制冷系统是由制冷装置、冷冻水管路和冷却水管路组成。

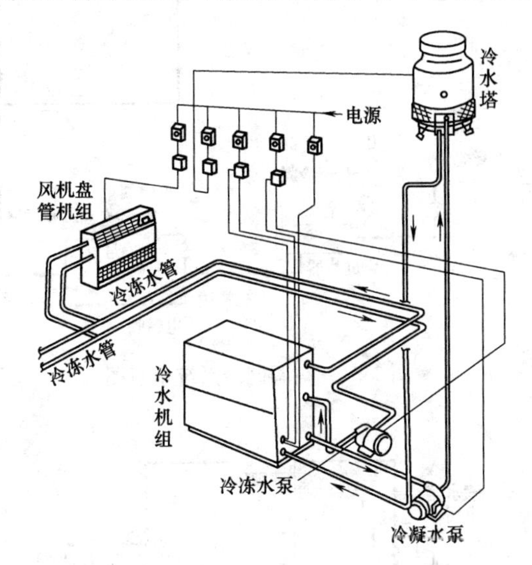

图 1-30　风机盘管空调系统示意图

1.4.1　压缩式制冷工作原理

1. 压缩制冷的工作过程

图 1-31 所示的是经常采用的恒温恒湿空调机组的制冷系统

原理图，它是由压缩机、冷凝器、热力膨胀阀、蒸发器及其压力压差继电器、电磁阀等部件组成。为了进一步说明人工制冷的工作过程可将图 1-31 简化绘制成如图 1-32 所示的压缩式制冷循环工作原理图，四大主要设备之间用管道连接形成一个封闭的系统。其工作过程如下：

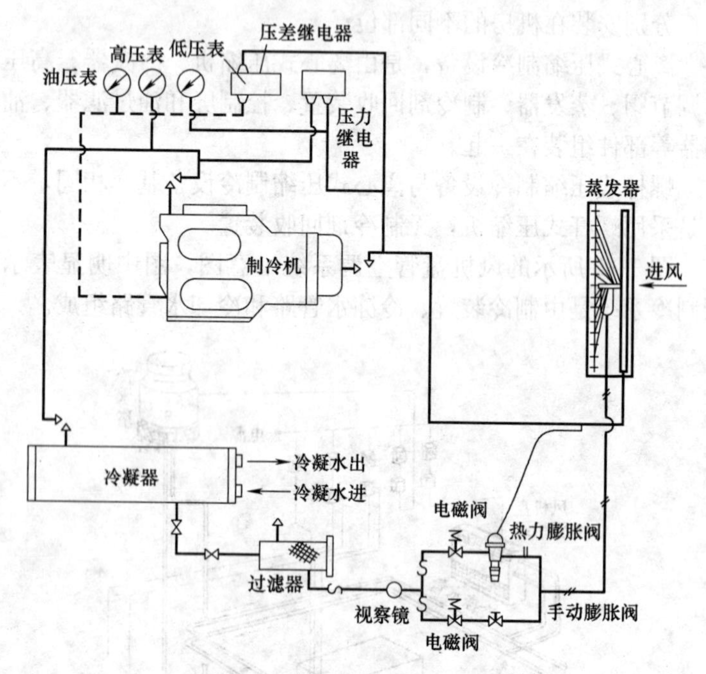

图 1-31　空调制冷系统示意图

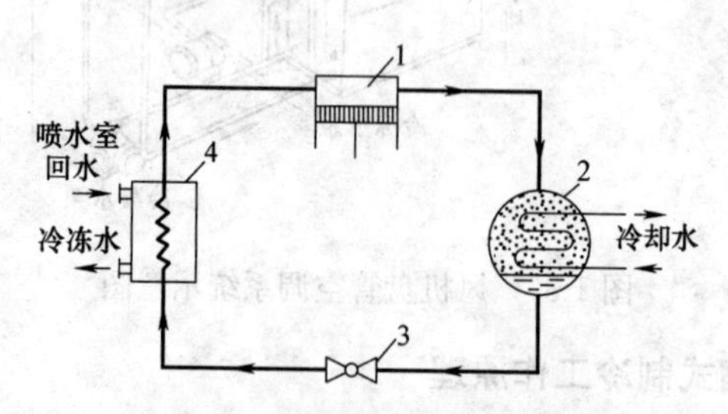

图 1-32　压缩式制冷循环原理图

1—压缩机；2—冷凝器；3—膨胀阀；4—蒸发器

压缩机将蒸发器内所产生的低压低温的制冷剂气体吸入汽缸内，经压缩后成为高压、高温的气体被排至冷凝器。在冷凝器内，高压高温的制冷剂与冷却水（或空气）进行热交换，把热量传给冷却水而使本身由气体凝结为液体。高压的液体再经膨胀阀节流降压后进入蒸发器。在蒸发器内，低压的制冷剂液体的状态是很不稳定的，立即进行汽化并吸收蒸发器水箱中水的热量，从而使冷冻水的回水重新得到冷却，蒸发器所产生的制冷剂气体又被压缩机吸走。这样，制冷剂在系统中要经过压缩、冷凝、节流和汽化等四个过程才完成一个制冷循环。

通过以上所述，可归结为下面四点：

（1）低压液体制冷剂在蒸发器内的汽化过程，是从低温物体（冷冻水的回水或周围空气）中夺取热量的过程，在压力不变条件下制冷剂的状态由液体变为气体；

（2）吸取了热量的低压制冷剂气体被压缩机吸入，在压缩的过程中，制冷剂的压力和温度升高，为实现制冷循环所必需的消耗外界能量（如电能）的补偿过程；

（3）高压高温的制冷剂气体在冷凝器内冷凝过程，它将从低温物体中夺取的热量，连同压缩机所消耗的功转化成的热量一起，全部地由冷却水（或空气）带走，而本身在定压下由气体重新凝结成液体；

（4）高压的液体制冷剂经膨胀阀节流后，其压力和温度都要降低，节流过程是为制冷剂液体在蒸发器内汽化创造条件。

2. 制冷剂和冷媒

空调制冷装置广泛采用氟利昂和个别的采用氨。氟利昂的品种多，除氟利昂—22（R22）仍在使用外，其他氟利昂产品由于破坏大气层的臭氧层，已定为淘汰制冷剂，已由新的制冷剂所代替。新制冷剂如 134a 等。

冷媒是将制冷装置中产生的冷量传递给被冷却物体。在空调中的冷媒是空气和冷冻水。如果要制取 0℃以下的冷量时，一般用乙二醇作为冷媒。

1.4.2　冷却水系统

在空调制冷系统中，为了保证冷凝温度不超过压缩机的允许工作条件，必须保证通过冷凝器中的冷却水温度在一定的范围，一般要求冷却水的初温为32℃，而冷却水的终温为37℃，其温差为5℃。

冷凝器冷却水系统，根据工程特点和自然条件，可分为直流式冷却水系统、混合式冷却水系统及循环冷却水系统等三种形式。

直流式冷却水系统是直流供水系统，将自来水或井水、河水直接打入冷凝器，温升后的冷却水直接排出，不再重复使用。

混合式冷却水系统，是将通过冷凝器的一部分冷却水，与深井水混合，再用水泵压送至冷凝器使用。

循环式冷却水系统，是将来自冷凝器的升温冷却水先送入蒸发式冷却装置，使其冷却降温，再用水泵送至冷凝器循环使用，只需要补充少量上水。蒸发式冷却有两种类型，一种是自然通风式喷水冷却池，另一种是机械通风式冷却塔。冷却塔又分逆流式和横流式两种。图1-33所示的是常用的机械通风式冷却塔冷却水系统。

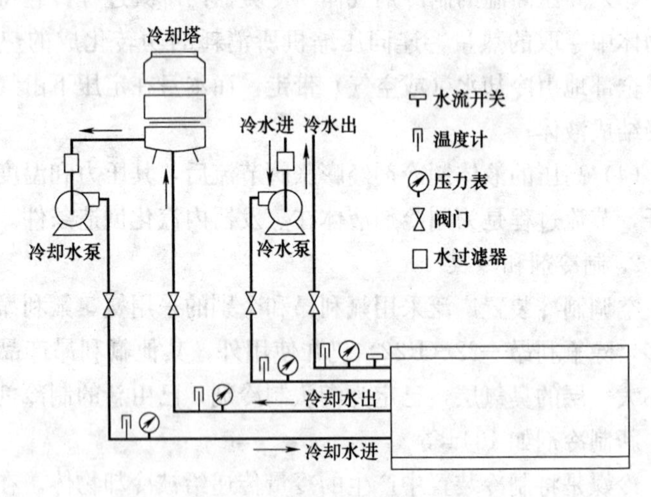

图1-33　冷却塔冷却水系统

1.4.3 冷冻水系统

根据空调系统的空气处理过程，制冷系统向空调系统供应冷量有两种方式，即直接供冷和间接供冷。

直接供冷是将空调器中的表面冷却器作为制冷装置的蒸发器，使低压液态制冷剂直接吸收空调器中被处理的空气热量。

间接供冷是用制冷装置的蒸发器吸收空调器中表面冷却器或喷淋循环水的热量，所用的循环水称为冷冻水，水温由设计要求而定，一般为5～10℃。

图1-34所示的是冷冻水管路系统，一般可分为闭式系统和开式系统。对于变流量调节系统，常采用闭式系统，其特点是和外界空气接触少，可减缓对管道的腐蚀，制冷装置采用管壳式蒸发器，常用于表面冷却器的冷却系统。而定流量调节系统，常采

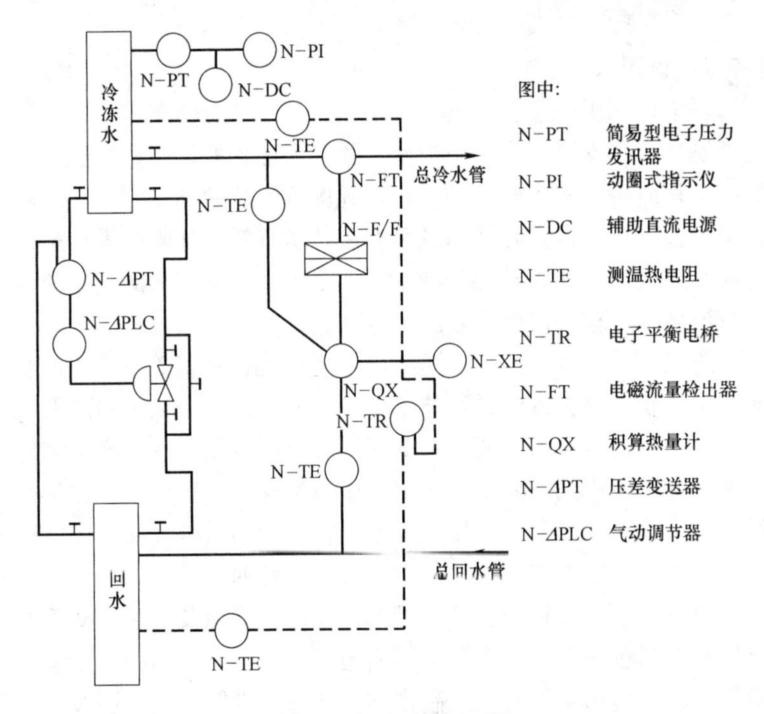

图1-34 冷冻水管路系统

用开式系统，其特点是需要设置冷水箱和回水箱，系统的水容量大，制冷装置采用水箱式蒸发器，用于喷淋室冷却系统。

为了保证闭式系统的水量平衡，在总送水管和总回水管之间设置有自动调节装置，一旦供水量减少而管道内压差增加，使一部分冷水直接流至总回水管内，保证制冷装置和水泵的正常运转。

冷冻水系统的形式较多，根据空调系统的要求不同可组成不同的形式，常用的形式：

单式泵定流量系统、分区单式泵定流量系统、单式泵变流量系统、复式泵分区增压系统等。

1.5 识图与图例

1.5.1 识图

图纸是施工的主要根据。是用来表达设计意图，施工人员按其预制加工和安装。人们常把施工图称为工程的语言。为保证和提高工程质量，减少施工的差错，确保施工的顺利进行，必须坚持按图施工。要认真熟悉图纸和有关技术资料，加强与设计单位的联系与合作，认真熟悉各种图纸，了解和掌握工程的全貌和各环节的技术要求，以便确定施工方法。

施工单位接到正式施工图纸后，通风工长和有关技术人员要向施工班组对施工图纸进行技术交底，并组织班组认真熟悉图纸及有关技术资料。对于通风、空调工程，应着重了解生产工艺对通风、空调系统的技术要求、工程质量标准、工程中使用的特殊材料，为加工制作和安装做好准备。在熟悉图纸过程中，应掌握重点，并按一定的程序识图，方能收到较好的效果。

通风、空调工程的施工图是由基本图、详图及文字说明等组成。基本图包括系统原理图、平面图、立面图、剖面图及系统轴测图。详图包括部件的加工制作和安装的节点图、大样图及标准图，如采用国家标准图、省（市）或设计部门标准图及参照其他工程的标准图时，在图纸目录中附有说明，以便查阅。文字说明包括有关的设计参数和施工方法及施工的质量要求。

识图的要点：

1. 施工图的方字说明包括下列内容：

(1) 工程的性质、规模、工程服务对象及系统的工作原理。

(2) 通风、空调系统的工作方式、系统划分和组成以及系统总送风、回风、新风、排风和各风口的送、回（排）风量。

(3) 通风、空调系统的设计参数。如室外气象参数，室内温湿度、室内含尘浓度、换气次数及各工况点空气状态参数等。

(4) 施工质量要求和特殊的施工方法。

2. 系统原理方框图：

系统原理方框图是综合性的示意图，它将空气处理设备、通风管路、冷热源管路、自动调节及检测系统联结成一有机整体。它表达了系统的工作原理及各环节的有机联系。了解系统工作原理后，就可以在施工过程中协调各环节的进度；尤其是在系统试运转、试验调整阶段，可根据系统的特点及工作原理，安排好各环节试运转和调试的程序。

3. 平面图

平面图：平面图是施工的主要依据。在通风、空调工程中，平面图上表示风管、部件及其他附属设备在建筑物内的平面坐标位置。

(1) 风管：送（回）风口、风量调节阀、测孔等部件和附属设备的位置，与建筑物墙面的距离及各部分尺寸。

(2) 送、回（排）风口的空气流动方向。

(3) 通风、空调设备的外形轮廓及规格型号。

4. 剖面图

平面图上不可能表示建筑物内的风管、部件或附属设备的立面位置和立面尺寸，只有剖面图才能表示出它们的立面位置及安装的标高尺寸。施工时应与平面图相互对照。

5. 系统轴测图

系统轴测图又叫透视图。通风、空调系统管路纵横交错，在平面图和剖面图上难以表达管线的空间走向，采用轴测投影绘制出管路系统单线条的立体图，可以完整而形象地将风管、部件及附属设备之间的相对位置的空间关系表示出来。系统轴测图上还注明风管、部件及附属设备的标高、各段风管的断面尺寸、送、回（排）风口的型式和风量值等。

6. 详图

详图上表明风管、部件及附属设备制作和安装的具体形式和方法，作为确定施工工艺的主要依据。对于通用性的工程设计详图，通常使用国家标准图。对于特殊性的工程设计，则由设计部门设计施工详图，以指导施工安装。

7. 设备和材料明细表

施工图上所附的设备和材料明细表，是将工程中各系统选用的设备和材料列出规格、型号、数量，作为订货的依据、施工预算的参考。

对于领导施工的班组长，在有条件的情况下，在熟悉施工图和技术说明外，还应了解与通风、空调系统有关的施工图，如管道、设备及空调电气、自控等图纸，以便施工中相互配合。

1.5.2 常用的图例

1. 风道

(1) 风道的代号如表 1-13 所示。

风道代号 **表 1-13**

代号	风道名称	代号	风道名称
K	空调风管	H	回风管(一、二次回风可附加 1、2 区别)
S	送风管	P	排风管
X	新风管	PY	排烟管或排风、排烟共用管道

(2) 风道、阀门及附件的图例如表 1-14 所示。

2. 暖通空调设备

暖通空调设备的图例如表 1-15 所示。

风道、阀门及附件图例　　　　表 1-14

序号	名称	图例	附注
1	砌筑风、烟道	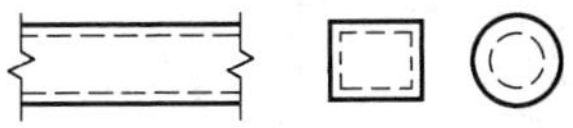	其余均为： 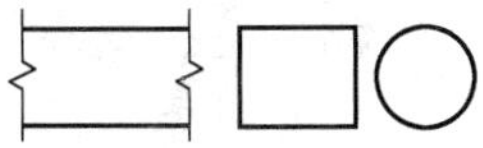
2	带导流片弯头		
3	消声器 消声弯管	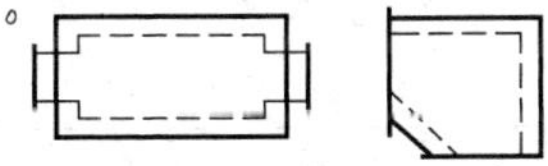	也可表示为： 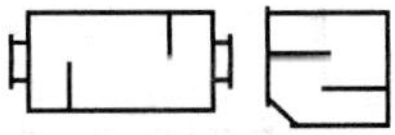
4	插板阀	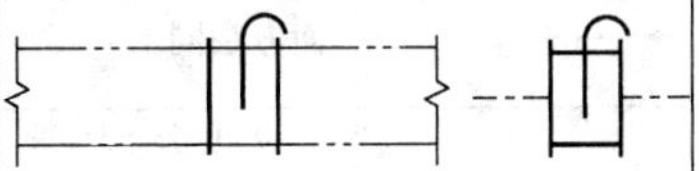	
5	天圆地方	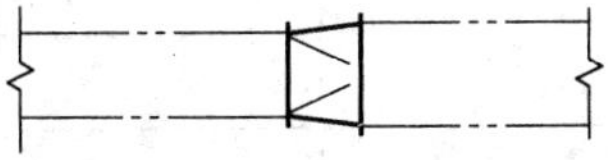	左接矩形风管，右接圆形风管
6	蝶阀	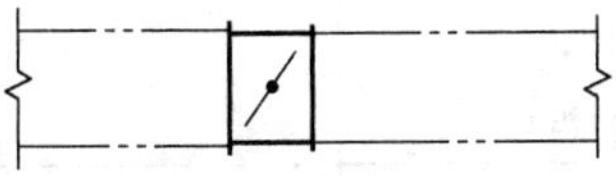	
7	对开多叶调节阀	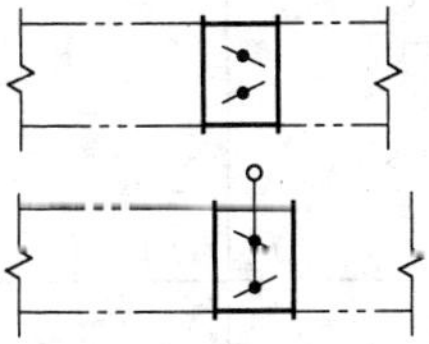	上为手动，下为电动
8	风管止回阀	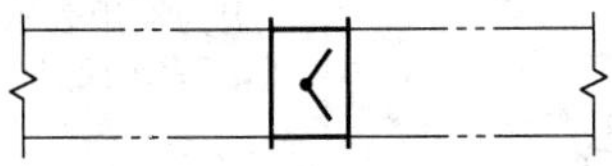	

续表

序号	名称	图例	附注
9	三通调节阀	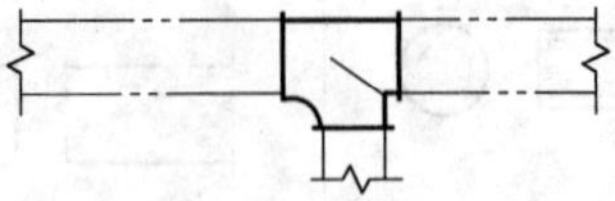	
10	防火阀	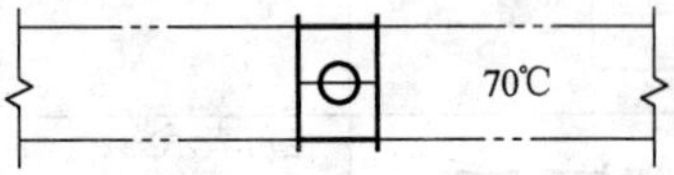 70℃	表示70℃动作的常开阀。若因图面小,可表示为: 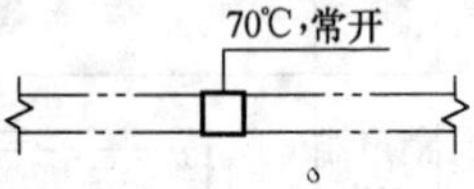 70℃,常开
11	排烟阀	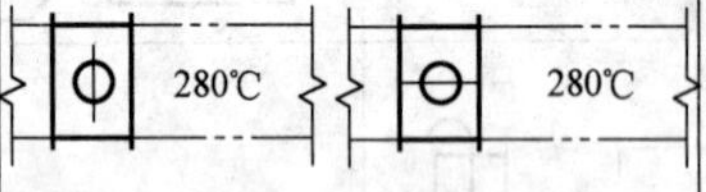 280℃　280℃	左为280℃动作的常闭阀,右为常开阀。若因图面小,表面方法同上
12	软接头	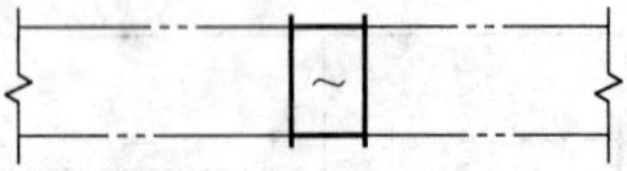 ~	也可表示为: 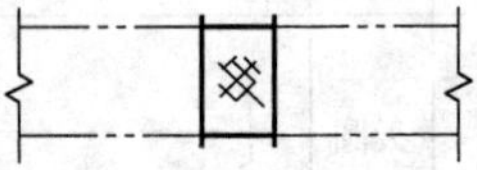
13	软管	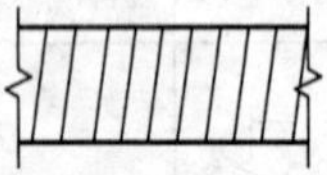 或光滑曲线(中粗)	
14	风口(通用)	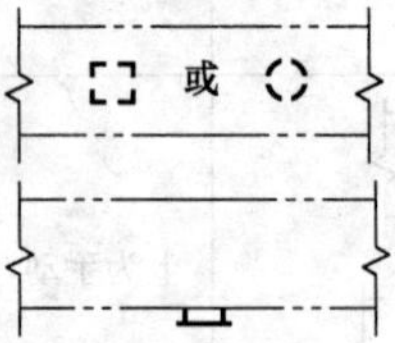 或	
15	气流方向	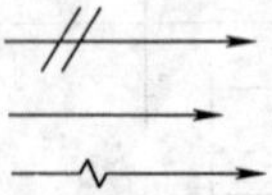	上为通用表示法,中表示送风,下表示回风

续表

序号	名称	图　　例	附　　注
16	百叶窗		
17	散流器		左为矩形散流器，右为圆形散流器。散流器为可见时，虚线改为实线
18	检查孔测量孔	检 测 检 测	

暖通空调设备图例　　　　**表 1-15**

序号	名称	图　　例	附　　注
1	散热器及手动放气阀	15 15	左为平面图画法，中为剖面图画法，右为系统图、Y 轴侧图画法
2	散热器及控制阀	15 15 15 15	左为平面图画法，右为剖面图画法
3	轴流风机	或	

续表

序号	名称	图例	附注
4	离心风机		左为左式风机，右为右式风机
5	水泵		左侧为进水，右侧为出水
6	空气加热、冷却器		左、中分别为单加热、单冷却，右为双功能换热装置
7	板式换热器	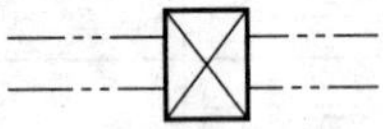	
8	空气过滤器	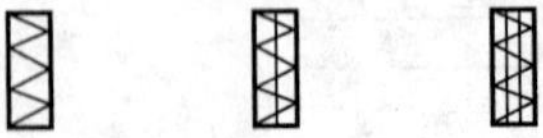	左为粗效，中为中效，右为高效
9	电加热器		
10	加湿器	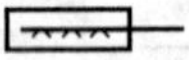	
11	挡水板	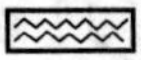	
12	窗式空调器	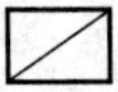	
13	分体空调器	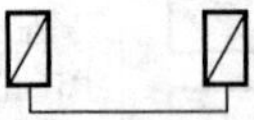	
14	风机盘管	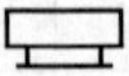	可标注型号：如：FR-5
15	减振器		左为平面图画法，右为剖面图画法

2. 通风、空调工程常用的材料

通风、空调工程的质量能否达到预计的效果，除与选用的设备、设计的水平和施工工艺有直接的关系外，还决定于工程中使用的材料的性能质量。因此，施工时使用的材料必须与设计要求及施工验收规范相符，并严格的对材料进行检查，对其规格、型号进行核对，并复查材料的出厂合格证书及有关技术资料，对无出厂合格证的材料，不得使用，必须经过检验并证明合格，方能使用，防止将不合格的材料使用到工程中，造成不可弥补的损失。

2.1 板材和型材

通风工程中使用的薄钢板和型钢，是由平炉或转炉炼成的普通碳素钢轧制成的。

在国家标准《碳素结构钢》（GB 700—88）中，根据钢材中碳、锰含量及屈服点的大小，按由低到高的次序排列，将碳素结构钢分为 5 种牌号，大部分牌号中还分有质量等级。每种牌号都规定有脱氧方法，碳素结构钢的牌号和化学成分（熔炼分析）应符合表 2-1 的规定。

碳素结构钢牌号和化学成分 **表 2-1**

<table>
<tr><th rowspan="3">牌号</th><th rowspan="3">等级</th><th colspan="5">化学成分(%)</th><th rowspan="3">脱氧方法</th></tr>
<tr><th rowspan="2">C</th><th rowspan="2">Mn</th><th>Si</th><th>S</th><th>P</th></tr>
<tr><th colspan="3">不大于</th></tr>
<tr><td>Q195</td><td>—</td><td>0.06～0.12</td><td>0.25～0.50</td><td>0.30</td><td>0.050</td><td>0.045</td><td>F、b、Z</td></tr>
<tr><td rowspan="2">Q215</td><td>A</td><td rowspan="2">0.09～0.15</td><td rowspan="2">0.25～0.55</td><td rowspan="2">0.30</td><td>0.05</td><td rowspan="2">0.045</td><td rowspan="2">F、b、Z</td></tr>
<tr><td>B</td><td>0.045</td></tr>
</table>

续表

牌号	等级	化学成分（%）					脱氧方法
		C	Mn	Si	S	P	
				不大于			
Q235	A	0.14～0.22	0.30～0.65	0.30	0.05	0.045	F、b、Z
	B	0.12～0.20	0.30～0.70		0.045		
	C	≤0.18	0.35～0.80		0.040	0.040	Z
	D	≤0.17			0.035	0.035	TZ
Q255	A	0.18～0.28	0.40～0.70	0.30	0.050	0.045	Z
	B				0.045		
Q275	—	0.28～0.38	0.50～0.80	0.35	0.050	0.045	Z

注：钢的牌号由代表屈服点的字母、屈服点数值、质量等级符号、脱氧方法符号等四个部分按顺序组成。例如 Q235-B・F，其中各符号的定义是：
Q—钢材屈服点“屈”字汉语拼音首位字母；
A、B、C、D—分别为质量等级；
F—沸腾钢“沸”字汉语拼音首位字母；
b—半镇静钢“半”字汉语拼音首位字母；
Z—镇静钢“镇”字汉语拼音首位字母；
TZ—特殊镇静钢“特镇”两字汉语拼音首位字母；
在牌号组成表示方法中，“Z”与“TZ”符号可以省略，如 Q235-B，即表示屈服点为：235N/mm^2 的 B 级镇静钢。

碳素结构钢的力学性能应符合表 2-2（拉伸和冲击试验）和表 2-3（冷弯试验）的规定。

2.1.1 普通薄钢板和型材

1. 普通薄钢板

通风工程常用的薄钢板的厚度为 0.5～4mm，其规格大致可分为 750×1800、900×1800、1000×2000（mm）及卷板等。钢板表面应平整、光滑、厚度均匀，允许有紧密的氧化铁薄膜，不得有裂缝、结疤等缺陷。常用的薄钢板分冷轧和热轧两种。其规格尺寸如表 2-4 所列。

目前国内各地的引进工程不断增加，国外常习惯将钢板厚度用英制的号数表示，为便于对照，现将英制的号数与厚度对照如表 2-5 所列，以供参考。

碳素结构钢的拉伸和冲击试验

表 2-2

牌号	等级	拉伸试验														冲击试验	
		屈服点 f_y/(N/mm²)						抗拉强度 f_u/(N/mm²)	伸长率 δ_5/(%)						温度/℃	V型冲击功（纵向）/J
		钢材厚度(直径)/mm							钢材厚度(直径)/mm							
		≤16	>16~40	>40~60	>60~100	>100~150	>150		≤16	>16~40	>40~60	>60~100	>100~150	>150		
		不小于							不小于							不小于
Q195	—	(195)	(185)	—	—	—	—	315~390	33	32	—	—	—	—	—	—
Q215	A	215	205	195	185	175	165	335~410	31	30	29	28	27	26	—	—
	B														20	27
Q235	A	235	225	215	205	195	185	375~460	26	25	24	23	22	21	—	—
	B														20	27
	C														0	
	D														−20	
Q255	A	255	245	235	225	215	205	410~510	24	23	22	21	20	19	—	—
	B														20	27
Q275	—	275	265	255	245	235	225	490~610	20	19	18	17	16	15	—	—

注：1. 牌号 Q195 的屈服点仅供参考，不作为交货条件。

2. 夏比（V 型缺口）冲击功值按一组三个试样单值的算术平均值计算，允许其中一个试样单值低于规定值，但不得低于规定值的 70%。

3. 冲击试样的纵向轴线应平行于轧制方向。

4. 对厚度不小于 12mm 的钢板、钢带、型钢或直径不小于 16mm 的棒钢做冲击试验时，应采用 10mm×10mm×55mmm 试样；对厚度为 6mm 至小于 12mm 的钢板、钢带、型钢或直径为 12mm 至小于 16mm 的棒钢做冲击试验时，应采用 5mm×10mm×55mm 小尺寸试样，冲击试样可保留一个轧制面。

当采用 5mm×10mm×55mm 小尺寸试样做冲击试验时，其试验结果应不小于规定值的 50%。

5. 钢材夏比（V 型缺口）冲击试验结果不符合上述规定时，应从同一批钢材上再取一组三个试样进行试验，前后六个试样的平均值不得低于规定值，但允许有两个试样低于规定值，其中低于规定值 70%的试样只允许一个。

碳索结构钢的冷弯试验　　　　表 2-3

牌　号	试 样 方 向	冷弯试验 $B=2a$　180°		
		钢材厚度(直径)/mm		
		60	＞60～100	＞100～200
		弯心直径 d		
Q195	纵	0	—	—
	横	0.5a		
Q215	纵	0.5a	1.5a	2a
	横	a	2a	2.5a
Q235	纵	a	2a	2.5a
	横	1.5a	2.5a	3a
Q255		2a	3a	3.5a
Q275		3a	4a	4.5a

注：1. B 为试样宽度，a 为钢材厚度（直径）。

2. 当做厚度或直径大于 20mm 钢材的冷弯试验时，试样经单面刨削使其厚度达到 20mm，弯心直径按表中规定，进行试验时，未加工面应在外面，如试样未经刨削，弯心直径应较表中所列数值增加一个试样厚度 a。

薄钢板常用的规格尺寸（mm）　　　　表 2-4

钢板厚度	钢板宽度												
	500	600	710	750	800	850	900	950	1000	1100	1250	1400	1500
	钢板长度												
热轧钢板													
0.6 0.7 0.75	1500 2000	1800 2000	1420 2000	1800 2000	1600 2000	1700 2000	1800 2000	1900 2000	1500 2000				
0.8 0.9	1000 1500	1200 1420	1420 2000	1500 1800 2000	1500 1600 2000	1500 1700 2000	1500 1800 2000	1500 1900 2000	1500 2000				
1.0 1.1 1.2 1.25 1.4 1.5 1.6 1.8	1000 1500 2000	1200 1420 2000	1000 1420 2000	1000 1500 1800 2000	1500 1600 2000	1500 1700 2000	1000 1500 1800 2000	1500 1900 2000	1500 2000				
2.0							1000						
冷轧钢板													
0.6	1000 1500	1800 2000	1800 2000	1800 2000	1800 2000	1800 2000	1500 1800		1500 2000				

续表

钢板厚度	钢板宽度												
	500	600	710	750	800	850	900	950	1000	1100	1250	1400	1500
	钢板长度												
冷轧钢板													
0.7 0.75	1000 1500	1200 1800 2000	1420 1800 2000	1500 1800 2000	1500 1800 2000	1500 1800 2000	1500 1800		1500 2000				
0.8 0.9	1000 1500	1200 1800 2000	1420 1800 2000	1500 1800 2000	1500 1800 2000	1500 1800 2000	1500 1800 2000		1500 2000	2000 2200	2000 2500		
1.0 1.1 1.2 1.4 1.5 1.6 1.8 2.0	1000 1500 2000	1200 1800 2000	1420 1800 2000	1500 1800 2000	1500 1800 2000	1500 1800 2000	1800 2000		2000	2000 2200	2000 2500	2800 3000 3500	2800 3000 3500

公制与英制对照表 表 2-5

习用号数	厚度			
	普通薄钢板		镀锌薄钢板	
	英寸/in	/mm	英寸/in	/mm
12	0.1046	2.65	0.1084	2.742
13	0.0897	2.28	0.0934	2.370
14	0.0747	1.89	0.0785	1.990
15	0.0673	1.71	0.0710	1.800
16	0.0598	1.52	0.0635	1.610
17	0.0538	1.36	0.0575	1.460
18	0.0478	1.22	0.0516	1.310
19	0.0418	1.06	0.0456	1.155
20	0.0359	0.911	0.0396	1.000
21	0.0329	0.835	0.0366	0.930
22	0.0299	0.758	0.0336	0.855
23	0.0269	0.682	0.0306	0.778
24	0.0239	0.606	0.0276	0.700
25	0.0209	0.530	0.0247	0.627
26	0.0179	0.455	0.0217	0.552
27	0.0164	0.416	0.0202	0.513

2. 镀锌薄钢板

镀锌薄钢板的厚度为0.25～2mm，通风工程中常用的厚度为0.5～1.2mm，其规格尺寸与普通薄钢板相同。镀锌钢板卷板对于加工制作风管和部件更为方便。所有品级的镀锌薄钢板的表面应光滑洁净，且有热镀锌特有的镀锌层结晶花纹，钢板每面的锌层厚度不小于0.02mm。

3. 塑料复合钢板

塑料复合钢板是在A_2、A_3钢板上覆以厚度为0.2～0.4mm的软质或半硬质聚氯乙烯塑料膜，可以耐酸、碱、油及醇类的侵蚀，用于通、排风管道及其他部件。塑料复合钢板分单面覆层和双面覆层两种。它具有普通薄钢板所具有的切断、弯曲、钻孔、铆接、咬合及折边等加工性能。在10～60℃可以长期使用，短期使用可耐温120℃。塑料复合钢板的规格如表2-6所列。

塑料复合钢板的规格（mm） 表2-6

厚度	宽度	长度	厚度	宽度	长度
0.35、0.4、0.5、0.6、0.7	450 500	1800 2000	0.8、1.0、1.5、2.0	1000	2000

4. 型钢

型钢在通风工程中用来制作风管的法兰、管道和通风、空调设备的支架，以及风管部件和管道配件等。一般常用的有槽钢、角钢、扁钢、圆钢、方钢等。型钢的外观应全长等形、均匀、不含裂纹和气泡，无严重的锈蚀等现象。常用的型钢规格尺寸如表2-7～2-11所列。

热轧扁钢 表2-7

宽度/mm	厚度/mm												
	3	4	5	6	7	8	9	10	11	12	14	16	18
	理论质量/(m/kg)												
10	0.24	0.31	0.39	0.47	0.55	0.63							
12	0.28	0.38	0.47	0.57	0.66	0.75							
14	0.33	0.44	0.55	0.66	0.77	0.88							
16	0.38	0.50	0.63	0.75	0.88	1.00	1.15	1.26					
18	0.42	0.57	0.71	0.85	0.99	1.13	1.27	1.41					
20	0.47	0.63	0.79	0.94	1.10	1.26	1.41	1.57	1.73	1.88			

续表

宽度/mm	厚度/mm												
	3	4	5	6	7	8	9	10	11	12	14	16	18
	理论质量/(m/kg)												
22	0.52	0.69	0.86	1.04	1.21	1.38	1.55	1.73	1.90	2.07			
25	0.59	0.79	0.98	1.18	1.37	1.57	1.77	1.96	2.16	2.36	2.75	3.14	
28	0.66	0.88	1.10	1.32	1.54	1.76	1.98	2.20	2.42	2.64	3.08	3.53	
30	0.71	0.94	1.18	1.41	1.65	1.88	2.12	2.36	2.59	2.83	3.36	3.77	4.24
32	0.75	1.01	1.25	1.50	1.76	2.01	2.26	2.54	2.76	3.01	3.51	4.02	4.52
36	0.85	1.13	1.41	1.69	1.97	2.26	2.51	2.82	3.11	3.39	3.95	4.52	5.09
40	0.94	1.26	1.57	1.88	2.20	2.51	2.83	3.14	3.45	3.77	4.40	5.02	5.65
45	1.06	1.41	1.77	2.10	2.47	2.83	3.18	3.53	3.89	4.24	4.95	5.65	6.36
50	1.18	1.57	1.96	2.36	2.75	3.14	3.53	3.93	4.32	4.71	5.50	6.28	7.07

热轧等边角钢 **表 2-8**

角钢号数	尺寸/mm		截面面积/cm^2	理论重量/(kg/m)	外表面积/(m^2/m)
	b	d			
2	20	3	1.132	0.889	0.078
		4	1.459	1.145	0.077
2.5	25	3	1.432	1.124	0.098
		4	1.859	1.459	0.097
3.0	30	3	1.749	1.373	0.117
		4	2.276	1.786	0.117
3.6	36	3	2.109	1.656	0.141
		4	2.756	2.163	0.141
		5	3.382	2.654	0.141
4	40	3	2.359	1.852	0.157
		4	3.086	2.422	0.157
		5	3.791	2.976	0.156
4.5	45	3	2.659	2.088	0.177
		4	3.486	2.736	0.177
		5	4.292	3.369	0.176
		6	5.076	3.985	0.176
5	50	3	2.971	2.332	0.197
		4	3.897	3.059	0.197
		5	4.803	3.770	0.196
		6	5.688	4.465	0.196

续表

角钢号数	尺寸/mm		截面面积/cm²	理论重量/(kg/m)	外表面积/(m²/m)
	b	*d*			
5.6	56	3	3.343	2.624	0.221
		4	4.390	3.446	0.220
		5	5.415	4.251	0.220
		6	8.367	6.568	0.219
6.3	63	4	4.978	3.907	0.248
		5	6.143	4.822	0.248
		6	7.288	5.721	0.247
		8	9.515	7.469	0.247
		10	11.657	9.151	0.246
7	70	4	5.570	4.372	0.275
		5	6.875	5.397	0.275
		6	8.160	6.406	0.275

注：*b*—角钢边宽；*d*—角钢边厚。

热轧不等边角钢 **表 2-9**

角钢号数	尺寸/mm			截面面积/cm²	理论重量/(kg/m)	外表面积/(m²/m)	通常长度/m
	B	*b*	*d*				
3.2/2	32	20	3	1.492	1.171	0.102	3～9
			4	1.939	1.522	0.101	
5/3.2	50	32	3	2.431	1.908	0.161	
			4	3.177	2.494	0.160	
5.6/3.6	56	36	3	2.743	2.153	0.181	
			4	3.590	2.818	0.180	
			5	4.415	3.466	0.180	
6.3/4	63	40	4	4.058	3.185	0.202	4～12
			5	4.993	3.920	0.202	
			6	5.908	4.638	0.201	
			7	6.802	5.339	0.201	
7.5/5	75	50	5	6.125	4.808	0.245	
			6	7.260	5.699	0.245	
			8	9.467	7.431	0.244	
			10	11.590	9.098	0.244	

注：*B*—长边宽；*b*—短边宽；*d*—边厚。

热轧普通槽钢 **表 2-10**

型号	尺寸/mm			截面面积/cm²	理论重量/(kg/m)	通常长度/m
	h	b	d			
5	50	37	4.5	6.93	5.44	5～12
6.3	63	40	4.8	8.444	6.63	
6.5	65	40	4.8	8.54	6.70	
8	80	43	5.0	10.24	8.04	
10	100	48	5.3	12.74	10.00	5～19
12	120	53	5.5	15.36	12.06	
14a	140	58	6.0	18.51	14.53	
4b	140	60	8.0	21.31	16.73	
16a	160	63	6.5	21.95	17.23	6～19
16	160	65	8.5	25.15	19.74	
18a	180	68	7.0	25.69	20.17	
18	180	70	9.0	29.29	22.99	
20a	200	73	7.0	28.83	22.63	
20	200	75	9.0	32.83	25.77	
22a	220	77	7.0	31.84	24.99	
22	220	79	9.0	36.24	28.45	

注：h—槽钢高；b—腿宽；d—腰厚。

热轧圆钢、方钢及六角钢 **表 2-11**

圆钢直径、方钢边长、六角钢内切圆直径/mm	截面面积/cm²			理论重量/(kg/m)		
	圆钢	方钢	六角钢	圆钢	方钢	六角钢
5	0.1963	0.25		0.154	0.196	
5.6	0.2375	0.30		0.193	0.246	
6	0.2827	0.36		0.222	0.283	
6.5	0.3318	0.42		0.260	0.332	
7	0.3848	0.49		0.302	0.385	
8	0.5027	0.64	0.5542	0.395	0.502	0.435
9	0.6362	0.81	0.7015	0.499	0.636	0.551
10	0.7854	1.00	0.866	0.617	0.785	0.680
11	0.9503	1.21	1.048	0.746	0.95	0.823
12	1.131	1.44	1.247	0.888	1.13	0.919
13	1.327	1.69	1.463	1.04	1.33	1.15
14	1.539	1.96	1.697	1.21	1.54	1.33
15	1.767	2.25	1.948	1.39	1.77	1.53
16	2.011	2.56	2.217	1.58	2.01	1.74
17	2.270	2.89	2.490	1.78	2.27	1.96
18	2.545	3.24	2.806	2.00	2.54	2.20
19	2.835	3.61	3.126	2.23	2.82	2.45

续表

圆钢直径、方钢边长、六角钢内切圆直径/mm	截面面积/cm²			理论重量/(kg/m)		
	圆钢	方钢	六角钢	圆钢	方钢	六角钢
20	3.142	4.00	3.464	2.47	3.14	2.72
21	3.464	4.41	3.882	2.72	3.46	3.00
22	3.801	4.84	4.101	2.98	3.80	3.29
23	4.155	5.29	4.581	3.26	4.15	3.59
24	4.524	5.76	4.903	3.55	4.52	3.92
25	4.909	6.25	5.412	3.85	4.91	4.25

2.1.2 不锈钢板

不锈钢板在高温下具有耐酸碱能力，常用于化工环境中耐腐蚀的通风系统。不锈钢按化学成分可分很多品种，如按金相组织可分为铁素体钢（Cr13 型）、和奥氏体钢（18-8 型），其耐腐蚀性能和使用的场合各不相同，在施工时应注意核实板材的出厂合格证要与设计要求一致。不锈钢的化学成分如表 2-12 所列。

几种不锈钢的化学成分　　表 2-12

类别	钢号		化学成分/%								
	牌号	代号	碳≤	硅≤	锰	铬	镍	钛	钼	硫 ≤	磷 ≤
铁素体钢（Cr13 型）	0 铬 13	0Cr13	0.08	0.60	≤0.60	12.0~14.0	≤0.52	—	—	0.030	0.035
	0 铬 17 钛	0Cr17Ti	0.08	0.80	≤0.70	16.0~18.0	—	5×C% 3~0.80	—	0.025	0.035
奥氏体钢（18-8 型）	0 铬 18 镍 9	0Cr18Ni9	0.06	0.80	≤2.00	17.0~19.0	8.0~11.02	—	—	0.030	0.035
	1 铬 18 镍 9 钛	1Cr18Ni9Ti	0.12	0.80	≤2.00	17.0~19.0	8.0~11.0	5×(C%−0.02)~0.80	—	0.030	0.035
	铬 18 镍 12 钼 2 钛	Cr18Ni12Mo2Ti	0.12	0.80	≤2.00	16.0~19.0	11.0~14.0	0.3~0.6	2.0~3.0	0.030	0.035
	铬 18 锰 8 镍 5	Cr18Mn8Ni5	0.10	1.00	7.5~10.0	17.0~19.0	4.0~6.0	N≤0.25	—	0.030	0.060
	1 铬 17 镍 13 钼 2 钛	1Cr17Ni13Mo2Ti	0.10	0.80	≤2.00	16.0~18.0	12.0~14.0	0.30~0.80	1.80~2.50	0.020	0.035

2.1.3 铝板和铝型材

铝板有铝板和合金铝板两种。用于通风工程的以纯铝为多。纯铝为银白色轻金属，其特点具有密度小、熔点低、塑性高、导电导热耐腐性（能耐浓硝酸、醋酸、稀硫酸等）。在纯铝中加入锰、镁等合金元素后，其强度和硬度有显著提高，可用在建筑结构上。铝板及铝型材有工业纯铝、防锈铝、硬铝、超硬铝和锻铝等。

纯铝的产品状态，有退火的和冷作硬化的两种。退火的塑性较好，强度较低；冷作硬化的塑性较低，而强度较高。纯铝的主要化学成分是铝，约占98.8%～99.6%。铝板及铝型材的性能和产品的规格如表2-13～表2-15所列。

纯铝板的横向机械性能　　表2-13

"材料状态"代号的名称：M—退火；R—热轧、热挤；Y—硬

牌号	材料状态	横向机械性能			
		厚度/mm	抗拉强度 δ_b /MPa	屈服强度 δ_b/MPa	伸长率 δ_{10}(%)
				≥	
L2 L3	M	0.3～0.5 0.51～0.9 0.91～10	≤110 ≤110 ≤110		20 25 28
L5	R	5～10 11～25	≥70 ≥80		15 18
L4 L6	R	5～10 11～25	≥70 ≥80		18 18
L2 L3 L4 L5 L6	Y_2	0.3～0.4 0.41～0.7 0.71～1.0 1.1～40	≥100 ≥100 ≥100 ≥100		3 4 5 6
	Y	0.3～4.0 4.1～6.0	≥140 ≥130		3 4

纯铝板产品规格　　表2-14

牌　号	材料状态	规格/mm		
		厚度	宽度	长度
L2～L6	R	5～20 21～25	1000～1500	2000～5000 2000～7000
	M	0.3～0.4 0.5～10.0	1000、1200 1000～1500	2000 2000～4000

续表

牌号	材料状态	规格/mm		
		厚度	宽度	长度
L2～L6	Y_2	0.3～0.4	1000、1200	2000
		0.5～4.0	1000～1500	2000～4000
	Y	0.3～0.4	1000、1200	2000
		0.5～6.0	1000～1500	2000～4000
	M	0.5～4.0	1200、1500	2000～1000
		0.8～4.0	1200～1800	
	Y_2	1.0～4.0	1200～2000	
		1.5～4.0	1200-2200	
	Y	1.8～4.0	1200～2400	
	M	5.0～10.0	1200～2400	
	Y	5.0～6.0	1200～2400	
	R	5.0～10.0	1200～2400	
		12.0～25.0	1200～2500	

铝直角角型材 XC111 **表 2-15**

序号	主要尺寸		截面面积 /cm²	理论质量 /(kg/m)	序号	主要尺寸		截面面积 /cm²	理论质量 /(kg/m)
	$H=B$	δ				$H=B$	δ		
1	20	1	0.397	0.110	22	30	2	1.164	0.324
2	20	1.2	0.473	0.131	23	30	2.5	1.438	0.400
3	20	1.5	0.584	0.162	24	30	3	1.720	0.478
4	20	2	0.764	0.212	25	30	4	2.240	0.623
5	20	3	1.140	0.317	26	32	2.4	1.494	0.415
6	20	4	1.475	0.410	27	32	3.2	1.957	0.544
7	20.5	1.6	0.633	0.176	28	32	3.5	2.131	0.592
8	23	2	0.880	0.245	29	32	6.5	3.728	1.036
9	25	1.2	0.597	0.166	30	35	3	2.005	0.557
10	25	1.5	0.734	0.204	31	35	4	2.057	0.739
11	25	1.6	0.77	0.216	32	38	2.4	1.773	0.493
12	25	2	0.964	0.268	33	38.3	3.5	2.562	0.712
13	25	2.5	1.189	0.331	34	38.3	5	3.590	0.998
14	25	3	1.410	0.392	35	38.3	6.3	4.444	1.235
15	25	3.2	1.509	0.420	36	40	2	1.564	0.435
16	25	3.5	1.641	0.456	37	40	2.5	1.944	0.540
17	25	4	1.857	0.516	38	40	3	2.320	0.645
18	25	5	2.242	0.623	39	40	3.5	2.671	0.743
19	27	2	1.041	0.289	40	40	3.5	2.694	0.749
20	27	2	1.090	0.303	41	40	4	3.057	0.850
21	30	1.5	0.884	0.246	42	40	5	3.750	1.043

2.1.4 非金属板材

1. 聚氯乙烯塑料板

聚氯乙烯塑料有软、硬之分。塑料风管采用硬质聚氯乙烯板制作，而空气洁净室的地板常采用软质聚氯乙烯板铺设。

聚氯乙烯板制造一般有两种方法。一种是挤压成型，连续地挤出需要厚度的板材。另一种是叠压成型，即生产薄片（厚0.5mm），再将薄片叠合成不同厚度的厚板，在压力机上热压成各种厚度的板材。目前国内生产的板材主要是叠压板，挤压板也有少量厂家生产。

使用聚氯乙烯塑料制作的容器、管道，其使用压力常为常压或真空。对板材的要求，表面应光滑平整，无裂纹，无气泡和未塑化杂质，颜色为灰色，允许有轻微的色差、斑点及凹凸。硬聚氯乙烯塑料板最高允许使用温度为60℃，不得在芳香族碳氢化物、脂肪与芳香族碳氢化合物的卤素衍生物、酮类以及浓度为50%以上的硝酸溶液等介质中使用。

硬质聚氯乙烯塑料板可以切、削、车、刨等机械加工，并能在100～120℃范围内加热弯曲成各种曲面或角度。并可用聚氯乙烯塑料焊条或过氯乙烯胶粘剂、聚氨酯胶粘剂进行拼接粘合。

硬聚氯乙烯塑料板的品种、规格如表2-16所列。

硬聚氯乙烯塑料板的品种　　表2-16

品种	硬聚氯乙烯建筑塑料制品的品种和规格/mm
硬聚氯乙烯塑料板	厚度：2±0.3，2.5±0.3，3±0.3，3.5±0.35，4±0.4，4.5±0.45，5±0.5，6±0.6，7±0.7，8±0.8，9±0.9，10±1.0，12±1.0，14±1.1，15±1.2，16±1.3，18±1.4，20±1.5，22±1.6，24±1.3，25±1.8，28±2.0，30±2.1，32±1.9，35±2.1，38±2.3，40±2.4 宽度：≥700 长度：≥1200
高冲击强度硬聚氯乙烯板	
硬聚氯乙烯塑料装饰板	
硬聚氯乙烯塑料地板砖	

2. 铝箔挤压（×PS）复合板

铝箔挤压（×PS）复合板是以硬质难燃聚苯乙烯泡沫为保

温层，双面复合轧花铝箔，一次性加工而成。其内部为独立的密闭式气泡结构，外部为轧花铝箔，具有高抗压、不吸水、防潮、不透气、导热系数低、持久保温隔热性能。保温层不会发生分解和霉变，无有害物质挥发，常用制作复合风管。复合板的主要技术指标：

密度	50kg/m³
导热系数	0.027W/m·K
压缩强度	250MPa
弯曲强度	1.06MPa
工作温度	−50～110℃
燃烧性能	B级
吸水率	<1.5%（经浸泡24h后）

3. 铝箔聚氨酯复合板

铝箔聚氨酯复合板采用微氟难燃的聚氨酯硬质泡沫作为夹心层的保温材料，双面复合不燃A级铝箔一次性加工成型。复合板中的聚氨酯是闭孔的微细泡沫。异采用食品级聚氨酯硬质泡沫中性材料，不含有害物质，无腐蚀。复合板的主要技术指标：

密度	50～70kg/m³
导热系数	0.021W/m·K
工作温度	−100～180℃
燃烧等级	难燃B_1级
氧指数	53%
吸水率	1%～3%（经浸泡24h后）

4. 铝箔酚醛复合板

铝箔酚醛复合板是以酚醛树脂为原料，西面复合轧花铝箔，采用自动生产线一次性发泡复合而成。酚醛泡沫具有良好的阻燃性能，其燃烧等级达到国家复合材料的难燃标准。复合板的主要技术指标：

复合板规格	6000～2000×1200mm
板材厚度	200±0.5mm

双面铝箔厚度　　　　80μm
密度　　　　　　　　60～70kg/m³
导热系数　　　　　　0.022W/m·K
吸水率　　　　　　　≤3.7%
抗压强度　　　　　　≥1.44MPa
弯曲强度　　　　　　≥1.7MPa
工作温度　　　　　　－40℃～150℃

5. 铝箔布玻纤维复合板

铝箔布玻纤维复合板是以不燃性玻璃棉板为基材，用阻燃性胶粘剂复合粘面材料制作。其选材必须符合行业标准 JC/T 591—1995 的要求，否则将影响制作风管的质量。各种材料应符合下列要求：

(1) 复合玻璃纤维板其外表面复合一层玻璃纤维布复合铝箔，内表面复合一层玻璃纤维布的玻璃棉板。玻璃棉板为不燃材料，其厚度为 25mm，密度为 64kg/m³，宽 1200mm，长 2400mm 或 4000mm。

复合玻璃纤维板的玻璃纤维布面粘贴牢固，表面无皱折、无脱胶、缺胶和断脱现象，玻璃纤维布铝箔面粘贴牢固，表面无皱折、无损伤、无腐蚀、无污染。其吸声和导热系数应符合表 2-17 和表 2-18 的要求。

吸声系数　　　　**表 2-17**

密度(kg/m³)	板厚(mm)	在以下倍频程中心频率(Hz)平均吸声系数			
		250	500	1000	2000
64	25	≥0.5			

导热系数　　　　**表 2 18**

密度(kg/m³)	板厚(mm)	平均温度为(70±5)℃时的导热系数[W/m·K]
64	35	≤0.042

(2) 玻璃纤维布呈中碱性，无石蜡浸润，织物密度为 14×13，厚 0.12mm，宽 1000mm 或 1200mm。

(3) 玻璃纤维布复合铝箔的氧指数不小于70。布幅宽1000mm或1200mm，厚度0.015mm或0.02mm。

(4) 粘结剂氧指数不小于60。粘度、pH值、含固量（质量分数）、粘接强度应符合表2-19的要求。

粘合的性能指标　　表2-19

名　称	黏度(Pa・S)	pH值	含固量(%)	粘接强度(MPa)
复合玻纤板用粘结剂	10～13	6～7	56±3	≥1.2

6. 机制玻镁复合板

机制玻镁复合板是由两层高强度无机材料和一层保温材料复合而成，其主要材料有氧化镁、氯化镁和玻璃纤维布等。根据使用对象不同，机制玻镁复合板可分为节能型、耐火型、洁净型、防火型及排烟。现以节能型列出下列主要技术指标：

板层厚度　≥31mm
强度结构层燃烧性能　A_1级
保温层燃烧性能　≥B级
表面强度结构厚度　≥1mm
夹心保温层厚度　≥28mm
玻璃纤维布总层数　≥4层
保温材料导热系数　≤0.0375W/m・K
游离（剩余）氯离子含量　≤3%
泛卤　无泛卤现象
规格（长×宽）　2260mm×1300mm

2.2 保温、消声材料和油漆涂料

2.2.1 保温、消声材料

保温、消声材料一般均为轻质、疏松、多孔、纤维材料。如按其成分可分为有机和无机材料两种。有机材料的保温、消声效果优于无机材料，但其耐久性无机材料又优于有机材料。保温、消声材料的性能主要用材料的导热系数来衡量。

材料的导热系数越小，则通过材料传至环境的热量越少，保温隔热性能越好。材料的导热系数取决于材料的成分、内部结构、密度等，也取决于传热时平均温度和材料的含水量。密度与导热系数的关系是，密度越轻，导热系数越小。对于松散纤维材料，只有密度大于最佳密度时，才符合密度越轻，导热系数越小的规律。多孔材料的导热系数，随着单位体积中的气孔数量多少而不同的。气孔数量越多，导热系数越小。松散颗粒材料的导热系数，则随单位体积中颗粒数量的增多而减小。松散纤维材料的导热系数，则随纤维截面的减小而减小。如果其他条件相同，多孔材料的导热系数，则随着平均温度和含水量的增加而增大，反之则减小。

材料的吸声性能用吸声系数表示，是衡量吸声材料性能的主要指标。各种材料的吸声性能是不同的。多孔材料对高频吸收大，而对低频吸收小。因板振动而吸声的材料，对高频吸收小，而对低频吸收大。吸声材料应质轻、疏松、多孔。

1. 石棉板：石棉是蕴藏在中性或酸性火成岩矿床中的一种非金属矿。它具有耐火、耐热、耐酸、耐碱、保温、绝热、隔声及绝缘等特性。石棉的制品较多，石棉板是用石棉和粘结材料制成板状材料。通风、空调工程常用来作为电加热器前后风管的保温。

2. 岩棉及岩棉制品：岩棉是以玄武岩为主要材料，经高温熔融加工制成的人造无机纤维。它具有质轻、导热系数小、吸声性能好、不燃、化学稳定性好等特点。在岩棉中加入特制的粘结剂，经过加工可制成岩棉板、岩棉管等制品，它是一种新型的保温、隔热及吸声材料。目前国内岩棉制品生产的质量尚好，品种较全，满足工程要求。

3. 玻璃棉及玻璃棉制品：玻璃棉及玻璃棉制品是一种高效能的轻质、耐久的保温材料。玻璃纤维按其形态和长度分类，可分为连续纤维（又叫纺织纤维）、定长纤维、玻璃棉；按其成分中的含碱量分类，可分为无碱纤维、低碱纤维、中碱纤维和高碱纤维；

按其纤维直径分类，可分为初级纤维、中级纤维、高级纤维（又叫纺织纤维）；按其生产方法分类，可分为定长纤维和玻璃棉。

玻璃棉属于定长玻璃纤维，但纤维较短。一般在150mm以内或更短，在形态上组织蓬松，类似棉絮，又称为短棉。玻璃纤维直径在1～3μm的称为超细棉。因此玻璃棉可分为短棉及超细棉两种。

短棉的制品有沥青玻璃棉毡、沥青玻璃棉缝毡及酚醛树脂玻璃棉板和管壳。

超细棉的制品有普通超细玻璃棉毡、板、管壳、无碱超细玻璃棉毡、高硅氧超细玻璃棉毡等。

中级玻璃纤维和玻璃棉一样，同属于定长玻璃纤维一类，但生产工艺和玻璃棉不同，其制品有中级玻璃纤维保温板和中级玻璃纤维管壳等。

玻璃棉及其制品的性能如表2-20和表2-21所列。

各种玻璃棉的一般性能指标 **表2-20**

名称	纤维直径/μm	表观密度/(kg/m³)	常温导热系数/[W/(m·K)]	耐热度/℃	吸声系数（厚度：50mm 频率：500～4000Hz）	备注
普通玻璃棉	<5	80～100	0.0523	≤300		1. 使用温度不能超过300℃ 2. 耐腐蚀性较差
普通超细玻璃棉	<5	20	0.0348	≤400	≥0.75	一般使用温度不超过300℃
无碱超细玻璃棉	<2	4～15	0.0325	≤600	≥0.75	1. 一般使用温度为−120～600℃ 2. 耐腐蚀性强
高硅氧棉	<4	95～100	当温度为262～413℃时，高温导热系数为0.0678～0.10269	≤1000	≥0.75	1. 耐高温 2. 耐腐蚀性强
中级纤维棉	15～25	80～100	≤0.058	≤300	≥0.75	1. 一般使用温度不能超过300℃ 2. 耐腐蚀性较差

玻璃棉制品及中级玻璃纤维制品的性能指标 **表 2-21**

名称		纤维直径/μm	渣球含量(%)	表观密度/(kg/m³)			常温导热系数/(W/(m·K))	胶粘剂含量(%)	使用温度/℃	吸湿率(%)	吸声系数	
				产品容重	管道设备使用容重	建筑工程使用容量					100～1000Hz	1000Hz以上
短棉	沥青玻璃棉毡	≤13	≤4	≤80	120	100	0.0407	2～5	≤250	≤0.5	平均0.60	0.90
	沥青玻璃棉缝毡	≤13	≤4	≤85	120		0.0407	2～5	≤250	≤0.5	平均0.60	0.90
	酚醛玻璃棉板	≤15	≤5	120,130,140,150			0.0407	3～8	≤300	≤1	平均0.65	0.90
	酚醛玻璃棉管	≤15	≤5	120,130,140,150			0.0407	3～8	≤300	≤1	平均0.65	0.90
起细棉	酚醛超细玻璃棉毡	3～4	0.4	<20	50	30～40	0.0348	≤2	≤400	≤1	平均0.65	0.80
	酚醛超细玻璃棉管	≤6	≤1	≤60	60	60	0.0348	3～5	≤300	≤1	平均0.65	0.80
	酚醛超细玻璃棉板	≤6	≤1	≤60	60	60	0.0348	3～5	≤300	≤1	平均0.65	0.80
	无碱超细玻璃棉毡	≤4		≤60	60	60	0.0325		≤600		平均0.65	0.80
	高硅氧超细玻璃棉毡	≤4		≤95			0.075～0.1186 (262～145℃)	≤5	≤1000		平均0.65	0.80
中级纤维	中级玻璃纤维板	15～25		80	80～130	8～130	0.0407	4～8	≤300	≤1	平均0.56	0.90
	中级玻璃纤维管	15～25		80	80～130	80～130	0.0407	4～8	≤300	≤1	平均0.56	0.90

注：高硅氧超细玻璃棉制品具有耐高温、化学稳定性较好，耐酸（除氢氟酸外）碱侵蚀性好等特点。适于作高温保温绝热及耐腐蚀材料之用

玻璃棉制品在空调工程中常用作风管与设备的保温和消声器中的吸声材料。玻璃棉制品在风管保温中铝箔玻璃棉板和铝箔玻璃棉毡较为广泛。

4. 泡沫塑料：泡沫塑料在空调风管、制冷和冷水管道保温工程中应用较广。它是以各种树脂等为基料，按比例加入一定数量的发泡剂、催化剂、稳定剂等辅助材料，经加热发泡而制成的。泡沫塑料的种类很多，常用的有高压聚乙烯（PEF）、橡塑（PVC/NBR）、酚醛泡沫保温板等。

(1) 高压聚乙烯（PEF）保温板：它是以伏安的聚乙烯（PEF）树脂和丁腈橡胶为原料，经混炼、密炼，以化学发泡方法生产的聚乙烯（PEF）高发泡弹性体，具有高弹性、防结露、导热系数低等特点。其技术性能：

表观密度（g/cm^3） ≤0.070

导热系数（W/m・K） ≤0.040

吸水率（g/cm^2） ≤4.0

氧指数（%） ≥32.0

拉伸强度（MPa） ≥160

保温板常用的规格：

单位：mm

长×宽	1220×2440 或 1000×2000								
板材厚度	3	5	10	15	18	20	25	30	32	35
板材公差范围		±0.5	±0.5	±0.5	±1.0	±1.0	±1.5	±1.5	±1.5	±1.5

注：保温厚 $\delta \geqslant 2.5$，可用双层或多层保温。

(2) 橡塑（PVC/NBR）保温板：橡塑保温板是以 PVC、NBR 为主要原料发泡而成。NBR 是丁腈橡胶的英文缩写的名称，是由丁二烯和丙烯腈经乳液聚合制成。PVC/NBR 保温板的保温性能稳定、具有防潮、防结露的性能，而且材质软和弹性强的特点，并能耐 105℃高温。保温板表面光滑、耐磨，施工简便。其技术性能：

表观密度（kg/cm^3） 64

导热系数（W/m·K）	
平均温度−20℃	≤0.032
0℃	≤0.033
20℃	≤0.034
40℃	≤0.036
透湿系数［K/(m·s·Pa)］	$\leqslant 4.0\times10^{-14}$
湿阻因子	≥4500
真空吸水率（%）	≤4
燃烧性能	难燃（B_1）级 氧指数≥32 烟密度（SDR）≤75
尺寸稳定性（%）	
100℃±3℃	7
耐低温性	无裂纹
−40℃ 30min	
撕裂强度（N/cm）	5
适用温度范围（℃）	−40～105

（3）酚醛保温板：酚醛泡沫是一种难燃的保温材料。它除具备聚氯乙烯、聚苯乙烯、聚氨酯泡沫塑料的优点外，并不含有氟利昂，具有耐腐蚀性好，导热系数低，温度适用范围广，适用于空调风管的保温。其技术性能：

密度（kg/m^3）	45～75
厚度（mm）	10～100
导热系数（W/m·K）	0.022～0.029
阻燃等级	难燃 B_1 级
氧指数	56.1
弯头强度（MPa）	1.05
工作温度（℃）	−60～150

2.2.2 油漆涂料

1. 油漆涂料的分类

油漆涂料的品种较多，按其习惯上的分类可分成三大类，即天然漆、人造漆和特种涂料。

天然漆又叫大漆、生漆。是从漆树分泌的液汁中提炼而成，是我国的特产。

人造漆的特点，其成分中无天然漆液，也就是我们在工程中经常使用的油漆。它包括：调合漆、树脂漆、磁漆、光漆（又叫腊克）及喷漆。

特种涂料是用在特殊要求的场合。它含有特殊的成分，具有特殊的性能，如耐腐蚀漆、耐热漆、橡胶漆等。

目前，国家有关部门对油漆涂料按照成膜物质为基础已有统一分类方法。如主要成膜物质是由两种以上的树脂混合组成时，应按在成膜物质中起决定作用的一种树脂为分类的依据。国内生产的油漆涂料的成膜物质和辅助材料的分类如表2-22和表2-23所列。

油漆涂料成膜物质的分类　　表2-22

序号	代号	名　称	序号	代号	名　称
1	Y	油脂	10	X	乙烯树脂
2	T	天然树脂	11	B	丙烯酸树脂
3	F	酚醛树脂	12	Z	聚酯树脂
4	L	沥青	13	H	环氧树脂
5	C	醇酸树脂	14	S	聚氨酯
6	A	氨基树脂	15	W	元素有机聚合物
7	Q	硝基纤维	16	J	橡胶
8	M	纤维酯及醚类	17	E	其他
9	G	过氯乙烯树脂	18		辅助材料

辅助材料的分类　　表2-23

序号	代号	名称	序号	代号	名称
1	X	稀释剂	4	T	脱漆剂
2	F	防潮剂	5	H	固化剂
3	G	催干剂			

2. 油漆涂料的命名和编导

（1）油漆涂料的命名　油漆涂料的命名原则是按照国家有关

部门规定进行。油漆涂料的全名是颜料或颜色名称、成膜物质名称和基本名称组成。例如从红醇酸磁漆、锌黄酚醛防锈漆的名称，可明显的看出它们的命名是由三部分组成的。

对于应用在特殊场合或具有特殊性能的油漆涂料，其命名一般在成膜物质的后面加以阐明。例如醇酸导电磁漆、白硝基外用磁漆中的“导电”和“外用”，都在油漆涂料所用的成膜物质后面注明，即表示该产品具有特殊性能和特殊用途。

（2）油漆涂料的编号　油漆涂料和辅助材料的编号是按全国统一的方法进行。油漆涂料的型号可分三部分，第一部分是成膜物质，用汉语拼音字母表示；第二部分是基本名称，用二位数字表示（表 2-24）；第三部分是序号。

例：

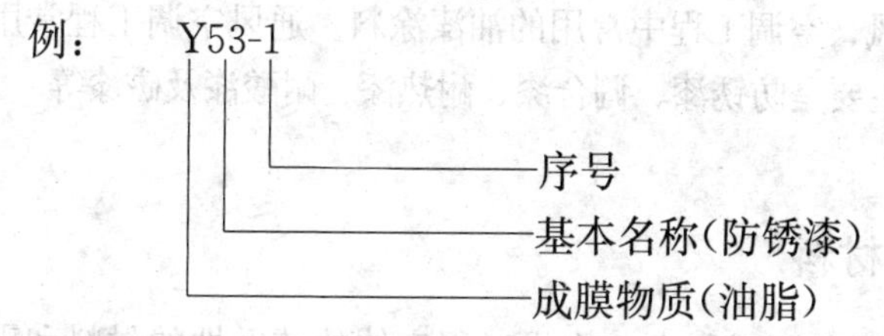

辅助材料的型号分两部分，第一部分是辅助材料的种类，第二部分是序号。

例：

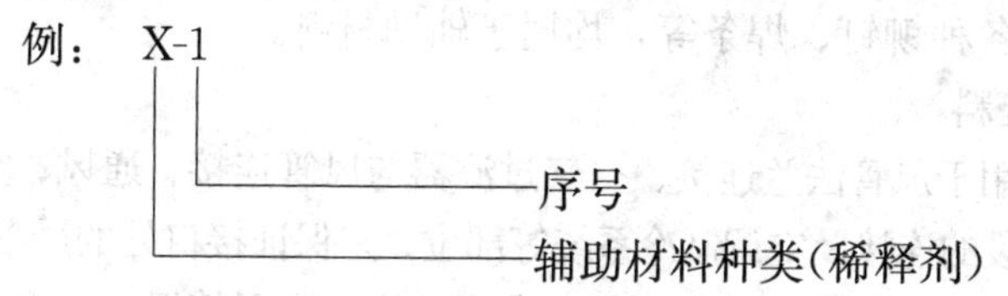

基本名称编号表　　**表 2-24**

代号	代表名称	代号	代表名称	代号	代表名称
00	清油	07	腻子	20	铅笔漆
01	清漆	08	水溶漆，乳胶漆	22	木器漆
02	厚漆	09	大漆	23	罐头漆
03	调合漆	10	锤纹漆	30	(浸渍)绝缘漆
04	磁漆	11	皱纹漆	31	(覆盖)绝缘漆
05	烘漆	12	裂纹漆	32	绝缘(磁烘)漆
06	底漆	14	透明漆	33	(粘合)绝缘漆

续表

代号	代表名称	代号	代表名称	代号	代表名称
34	漆包线漆	44	船底漆	64	粉末涂料
35	硅钢片漆	50	耐酸漆	80	地板漆
36	电容器漆	51	耐碱漆	81	渔网漆
37	电阻漆 电位器漆	52 53	防腐漆 防锈漆	82 83	锅炉漆 烟囱漆
38	半导体漆	54	耐油漆	84	黑板漆
40	污防漆，防蛆漆	55	耐火漆	85	调色漆
41	水线漆	60	防火漆	86	标志漆 路线漆
42	甲板漆	61	耐热漆		
43	甲板防滑漆 船壳漆	62 63	变色漆 涂布漆	98 99	胶液 其他

(3) 通风、空调工程中常用的油漆涂料：通风空调工程常用的油漆涂料，主要是防锈漆、调合漆、耐热漆、耐酸漆及磁漆等。

2.3 辅助材料

在通风、空调工程中，构成工程实体的辅助性的材料和零配件等，叫辅助材料。例如法兰连接用的螺栓、螺母、垫片及风管制作用的各种铆钉、焊条等，均属于辅助材料。

2.3.1 垫料

垫料用于风管法兰连接、空气过滤器与风管连接、通风、空调器各处理段的连接及空调制冷系统等部位，来保证接口处的严密性。根据通风、空调系统的具体情况，常用的垫料有石棉绳、石棉橡胶板、乳胶海绵板、软聚氯乙烯塑料板及新型的密封粘胶带等。

1. 石棉绳：石棉绳是由石棉纱线制成。按其形状和编织的方法，可分为石棉扭绳、石棉编绳、石棉方绳及石棉松绳等四种类型。

2. 石棉橡胶板：石棉橡胶板可分为普通石棉橡胶板和耐油石棉橡胶板，应按使用对象的要求来选用。

普通石棉橡胶板是以石棉、橡胶为主而制成的。主要用于密封温度为450℃，压力为6MPa以下的水、饱和蒸汽、空气、煤气、氨、碱液及其他惰性气体。

耐油石棉橡胶板是以石棉、丁腈橡胶为主而制成的。主要作为发动机、煤油、润滑油及制冷系统结合处和机械设备中供油管道、阀门接头处的密封垫料。

石棉橡胶板的技术性能和规格如表2-25所列。

3. 工业橡胶板：橡胶具有高弹性的高分子化合物。它在－50～＋150℃温度范围内具有极为优越的弹性。还具有良好的扯断强力、定伸强力、撕裂强力和耐疲劳强力、不透水性、不透气性、耐酸碱和电绝缘性等。工业橡胶板的技术性能和规格如表2-25所列。

4. 闭孔海绵橡胶板：闭孔海绵橡胶板是由氯丁橡胶经发泡成型，构成闭孔泡沫的海绵体，海绵状孔直径小而稠密，其弹性介于一般橡胶板和乳胶海绵板之间，用于要求密封严格的部位，常用于空气洁净系统风管、设备等连接的垫片。

闭孔海绵橡胶板有板状和条状的产品，还有一面涂胶的条状产品，使用更为方便。

5. 软聚氯乙烯塑料板：软聚氯乙烯塑料板是由聚氯乙烯树脂加入增塑剂、稳定剂、润滑剂、色料经塑化、压延、层压加工而成。在制造过程中由于加入增塑剂，其防腐能力比硬质塑料低一些。

软聚氯乙烯塑料板的外观应光滑、洁净、平直。四周边剪切的整齐，表面应无裂痕斑点，颜色均匀一致。

6. 新型密封垫料—密封粘胶带：密封粘胶带是航空部航空材料研究所与有关单位共同研制的适用于通风、空调工程的新产品。它是以橡胶为基料并添加补强剂、增粘剂等填料，配制而成的浅黄色、白色粘性胶带。能与金属和多种非金属材料均有良好的粘附能力，并具有密封可靠、使用方便、无毒无味等特点，适用于通风、空调的风管法兰密封垫料。

XM-37M型密封粘胶带有如下的性能：

（1）具有良好的不透气性、粘附性及耐热性。

（2）常温剪切强度≥0.065MPa。

石棉橡胶板的性能及规格

表 2-25

型号	规格/mm			表观密度/(g/cm³)	颜色	介质	温度/℃	压力/MPa	纵向	横向	备注
	长度	宽度	厚度								
XB450 (JC 125—66)	500 620	500 620	0.5,1.0,1.5 2.0,2.5,3.0	1.5～20	紫	水、饱和蒸汽、空气、煤气、氨碱液及惰性气体	450	≤6	45	20	高、中、低压石棉橡胶板贮存期为二年、耐油及400耐油石棉橡胶板贮存期为一年半
XB350 (JC 125—66)	1000 1260	1260 1500	0.8,1.0,1.5 2.0,2.5,3.0 3.5,4.0,4.5 5.0,5.5,6.0		红		350	≤4	30	12.5	
XB200 (JC 125—66)	4000				灰		200	≤1.5	17	7	
耐油 (GB 539—65)	550	550	0.4,0.5,0.6 0.8,1.0,1.2 1.5,2.0,2.5 3.0	1.5～2.0	—	煤油、汽油、润滑油	—	—	34	13	
400 耐油 (JC 203—76)	1100	1100	1.0,2.0,3.0		—	油晶溶剂碱类介质	400	4	—	—	

工业橡胶板的规格及技术性能　　表 2-26

胶板类型	牌号	技术性能	
普通橡胶板（一组）	1120	较高硬度，物理机械性能较低，可在低压，温度为－30～＋60℃的空气中工作	橡胶板的宽度为500～1000mm 1mm厚的理论重量为1.5kg/m²
	1125		
	1130	较高硬质，物理机械性能一般，可在压力不大，温度为－30～＋60℃的空气中工作	
	1140	中等硬度，物理机械性能较好，可在压力不大，温度为－30～＋60℃的空气中工作	
普通橡胶板（二级）	1250	中等硬度，具有较好的耐磨性和弹性，能在较高压力，温度为－35～＋60℃的空气中工作	
	1260	低硬度、高弹性，能在较高压力，温度为－35～＋60℃的空气中工作	
耐酸碱橡胶板	2030	较高硬度，具有耐酸碱性能，可在温度为－30～＋60℃的20%的酸碱液介质中工作	
	2040	中等硬度，其他性能同上	
耐油橡胶板	3001	较高硬度、耐溶剂、介质膨胀性能好，可在温度为－30～＋100℃的机油、变压器油、汽油等介质中工作	
	3002	技术性能同上，可在温度为－30～＋80℃的机油、润滑油、汽油等介质中工作	
耐热橡胶板	4001	较高硬度，具有耐热性能，可在压力不大、温度为－30～＋100℃的蒸汽，热空气介质中工作	
	4002	中等硬度，其他性能同上	

（3）在温度为100℃烘烤3h后的剪切强度≥0.075MPa。

XM-37M型密封粘胶带的规格：

1）7500mm×12mm×3mm

2）7500mm×20mm×3mm

该粘胶带采用硅酮纸成卷包装。

另外，河北省徐水橡胶制品厂，又开发研制了 8501 型阻燃密封粘胶带，适用于防火要求的公共场所和高级民用建筑。

2.3.2　五金制品

1. 铆钉

用于板材与板材、风管与法兰的连接。常用的铆钉有半圆头铆钉、沉头铆钉、抽芯铆钉及击芯铆钉四种。

2. 螺栓、螺母及垫圈

螺栓和螺母用于风管法兰的连接和通风、空调设备与支架等部位的连接。使用时，将螺栓穿过法法兰盘或其他部件的孔洞后，旋上螺母才能夹紧法兰或部件。一般使用六角螺栓和螺母。

（1）六角头螺栓　六角头螺栓分粗制和半精制两种。粗制六角螺栓是粗牙普通螺纹；半精制六角头螺栓是细牙普通螺纹。

（2）六角螺母　六角螺母分为 1 型、2 型及薄型三种。又分为 A、B、C 三级，A 级（$D\leqslant16$mm）和 B 级（$D>16$mm）螺母适用于表面比较光洁的设备或结构上；C 级螺母用于表面较粗糙的设备或结构上。一般六角螺母均制成粗牙普通螺纹，在个别场合制成细牙普通螺纹。

（3）垫圈　垫圈分为小垫圈、平垫圈、大垫圈及特大垫圈 4 种。A 级为精制垫圈、C 级为粗制垫圈，与相应级别的螺栓、螺母配合使用。

（4）弹簧垫圈　弹簧垫圈分为标准弹簧垫圈、轻型弹簧垫圈及重型弹簧垫圈三种。

（5）蝶形螺母　蝶形螺母适用于作调节性部件的紧固，如调节阀等部件。

3. 膨胀螺栓

膨胀螺栓又叫胀锚螺栓，安装时将墙、屋顶、基础等砖体或混凝土上钻一个与膨胀螺栓套管直径和长度相同的孔洞，再将膨胀螺栓装入孔洞内，当拧紧螺母时，由于它的特殊构造而在孔内膨胀，螺栓可牢固地被锚住，用于各种支架与建筑物的砖或混凝土的固定。膨胀螺栓的锚胀形式和有关技术参数如表 2-27 所列。

锚固件允许值 **表 2-27**

参数 条件	规格/mm	埋深/mm	拉力/N		剪力/N	
			允许值	极限值	允许值	极限值
MU7.5 砌砖体	6×70	35	1000	3050	700	2000
	8×70	45	2250	6750	1050	3190
	8×90	60	4100	11350	1600	4500
	10×85	55	3900	11750	1650	5000
	10×110	65	4400	13250	2450	7340
	12×105	65	4400	13250	2450	7340
	16×140	90	5000	15000	4600	13800
C15 混凝土	6×55	35	2450	6100	800	2000
	8×70	45	5400	13500	1500	3750
	10×85	55	9400	23500	2350	5880
	12×105	65	10600	26500	3450	8630
	16×140	90	12500	31000	6500	16250

4. 射钉

射钉是由专用工具“射钉枪”射入混凝土、砖石、钢板及其他类似材料的专门制造的“钉子”。装在射钉枪内的钉弹包括射钉、定心圈、弹药和弹套。钉弹装入射钉枪后，待扳机勾动后，钉弹内火药爆发将射钉从枪内迅速射出，直接射入混凝土或砖墙内。射钉用来对钢板直接固定在墙或地板上，安装各种支架，可减少人工打洞的劳动强度，提高施工质量。

选择射钉直径必须和射钉枪枪管直径相同，为了保证射钉的性能，必须选用与生产射钉枪相同厂家的产品。

钉弹内的弹药有强（红色）、中等（蓝色）、弱（绿色）之分，应根据钢板构件的厚度及抗拉强度和混凝土构件标号大小来选择弹药的强弱，其选用方法可参照图 2-1 所示。

5. 板网

通风、空调工程常用的板网有钢板网和铝板网两种。用于送、回风口及其他部件中。

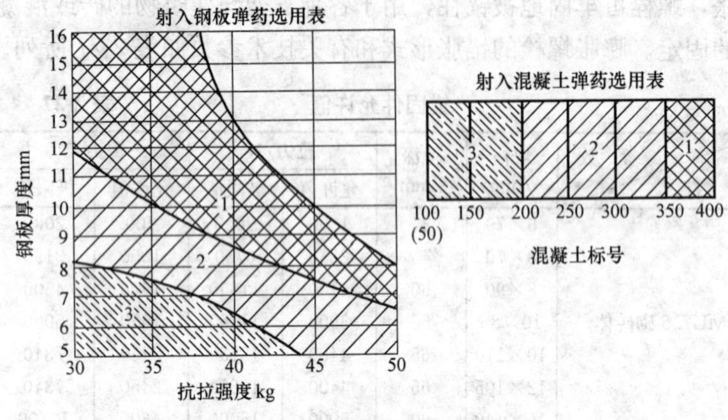

图 2-1　弹药选用图表

（1）钢板网：钢板网分为大网和小网两类。网面长度＞1m 的为大网，其代号为 DW；网面长度≤1m 的为小网，其代号为 XW。

（2）铝板网：铝板网分为棱形网格和人字形网格两种。棱形网格代号为 LW，人字形网格代号为 LWR。

2.3.3　焊接材料

通风工程常用的焊接材料有电焊条、有色金属焊丝、气焊粉、钎焊料等。

1. 电焊条：对风管或部件的焊接，必须先了解施焊工件的材质、焊接设备的性能和所用焊接材料的性能，便于进行选择和配合，以保证焊接的质量。不同的钢种要选用相适应的电焊条。电焊条有结构钢电焊条、不锈钢电焊条、铸铁电焊条、铜及铜合金电焊条及铝、铝合金电焊条等。

结构钢电焊条的种类较多，可分为普通碳素钢、普通低合金钢、铸钢焊条。普通碳素钢焊条又分为低碳钢和中碳钢焊条。通风工程时电焊条要求不甚严格，常采用低碳钢电焊条。它的焊接性能好，一般不容易产生焊接裂缝，不需要采取特别的措施。

（1）碳钢电焊条：手工电弧焊用的焊条共有两个系列 26 种型号，如表 2-28 所列。划分型号的依据为：焊缝金属抗拉强度、药皮类型、焊接位置和焊接电流种类。

碳钢焊条（GB 5117—85） 表 2-28

<table>
<tr><th>焊条类型</th><th>药皮类型</th><th>焊接位置</th><th>电 流 种 类</th></tr>
<tr><td colspan="4">E43 系列——熔敷金属抗拉强度≥43kgf/mm²（420MPa）</td></tr>
<tr><td>E4300</td><td>特殊型</td><td rowspan="4">平、立、仰、横</td><td rowspan="3">交流或直流正、反接</td></tr>
<tr><td>F4301</td><td>钛铁矿型</td></tr>
<tr><td>E4303</td><td>钛钙型</td></tr>
<tr><td>E4310</td><td>高纤维钠型</td><td>直流反接</td></tr>
<tr><td>E4311</td><td>高纤维钾型</td><td rowspan="5">平、立、仰、横</td><td>交流或直流反接</td></tr>
<tr><td>F4312</td><td>高钛钠型</td><td>交流或直流正接</td></tr>
<tr><td>E4313</td><td>高钛钾型</td><td>交流或直流正、反接</td></tr>
<tr><td>F4315</td><td>低氢钠型</td><td>直流反接</td></tr>
<tr><td>E4316</td><td>低氢钾型</td><td>交流或直流反接</td></tr>
<tr><td>E4320</td><td rowspan="2">氧化铁型</td><td>平角焊</td><td>交流或直流正接</td></tr>
<tr><td>E4322</td><td>平</td><td>交流或直流正、反接</td></tr>
<tr><td>F4323</td><td>铁粉钛钙型</td><td rowspan="4">平、平角焊</td><td rowspan="2">交流或直流正、反接</td></tr>
<tr><td>F4324</td><td>铁粉钛型</td></tr>
<tr><td>F4327</td><td>铁粉氧化铁型</td><td>交流或直流正接</td></tr>
<tr><td>F4328</td><td>铁粉低氢型</td><td>交流或直流反接</td></tr>
<tr><td colspan="4">E50 系列——熔敷金属抗拉强度≥50kgf/mm²（490MPa）</td></tr>
<tr><td>E5001</td><td>钛铁矿型</td><td rowspan="7">平、立、仰、横</td><td rowspan="2">交流或直流正、反接</td></tr>
<tr><td>E5003</td><td>钛钙型</td></tr>
<tr><td>E5011</td><td>高纤维钾型</td><td>交流或直流反接</td></tr>
<tr><td>E5014</td><td>铁粉钛型</td><td>交流或直流正、反接</td></tr>
<tr><td>E5015</td><td>低氢钠型</td><td>直流反接</td></tr>
<tr><td>EA5016</td><td>低氢钾型</td><td rowspan="2">交流或直流反接</td></tr>
<tr><td>E5018</td><td>铁粉低氢型</td></tr>
<tr><td>E5024</td><td>铁粉钛型</td><td rowspan="3">平、平角焊</td><td>交流或直流正、反接</td></tr>
<tr><td>E5027</td><td>铁粉氧化铁型</td><td>交流或直流正接</td></tr>
<tr><td>E5028</td><td rowspan="2">铁粉低氢型</td><td rowspan="2">交流或直流反接</td></tr>
<tr><td>E5048</td><td>平、立、仰、立向下</td></tr>
</table>

注：1. 焊接位置栏中文字函义：平—平焊、立—立焊、仰—仰焊、横—横焊、平角焊—水平角焊、立向下—向下立焊。

2. 直径不大于 4.0mm 的 E5014、E5015、E5016 和 E5018 型焊条及直径不大于 5.0mm 的其他型号的焊条可适用于立焊和仰焊。

3. E4322 型焊条适宜单道焊。

（2）不锈钢电焊条：不锈钢电焊条可分为铬不锈钢焊条和奥氏体不锈钢焊条两种。通风工程按其使用对象的要求，常使用奥氏体不锈钢焊条。它的产品牌号较多，应根据设计要求或焊接的风管板材的材质来选择。

（3）铝及铝合金电焊条：铝及铝合金电焊条主要用来焊接纯铝、锰铝及铝镁合金等工件。纯铝焊条主要是焊接铝及焊缝性能要求不高的铝合金，其耐腐蚀性能良好。铝硅电焊条的焊缝金属有较高的抗热裂性能。铝锰电焊条有较高的强度和较好的耐蚀性能，用于铝镁合金、纯铝及其他铝合金的焊接。

（4）铜及铜合金电焊条：铜及铜合金电焊条的种类较多，除焊接紫铜工件用紫铜电焊条外，还可用青铜电焊条来焊接铜及铜合金。铜及铜合金施焊比钢施焊困难，易产生金属氧化、金属元素蒸发、气孔、裂纹及变形等缺陷，应按焊接规程要求进行操作。

2. 有色金属焊丝

（1）铜及铜合金焊丝：铜及铜合金焊丝常用于焊接铜、铜合金、碳钢、铸铁、硬质合金等同类或异类金属的工件。焊接采用氩弧焊最能保证工件的质量；焊接采用氧气-乙炔气焊时，应用氧化焰，以减少黄铜中锌的蒸发，并在施焊过程中配合使用焊粉，可获得较好的焊接。

（2）铝及铝合金焊丝：铝及铝合金焊丝包括纯铝焊丝、铝硅合金焊丝、铝锰合金焊丝及铝镁合金焊丝。

3. 气焊粉

气焊粉为氧—乙炔气焊时的助熔剂，用来清除施工过程中形成的氧化物，以促使获得致密的焊缝组织。常用的气焊粉有：不锈钢及耐热钢焊粉、铸铁焊粉、铜焊粉及铝粉等。

4. 钎料

钎焊是利用熔点较焊件为低的钎料与工件一起加热，使钎料熔化填满连接处的间隙而焊合。钎料有铜合金钎料和锡铅钎料，在通风工程中常用锡铅钎料，施焊时配合松香、氯化锌或焊锡膏为熔剂一起加热焊接。

5. 聚氯乙烯焊条

聚氯乙烯焊条是由聚氯乙烯树脂、增塑剂、稳定剂等混合后挤压而成的实心条状制品，有硬、软两种聚氯乙烯焊条，分别焊接硬聚氯乙烯板风管及部件和焊接软聚氯乙烯板的衬里、地板等。

硬聚氯乙烯焊条按照截面形状的不同，可分为截面为圆形的单焊条和截面为●●的双焊条。双焊条的特点是受热面积大，焊接速度为单焊条的 1.6～1.7 倍，受热均匀，延伸率低，焊接强度较高。

3. 金属风管的加工工艺及机具设备

通风管道及部件的加工制作，是通风、空调工程安装中的一个重要工序。在放样划线的基础上，加工工艺基本上可分为钢材变形矫正、剪切、折方和卷圆、咬口（或铆接、焊接）连接等工序。

3.1 钢材的变形矫正

通风管道及部件在放样划线时，钢材应先平整，不能有凹凸不平、弯曲、扭曲及波浪形变形等缺陷，否则它将会影响制作和安装的质量。因此，在放样划线之前，必须对有变形缺陷的钢材进行矫正。

钢材产生变形的原因，主要是钢材残余应力引起的变形和钢材在风管及部件加工制作过程中引起的变形等两种。钢材残余应力引起的变形，是由于在轧制过程中产生的残余应力，使钢材各部分延伸不一致而产生变形。而钢材在风管及部件加工制作过程中引起的变形，则是由于钢材在气割或焊接时局部加热或加热不匀，造成钢材的内应力得到部分释放，或焊缝和焊缝附近金属产生不同程度的膨胀和收缩，而引起变形。

在现行的钢结构施工及验收规范中，对钢材的变形有明确的规定，如表 3-1 所列。

钢材变形如超过表 3-1 所列的数值，应进行矫正。矫正的方法按钢材矫正时的温度可分为冷矫正和热矫正两种；按矫正时作用外力的方式与性能，可分为手工矫正，火焰矫正、机械矫正及高频热点矫正等。由于通风、空调工程所用的板材、型材厚度较薄，常在常温条件下进行手工矫正，即采用锤击的方法进行矫正。

钢材允许偏差值（mm）　　表 3-1

项次	偏差名称	简图	允许值
1	钢板、扁钢的局部挠曲矢高 f	1000	$t \geqslant 14, f \leqslant 1$ $t < 14, f \leqslant 1.5$
2	角钢、槽钢、工字钢、管子的挠曲矢高 f	L	$f \leqslant \frac{L}{1000}$ $\ngtr 5$
3	角钢两边的不垂直度 Δ		$\Delta \leqslant \frac{b}{1000}$ 但角钢的角度不得大于 90°
4	工字钢、槽钢翼缘的倾斜度 Δ		$\Delta \leqslant \frac{b}{80}$

3.1.1 板材的矫正

板材的矫正方法一般常用手工矫正和机械矫正。通风、空调工程的风管制作采用的板材有时供应卷材，常采用钢板矫平机，用多辊反复弯曲来矫正钢板。一般平板的弯曲变形则用锤击的手工矫正法进行矫正。

板材的变形有凸起、边缘呈波浪形、弯曲等现象。矫正前应分析产生变形的原因，再确定手工矫正的方法。

1. 板材凸起的矫正：板材凸起的原因是由于内部纤维状金相组织的致密程度不均匀，伸长的部分受其他部位的制约不能展开，凸起部分纤维状晶粒比其他部位长。矫正就是为了使纤维组织趋向于均匀一致。板材凸起的矫正方法：其一是使板材内部纤维组织过紧的部位伸长，其二是使钢材内部纤维组织松弛的部位收缩。

矫正薄钢板可采用使纤维组织伸展的方法，用手锤由凸起部的周围逐渐向外围锤击，锤点由里向外逐渐密击，锤击力也逐渐增加，如图 3-1 所示。其结果凸起部周围的纤维组织均匀伸展，而中间凸起部将会消除。如有几处相邻凸起的部位，应在凸起的各交界处轻轻锤击，使合成为一个凸起部位，然后再按上法锤击四周展平。在矫正过程中应注意下列各点：

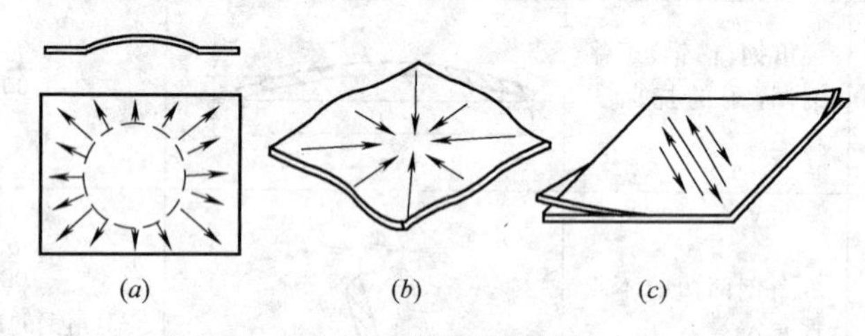

图 3-1　薄钢板的矫平

(*a*) 凸起矫正图；(*b*) 波浪形矫正图；(*c*) 对角翘矫正图

(1) 不得见凸就打，否则会使凸起的纤维组织伸长，凸起的程度增加。

(2) 锤点不得过多，免得钢板冷作硬化而产生裂纹。

2. 边缘波浪形的矫正：薄钢板四周出现波浪形变形，产生的原因是中间部分的纤维组织比四周的纤维组织短，在矫正时应从四周向中间逐步锤击（如图 3-1 所示）。即锤击点密度从四周向中间逐渐增加，同时锤击力也逐渐增大，以使中间纤维组织伸长而达到矫平薄板的目的。

3. 弯曲的矫正：薄板弯曲矫正时，应沿着没有弯曲翘起的另一个对角线锤击，使纤维组织延伸而达到矫平的目的（如图 3-1 所示）。在矫正质软的铝及铝合金板时，应用橡胶锤或铝锤锤击，避免产生锤击的痕迹。

3.1.2　角钢的矫正

常见的角钢变形有外弯、内弯、扭曲、角变形等，其变形情况如图 3-2 所示。

1. 角钢的外弯矫正：角钢的外弯矫正时，应将角钢放在铁

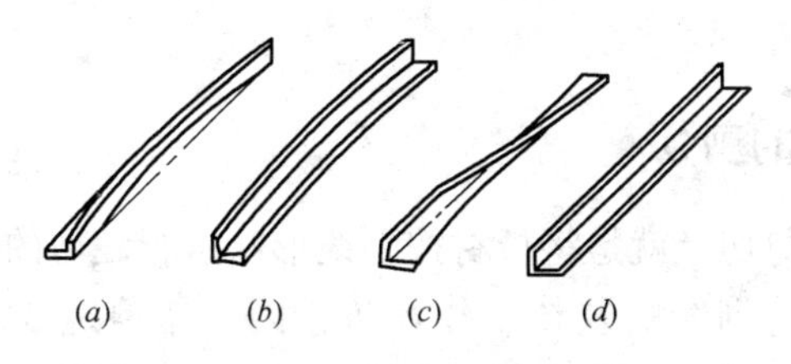

图 3-2　角钢的变形

（*a*）外弯；（*b*）内弯；（*c*）扭曲；（*d*）角变形

砧上，使弯曲处的凸部朝上，用铁锤锤击凸部，以反方向的弯曲而达到角钢外弯矫正的目的。

2. 角钢的内弯矫正：角钢的内弯矫正的方法与外弯矫正相同，将角钢内弯凸部朝上，和外弯矫正相反，用铁锤锤击，以反方向的弯曲使内弯得到矫正。

3. 角钢的扭曲矫正：角钢的扭曲矫正时，一般是将角钢一端用台虎钳夹住，再用扳手夹住角钢的另一端作反方向扭转，使扭曲变形得到矫正。

4. 角钢角变形矫正：角钢的角度变形有大于 90°和小于 90°两种情况。如角钢的角度大于 90°，一般将角钢放在 V 形槽的铁砧内或斜立于铁砧上，用铁锤锤击，使角钢的夹角缩小。如角钢的角度小于 90°，可将角钢仰放在铁砧上，用铁锤锤击角钢内侧垫上的型锤，以使角钢的角度扩大。

3.1.3　扁钢的矫正

扁钢的变形与角钢相比，只有弯曲和扭转两种。

1. 扁钢的弯曲矫正：扁钢的弯曲有两种。一种是扁钢在厚度方向的弯曲，另一种是扁钢宽度方向的弯曲。对于扁钢厚度方向的弯曲，其矫正方法是用铁锤锤击弯曲凸起处，即可矫平。对于扁钢宽度方向的弯曲，矫正方法和矫正薄钢板相同，用铁锤依次锤击扁钢的内层。

2. 扁钢的扭曲矫正：扁钢的扭曲矫正的方法与角钢的扭曲矫正方法相同。

3.2 板材的剪切

板材的剪切，就是将板材按划线形状进行裁剪的过程。剪切时，必须进行划线的复核工作，防止因下错料造成浪费。剪切后，应做到板材的切口整齐，直线平直，曲线圆滑。剪切可根据施工条件可用手工工具或剪板机械进行。

3.2.1 手工剪切

手工剪切，最常用的工具为手剪。手剪分直线剪如图 3-3（*a*）和弯剪如图 3-3（*b*）两种。

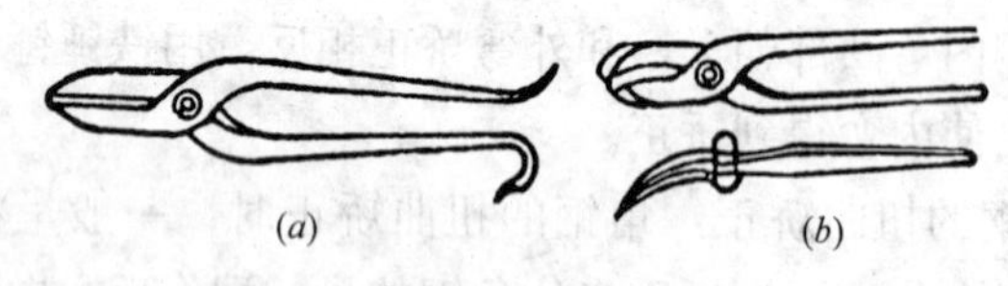

图 3-3 手剪

直线剪适用于剪切直线和曲线外圆。

弯剪便于剪切曲线的内圆。

使用时，把剪刀下部的勾环靠住地面，这样剪刀较为稳定，而且省力。剪切时用右手操作剪刀，用左手将板材向上抬起，用右脚踩住右半边，以利剪刀的移动。

用手剪进行剪切时，剪刀的两片刀刃应彼此紧密地靠紧，以便将板材顺利地剪下。否则板材是被拉下，容易形成凸棱和毛刺。

在板材中间剪孔时，应先用扁錾开出一个孔，使剪刀尖能够插入，再按划线外形剪切。

手剪的剪切板材厚度，取决于操作者的握力，一般剪切板材厚度不超过 1.2mm。

手工剪切也可采用手动滚轮剪，其构造如图 3-4 所示。它是在铸钢机架的下部固定有下滚刀，机架上部固定有上滚刀、棘轮和手柄。利用上下两个互成角度的滚轮相切转动，可将板材剪切。操作时，一手握住钢板，将钢板送入两滚刀之间，一手扳动手柄。使上下滚刀旋转把钢板剪下。

图 3-4 手动滚轮剪

3.2.2 机械剪切

通风、空调工程施工常用的剪切机械有：龙门剪板机、双轮直线剪板机、联合冲剪机及振动式曲线剪板机等。

1. 龙门剪板机：龙门剪板机适用于剪切板材的直线割口。选择龙门剪板机时，应选用能够剪切长度为 2000mm、厚度为 4mm 的较为适宜。

龙门剪板机的外形结构如图 3-5 所示。它是由电动机通过皮带轮和齿轮减速，经离合器动作，由偏心连杆带动刀架上的上刀片和固定在床身上的下刀片进行剪切。

当剪切规格相同而数量较多的条形板材时，可不用专门划线，只把床身后面的可调挡板，调节到所需的尺寸，将板材放在上下刀片之间，并靠紧挡板，即可进行剪切。当剪切不同规格的条形板材时，必须先进行划线，再进行剪切。

剪切前，应检查刀口角度及有否“崩牙”、卷刃等缺陷。刀刃必须保持锐利，并保持全长不直度不能超过 0.1mm 的偏差，并盘车使上刀片空剪 1～2 次，检查其各机械部件是否灵活、正常，同时检查压料装置各压脚与平台的间隙，应保持一致。还应检查剪板机的切断能力，不得剪切超过规定厚度的板材，防止损坏机械。

剪板机检查后还要对关键部件进行调整，应按剪切板材的厚度对上下刀片间的间隙进行调整。如间隙小，而剪切厚板材则会增加其剪刀负荷，或使刀刃局部破裂。如间隙大，而会将板材压入上下刀刃的间隙中剪切不下。因此，在剪切前和剪切过程中应经常对上下刀片间的间隙进行调整，间隙大小一般为被剪切的板厚5%为宜。

剪切整张或大块板材需由两人操作时，应相互配合，步调一致，一人操作离合器脚踏装置，一人看线，待看线者将线对准叫“好”后，方可进行剪切，防止剪错线和手指被压、被剪事故。

剪切钢板时应注意，被剪板材上不能有损伤刀片的夹杂物和焊疤；薄钢板不能重叠剪切；压脚压不住的钢板，不能剪切。

剪板机应定期检查和保养，应做到离合器动作灵活，各传动部件保证润滑。材料应堆放整齐，剪切下的边角料应及时清理，保持工作场地无障碍，为安全生产创造条件。

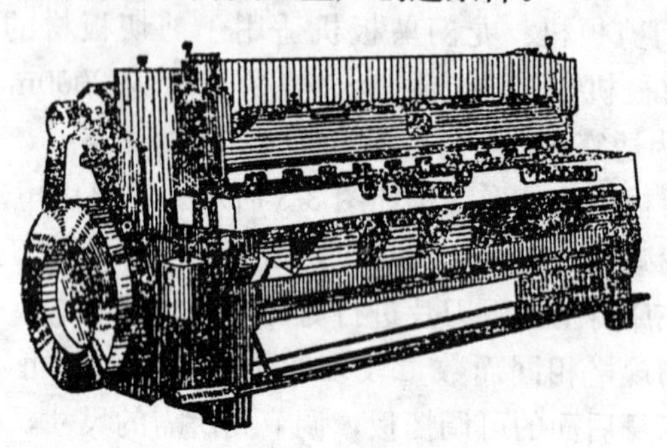

图3-5 龙门剪板机

2. 双轮直线剪板机：双轮直线剪板机适用于剪切厚度不大于2mm的直线和曲率不大的曲线的板材。

双轮直线剪板机的外形构造如图3-6所示。它是由电动机通过皮带轮和蜗轮减速，再由齿轮带动两根固定在机架上的轴相对旋转，利用两轴轴端装设的圆盘刀对板材进行剪切。

剪切直线时，可按所需要的剪切宽度，将板材固定在装有直线滑道的小车上，小车应与两圆盘刀标高相同。用手推动小车，待板材和圆盘刀接触，由于板材和两圆盘刀之间的摩擦，板材就自动向前移动，并被剪下。剪切小料和曲线用手扶板材时，手和圆盘刀之间，应保持一定的距离，注意防止手被卷入。

3. 联合冲剪机：联合冲剪机既能冲孔，又能剪切。它可切断角钢、槽钢、圆钢及钢板等，也可冲孔、开三角凹槽等，适用的范围比较广泛。

联合冲剪机的外形如图 3-7 所示。它是由机体，传动系统，冲剪滑块、操纵机构和压料机构等部分组成。经常采用的冲剪机的性能如表 3-2 所列。

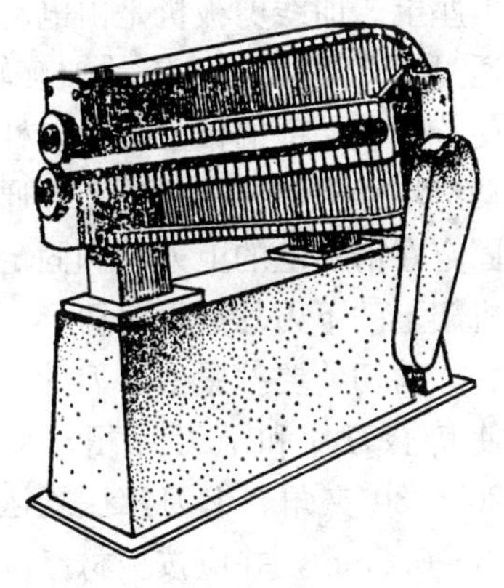

图 3-6 双轮直线剪板机

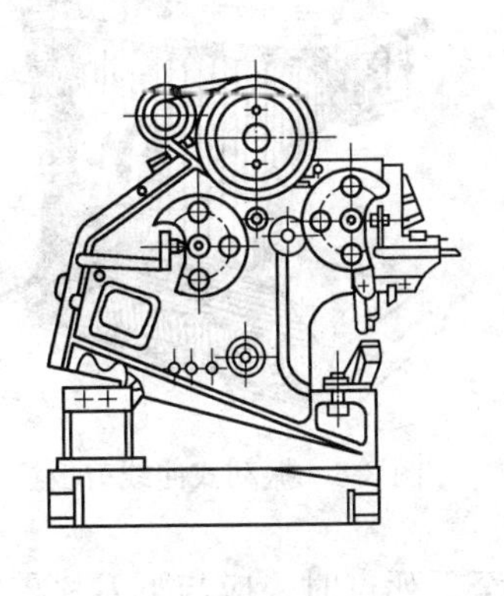

图 3-7 联合冲剪机

联合冲剪机冲剪技术性能 **表 3-2**

技术性能	技术指标
1. 切割钢材的最大尺寸(mm)； 钢板 扁钢 等边角钢 圆钢 方钢 槽钢	 13 20×40 90×90×9 40 32 12 号
2. 冲孔的最大直径(板厚为 15mm)	20
3. 开槽的最大厚度(mm)	10
4. 冲程(mm)	28

4. 振动式曲线剪板机

振动式曲线剪板机适用厚度不大于 2mm 板材的曲线剪切。可不必预先錾出小孔，就能直接在板材中间剪出内孔。曲线剪板机也能剪切直线，但效率较低。

振动式曲线剪板机的外形构造如图 3-8 所示。它是由电动机、传动机构、工作机构、机架及基座等部件所组成。工作机构是由两个剪刀片组成，下刀片固定在机架上，上刀片固定在滑块刀座上。曲线剪板机是由电动机通过皮带轮带动，传动轴旋转，使传动轴端部的偏心轴及连杆带动滑块作上下；往复运动，通过固定在滑块上的上刀片和固定在机架上的下刀片进行剪切。

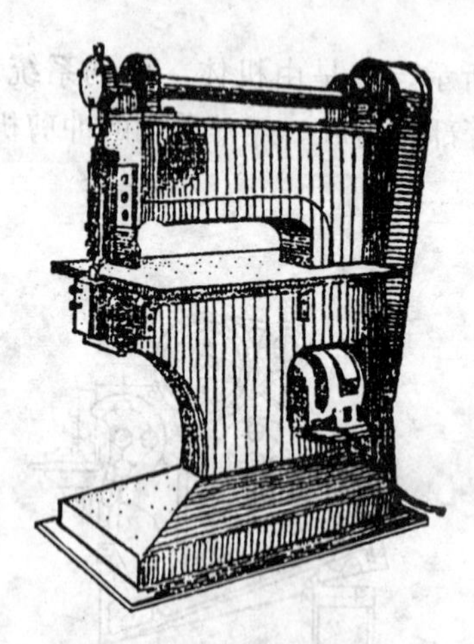

图 3-8　振动式曲线剪板机

剪切前要拧紧上下刀片，并使其上刀片和下刀片相对倾斜 20°～30°夹角。上刀片往复运动至下死点时，应与下刀片重叠 0.3～0.5mm，并应按板材厚度来调整，重叠部分应调整至板材厚度的 0.25 倍为宜。重叠部分过小，使板材剪切不断；重叠部分过多，使送料费力。

剪切时，把划好线的板材，送入不断升降的刀口间，将板材扶稳，慢慢而均匀的移动，使曲线沿着刀口运动。剪切孔洞时，先把上刀片升起，板料放入后，再按电钮开关，沿划线进行剪切。

3.3　金属薄板的连接

用金属薄板制作的通风管道及部件，可根据板材的厚度及设计的要求，分别采用咬口连接、铆钉连接及焊接等方法进行板材之间的连接。

3.3.1 咬口连接

通风，空调工程中，咬口连接是最常用而简单的连接方式。限于手工咬口操作的难度和机械咬口设备性能所限，一般适用于厚度小于 1.2mm 的普通薄钢板和镀锌薄钢板、厚度小于 1.5mm 的铝板、厚度小于 0.8mm 的不锈钢板。

1. 咬口种类：根据钢板接头的构造，国内常用的咬口可分为单咬口、双咬口、按扣式咬口、联合角咬口、转角咬口；根据钢板接头的外形可分为平咬口、立咬口；根据钢板接头的位置可分为纵咬口、横咬口。咬口的种类如图 3-9 所示。

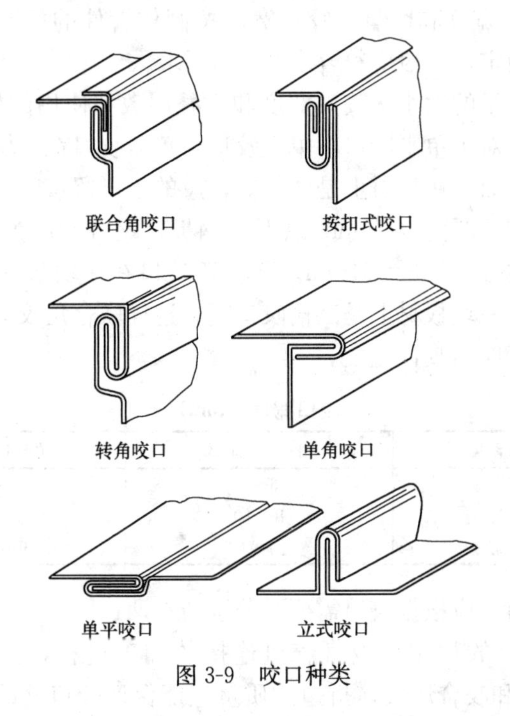

图 3-9 咬口种类

（1）单平咬口：用于板材的拼接缝、圆形风管或部件的纵向闭合缝。

（2）单立咬口：用于圆形弯头、来回弯及风管的横向缝。

（3）转角咬口：用于矩形风管或部件的纵向闭合缝及矩形弯头、三通的转角缝。

（4）按扣式咬口：用于矩形风管或部件的纵向闭合缝及矩形弯头、三通的转角缝。

（5）联合角咬口：使用的范围与转角咬口、按扣式咬口相同。

（6）双平咬口和双立咬口：用途同单平咬口和单立咬口。双平咬口和双立咬口虽有较高的机械强度和严密性，但因加工较为复杂，目前施工中很少采用，在严密性要求较高的风管系统中，一般都以焊接或在咬口缝上涂抹密封胶等方法代替双咬口连接。

2. 咬口宽度和留量：咬口宽度按制作管件的板厚和咬口机械的性能而定，一般应符合表 3-3 的要求。

咬口留量的大小、咬口宽度和重叠层数和使用的机械有关。一般来说，对于单平咬口，单立咬口，单角咬口在一块板材上等于咬口宽，而一块板材上是两倍宽，总的咬口留量就等于三倍咬口宽。例如，厚为 0.75mm 以下的钢板，咬口宽度为 7mm，其咬口留量等于 7×3＝21mm。联合角咬口在一块板材上为咬口宽，而在另一块板材上是三倍咬口宽，这样联合角咬口的咬口留量，就等于四倍咬口宽度。

咬口宽度（mm） **表 3-3**

钢板厚度	平咬口宽 B	角咬口宽 B
0.5 以下	6～8	6～7
0.5～1.0	8～10	7～8
1.0～1.2	10～12	9～10

咬口留量应根据咬口需要，分别留在两边。

3. 咬口的加工：板材咬口连接的加工过程，主要是折边（打咬口）和咬合压实。折边的质量应能保证咬口缝的严密及牢固、折边宽度一致及平直或咬合压实时不能出现含半咬口和张裂等现象。

咬口的加工可用手工或机械进行。

（1）手工咬口：手工咬口所使用的工具如图 3-10 所示。图中木方尺 1，也叫拍板，规格为 45×35×450（mm），用硬木制成，用来拍打咬口。硬质木锤 2，用来打紧打实咬口。钢制方锤 3，用来制作圆风管的单立咬口和咬合修整矩形风管的角咬口。工作台上固定有槽钢或角钢、方钢 4，用来拍制咬口的垫铁，各种型钢垫铁要求有尖锐的棱角，并应平直。做圆风管时使用钢管固定在工作台上做垫铁。衬铁 5 是垫铁的一种，操作时便于手持。咬口套 6 用于压平咬口。

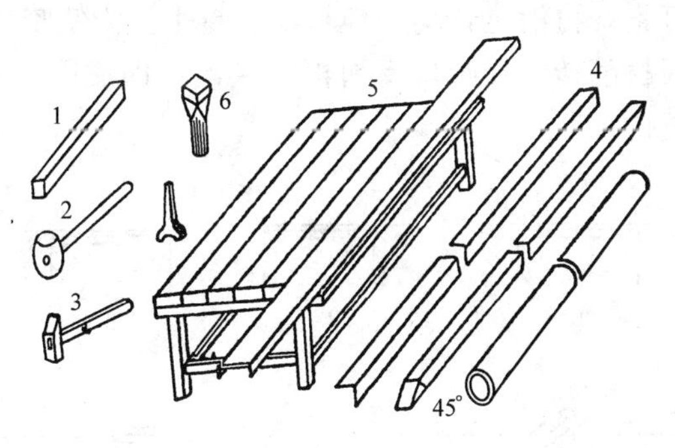

图 3-10　手工咬口工具

制作咬口的手工工具比较简单。一般除需要延展板边时采用钢制手锤外，凡是折曲或打实咬口时，都应采用木方尺和木锤，以免产生明显的锤印。

1）单平咬口的加工：将要连接的板材，放在固定有槽钢的工作台上，根据咬口宽度，来确定折边宽度，实际上折边宽度比咬口宽度稍小，因为一部分留量，变成了咬口厚度。

单平咬口的加工，如图 3-11 所示。在板材上用划线板划线，线距板边的距离为：咬口宽度 6mm 时，为 5mm；咬口宽度 8mm 时，为 7mm，咬口宽度 10mm 时，为 8mm。

划线后，移动板材使线和槽钢边重合。为了在拍打咬口时避免板材移动，可在板材两端先打出折边，用左手压住板材，右手操作木方尺，用木方尺按划好的线均匀拍打，先打出折印。拍打时木方尺略偏于板边侧向把板边折成50°左右，再用木方尺沿水平方向把板边打成90°，如图3-11（1）。折成直角后，将板材翻转，检查折边宽度，对折边较宽处，用木方尺拍打，使折边宽度一致，再用木方尺把90°的立折边，拍倒成130°左右，如图3-11（2）所示。然后，把板边根据板厚伸出槽钢边10～12mm左右，用木方尺对准槽钢的棱边拍打，把板边拍倒如图3-11（3）。用同法加工另一块板的折边。然后，两板折边相互钩挂，全部钩挂好后，如图3-11（4），可在槽钢面上或厚钢板上，用木槌把咬口两端先打紧，再沿全长均匀地打实、打平。为使咬口紧密、平直，应把板材翻转，在咬口反面再打一次，即成图3-11（5）所示的单平咬口。

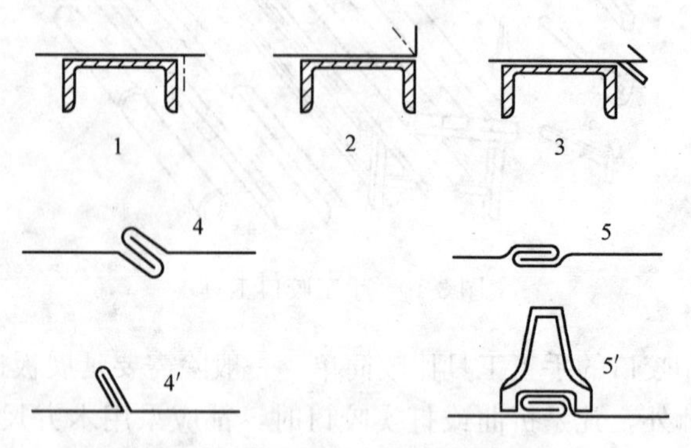

图3-11　单平咬口加工步骤示意图

为了使风管内表面平整，常把一块板材加工成如图3-11（2）的折边，另一块加工成如图3-11（3）的折边，相互钩挂如图3-11（4′），用木槌打平、打实后，再用咬口套把咬口压平，加工成图3-11（5′）的单平咬口。

2）端部单立咬口的加工：操作步骤如图3-12所示。单立咬口是将管子的一端做成双口（雌身），将另一根管子的一端做成单口（雄身），两者结合而成。

加工双口时，根据咬口宽度进行划线，咬口宽度为6mm时，线距板边的距离为10mm；咬口宽度为8mm时，线距板边的距离为 13mm；咬口宽度为 10mm 时，线距板边的距离为 16mm。划线后，将管子放在方钢上，同时，慢慢地转动管子，使整个圆周均匀錾出一条折印如图 3-12（1），再逐步地錾成直角。为了使管子圆正，錾折时，用力要均匀，并且应先用方锤的窄面把板边的外缘先展开，不要只錾折线处，如只把折线处展延，而外缘处没有延，就会产生裂缝。錾成直角后，可用钢制方锤的平面把折边打平并整圆，如图 3-12（2）。然后再在折边上折回一半，如图 3-12（3）、（4），即成双口。

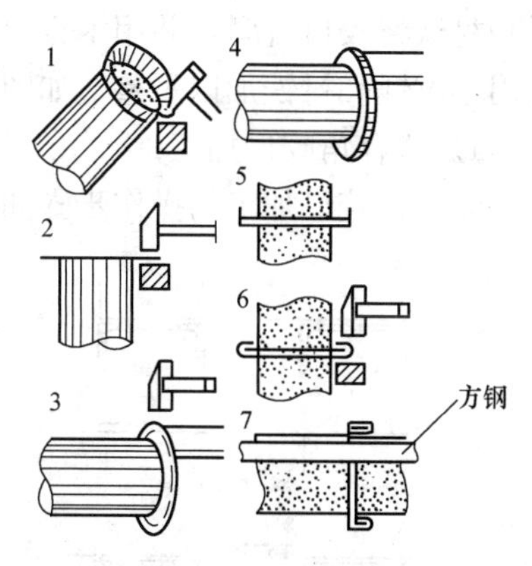

图 3-12　端部单立咬口和单平咬口的操作步骤

加工单口时，当咬口宽度为 6、8、10mm 时，卷边宽度各为 5、7、8mm，用同法把管端折成直角。然后，将单口放在双口内，如图 3-12（5）；用方锤在方钢上将两个管件紧密连接，构成单立咬口，如图 3-12（6）。

为了得到横平咬口，可将立咬口放在方钢或圆管上用锤打平、打实即成，如图 3-12（7）。

3）单角咬口：单角咬口的加工和单平咬口的加工方法基本相同。可将一块钢板折成 90°立折边，另一块折成 90°后再翻转折成平折边。将带有立折边的板材放在工作台边上，并将带有平折边的板材套在立折边的板材上，如图 3-13（1）。然后用小方

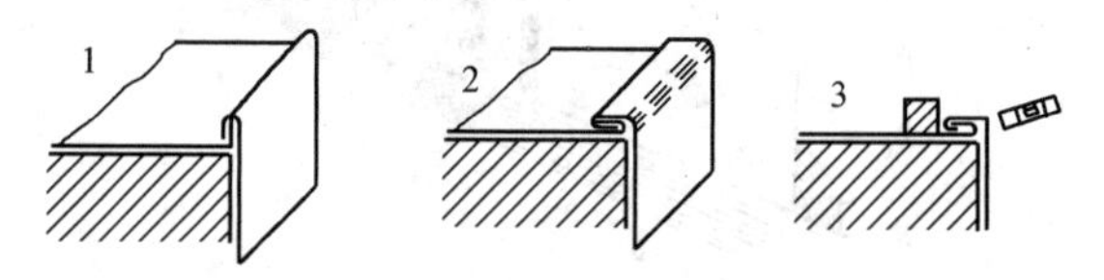

图 3-13　单角咬口的加工

锤和衬铁将咬口打紧，并用木方尺将咬口打平，如图 3-13（2）。再用小方锤和衬铁加以平整，如图 3-13（3），即成单角咬口。

4）联合角咬口加工：

联合角咬口加工的操作步骤如图 3-14 所示。

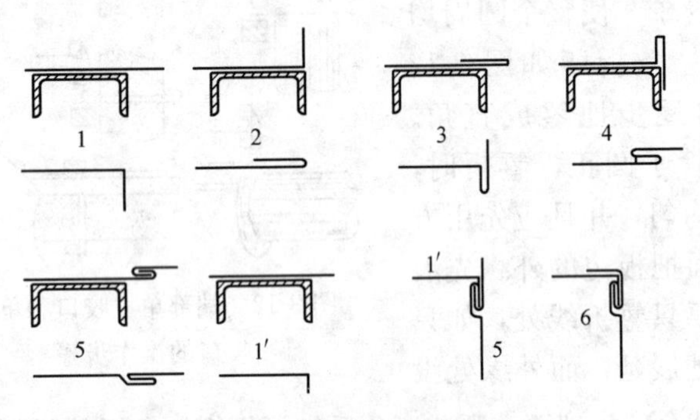

图 3-14　联合角咬口加工方法

（2）机械咬口：常用的咬口机械有矩形风管的直线和弯头咬口机、手动或电动扳边机、圆形弯头咬口机、圆形弯头合缝机及咬口压实机等。国内生产的通风管道咬口基本上已配套，能满足施工需要。

咬口机械一般适用于厚度为 1.2mm 以内的折边咬口。以单平咬口机械为例，其外形如图 3-15 所示。它是由电动机经皮带轮和齿轮减速，带动固定在机身上的槽形不同的滚轮旋转，使板边的变形由浅到深，循序渐变，如图 3-16 所示。

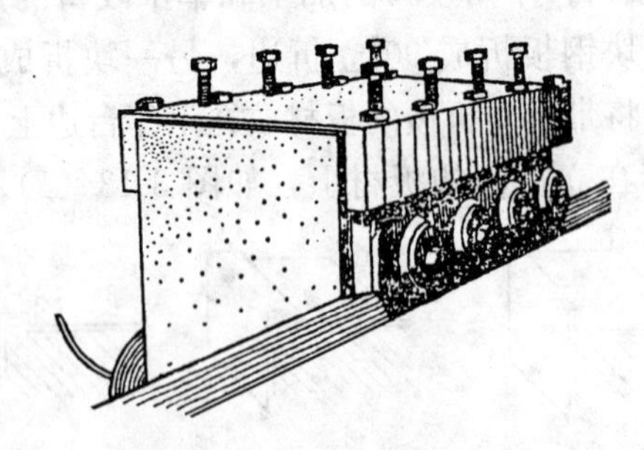

图 3-15　直线多轮咬口机

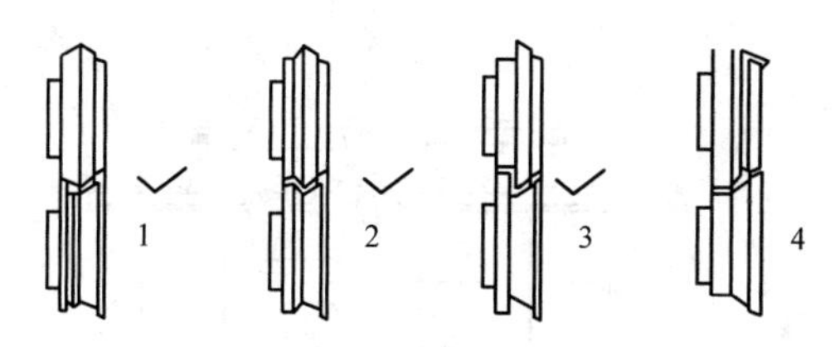

图 3-16 单平咬口的轧制过程

目前使用的咬口折边机是陕西省设备安装公司研制和生产的设备，其咬口成型平整、光滑、生产效率高，并减轻劳动强度，可制作薄钢板厚度为 0.5～1.2mm 的各种矩形风管及弯头、三通、变径管等部件的咬口折边，对风管、管件及各种部件的加工。

1）直线咬口折边机械有：

YZA-10 型按扣式咬口折边机：

按扣式直线咬口折边机是将钢板边缘一侧折成雄口，另一侧折成雌口，经滚轮轧制成型。其特点是板料经折边成形后可直接相互插接组成风管，减少合缝工序。这种设备可以加工方形、矩形截面的直管，其咬口形式及尺寸如图 3-17 和表 3-4 所示。

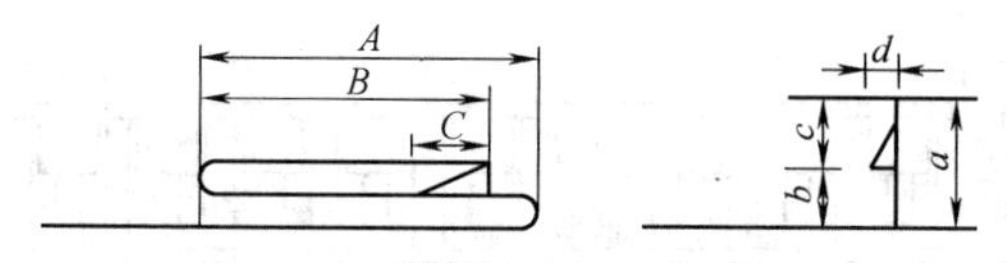

图 3-17 按扣咬口形式

按扣咬口尺寸 **表 3-4**

板材厚度(mm)	A	B	C	a	b	c	d
1	14	13.7	4.8	11	5.2	6.0	2.0
0.5	14	12.5	4.0	11	5.4	5.8	1.4

主要参数：

加工板材厚度：0.5～1.0mm

咬口预留尺寸：外滚 11mm，中滚 31mm

滚轧工序：9 道

按扣式直线咬口折边机的外形、结构如图 3-18 所示。需要调整加工的咬口型口应参照图 3-19，并按下列方法进行。

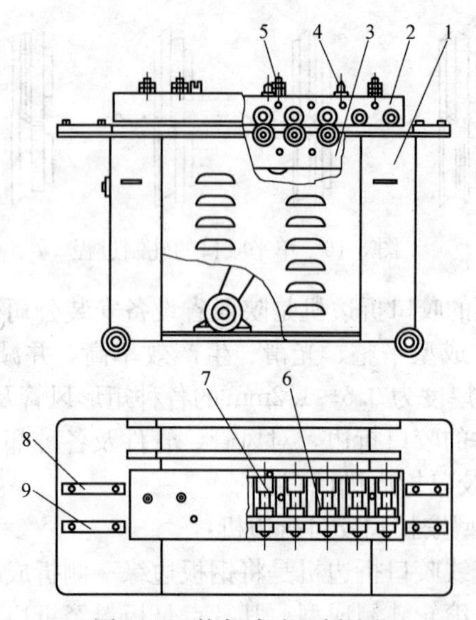

图 3-18　按扣式咬口折边机

1—机架；2—上横梁部分；3—下横梁部分；4—外辊横梁调整螺杆；5—中辊横梁调整螺杆；6—外辊轮；7—中辊轮；8—中辊进料靠尺；9—外辊进料靠尺

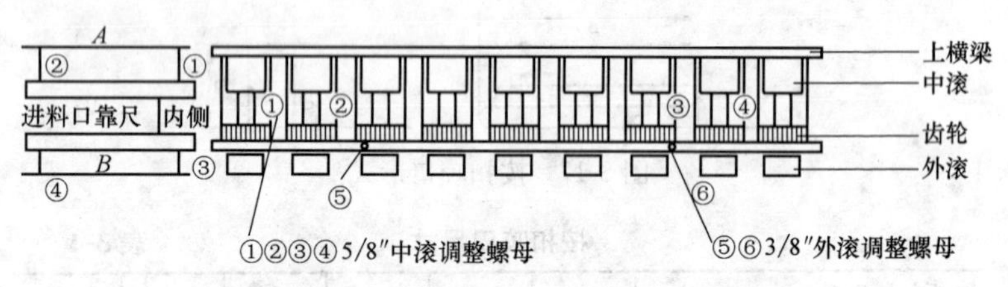

图 3-19　按扣式咬口折边机调整机构

型口的调整：

① 先将①～④中滚调整螺母全部拧紧，然后将①②螺母各倒回 100°，③④螺母倒回 180°，这时如型口的内侧比外侧长，可将①②螺母再拧紧 50°；如口的外侧比内侧长，可将①②螺母再倒回 5°。

② A 靠尺的调整，以上横梁延长线为准，靠尺两端到此线的距离②比①大 2～2.5mm。

┘型口的调整：

① 先将外滚调整螺母⑤⑥全部拧紧，然后再退回 120°，如果发生板材空滑过去时，可将调整螺母拧紧 10°左右。

② *B* 靠尺的调整，以外滚端面延长线为准，靠尺两端到此线距离③比④小 1～1.5mm。

YZL-12 型联合角咬口折边机：

联合角直线咬口折边机是由外滚折边成型后的风管片料，插入由中滚折边成型的风管片料中，经锁缝加工成通风管道。这种设备可加工矩形、方形截面的直管及异径管。其主要参数：

加工板材厚度：0.5～1.2mm

咬口预留尺寸：外滚 7mm、中滚 30mm。

咬口形状：┘ ⌐⊃

滚轧工序：6 道

咬口折边机使用前应参照图 3-20，按下列的方法进行调整。

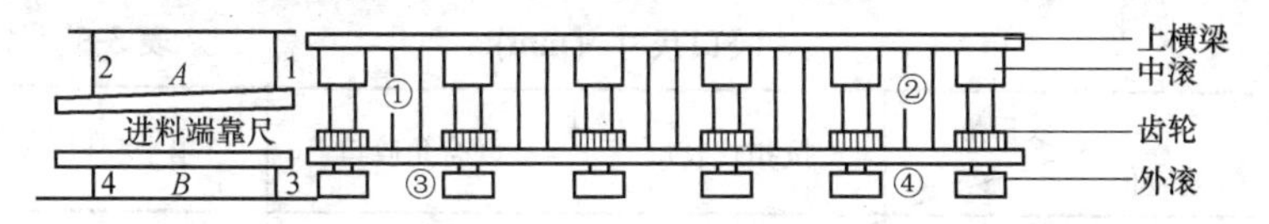

图 3-20 联合角咬口桥边机调整机构

⌐⊃型口的调整：

① 先将中滚调整螺母①②全部拧紧，然后再各倒回 150°。如果在此情况下板材空滑过去时，可将②再拧紧 10°左右；反之，如进料后吃板过紧时，可将②倒回 10°左右。

② *A* 靠尺的调整以上横梁延长线为准，使靠尺两端到此线距离②比①大 2～2.5mm。

┘型口的调整

① 将外滚调整螺母③④全部拧紧，然后再各倒回 120°～150°。如果发生板材空滑时，可将调整螺母拧紧 10°左右。

② *B* 靠尺的调整，以外滚端面延长线为准，靠尺两端到此线距离③比④小 1～1.5mm。

YZD-12型单平咬口折边机

单平直线咬口折边机主要用于板材的拼接和圆形风管的纵缝咬口连接。其主要参数为：

加工板材厚度：0.5～1.2mm

咬口预留尺寸：外滚10mm，中滚24mm

咬口形状：

滚轧工序：6道

咬口折边机使用前的调整方法，可参照联角合角咬口折边机进行。

直线咬口折边机的咬口尺寸的调整：

如需要改变如图3-19所示的按扣式咬口、联合角咬口及单平咬口的*A*、*B*尺寸时，要分别移动中、外辊的进料靠尺。如果要加长*A*、*B*尺寸，则分别将中、外辊的进料靠尺向内侧平移。如果要减小*A*、*B*尺寸，则分别将中、外辊的进料靠尺向外平移。但*A*、*B*尺寸不能大于规定值。如表3-5所列。

咬口尺寸（mm） **表3-5**

规定值 \ 咬口形式	按扣式咬口	联合角咬口	单平咬口
A	14	19	9
B	11	18	8

直线咬口折边机使用注意事项：

① 中、外滚的每个调整螺母的调整范围，不能超出所适用板材的最大厚度，调整好后，要用双螺母固定。

② 使用前，除检查传动机构的润滑情况外，还应给每个滚的表面加油，否则将会影响加工质量。

2）弯头咬口折边机械：与YZA-10型按扣式咬口折边机和YZL-12型联合角咬口机配套使用的有YWA-10型弯头按扣式咬口折边机和YWL-12型弯头联合角咬口折边机。

弯头咬口折边机是将矩形弯头两片扇形管壁的板料滚轧成雄咬口，由直线咬口折边机将两侧管壁的板料滚轧成雌咬口，再根据管壁的厚度和尺寸的大小，由人工或卷板机弯曲成一定的曲率半径的弯度，经合缝后制成弯头。

弯头咬口折边机的导向装置，可连续做正反两个方向的咬口折边，适应弯头扇面壁管最小曲率半径的内弯和外弯及来回弯的咬口折边。弯头咬口折边在手臂的控制下，可做直线和直线转角的咬口折边，还可用于加工制作异径管等管件。其主要参数为：

	按扣	联合角
加工板材厚度	0.5～1.0mm	0.5～1.2mm
咬口预留尺寸	10mm	10mm
加工最大外弯曲半径	200mm	200mm
加工最小内弯曲半径	150mm	150mm
咬口形状	⌐ ⌐	⌐
滚轧工序	2道	1道

弯头咬口折边机如图 3-21 所示。其使用方法如下：

弯头咬口折边机使用前，应根据咬口成形的板材厚度，对辊轮进行适当的调整。按扣式与联合角式咬口折边机的使用方法基本相同。

① 按照板料的厚度和弯曲半径的大小，将自动导向调整螺栓④调到与之相适应的位置，当板料厚度大或弯曲半径小时，套筒⑤里的弹簧对自动导向架的压力应加大，反之则应减小。

② 板料的边缘如不符合规定，或成形不成直角时，可拧紧自动导向调整螺栓④，以加大弹簧的压力。

③ 设备的下端是折边工序，上端是按扣式咬口的穿孔工序（YWL-12 型弯头联合角咬口折边机无穿孔工序），应按照加工的板料厚度，分别拧紧上、下端辊轮的调整螺栓⑫和⑪，然后退回 1/4 圈。上、下端主、副辊轮的间隙为 0.5～0.7mm 的板料厚度。板料越厚，辊轮调节螺栓退回的圈数越多。

④ 辊轮调整螺栓⑫和⑪拧得过紧，板料经滚压成形后会使边缘有波浪形起伏现象，应将螺栓拧松。如起伏波浪形较小，可把自动导向架扳到停止位置，取出板料重新滚压，波浪形即可消除。

⑤ 把板料的边角在台板⑬的槽口⑭处折弯后，先送入下端主、副辊轮⑨和⑩之间，然后送入上端按扣咬口的主、副辊轮⑦和⑧之间，为了很好的"起步"，可微调上、下端辊轮调整螺栓⑪和⑫，同时在"起步"时手稍微加些力量，把折的边角送入主、副辊轮之间以后，板料就可在自动导向架的作用下自动滚压。

⑥ 如板料的弯曲半径由很大突然过渡到很小时，要用手在自动导向架上加力辅助。

⑦ 减速箱应保持一定的油位；机械传动部件特别是上、下主、副辊轮，必须加油润滑，防止镀锌皮粘在辊轮表面，影响加工制作的质量。

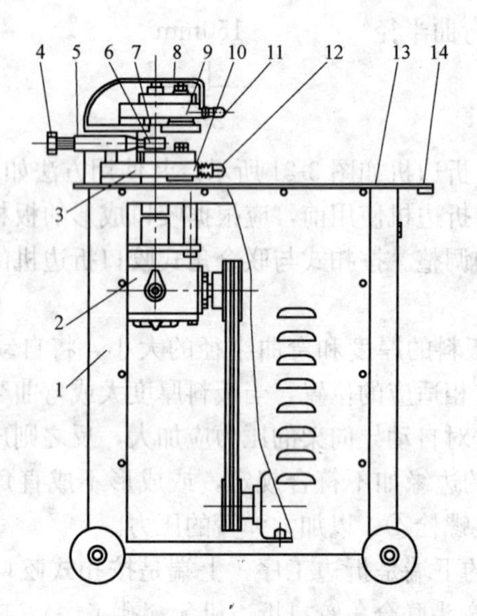

图 3-21 弯头按扣式咬口折边机

1—机架；2—蜗轮减速箱；3—机头；4—自动导向调整辊轮；5—套筒；6—自动导向架；7—上主辊轮；8—上副辊轮；9—下主辊轮；10—下副轮辊；11—上辊轮调整螺栓；12—下辊轮调整螺栓；13—台板；14—槽口

3）扳边机：扳边机有手动和电动两种。手动扳边机适用于厚度为 1.2mm 以内的钢板咬口的折弯和矩形风管的折方；电动折边机除适用咬口折弯和折方外，还可用于厚度为 3mm 以内的钢板其他工艺要求的折弯。

图 3-22 所示的是常用的手动扳边机。它是由固定在墙板上的下机架和在墙板上可以上下滑动的上机架，以及在墙板上转动的活动翻板所组成。上机架由两端的丝杠调节上下，压住或松开钢板。为了减轻扳动活动翻板的力量，在翻板的两端轴上，加设平衡铁锤。为使折角平直，上、下机架及翻板接触处，用刨平的刀片组成。

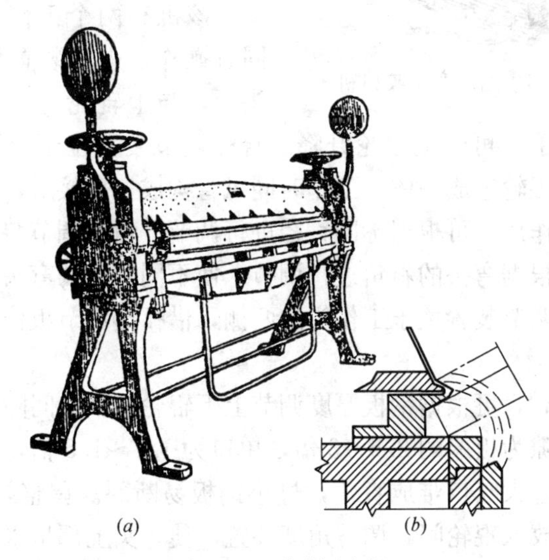

(*a*) (*b*)

图 3-22 手动扳边机

操作时，用手扳动丝杠手轮，抬起上支架，使上刀片和下刀片之间留出空隙，然后将划好线的板材放入，使上刀片的棱边对准折线，放下上机架并压紧，然后扳动活动翻板至 90°时，则成单角咬口的立折边。把活动翻板扳到底，即成单角咬口的平折边。当扳制单平咬口时，把钢板放入上、下刀片之间，放入的深度等于折边宽度。压紧钢板后，把活动翻板扳到底，即成单平咬口，如图 3-22（*b*）所示。

4）圆形弯头咬口机：圆形弯头咬口机用来制作钢板厚度为

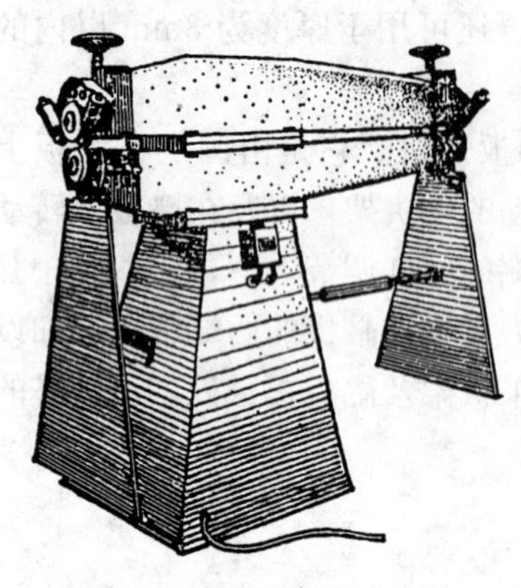

图 3-23　圆形弯头咬口机

1.2mm 以下的圆形弯头、来回弯的单立咬口，也可轧制圆风管的加固凸棱。

图 3-23 所示的圆形弯头咬口机，是由机架、传动机构、咬口辊轮、进给装置、直径调节装置、角度调节装置和深度调节装置等部件组成。

该机有两个工作头，可以同时操作。进给装置位于工作头上，与上辊轮连在一起，工作时转动手轮可使上辊轮升降。直径调节装置位于上辊轮的两侧，与上辊轮连成一体，工作时同风管构成三点接触，支持风管并起整圆作用，可根据不同直径进行调节。角度调节装置位于辊模下，可根据弯头的斜角进行调节，使不同角度的弯头在机上咬口。深度调节装置位于工作头的两侧，借弧形调节板作用，调节咬口深度。

操作时，可根据钢板厚度调节上下辊轮的轴向间隙，一般轧制双口间隙为板厚的 2.5～3 倍，单口为 1.3～1.5 倍，不宜过大或过小，过大咬口难成直角，过小钢板易断裂。调整好间隙后，可将弯头放入辊轮间，调整角度装置，使弯头上部呈水平（只宜外面偏高）。再调整深度装置，对于单口，弯头伸入辊轮的深度等于 0.75 倍的咬口宽度；对于双口应等于 1.25 倍咬口宽度，然后调整直径调节装置。两端高度应一致并与弯头轻微接触，不要压得过紧，最后调整进给装置，启动电动机进行咬口。

制作单口时，应自始至终用手扶住弯头。压制双口时，开始用手扶住，转动两周后就可放开。咬口时，每次进给应缓慢而均匀，通常每转动一周作一次进给，每次进给量为 1.5～2mm，直到上下辊轮接触为止。对于直径小和管壁较厚的弯头，进给量应稍小些，进给速度也可缓慢些，有利于提高咬口质量。

制作咬口的钢板应符合要求，材质应较软，不然容易发生断裂现象。弯头的直缝，最好采用气焊焊接，如果是咬口时，应把咬口处去掉，待弯头咬口制成后，再补焊。

5）圆形弯头合缝机：圆形弯头合缝机适用于管壁厚度在1.2mm 以下，直径在 265～660mm 范围内的弯头各短节的合缝。

图 3-24 所示的圆形弯头合缝机是由电动机、挡轮、托轮、成型辊轮及压轮等部件组成。合缝机的电动机带动着挡轮、托轮等转动，由挡轮 1 与成型辊轮 2，将⊔压成⊅形后，再由压轮 3、托轮 4 和挡轮将压口合缝成⊐。

操作时，将压好单口和双口弯头短节，放在台板上，操作手柄转动丝杠，使三个定位滚轮将弯头短节定位，再操作手柄 5 使成型辊轮逐渐与挡轮靠近，待咬口压成⎍形后，再操作手柄 6，使压轮慢慢向下压，直至合缝完成。

图 3-24　圆形弯头合缝机

6）咬口压实机：咬口压实机是用来在咬口折边机上轧压好的咬口并相互对咬后，压成合缝。适用于厚度为 1.2mm 以内的钢板拼接缝和风管的纵向闭合缝的咬口压实机如图 3-25 所示。其结构简单，是由机架下的电动机通过皮带轮和齿轮减速，带动丝杠旋转，由穿在丝杠上行走的压辊装置压实咬口。为了增加摩擦力，压辊上刻有花纹，机身两端装有行程开关。操作时，将要

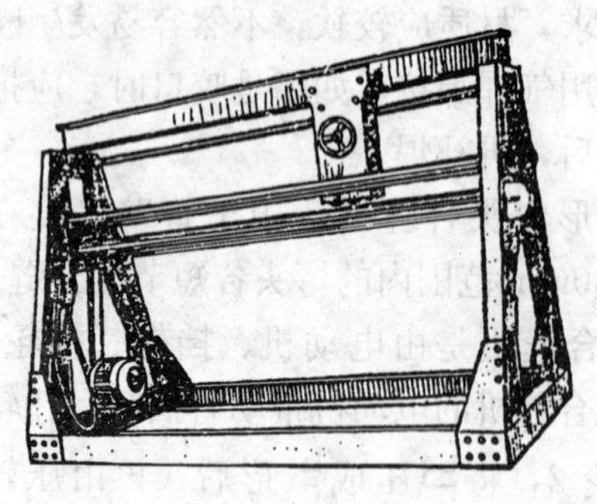

图 3-25 咬口压实机

压实咬口的风管，放在横梁与压辊中间，先把咬口钩挂上，再把风管两端的咬口用手锤打实，然后搬动手轮，使压辊压紧咬口缝，按动电钮开关，使行走丝杠转动，带动压辊箱沿丝杠行走，往返两次，咬口即被压实。停机后，打开钩环，可将压实咬口的风管取出。

另外，还有一种结构较为复杂的咬口压实机，除能够压实平咬口缝外，还能压实角咬口缝。压实不同的咬口缝是通过改变阴模底梁和压辊的形式来达到的。

咬口机械除上述介绍一部分常用的设备外，还有小型电动工具的联合角咬口镇缝机等。

3.3.2 铆钉连接

铆钉连接，简称为铆接。它是将两块要连接的板材，使其扳边相重叠，并用铆钉穿连铆合在一起的方法，如图 3-26 所示。

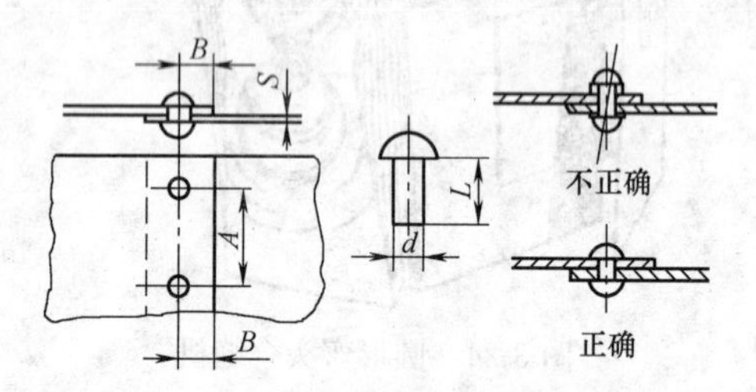

图 3-26 铆钉连接

板材间的铆接，在通风、空调工程中一般由于板材较厚，而手工咬口或机械咬口无法进行，或板材虽然不厚但性能较脆不能采用咬口连接时才采用。随着焊接技术的发展，板材之间的铆接，已逐步被焊接所取代。但在设计要求采用铆接或镀锌钢板厚度超过咬口机械的加工性能时，还需使用。

铆接除用于板与板之间的连接外，还常用于风管与法兰的连接。

铆接前，应根据板厚来选择铆钉直径、铆钉长度及铆钉之间的间距等。铆钉的直径 $d=2s$，s 为板厚，但不得小于 3mm。为了能打成压帽以压紧板材，铆钉长度 $L=2s+(1.5\sim2)d$。铆钉之间的间距 A 一般为 40～100mm，严密性要求较高时，其间距应小一些。铆钉孔中心到板边的距离 $B=(3\sim4)d$。

铆接时，必须使铆钉中心垂直于板面，铆钉帽应把板材压紧，使板缝密合，并且铆钉排列应整齐。

板材铆接可采用手工铆接和机械铆接两种。

1. 手工铆接：手工铆接操作时，先将板材划好线，再根据铆钉之间的间距和铆钉孔中心到板边的距离来确定铆钉孔的位置，并按铆钉直径钻出铆钉孔，然后把铆钉穿入，垫好垫铁，用手锤把钉尾打堆，采用罩模（铆钉克子）把铆钉打成半圆形的铆钉帽。为了防止铆接时位移，造成错孔，可先钻出两端的铆钉孔，并先铆好，然后再把中间的铆钉孔钻出并铆好。

板材之间铆接，一般中间可不加垫料，设计如有特殊要求时，应按设计的规定进行。

2. 机械铆接：机械铆接在通风、空调工程中，按其预制加工或施工现场安装的部位，常用的有手提液压铆接机、长臂铆接机、电动拉铆枪及手动拉铆枪等。

(1) 手提电动液压铆接机：图 3-27 所示的电动液压铆接机，是由液压系统和铆钉弓钳等组成。液压系统是由电动机、油泵、阀体组成。阀体由溢流阀、方向阀、截止阀及压力表组合而成，作为控制液压方向和工作压力所用。铆接弓钳是由钳体（油缸）、活塞、软管、回程弹簧及磁性铆钉座等组成。

电动液压铆接机是通风、空调系统风管施工中的小型机具，主要用来铆接风管与角钢法兰及其他部件，统一使用 4mm 的铆钉，铆接∟25×3～∟50×4 的角钢法兰，采用以液压为动力，将活塞杆与弓形体联结成铆接钳，由活塞做往复运动来完成冲孔、

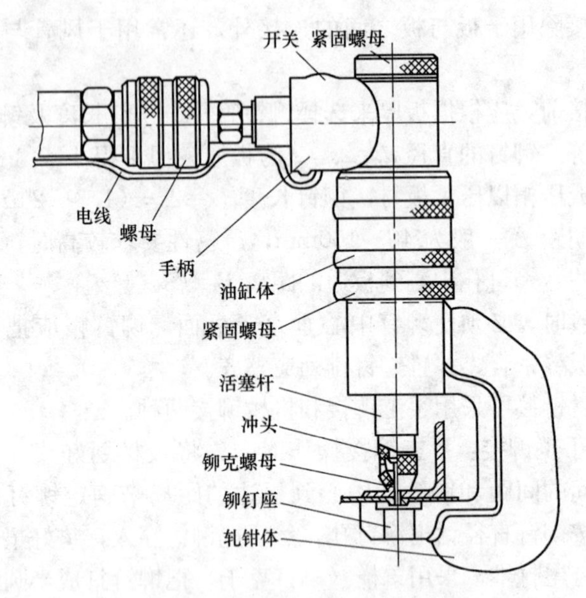

图 3-27　电动液压铆接机示意图

铆接工艺。

高压柱塞油泵为液压动力，通过电磁阀控制系统，调节高压油液输入钳体的工作油缸，推动工作活塞，施静压力于铆接模具，同时设有磁性铆钉座，可使风管在任意方向进行铆接操作，铆接压力可在一定范围内调节，风管每一次打铆钉孔和铆接，只需要一次操作便可完成，其操作简便，铆接牢固。

铆接前，先将铆钉钳导向冲头插入角钢法兰铆钉孔内，再将铆钉放入磁性座内，然后按动手上的电钮，使压力油进入软管注入工作油缸，缸内活塞迅速伸出，铆钉顶穿薄钢板实现冲孔，并迫使导向冲头杆缩回，而活塞杆上的帽克在弹性圈的作用下将工件压紧，使铆钉尾部与风管壁紧密地结合，这时油缸内的油压继续增大，铆钉在高压下产生塑性变形，铆钉先在法兰孔内膨胀与孔壁胀紧，但露出的铆钉部分继续塑变，形成大于孔径的铆钉帽，此时铆接工艺全部完成，操作人员松开按钮，压力油缸荷，活塞杆在回程弹簧的作用下复位，整个动作过程所需要的时间为 2.2s。

上海市工业设备安装公司研制生产的 DYM 型电动液压铆接机的安全装钉机构有 A 型和 B 型两种形式。

A 型：采用四转轮四钉位安全装钉结构。操作时手指不需要直接进入“虎口”装钉，可在其他空间把铆钉装入磁性吸座内，回转 90°即可，可安全地铆接，防止工伤事故。它可在水平、垂直、倾斜等多工位进行冲孔铆接。

B 型：采用多钉式滑块安全装钉结构，一次可装十只铆钉。操作时，只需将滑块向工作部位堆放铆钉装入磁性吸座内，就能安全可靠的进行铆接。垂直装钉铆接较为理想，横向铆接只能单只使用。

国外生产的电动液压铆接机与 DYM 型电动液压铆接机的区别，在于铆接的方向，如图 3-28 所示。

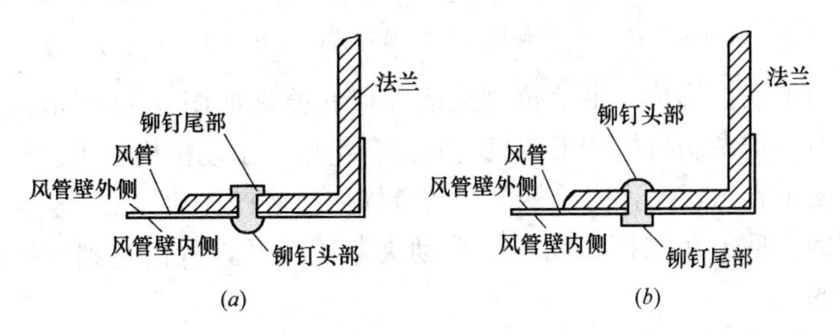

图 3-28　国内外铆接机的铆接方向

(*a*) 日本铆接机铆法；(*b*) 中国传统铆法

(2) 拉铆枪；拉铆连接常用于只有一个操作面，不能内外操作的场合，例如在支风管上开三通、风口等，采用拉铆较为方便。拉铆枪有手动和电动两种。

电动拉铆枪：电动拉铆枪的外形结构如图 3-29 所示。它是由电动机、拉伸机构、退钉机构及变速箱等部件组成。其拉铆的工作原理，是由电动机的旋转运动，通过齿轮减速由主轴传出，再经过拉伸机构将旋转扭力转变为轴向拉力，头部爪块夹紧拉铆钉铁芯，当拉铆完成后，拉伸机构回复原位，并且由退钉机构将断芯排出机外，再把外套圈向后拉动，即可再进行拉铆。

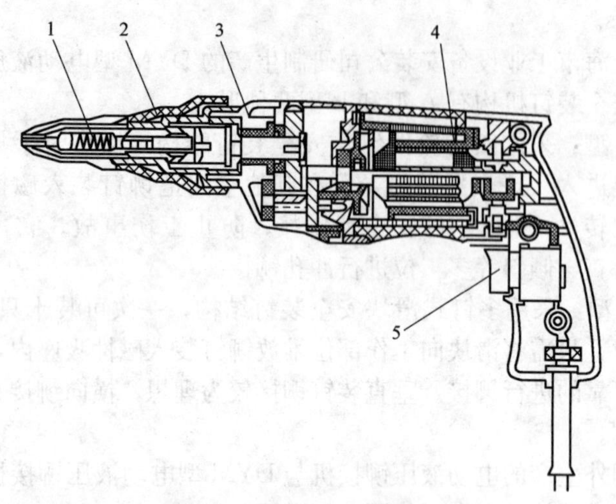

图 3-29　电动拉铆枪外形结构

1—退钉机构；2—拉伸机构；3—变速箱；4—电动机；5—开关

手动拉铆枪：手动拉铆枪的外形和原理如图 3-30 所示。它是由手动做功机构和工作机构两部分组成。手动机构采用杠杆原理便于省力，操作时手柄张开与合拢使拉铆杆移动。工作机构中的倒齿爪子在拉杆移动中能自动夹紧或松开，从而达到铆接的目的。

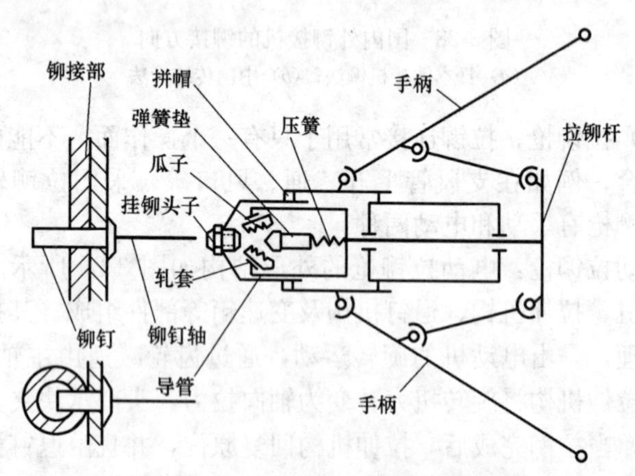

图 3-30　手动拉铆枪的外表和原理图

常用的手动拉铆枪有 SLM-1 型和 SLM-2 型，其拉铆的范围为：

SLM-1 型　拉铆头子孔径为 ϕ2、ϕ2.5mm（ϕ3、ϕ3.5mm 为铝质抽芯棒用）。拉铆范围 ϕ3～ϕ4mm 抽芯铝铆钉。

SLM-2 型　拉铆头子孔径为 ϕ2.5～ϕ3.5mm，拉铆范围ϕ3～ϕ5mm 抽芯铝铆钉。

拉铆时应注意下列事项：

1）选用拉铆头子，将使用的铆钉用其拉铆钉轴去配拉铆头子的孔径，以滑动为宜，再将选用的拉铆头子拧紧在导管上。

2）松开导管上的拼帽，再将导管退出少许，拉铆头子孔口朝上。

3）手柄张开至最大位置处，将铆钉轴插入拉铆头子的孔内；同时旋转导管，使铆钉轴能自由落入，不能调节过松，以免损伤机件，然后扳紧拼帽。

4）铆接物体上的铆钉孔与铆钉的间隙可参照电动拉铆枪的要求，一般与铆钉滑动配合，不要过松，否则将影响铆接强度。

5）将铆钉插入被铆接物体孔内，张开手柄，以拉铆头子全部套入铆钉轴，夹紧被铆物体，然后夹紧手柄，拉断铆钉轴即已铆好。有时一次不能拉断铆钉轴，可重复前面的动作。

6）张开手柄，取出铆钉轴。

3.3.3　焊接

板材之间的连接，除采用咬口连接和铆钉连接外，对于通风管道密封要求较高或板材较厚不能采用咬口连接时，还广泛地采用焊接。

风管及部件制作时，应根据板材的厚度、材质，可采用氧气-乙炔焊、二氧化碳气体保护焊、氩弧焊、电焊及接触焊等，也可用锡焊来焊接一般薄钢板或镀锌钢板的咬口缝隙。焊接时，焊缝表面应平整，不应有裂缝、烧穿、结瘤等现象。

1. 焊缝形式：焊缝形式应根据风管的构造和焊接方法而定，可选用图 3-32 所示形式。

（1）对接缝：用于钢板的拼接缝、横向缝或纵向闭合缝，如图 3-32（1）所示。

（2）角缝：用于矩形风管或管件的纵向闭合缝或矩形弯头、三通的转角缝等，如图 3-32（2）所示。

（3）搭接缝及搭接角缝：用法与对接缝及角缝相同。一般在板材较薄时使用，如图 3-32（3）、（4）所示。

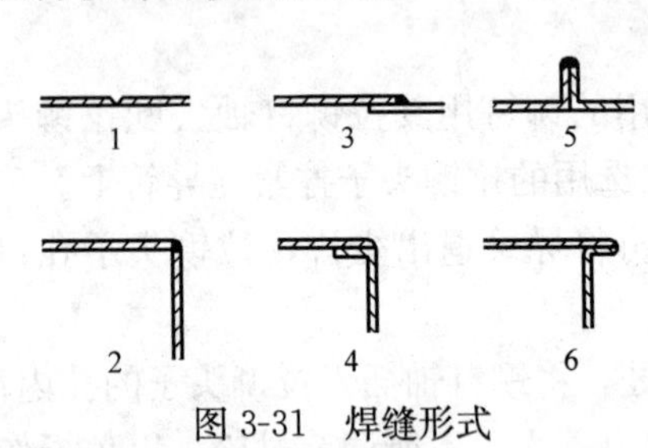

图 3-31 焊缝形式

（4）扳边缝及扳边角缝：用法同上，一般在板材较薄而采用氧气-乙炔焊时使用，如图 3-31（5）、（6）所示。

2. 电弧焊：电弧焊预热时间短、穿透力强、焊接速度快，焊接变形比氧气-乙炔焊小，但较薄的板材容易烧穿。为了保持风管表面的平整，特别是矩形风管，应尽量采用电弧焊焊接。一般用厚度为 1.2mm 以上的薄钢板制作风管时，采用电弧焊。

采用电弧焊焊接钢板时，焊缝两边的铁锈、污物应用钢丝刷清除干净。在对接焊时，因风管板材较薄，不必坡口，焊缝处留出 0.5～1mm 的缝隙，不宜过大，否则容易烧穿和结瘤。焊接前，将两个板边全长平直对齐，先把两端和中间每隔 150～200mm 点焊好，用小锤进一步把焊缝不平处打平，然后再进行连续焊接。

为了便于对口和避免烧穿，也可用搭接焊缝和搭接角缝进行焊接，一般搭接量为 10mm。焊接前先划好搭接线，焊接时按线进行点焊，再用小锤使焊缝密合后进行连续焊接。

3. 氧气-乙炔焊接：氧气-乙炔焊适用于厚度为 0.8～3mm 钢板的焊接。对于厚度在 1.2mm 以下的钢板制作的风管，可采用氧气-乙炔焊接。由于氧气-乙炔焊接的预热时间较长，加热面积大，形成的变形比电弧焊大，将会影响风管表面的平整，因此一般只在板材较薄，电弧焊容易烧穿，而严密性要求较高时采用。

制作厚度为 1mm 以下的钢板风管时，常将板边扳起 5～6mm 的立边进行焊接，如图 3-31（5）、（6）。板边应扳得均匀一致，而且两个焊件的边要等高。焊接时，应每隔 50～60mm 进行点焊，再用小锤敲打使边缝密合，然后再进行连续焊接。

4. 二氧化碳气体保护焊：二氧化碳气体保护焊是用二氧化碳气体作为保护气体，如图 3-32 所示，其焊条作为电极和填充材料的熔化极明弧焊。与电弧焊、氧气-乙炔焊相比，具有明弧，可见度好，便于板缝对接，而且电弧在气流的压缩下使其热量集中，熔池的体积较小，热影响区窄，焊件焊后变形小等特点，适用于厚度在 1.2mm 以下的薄钢板风管焊接。

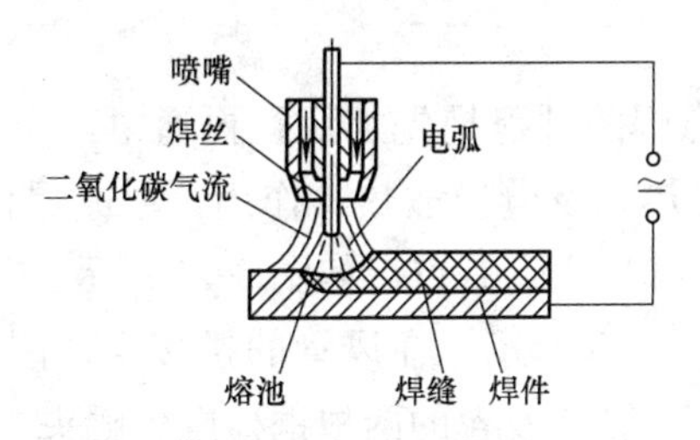

图 3-32　二氧化碳气体保护焊示意图

5. 氩弧焊；氩弧焊是利用氩气作保护气体的气电焊。焊接时电弧在电极与焊件之间燃烧，氩气使金属熔池、熔滴及钨极端头与空气隔绝。氩弧焊示意图如图 3-33 所示。

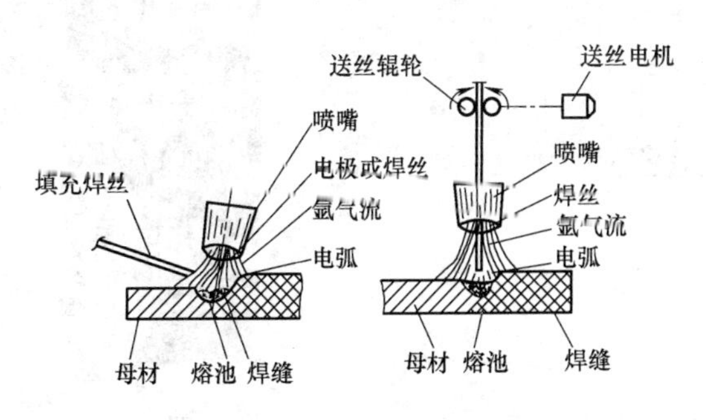

图 3-33　氩弧焊示意图

氩气属惰性气体，不溶于液态金属，与其他焊接方法相比具有以下特点：

（1）采用氩气与大气隔绝，防止了氧、氮、氢等气体对电弧及熔池的影响，被焊金属及焊丝的元素不易烧损。

（2）氩气流对电弧有压缩作用，其热量较为集中；又由于氩气对近缝区的冷却，使热影响区变窄，焊件变形量减小。

（3）焊接缝机械性能较好，特别在焊接不锈钢时，其焊接缝的抗晶间腐蚀性能较好。

氩弧焊可分为钨极氩弧焊和熔化极氩弧焊两种。钨极氩弧焊适用于焊接大于 0.5mm 厚度的有色金属和不锈钢等焊件；熔化极氩弧焊适用焊接工件的材质与钨极氩弧焊相同，但其厚度一般大于 6mm。

6. 点焊：点焊的过程是先加压，再通电，由于焊件内电阻和接触电阻的发热以及电极散热等作用，形成焊核，然后断电，待焊核凝固后去掉压力。其点焊如图 3-34 所示。

点焊机如图 3-35 所示。在风管的拼接缝及闭合缝进行点焊时，是靠上、下挺杆 3 及 4 的两根铜棒电极触头 1 来进行的。铜棒电极触头的距离电踏板 2 来调节。点焊机的工作部分用水进行冷却。

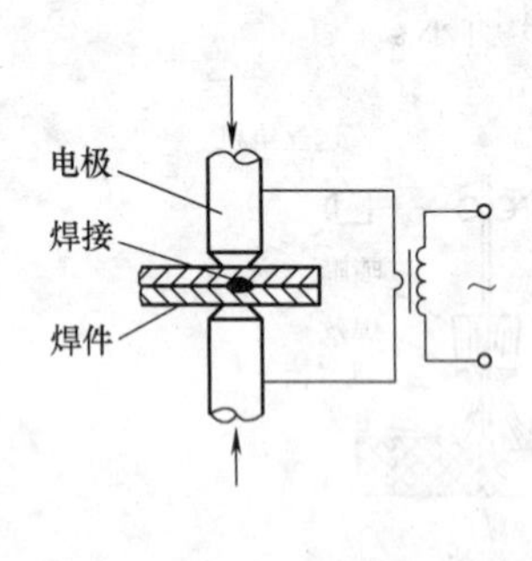

图 3-34　点焊示意图

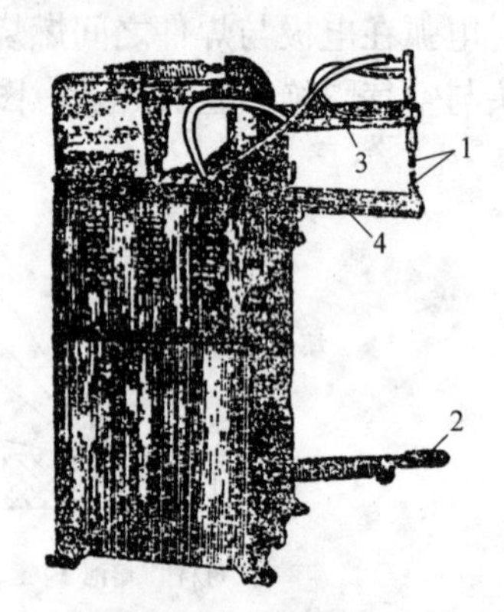

图 3-35　点焊机

点焊的特点是对连接区的加热时间短，焊接速度快，而且不需要填充材料或焊剂、气体等材料。

操作时，应打开冷却水，接通电源，然后将要焊接的搭按缝放在铜棒电极触头中间，用脚将踏板踏下，触头就压在钢板上同时接通电路。由于电阻的发热和触头的压力，使钢板接触点熔焊在一起。焊好一点，再移动钢板点焊下一点。

7. 缝焊：缝焊用旋转滚盘电极代替点焊用的固定电极，产生连续焊点，形成缝焊焊缝，缝焊示意图如图 3-36 所示。

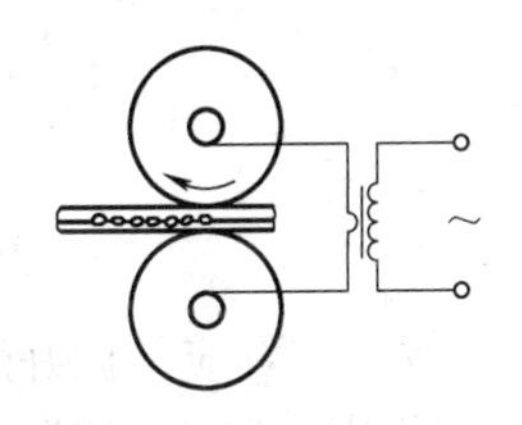

图 3-36　缝焊示意图

缝焊除具有与点焊相似的特点外，还具有强固-气密的焊缝，用于要求密封的风管，而且缝焊规范的各项工艺参数比点焊更稳定。

缝焊机如图 3-37 所示。进行缝焊时，由固定在上，下挺杆上的转动滚盘电极来进行。滚盘电极起到挤压，导电及移动焊件的作用。踏板用来操纵电开关及压紧电极、滚盘电极。缝焊速度可在 0.5～3m/min 的范围内调节。

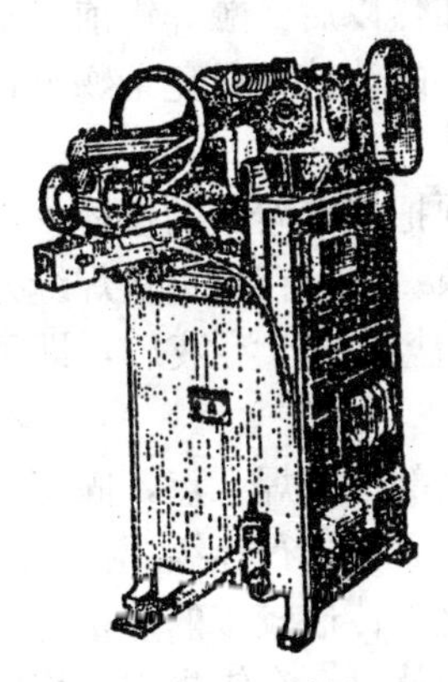
图 3-37　缝焊机

8. 锡焊：锡焊是利用熔化的焊锡，使金属零件连接的方法。由于锡焊耐温低、强度差，所以在通风、空调工程中很少单独使用，一般在镀锌钢板制作管件时，配合咬口使用，保证咬口的牢固和严密。

锡焊用的烙铁，一般用紫铜制作。因紫铜容易加热并容易保存热量和加热焊锡表面。烙铁有用普通木炭火加热的火热烙铁和电加热的电烙铁，其外形如图 3-38 所示。

烙铁的大小和端部形状，应根据焊件的大小和焊缝位置而定，一般以使用方便、焊接迅速为原则。

烙铁使用前应先镀上锡。其方法是将烙铁烧到暗红色，用锉刀把烙铁端部锉干净，不应有锐边和毛口。然后，把烙铁放在氯化锌溶液里浸一下，再与焊锡反复摩擦，使烙铁端部均匀地沾上一层焊锡。

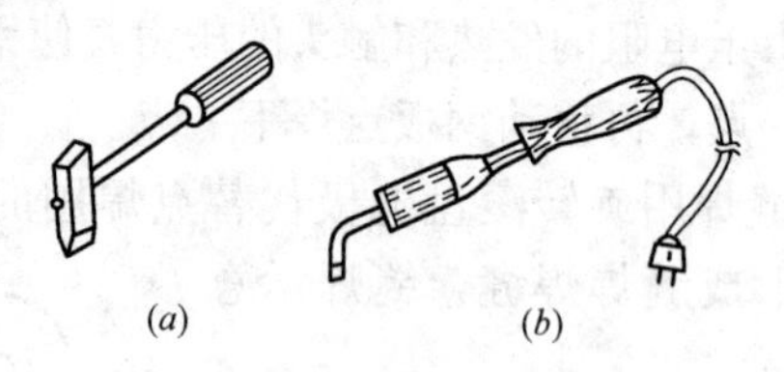

图 3-38　烙铁

（a）火烙铁；（b）电烙铁

锡焊时，应掌握好烙铁温度，如温度太低，焊锡不易完全熔化，使焊接不牢；如温度太高，会把烙铁端部焊锡烧掉，致使端部氧化，就得重新修整端部。一般烙铁加热到冒绿烟时，就能使焊锡保持足够的流动性，这时的温度比较合适。

采用木炭火加热的烙铁，为了便于加热烙铁和避免烧坏端部，烧烙铁时应把烙铁端部向上。每次加热以后，蘸焊锡前应把烙铁端部浸一下氯化锌溶液，以保持端部的清洁，避免杂物夹在焊锡中，造成焊缝不牢现象。

为了保证锡焊的牢固，锡焊前，必须把焊缝附近的铁锈、污物彻底清除干净，防止焊锡蘸不上的现象。然后在薄钢板焊缝处涂上氯化锌溶液，在镀锌钢板涂上 50%盐酸的水溶液后，即可进行锡焊。

锡焊时，先用烙铁在焊缝两端和中间部位点焊几点，固定好焊件位置，并用小锤敲打使焊缝密合，然后再进行连续焊接。对于较长的焊件，烙铁端部应全部接触焊缝以传递较多的热量，而对于细小的焊件，只需用烙铁的尖端接触就可。在锡焊中，烙铁应沿焊缝慢慢移动，使焊锡熔在焊缝中，焊锡只要填满焊缝就可，堆积太多对焊缝强度无提高作用。当焊缝较长，烙铁温度降低到不能使焊锡具有足够的流动性时，不应勉强使用。换用烙铁接续时，最好在续焊处附近涂上一些氯化锌溶液，续焊时要等续焊处的焊锡熔化后，再移动烙铁。为了提高锡焊的速度，烙铁应在保证焊锡熔化渗入焊缝的原则下，尽快地沿焊缝移动，力求加长每烧一次烙铁的焊接长度。

3.4 板材的卷圆和折方

制作圆形风管或部件时，应把板材卷圆。制作矩形风管或部件时，应根据纵向咬口形式，对板材进行折方。

3.4.1 板材的卷圆

板材的卷圆可采用手工或机械方法进行。

1. 手工卷圆：将经过咬口折边的板材，把咬口附近板边在钢管上用方尺拍圆，然后先用手、后用方尺进行卷圆，使咬口能相互扣合，并把咬口打紧打实。接着再找圆，找圆时方尺用力应均匀，不宜过大，以免出现明显的痕迹，直到风管的圆弧均匀为止。

2. 机械卷圆：机械卷圆，一般用卷圆机进行。图3-39所示的卷圆机适用于厚度为2mm以内，板宽为2000mm以内的板材卷圆。

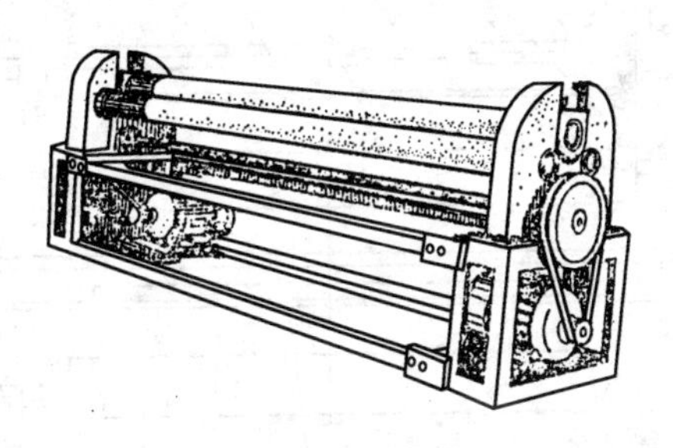

图3-39　卷圆机

卷圆机由电动机通过皮带轮和蜗轮减速，经齿轮带动两个下辊旋转，当板材送入辊轮间时，上辊因与板材之间的摩擦力而转动，上辊由电机通过变速机构经丝杠，使滑块上下动作，以调节上、下辊的间距。

操作时，应先把咬口附近的板边，在钢管上用手工拍圆，再把板材送入上下辊之间，辊子带动板材转动，板材即成圆形。上下辊的间距，可根据加工件管径而加以调节。风管卷圆后，应停机取出管子。

3.4.2 板材的折方

矩形风管或风阀周长较小时，设置一个或两个角咬口（或焊缝）时，板材就需折方。折方可用手工或机械进行。

1. 手工折方：折方前板材应先划好折曲线，再把板材放在工作台上，使折曲线和槽钢边对齐，一般较长的风管由两人操作，两人分别站在板材两端，一手把板材压在工作台上，不使板材移动，一手把板材向下压成90°直角，然后用木方尺进行修整，直到打出棱角，使板材平整为止。

2. 机械折方：机械折方可用图3-22所示的手动扳边机，也可用图3-40所示的SAF-9型折方机。其操作方法和扳制角咬口立折边相同。

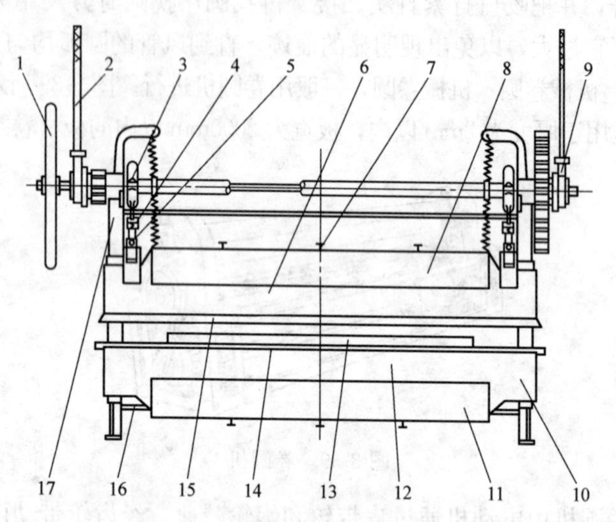

图3-40　SAF-9型折方机结构简图

1—手轮；2—加力杠杆；3—上下轴瓦；4—紧固帽；5—调整拉杆；6—上刀架；7—预紧螺栓；8—上夹板；9—棘轮组件；10—连接螺杆；11—下夹板；12—下刀架；13—靠尺组件；14—下模；15—上刀片；16—连接件；17—机架

采用图3-40所示的折方机时，使用前应按加工的板材厚度和形状对下模和上刀片进行必要的调整。

3.5 法兰与无法兰连接件加工

3.5.1 圆形法兰煨弯机

圆形法兰可用法兰煨弯机（如图 3-41）进行煨制。

法兰煨弯机适用于∟40×∟40×4 以内的角钢和－40×4 扁钢煨制直径 200mm 以上各种规格的圆形法兰。

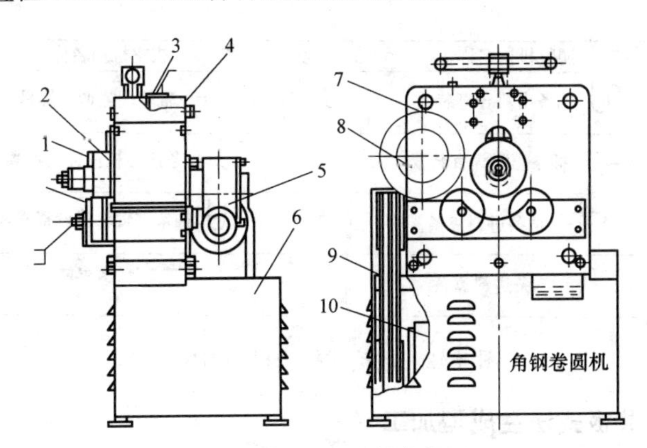

图 3-41 法兰煨弯机

1—下辊轮组；2—上辊轮组；3—中支板；4—后支板；5—蜗轮减速箱；6—机架；7—前板；8—导向板；9—三角皮带；10—电动机

3.5.2 无法兰连接件加工设备

插接式折边机：目前国内已定型生产的 YZC-10 型插接式折边机，其技术参数如表 3-6 所列，构造如图 3-42 所示。

插接式折边机的技术参数 **表 3-6**

咬口	板材厚度	0.5～1.0mm
	形状与尺寸	中辊 26 31 26 外辊 28 4 4
成型速度/(m/min)		10.2
电动机		N=1.5kW n=1400r/min Y90L-4 型
外形尺寸/mm		1230×640×980
质量/kg		295

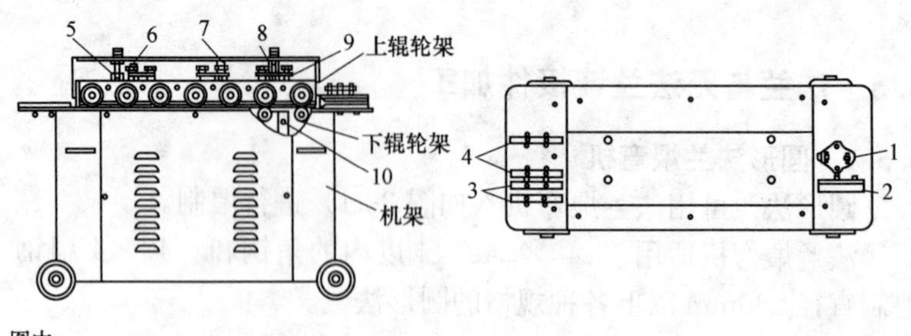

图中：

编号	调整机构名称	编号	机整机构名称
1	插条出料导直装置	5、9	上下辊轮间隙调整螺母
2	插条出料导直装置	6、7	插条折导板位置调整螺母
3	插条进料靠条	8	插条立辊位置调整螺母
4	插条进料靠条	10	插条平导板

图 3-42　插接式折边机构造图

3.5.3　共板式法兰成型加工

TDF 连接工艺是风管本身两端扳边自成法兰，再通过法兰角码和法兰弹簧夹，将两段风管进行连接。共板式法兰成型机与其他咬口折边机等设备配套使用，制成共板式法兰的风管。共板式法兰成型机如图 3-43 所示。

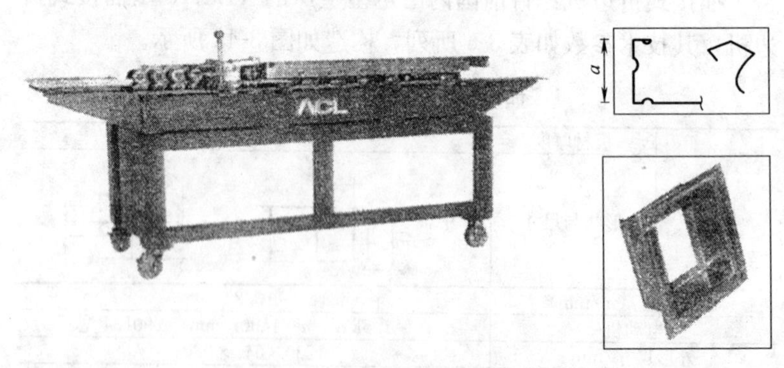

图 3-43　共板式法兰成形机

共板式法兰成型机是由16对轧辊组成，其外形与咬口折边机相似，仅是外形尺寸较大，成型机除成型共板法兰外，并能加工与之配套的法兰弹簧夹。法兰的角码对不同机型加工的共板法兰不能互用，必须专机专用，否则无法连接。

成型机可加工板厚1.0～1.5mm镀锌钢板或低碳钢板，开机前应根据板厚对轧辊间隙调整和平直度调整。

图3-43所示的是共板式法兰成形机的外形图。按板厚有多种机型，T-15S为可变高度，"a"尺寸有25mm、30mm、35mm三种尺寸根据需要而变化。共板式法兰成形机的性能如表3-7所列。

共板式法兰成形机的技术性能　　表3-7

型号	电动机功率/kW	加工板厚/mm	形状	"a"尺寸/mm	重量/kg	外形/mm
T-12	3	0.8～1.2	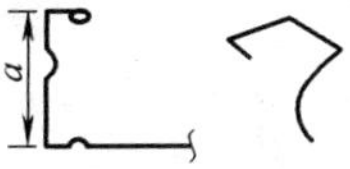 a	35±0.5	1400	2800×700×1000
T-15	4	1.0～1.5	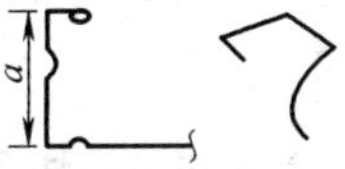 a	35±0.5	1800	3200×750×1000
T-15S	4	1.0～1.5	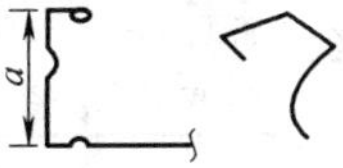 a	35±0.5 30±0.5 35±0.5	1800	3200×750×1000
T-15D	4	1.0～1.5	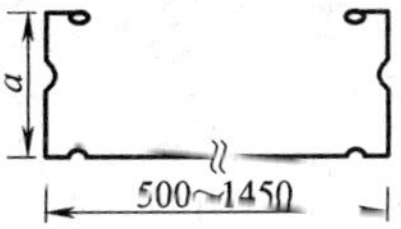 a 500～1450	35±0.5	3000	3200×2700×1100

3.5.4 插接式法兰成型加工

采用风管TDC连接方式，是将插接式法兰与风管铆接在一起。插接式法兰采用图3-44所示的插接式法兰成形来完成。根

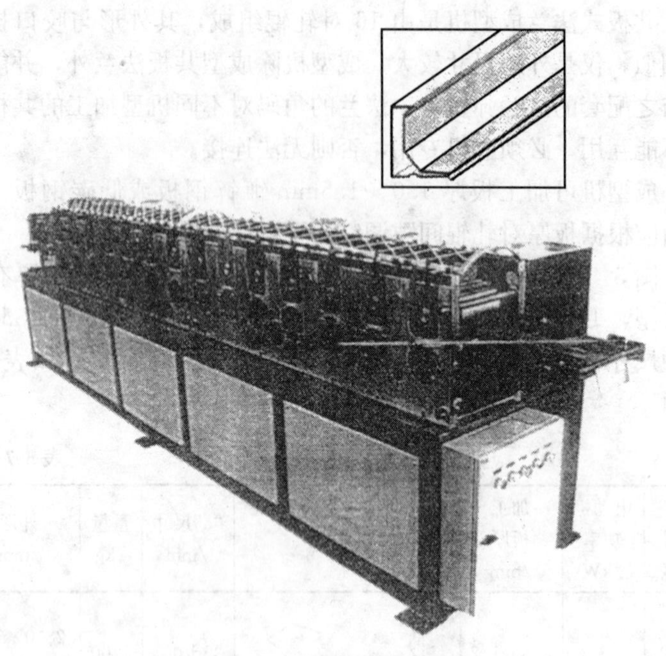

图 3-44　插接式法兰成形机

据加工的板材厚度有多种机型，表 3-8 所列的为各机型的主要技术性能。

插接式法兰成形机的技术性能　　　　表 3-8

型号	骨 形 形 状	加工片厚/mm	电动机功率/kW	重量/kg	外形尺寸/mm
T-20	a a=20	0.8	3	2000	2800×600×1150
T-30	a a=30	1.0	3	2200	3000×600×1150
T-30L	a a=30	1.0	3	2200	3000×600×1150

续表

型号	骨形形状	加工片厚/mm	电动机功率/kW	重量/kg	外形尺寸/mm
T-40	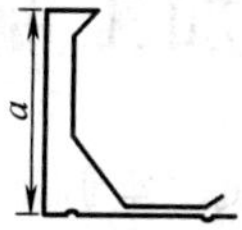 a=40	1.2	4	3000	3200×600×1200
T-30M	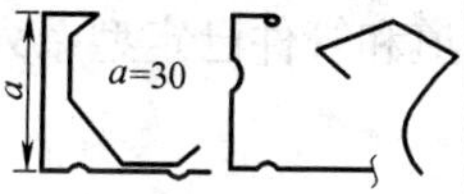 a=30	1.0	4	2300	3000×600×1150
T-35	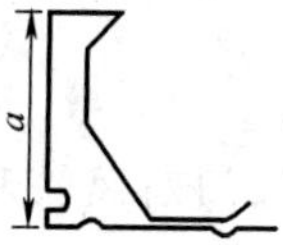 a=35	1.0	3	2200	3200×600×1150

4. 金属通风管道及管件的加工制作

随着建筑安装施工技术的不断发展，通风、空调工程的施工落后状况已有改观，金属通风管道及管件制作已向着机械化、工厂化和标准化方向发展。目前通风管道和管件已定型系列化，以适应通风、空调技术发展。

4.1 风管系统加工草图的绘制

在通风、空调施工图纸上，有的设计部门对风管和送（回）风口等未标明具体的位置，但一般只标明风管系统的大概位置、标高、风管形状和管径（边长）。除了部件如阀门、送风口、回风口等，可按标准大样图制作外，风管及管件的具体尺寸，如风管长度、三通长度、弯头的弯曲半径等，都未具体标出。因此，必须另行绘制加工草图，标出具体尺寸，以便制作与安装时使用。

绘制草图时，应很好地熟悉图纸，领会设计意图，并根据图纸中说明对施工的要求和施工质量验收规范，确定风管、部件的安装位置、风管及管件的具体尺寸。

加工草图为了更好地符合现场实际情况，在绘制以前，应根据施工图纸到现场进行复测，以防止由于设计的疏忽或土建施工及其他管道安装所造成的误差，造成通风管道的返工。

4.1.1 熟悉图纸

应熟悉施工图纸和有关的技术文件，并了解与通风、空调系统在同一房间内的其他管道及有关土建图纸，通风、空调设备的产品样本以及与通风管道相连接的生产设备安装的位置、标高和连接口的尺寸；并应了解设计图纸是否有修改变更，最后根据施工图并结合上述情况，先绘制简单的施工草图，以便现场复测时使用。

4.1.2 现场复制

1. 现场复测常用的工具：30m 钢卷尺或皮尺，用以测量水平或垂直距离；2m 钢卷尺和角尺，线锤，用以挂垂直线，测量来回弯和风管的偏心距；轻便梯子等。

2. 复测前的准备工作：

（1）清除有碍于测量工作处的建筑材料、垃圾、脚手架等。

（2）如室内未打地坪、有关的间壁墙未隔时，应向土建现场施工人员了解室内标高控制线和间壁墙的位置。

（3）通风管道与生产工艺设备的排气罩连接时，如施工图纸未标出其型式、尺寸，应配合建设单位和生产工艺人员确定其排气罩的型式、尺寸和安装高度。

（4）检查预留孔洞，如有遗漏时，应在墙上或楼板上打出孔洞。

3. 测量内容：

（1）用卷尺测量通风、空调系统安装部位处的柱子间的距离，隔墙之间和隔墙与外墙之间的距离，楼层的高度，地板面到屋顶的高度等。

（2）柱子的断面尺寸，窗的宽度与高度，梁的底面与平顶距离，平台的高度，墙壁厚度和间壁墙的厚度。

（3）预留孔洞的尺寸和相对位置，离墙距离和标高。

（4）通风、空调设备与风管连接口的高度及其尺寸，如通风机出风口离地面高度及出风口的尺寸等。

（5）空调器内过滤器、空气加热器以及通风机吸风口的位置尺寸。

（6）通风、空调设备的基础或支架的尺寸和高度及离墙距离等。

（7）与通风管连接的生产工艺设备连接口的位置、高度、尺寸和风管的相对位置。

复测时，应注意通风管网经过的部位是否和建筑物或其他管道相碰，当有相碰的情况而不能按原设计施工时，应和有关单位联系，并提出处理意见，由设计单位决定如何修改。

测量内容应根据实际需要而定，如测量排气系统时，可先绘制简单草图，如图 4-1 所示，并把已知尺寸都填写好。

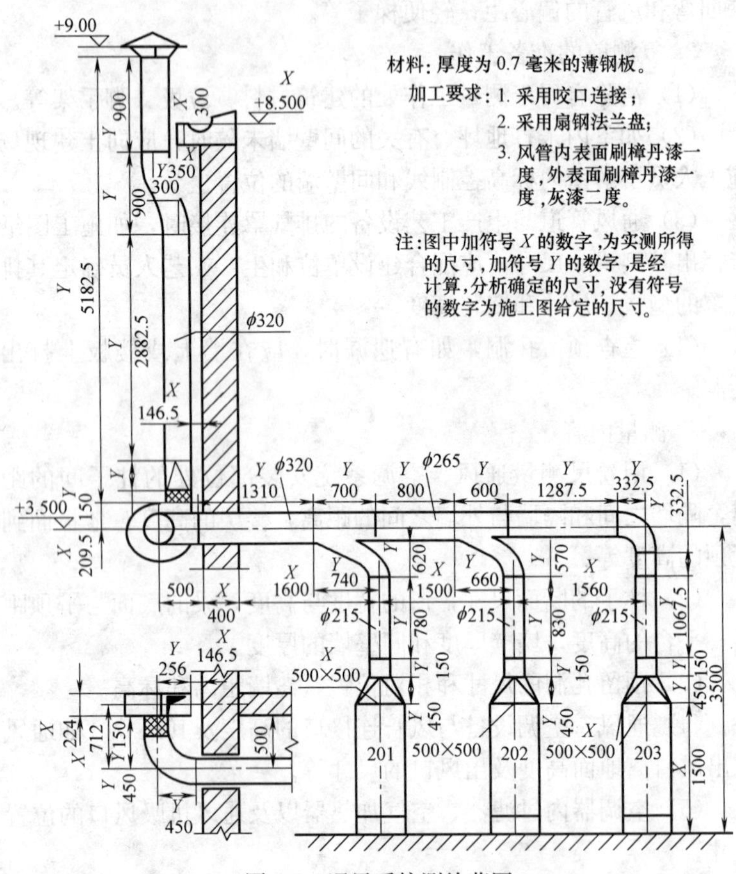

图 4-1 通风系统测绘草图

设计图纸规定主风管标高为 3.5m，应检查风管是否和楼板、梁及其他管道相碰，能否按图纸规定的标高安装。

用卷尺量取预留孔离间隔墙的距离和标高是否等于 500mm 和 3.5m，并量出外墙厚度（400mm、生产工艺设备 201、202、

203）的接管尺寸（500×500mm）和离地面高度（1500mm），以及设备中心之间的距离（1500和1560mm）和到外墙边的距离（1600mm），并检查设备中心到间隔墙的距离是否等于500mm。

然后到室外，用卷尺量出外墙预留孔中心到通风机中心的距离（712mm），以及通风机进风口和出风口的尺寸（ϕ320mm及224×256mm）和出风口边离墙的距离（146.5mm）。

在屋顶上，从檐口处放下卷尺量出檐口的标高（8.5m），檐口的厚度（300mm）；并从檐口处放下线锤，用尺量出檐口突出墙面的距离（350mm）。

将实际测量所得的尺寸都记在草图上，如图4-1中加×符号的数字。

4.1.3 加工草图的绘制

根据图纸和复测所得的尺寸，将已确定的通风、空调设备和通风管网的正确坐标，结合已有的板材规格，施工机械和现场的运输条件，进行分析整理，就可以绘制出正确的加工草图。

绘制草图时，可按以下步骤进行：

1. 应先根据施工图纸确定标高，如复测时发现有变化时，可按实测值修正。

2. 确定干管及支管中心线离开墙壁或柱子的距离。此距离应尽量靠近墙壁和柱子，以求充分利用空间和增加美观，并可减小支架结构尺寸和便于安装，但必须注意保证干管和支管安装时，有拧紧法兰螺丝所必需的距离。一般圆形风管，管边离墙为100～150mm；矩形风管为150～200mm，可根据实际情况确定。对于风管直接靠近墙壁安装的场合，可考虑采用内法兰连接。

3. 按《通风与空调工程施工质量验收规范》和“全国通用通风管道配件图表”要求及具体安装位置，确定三通、四通的高度及夹角。

4. 按《通风与空调工程施工质量验收规范》和“全国通用通风管道配件图表”要求及具体安装位置，确定弯头角度和弯头的曲率半径。

5. 按照支管之间的距离和确定的三通高度、夹角或弯头的曲率半径，算出直风管的长度。

6. 按图纸确定的空气分布器、排气罩等部件离地坪的高度和干管的标高，扣除三通和弯头的位置和尺寸，标出支管的长度。

7. 按照通风机标高及风帽的标高，标出排气竖管的长度。

8. 按照《通风及空调工程施工质量验收规范》和设计对施工的要求及施工现场情况，确定采用支架的型式、间距和安装的地点及安装的方法。

分析和计算图 4-1 所示的排气系统草图时，可按下列步骤进行：

1. 经实际复测，可按施工图纸注明的标高 3.5m 安装风管。干管中心线离墙的距离，施工图纸已给定，并经复测设备中心离墙距离为 500mm。

2. 按《通风与空调工程施工质量验收规范》将三通夹角确定为 30°角，并定出高度为 700mm 和 600mm，弯头的曲率半径为直径的 1.5 倍，直径 200mm 的弯头为 300mm。直径 320mm 的弯头为 480mm。因考虑通风机离墙距离为 500mm，为了便于法兰盘上紧螺栓，直风管应伸出墙外 50mm，所以曲率半径定为 450mm。

3. 三通的位置可用计算法或作图法确定，一般常用作图法，它比计算法简单方便。可绘出三通的侧面图，按实际尺寸来确定三通与三通之间和三通与弯头之间的距离，分别为 880mm 和 1320mm。同法算出 ϕ320mm 的直管为 1310mm，如图 4-2 所示。

4. 支管长度可根据风管标高（3.5m）和设备的接口高度（1.5m）确定，扣除调节阀门长度 150mm，设备上的天圆地方高度 450mm，以及三通的位置或弯头位置，算出支管长度分别为 780mm，830mm 和 1100mm。

5. 确定通风机出风口天圆地方高度。为减少通风机出口处的阻力，风机出风口天圆地方，应按图 4-3 所示方法连接。将出

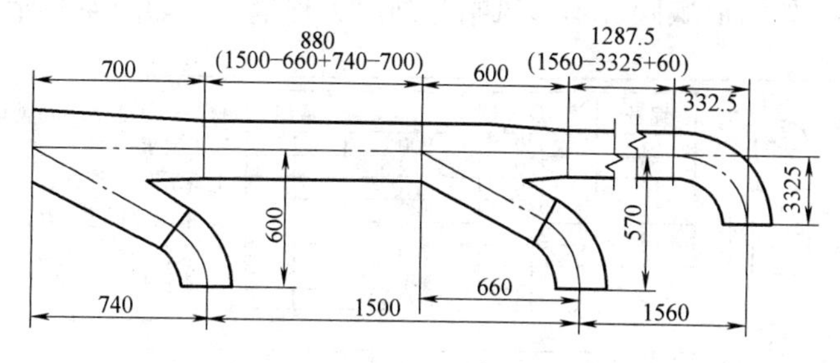

图 4-2 三通和弯头向直管的确定

风口处天圆地方，做成外边口平坦的偏心天圆地方，高度可定为350mm。帆布柔性接管定为150mm。

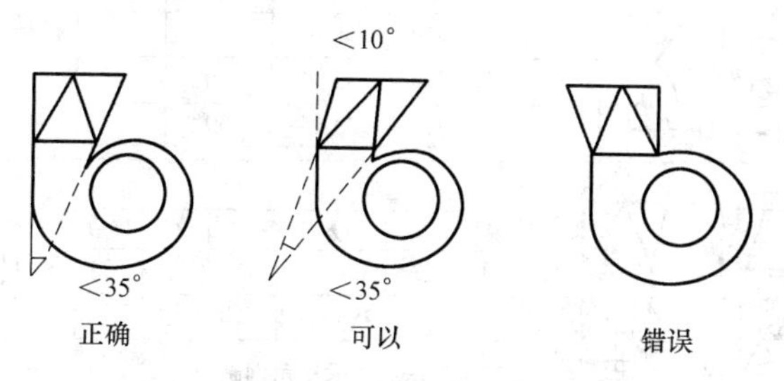

图 4-3 风机出风口连接管的角度

6. 根据檐口突出墙面的距离和天圆地方离墙面的距离，确定来回弯的偏心距为300mm，来回弯的长度为900mm。

7. 根据风帽的标高和风机的标高，结合考虑檐口的标高，确定风帽到来回弯的直管长度为900mm，以及来回弯至天圆地方的直管长度为2882.5mm。

为了弥补加工或测量时的误差，一般直管长度应比计算的长度放长30～50mm。

把分析计算得出的尺寸，分别填写在图 4-1 上（图中加符号Y的数字），并写上加工要求及所用材料。图 4-1 就可作为该排气系统的加工草图。

为了便于小组分工或送交加工厂进行加工，也可把风管管件分绘成零件的加工草图，列出工程量表，并把有标准加工图的加工件，如圆形蝶阀、伞形风帽等列出工程量表，如图 4-4 所示。

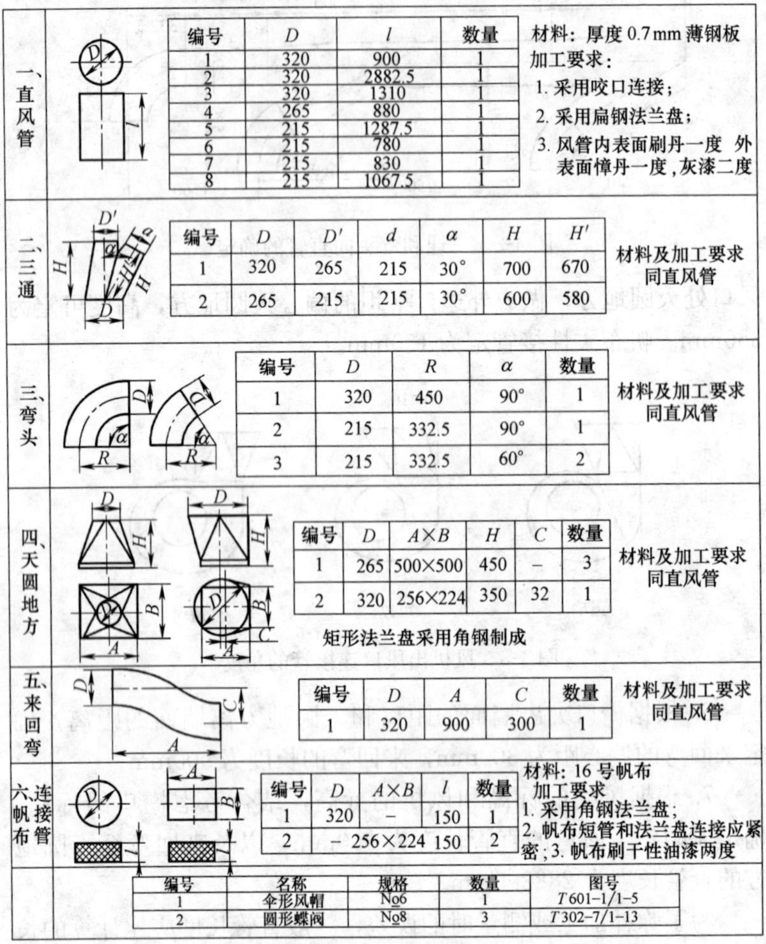

一、直风管

编号	D	l	数量
1	320	900	1
2	320	2882.5	1
3	320	1310	1
4	265	880	1
5	215	1287.5	1
6	215	780	1
7	215	830	1
8	215	1067.5	1

材料：厚度 0.7mm 薄钢板
加工要求：
1. 采用咬口连接；
2. 采用扁钢法兰盘；
3. 风管内表面刷丹一度 外表面憧丹一度，灰漆二度

二、三通

编号	D	D′	d	α	H	H′
1	320	265	215	30°	700	670
2	265	215	215	30°	600	580

材料及加工要求同直风管

三、弯头

编号	D	R	α	数量
1	320	450	90°	1
2	215	332.5	90°	1
3	215	332.5	60°	2

材料及加工要求同直风管

四、天圆地方

编号	D	A×B	H	C	数量
1	265	500×500	450	–	3
2	320	256×224	350	32	1

矩形法兰盘采用角钢制成

材料及加工要求同直风管

五、来回弯

编号	D	A	C	数量
1	320	900	300	1

材料及加工要求同直风管

六、帆布连接管

编号	D	A×B	l	数量
1	320	–	150	1
2	–	256×224	150	2

材料：16 号帆布
加工要求
1. 采用角钢法兰盘；
2. 帆布短管和法兰盘连接应紧密；3. 帆布刷干性油漆两度

编号	名称	规格	数量	图号
1	伞形风帽	№6	1	T601-1/1-5
2	圆形蝶阀	№8	3	T302-7/1-13

图 4-4 通风管及配件加工草图

加工草图应符合图纸要求，图纸上没有明确规定的，应符合施工质量验收规范的有关要求，如风管的法兰等可拆装头，不能设置在墙、隔墙及楼板内，以便于安装或检修拆卸时，上紧法兰螺丝。

安装输送含有易燃、易爆炸气体的风管时，风管应采用焊接连接，管道应尽量少用法兰，穿越其他房间时，穿越的管道不能设置法兰，并且要加防护装置。系统中的每个部件应保证，不因互相摩擦而发生火花。管道内表面的焊接应打光。阀板等转动的构件，都必须采用铝及铜材制作，并有良好的接地装置。

4.2 通风管道展开下料

通风管道展开下料是通风管道、管件及部件加工制作中的一个重要工序，正确而熟悉地掌握展开下料技术，对保证产品质量，节省原材料和提高劳动生产率有着很大的意义。

随着科学技术的发展，也促使安装技术不断地发展和提高。国内有些部门已采用光学投影比例划展开图和电子计算机自动展开下料，不但减轻了体力劳动，而且提高了工程质量，加快了加工制作的效率。

4.2.1 常用的划线工具

常用的划线工具如图 4-5 所示，它包括：

不锈钢钢板尺—长 1m，度量直线长度和划线用。

钢板直尺—长 2m，用以划直线。

角尺—用以找正角方。

划规、地规—用以划圆或截取线段长度。

量角器—用以测量和划分角度。

划针—用工具钢制成，端部磨尖，用以划线。

样冲—用以冲点，做记号。

为了使划线正确，不锈钢钢板尺必须进行计量检定，所有的工具应保持清洁并有足够的精确度；对于划规和划针，端部应保持足够的尖锐角，否则划线太粗，误差过大。

钢板尺的边，一定要直，不得凸出或凹入，使用前可按图 4-6（*a*）所示的方法进行检查。先顺尺边划一条直线，然后把尺翻转，使尺边靠在已划的直线上，如果尺边上所有的点都与所划的直线

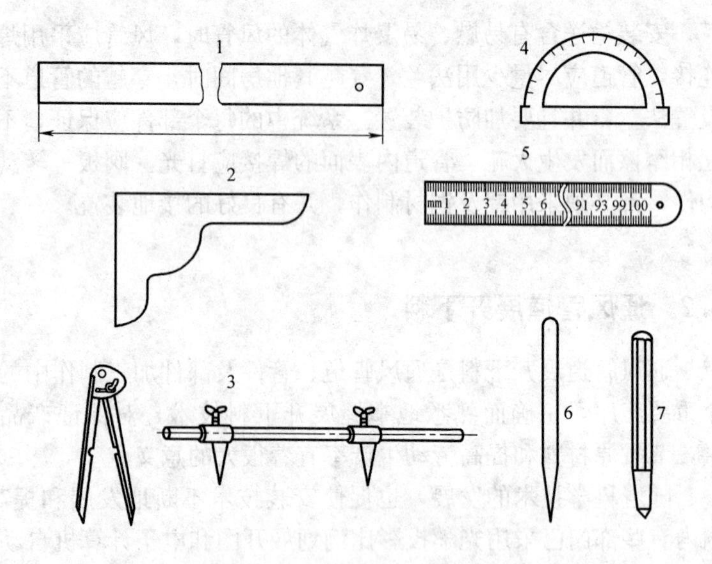

图 4-5　划线工具

1—钢板直尺；2—角尺；3—划规、地规；4—量角器；
5—1m 长不锈钢钢板尺；6—划针；7—样冲

重合，则该尺是直的，否则就不符合要求，需要更换或修正。

对于角尺角度的检查可按图 4-6（*b*）进行。先把角尺一条边靠在直尺上，作直尺的垂直线 1，然后直尺不动，把角尺翻转，并再靠在直尺上，其直角边 2 与 1 重合或平行时，则说明角尺的角度为 90°，即为正确；如果下部重点而上部开口，或上部重合而下部开口，则说明角尺的角度不足 90°，应更换或修正。

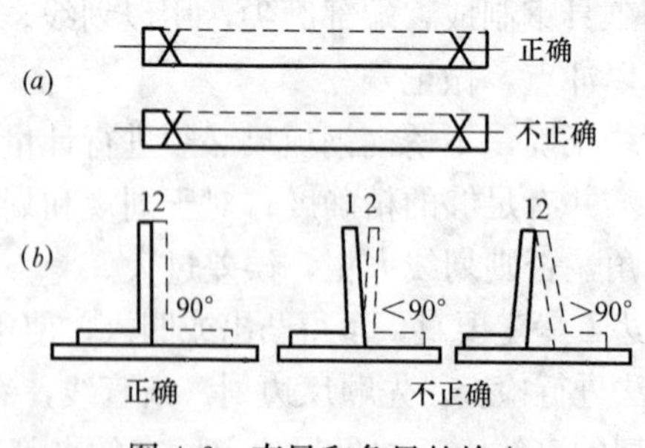

图 4-6　直尺和角尺的检查

4.2.2 展开下料

风管、管件和部件，都具有一定的几何形状和外形尺寸，都是由平整的金属（或非金属）板材所制成，所以必须把风管、管件和部件的实际表面，依次展开并摊在板材的平面上划成图形，这就叫展开划线。如将一个可以摊平的薄壳体切开摊平，则这个摊平了的表面实形，就是展开图形。在实际工作中并不是以物求形，而是以图求物。

为了划好展开图，应该掌握直线、平面投影的规律，能够求出一般位置直线的实长、平面的实形及两面的夹角。掌握好一般位置直线的实际划法，是划好展开图的关键，而平面的实形是划好展开图的基础。划展开图的方法有：平行线法、放射线法、三角形法以及不可展开的近似法。

1. 划展开图的步骤：

（1）形体的分析：通风管道、管件和部件的形状多种多样，是由一些简单的几何图形的壳体组成。对形体的分析，是将一个复杂的几何图形分解成简单的几何图形的过程，以便选择恰当的展开方法。

形成物体外形的最基本的线条，叫素线。有什么样形状和规律的素线，就形成什么样物体的形状，如球体的素线是个半圆线条，绕轴旋转一周即形成一个球体。圆柱和棱柱的素线是互相平行的直线，按照端口形状，平行线平行移动就形成圆柱和棱柱体。圆锥和棱锥体的素线是由椎顶向端口放射的直线。

平面壳体　表面由一组平面组成的壳体，为平面壳体。平面壳体又有棱柱形、棱锥形壳体及多面壳体。

棱柱形壳体如图 4-7 所示，其棱线彼此平行，底口为正多边形，棱线垂直于底口平面的棱柱形壳体，称为正棱柱壳体，如矩形风管、矩形弯头管。

棱椎形壳体的棱线汇集于一点。底口为正多边形，椎顶点投影与底口正多边形中心重点的棱锥形壳体为正棱椎形壳体；椎顶点投影与底口正多边形中不重合的棱锥形壳体，为斜棱形锥形壳

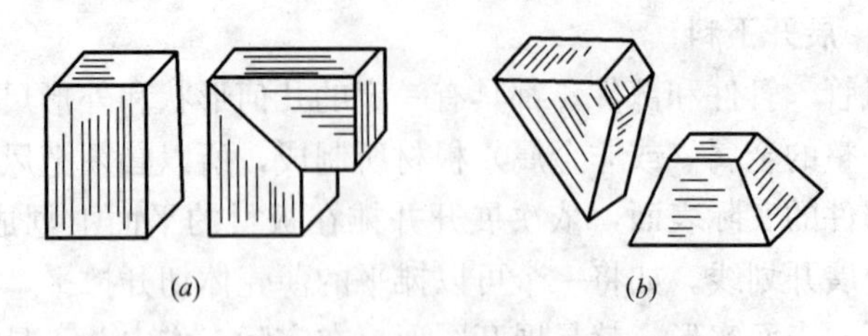

图 4-7 平面壳体
(a）棱柱形壳体；(b）棱锥形壳体

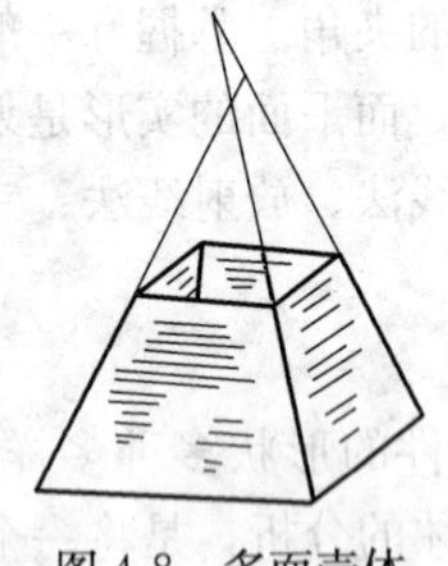
图 4-8 多面壳体

体。如矩形正心大小头和矩形偏心大小头等。

多面壳体：多面壳体如图 4-8 所示，其外形是四棱锥形壳体，但其棱线的延长线不能汇交于一点。

曲面壳体：表面为曲面或曲面、平面兼有的壳体，为曲面壳体。曲面壳体可分为旋转壳体和非旋转壳体。旋转壳体又分为圆柱形、球形、正圆锥形壳体；非旋转壳体又分为斜圆锥形、椭圆形、不规则曲面壳体。如图 4-9 所示。

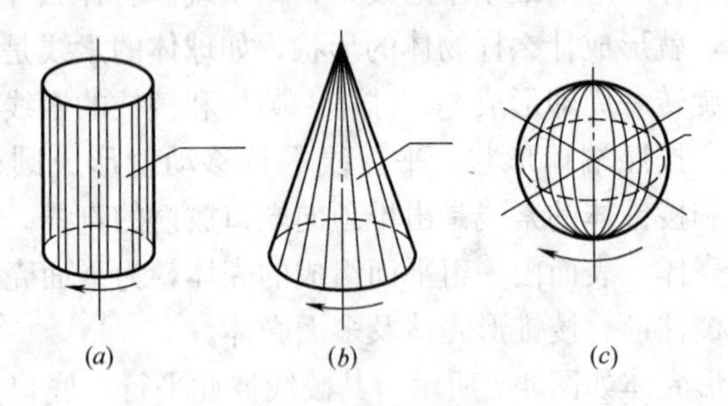

图 4-9 旋转壳体
(a）圆柱侧表面壳体；(b）正圆锥形表面壳体；(c）球形壳体

圆柱形壳体的侧表面及其截体的投影特征，是各素线在不同投影面内投影彼此平行或积聚成圆。

正圆锥形壳体的侧表面及其截体的投影特征，是各素线的投影或投影延长线汇交于一点。

斜圆锥形壳体的特征，是所有素线都与中心线保持一定的夹角，除对称位置的素线外，其他长度都不一致，它的素线与中心线的夹角随着位置的变化而变化，但所有的素线都汇交于一点。斜圆锥侧表面被一个平行于底圆面平面所切时，其截口形状都是圆。

不规则锥形壳体侧表面的相邻两素线为交叉直线，所有素线不汇交于一点，两个视图中的轮廓线交点高度也不同。如图4-10所示。

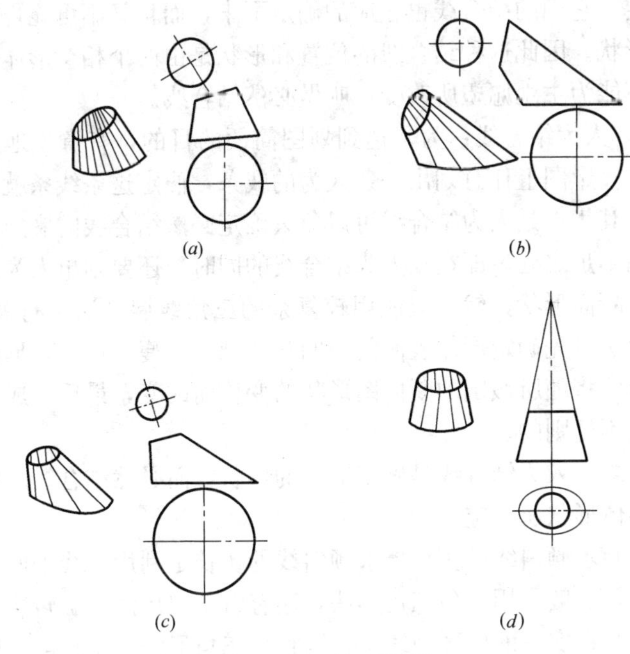

图 4-10　不规则锥体

（2）结合线的确定：两个或两个以上的形体在空间相交，叫相交形体。由相交形体组成的构件，叫相交构件。

两形体相交后，在相交形体的表面，存在着两形体的一系列公共点，其公共点叫相交形体的结合点。将一系列结合点连结成一条或两条空间曲线或折线，就叫相交形体的结合线。例如，三通、多节弯头都是由两个或两个以上形体相交构成的构件。

结合线是相交形体的公共线或分界线。相交形体的结合线确定后，相交形体就被结合线分割出若干形体，例如三通可分成两部分。

在划展开图之前，对于相交构件必须先确定结合线，然后在此基础上才能完成展开图。

结合线按其形成可分为两种：

1）必然结合线：是两个相交形体的相对位置和形状都已事先确定，它们的结合线也相应的确定下来，而且又不可能再划出其他形状。因此这种结合线的位置和形状是由两个相交形体确定的，不能为主观愿望所改变，叫做必然结合线。

2）人为结合线：为了达到划图简便的目的，有意识地在相交形体投影图上任意划出一条人为的线条，假定这条线条就是结合线。其优点是人为结合线可以免去确定必然结合线的麻烦，但也存在不足之处，即在划人为结合线的同时，还要划出人为结合线处的断面形状，然后只能用较复杂的三角线展开法进行展开，并使无法事先确定形体表面的凸凹和“肥”、“瘦”形体，形体表面的形状将随所假定的断面图形状的变化而改变，最后形成形体表面是不规则的。

总之，人为结合线是确定形体的形状，而必然结合线的形状是被形体形状所确定。

（3）求倾斜线的实长：求倾斜线的实长是利用直线平面的投影原理，一般常用直角三角形法，还有直角梯形法、旋转法及换面法等。在实际的展开划线中，以直角三角形法求实长最简单。

按照投影的原理，直角三角形法求实长的做法为，俯视图上线段长与主视图上线段的垂直高组成直角三角形的两个直角边，其斜边即为实长。图 4-11 所示为直线在不同位置的实长。

例如求矩形偏心大小头棱线的实长。在图 4-12 所示的四面棱体侧表面，棱线为倾斜线，在主、俯两个视图中都未反映棱线的实长，可利用直角三角形法来求实长。以棱体垂直高为一边，

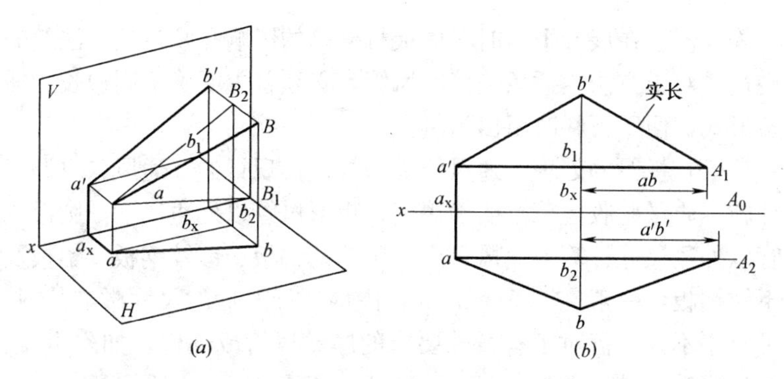

图 4-11　直角三角形法求实长

(*a*) 直观图；(*b*) 投影图与实长线

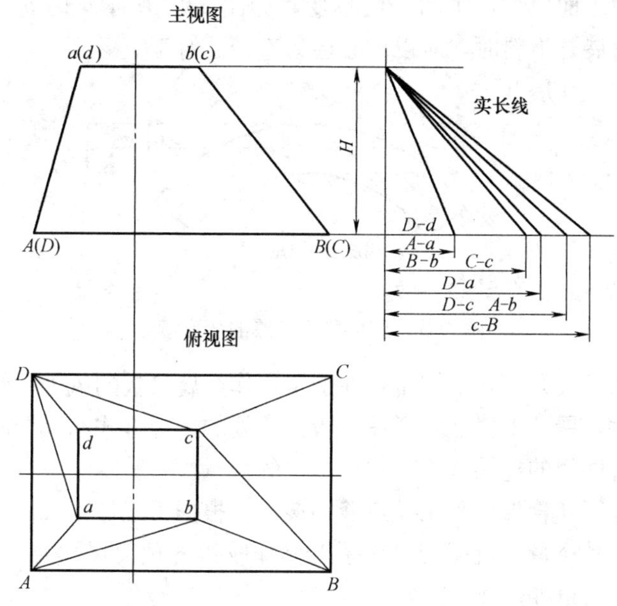

图 4-12　矩形偏心大小头棱线的实长

另外以棱水平投影 A—a、B—b、C—c、D—d 为另一直角边作直角三角形，其直角三角形的斜边，即为所求的棱线实长。

2. 展开下料应注意的事项：通风管道、管件和部件在下料过程中，必须明确板材的壁厚、板材的接缝形式及风管的连接形式等，便于在展开下料时考虑板材壁厚的影响和咬口缝、法兰的裕量。对于方法兰插条连接的风管，必须首先明确不同边长的插条形式，便于下料时留出裕量。

（1）板厚的处理：通风管道和管件，现行的《通风与空调工程施工质量验收规范》明确规定，矩形风管以外边尺寸，圆形风管以外径尺寸计算。通风管道采用的薄钢板、镀锌钢板、铝板及不锈钢板，一般在 0.5～2mm 范围内，展开后的尺寸影响甚微，可忽略不计。但对于有特殊要求的厚壁风管或部件，如除尘器、排气罩等，其板壁厚大于 2mm 时，必须考虑板壁厚度的影响。对于圆形风管的展开下料，用钢板卷制成圆管时，其外表面拉伸，内表面压缩，中间一层不变，如图 4-13 所示。因此，在圆形风管展开下料时，应以中心层为直径。对于矩形风管，仍按风管外边尺寸展开。

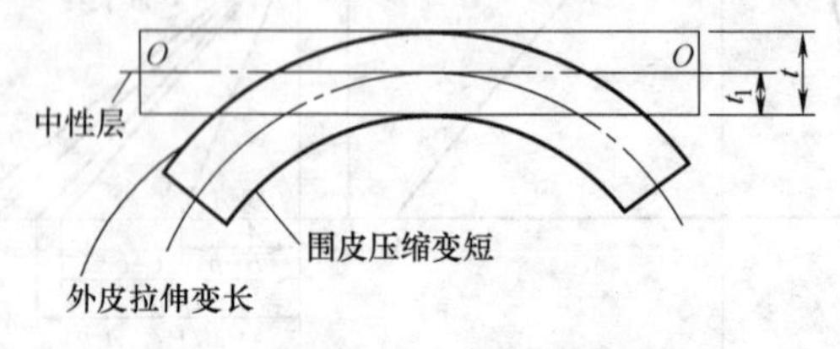

图 4-13　圆形风管壁厚的变形情况

（2）展开下料的裕量：在加工制作金属薄板的风管、管件及部件时，展开下料必须考虑薄板接合处的连接方式和风管间及风管和管件间的连接方式，留出一定的裕量。

风管和管件如采用咬口缝连接，应根据手工加工或机械加工来考虑其裕量。机械咬口比手工操作咬口的预留尺寸要大一些，其咬口裕量如表 4-1 所列。

金属薄板风管接合处采用焊接时，应根据焊缝形式，留出搭接量或扳边量。

金属薄板风管之间连接采用法兰时，应在管端留出相当于制作法兰角钢的宽度与翻边量（约 10mm）之和的裕量。

金属薄板风管之间连接采用无法兰插条连接时，应根据插接

咬口裕量（mm）　　　　表 4-1

薄板厚度	机械咬口						手工咬口					
	平咬口		按扣式咬口		联合角咬口		平咬口		角咬口		联合角咬口	
0.5～0.7	24	10	31	12	30	7	12	6	12	6	21	7
0.8	24	10	31	12	30	7	14	7	14	7	24	8
1～1.2	24	10	31	12	30	7	18	9	18	9	28	9

形式和插接咬口机的种类而定，如采用 YZC-12 型插接式咬口机，其⊂⊃形接头的预留尺寸为 51mm，∩型接头的预留尺寸为 108mm。

4.2.3　平行线展开法

平行线展开法是利用足够多的平行素线，将其需要展开的物体表面划成足够多的近似小平面梯形和近似小平面矩形，将这些小梯形或小矩形依次摊平，物体的侧表面即被展开，而板材表面则出现一组平行线，因而这种展开方法为平行线法。

平行线展开法适用于壳体表面是由无数条相互平行的直素线所构成的物体，常用于展开矩形管件和圆形管件等。

平行线划法步骤如下：

（1）先划出管件的主视图和俯视图。

（2）将俯视图圆周分为若干个等分；所分的等分，应根据周长的大小来决定，等分越多，误差越小，并将其各分点投引到主视图上，示出位置和长度。

（3）再将周长展开，示出各分点，由各分点引垂线，并根据主视图所示的高度来截取垂线，连各截点即构成展开图。

如已知 90°两节弯头的各部位尺寸 d、h、α，作出如图 4-14 所示的展开图。先作主视图底部边线的延长直线，其长度为俯视图的圆周长，并分为 12 等分；在等分点上作垂线，与主视图斜口各点引出的平行线相交于 7、6……6、7 各点，连接各点为圆滑的曲线，即完成展开图。

在弯头的展开过程中，也可用简单的大小圆方法，划展开图

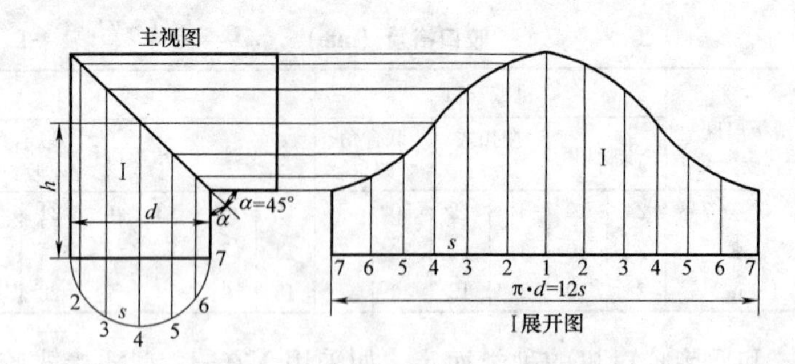

图 4-14　平行线法对直角弯头的展开

中的曲线，是采用弯头里，背的高差为直径划半圆弧，并六等分，各等分点引水平线与主视图底边各垂直等分线相交，连接各点为圆滑曲线的展开图。如图 4-15 所示。

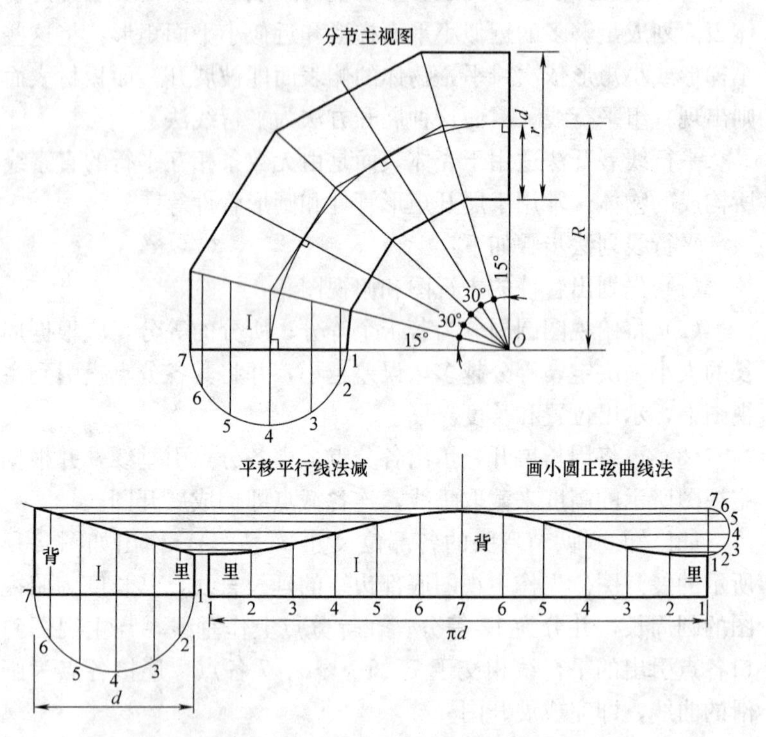

图 4-15　大小圆法对任意角弯头的展开

4.2.4 放射线展开法

制件表面是由交于一点无数条斜素线所构成，都可以采用放射线法进行展开。放射线法主要适用于锥体侧表面及其截体的展开。

放射线法展开步骤如下：

（1）先划出俯视图和主视图，分别表示出周长和高。

（2）将周长分为若干等分，并将各分点向主视图底边引垂线，示出它们的位置和交点连接的长度。

（3）再以交点为圆心，以斜边长度为半径，作出与周长等长的圆弧。同时，划出各分点，把各分点与交点相连接。再根据各分点在主视图上实长为半径，在各分点对应的连线上截取，连接各截点，即构成展开图。

图 4-16 所示的为斜口圆锥的展开图。

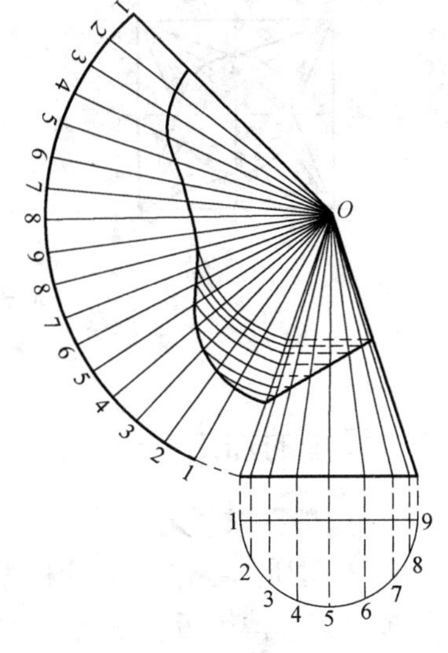

图 4-16　斜口圆锥展开图

4.2.5 三角形展开法

在制件表面找出平行素线和聚于一点的放射素线时，可将制件表面划分成若干个形状求出相同或不相同的小三角形，每个小三角形三个边的实长，连续地划出各小三角形的方法，为三角形展开法。

三角形展开法，就是把管件表面分为一组或多组的三角形，利用直角三角形求实长的方法进行展开。因为直角三角形的直边在俯视图上等于底长，而在主视图上等于它的高。因此，在俯视图和主视图中求出底长和高，根据直角三角形的原理，斜边就可求出。适用于表面复杂的制件和各种异形端口制件的展开。

三角形法展开步骤：

（1）根据外形尺寸，先划出俯视图和主视图；

（2）在分析视图的基础上，确定三角形；

（3）求三角形三条边的实长；

（4）划展开图。

图 4-17 所示为正心天圆地方展开图。

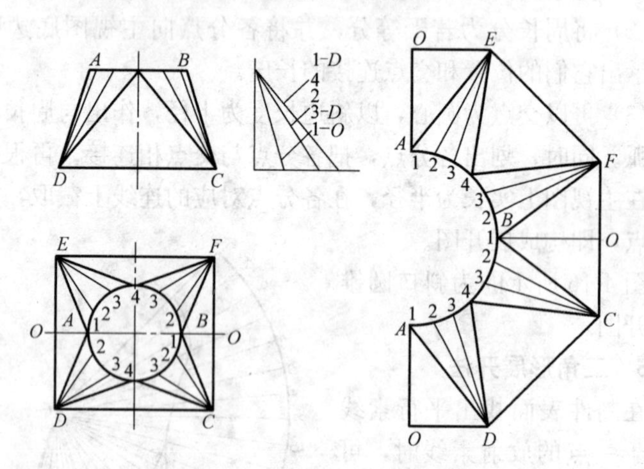

图 4-17　正心天圆地方展开图

4.3　风管的加工制作

4.3.1　一般要求

1. 对材质的要求：风管根据具体的使用条件，常采用普通薄钢板、镀锌薄钢板、塑料复合钢板、不锈钢板及铝板等制作。

通风、空调工程常用的薄钢板厚度为 0.5～2mm，有板材和卷材。板材的规格为 750×1800、900×1800 及 1000×2000（mm）等。薄钢板一般是乙类钢，钢号为 B0～B3 的冷轧或热轧钢板。要求表面平整、光滑、厚度均匀，允许有紧密的氧化铁薄膜，不得有裂纹、结疤等缺陷。

通风、空调工程常用的镀锌钢板厚度为 0.5～1.5mm，其规格尺寸与普通钢板相同。有些工程中常使用镀锌钢板卷材，对风管制作更为方便。所用品级的镀锌薄钢板表面应光滑洁净，表层有热镀锌特有的镀锌层结晶花纹，钢板镀锌层厚度不小于0.02mm。

通风工程为了具有耐酸、碱、油及醇类的性能，常使用塑料复合钢板。它是在钢板上覆以厚度为0.2～0.4mm软质或半硬质聚氯乙烯塑料膜。它具有普通钢板的切断、弯曲、钻孔、铆接、咬口及折边等加工性能。其规格有450×1800、500×2000、1000×2000（mm）等。

用于化工环境的通风工程，为提高风管的耐腐蚀能力，常使用在高温下具有耐酸、碱能力的不锈钢板。不锈钢板按化学成分来分，其品种很多；按其金相组织可分为铁素体钢（Cr13型）和奥氏体钢（18-8型），它们的性能不同，在施工过程中要核实出厂合格证与设计要求的一致性。

用于化工环境的通风工程，使用铝板制作的风管，一般以纯铝为主，除具有良好的塑性、导电、导热性能外，对浓硝酸、醋酸、稀硫酸有一定耐腐蚀性。纯铝的产品有退火和冷作硬化两种。退火的塑性较好，强度较低；冷作硬化的塑性较差，而强度较高。在施工中应该核实板材的产品性能与设计要求的一致性。

2. 风管系统的分类和技术要求

（1）风管系统按其系统的工作压力分为三个类别，其类别划分应符表4-2的规定。

风管系统类别的划分　　表4-2

系统类别	系统工作压力 P/Pa	密封要求
低压系统	$P \leqslant 500$	接缝和接管连接严密
中压系统	$500 < P \leqslant 1500$	接缝和接管连接处增加密封措施
高压系统	$P > 1500$	所有的拼接缝和接管连接处，均应采用密封措施

（2）风管必须通过工艺性的检测或验证，其强度和严密性要求应符合设计或下列规定：

1）风管的强度应能满足在1.5倍工作压力下接缝处无开裂；

2）矩形风管的允许漏风量应符合下列规定：

低压系统风管：$Q_L \leqslant 0.1056P^{0.65}$

中压系统风管：$Q_M \leqslant 0.0352P^{0.65}$

高压系统风管：$Q_H \leqslant 0.0117P^{0.65}$

式中：Q_L、Q_M、Q_H——系统风管在相应工作压力下，单位面积风管单位时间内的允许漏风量［$m^3/(h \cdot m^2)$］；

P——风管系统的工作压力（Pa）。

3. 风管的板材厚度

（1）制作风管和管件的薄钢板厚度应符合施工质量验收规范要求，如表4-3所列。

风管和管件厚度（mm） **表4-3**

<table>
<tr><th rowspan="2">类别 厚度
长边尺寸b或直径D</th><th rowspan="2">圆风管</th><th colspan="2">矩形风管</th><th rowspan="2">除尘风管</th></tr>
<tr><th>中低压</th><th>高压</th></tr>
<tr><td>$D(b) \leqslant 320$</td><td>0.5</td><td>0.5</td><td>0.75</td><td rowspan="2">1.5</td></tr>
<tr><td>$320 < D(b) \leqslant 450$</td><td>0.6</td><td>0.6</td><td>0.75</td></tr>
<tr><td>$450 < D(b) \leqslant 630$</td><td rowspan="2">0.75</td><td>0.6</td><td>0.75</td><td rowspan="2">2.0</td></tr>
<tr><td>$630 < D(b) \leqslant 1000$</td><td>0.75</td><td>1.0</td></tr>
<tr><td>$1000 < D(b) \leqslant 1250$</td><td>1.0</td><td rowspan="2">1.0</td><td>1.0</td><td rowspan="3">按设计</td></tr>
<tr><td>$1250 < D(b) \leqslant 2000$</td><td>1.2</td><td>1.2</td></tr>
<tr><td>$2000 < D(b) \leqslant 4000$</td><td>按设计</td><td>1.2</td><td>按设计</td></tr>
</table>

注：1. 螺旋风管的钢板厚度可适当减小10%～15%。
2. 排烟系统风管钢板厚度可按高压系统。
3. 特殊除尘系统风管厚度应符合设计要求。
4. 不适用于地下人防与防火隔墙的预埋管。

（2）制作高、中、低压系统不锈钢板风管的板材厚度应符合施工质量验收规范要求，如表4-4所列。

（3）制作中、低压系统铝板风管板材厚度应符合施工质量验收规范要求，如表4-5所列。

高、中、低压系统不锈板风管板材厚度（mm）　　表 4-4

风管直径或长边尺寸 b	不锈钢板厚度
$b<500$	0.5
$500<b\leq1120$	0.75
$1120<b\leq2000$	1.0
$2000<b\leq4000$	1.2

中、低压系统铝板风管板材厚度（mm）　　表 4-5

风管直径或长边尺寸 b	铝板厚度
$b\leq320$	1.0
$320<b\geq630$	1.5
$630<b\geq2000$	2.0
$2000<b\geq4000$	按设计

4. 金属薄板的连接：用金属薄板制作的风管、管件及部件，可根据板材的厚度及设计要求，采用咬口连接、铆钉连接及焊接等方法对板材之间进行连接。其不同连接方式的界限如表 4-6 所列。

薄金属风管的咬接与焊接的界限　　表 4-6

<table>
<tr><th rowspan="2">板厚 δ /mm</th><th colspan="3">材质</th></tr>
<tr><th>钢板和镀锌钢板</th><th>不锈钢板</th><th>铝材</th></tr>
<tr><td>$\delta\leq1.0$</td><td rowspan="2">咬接</td><td>咬接</td><td rowspan="2">咬接</td></tr>
<tr><td>$1.0<\delta\leq1.2$</td><td rowspan="3">焊接
（氩弧焊及电弧焊）</td></tr>
<tr><td>$1.2<\delta\leq2.5$</td><td rowspan="2">焊接(电弧焊)</td><td rowspan="2">焊接
（氩弧焊及电弧焊）</td></tr>
<tr><td>$\delta>1.5$</td></tr>
</table>

5. 风管制作的要求：制作风管时，划线、下料要正确，板面应保持平整，咬口缝应紧密，防止风管与法兰尺寸不匹配，而使风管起皱或扭曲翘角。咬口缝宽度均匀，纵面接缝应错开一定距离，以不降低风管质量为准。焊接的风管，其焊缝不应有气孔、砂眼及裂纹等缺陷，焊接后的变形应进行校正。

空气洁净工程的风管咬口缝不但要严密，而且板材应减少拼接。矩形风管边长≤900mm 时，底面板不应有拼接缝；矩形风管边长>900mm 时，不应有横向拼接缝。空气洁净等级为 1～5 级的净化空调系统不能采用按扣式咬口。在加工制作过程中，应保持风管的清洁，选择远离尘源或上风侧清洁场地；制作的风管两端应进行封口，防止灰尘进入管内。

圆形风管的管段长度，应根据实际需要和板材的规格而定，一般管长为 1800～4000mm。矩形风管的管段长度与圆形风管相同，在制作时，应严格控制四边的角度，防止咬口后产生扭曲、翘角等现象。

风管制作后要做好质量检验工作。根据规范的要求，风管的外径或外边长的允许偏差：当≤300mm 时，为 2mm；当>300mm时，为 3mm。管口平面度的允许偏差为 2mm，矩形风管两条对角线长度之差不应>3mm；圆形法兰任意正交两直径不应>2mm。

风管加工制作后的外径或外边长的允许偏差为负偏差，其偏差值为：对于小于或等于 300mm 为－1mm；大于 300mm 为－2mm。但偏差不能过大，否则将影响风管与法兰的套接。

4.3.2 圆形风管的加工

圆形风管的展开比较简单，可直接在板材上划线。

展开时，根据图纸给定的直径 D，管节长度 L，然后按风管的圆周长 πD 及 L 的尺寸作矩形，如图 4-18 所示。为了保证风管的质量，应对展开过程中矩形的四个边严格角方。这个矩形的一边为圆周长 πD，另一边为 L。并应根据板厚留出咬口留量 M，和法兰翻边量（一般为 10mm）。风管如采用对接焊时，可不放咬口留量。法兰与风管采用焊接时，也不再放翻边量。

风管的管段长度，应按现场的实际需要和板材规格来决定，一般可接至 3～4mm 设置一副法兰。

制作直径较小的风管时，可用板宽 750mm（或 900、1000mm）来展开圆周长 πD，如图 4-19（a）所示。当直径较

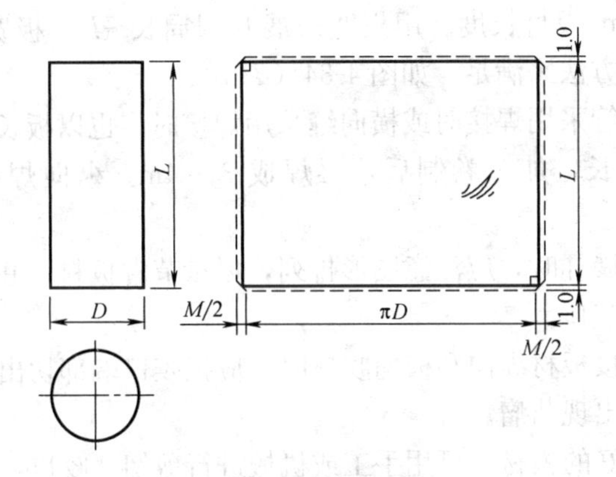

图 4-18　圆形风管展开

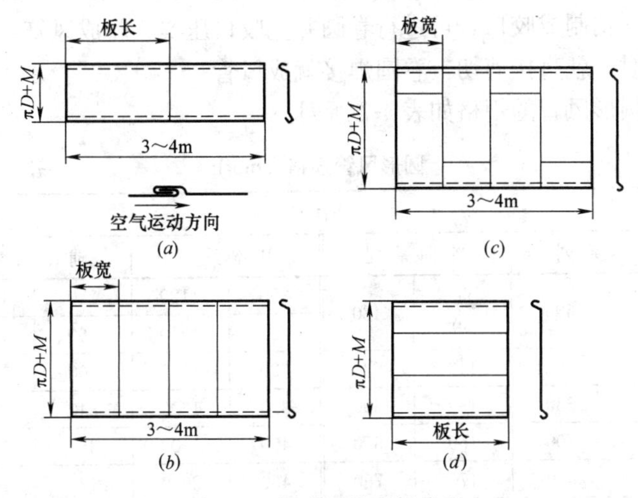

图 4-19　圆形风管下料形式

大，板宽不够展开圆周长加咬口留量时，可用板长来展开圆周长，如图 4-19（*b*）。当直径很大，板长仍不够展开圆周长时，可用板长再接接一块来满足，但纵向咬口应交错设置，如图 4-19（*c*）。

目前施工单位使用的通风管道加工机械，其规格都是 2000mm，为了使用机械方便起见，一般风管段长度都采用 1800

或 2000mm 板材长度。用板宽来展开圆周长 πD，板宽不够时，采用拼板方法来满足，如图 4-34（*d*）。

当风管采用焊接时或横向缝采用焊接时，也以板长或板宽来展开圆周长，加工卷制后，再焊成 3～4m。纵向焊缝应交错设置。

风管展开时，应注意图形排列，尽量节省板料，并减少板料的切口和咬口。

当拼接板材纵向和横向咬口时，应把咬口端部切出斜角，避免咬口处出现凸瘤。

展开好的板材，可用手工或机械进行剪切、咬口，在拍制圆形风管闭合缝时，应注意两边的咬口，应一正一反，如图 4-19 所示。拍制成咬口，可进行卷圆并把咬口压实，就成风管。采用焊接时，就直接剪切，卷圆焊接就成风管。

圆形风管的规格如表 4-7 所列。

圆形风管规格（mm）　　　　表 4-7

外径 D							
基本系列		辅助系列		基本系列		辅助系列	
100	500	80	480	250	1120	240	1060
		90		280	1250	260	1180
120	560	110	530	320	1400	300	1320
140	630	130	600	360	1600	340	1500
160	700	150	670	400	1800	380	1700
180	800	170	750	450	2000	420	1900
200	900	190	850				
220	1000	210	950				

4.3.3 矩形风管的加工

矩形风管的展开方法与圆形风管相同，是将圆周长改为矩形风管的四个边长或四个边长之和，即 2（$A+B$），根据咬口的形式而确定。图 4-20 所示的矩形风管展开，为设置在一个边角上的咬口。在展开过程中，应对矩形的四个边严格角方，否则风管

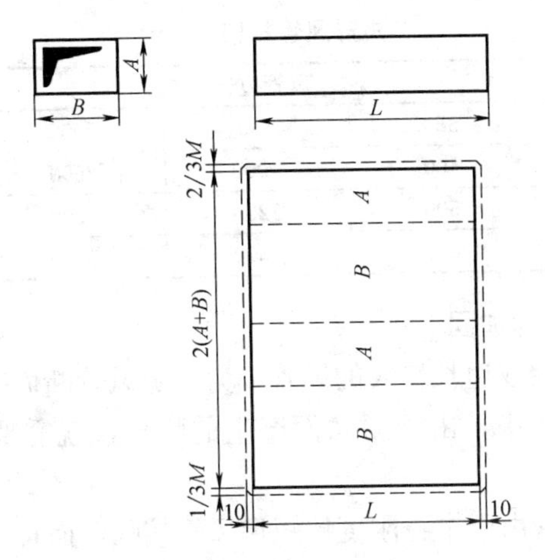

图 4-20　矩形风管展开

制成后，会出现扭曲，翘角现象。

矩形风管的管段长度一般以板长 1800 或 2000mm 作为管段长度。如采用卷板，其管段根据实际使用情况，也可加工。

过去由于无咬口机械，全靠手工咬口，在制作周长加咬口留量小于板宽时，设一个角咬口，如图 4-21（*a*）所示；板宽小于周长，大于 1/2 周长时，设两个角接口，如图 4-21（*b*）、（*c*）所示；周长很大时，可在风管四个边角，分别设置四个角咬口，如图 4-21（*d*）所示。目前由于咬口机构已普遍使用，矩形风管的纵向闭合缝，都设置在四个边角上，以加强风管的机械强度。

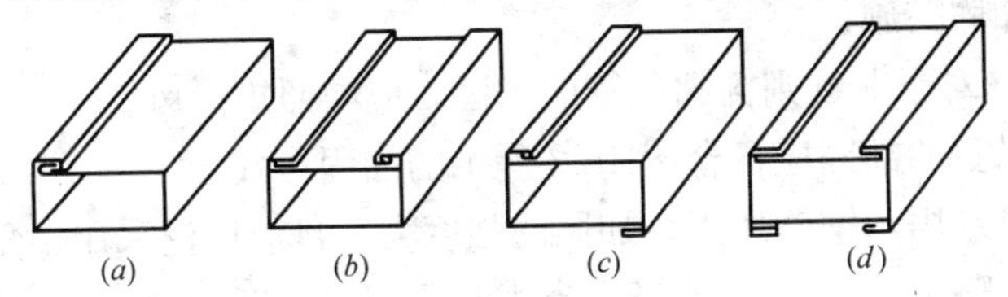

图 4-21　矩形风管纵向咬口示意图

划线时，应注意咬口的留量。划好线后，可用手工或机械进行剪切，然后进行咬口或折方，将咬口合缝后，即成矩形风管。

矩形风管的规格如表 4-8 所列。

矩形风管规格（mm） **表 4-8**

风管边长				
120	320	800	2000	4000
160	400	1000	2500	—
200	500	1250	3000	—
250	630	1600	3500	—

4.3.4 风管的加固

对于管径或边长较大的风管，为避免风管断面变形和减少管壁在系统运转中，由于振动而产生的噪声，就需要对风管进行加固。

圆形风管由于本身刚度比矩形风管较强，而且风管两端法兰起到一定的加固作用，一般不做加固处理。当直径大于 700mm 时，每隔 1500mm 加设一个扁钢加固圈，并用铆钉固定在风管上。

为了防止咬口在运输或吊装过程中裂开，圆形风管的直径大于 500mm 的，其纵向咬口两端用铆钉或点焊固定。

金属风管的加固应符合下列要求：

1. 圆形风管（不包括螺旋风管）直径≥800mm，而且管段的长度＞1250mm 或总表面积＞$4m^2$，均应采取加固措施。

2. 矩形风管和圆形风管相比，易于变形。一般对于边长＞630mm、保温风管边长≥800mm，并且风管长度＞1250mm 或低压风管单边平面积＞$1.2m^2$，中、高压风管＞$1.0m^2$，均应采取加固措施。

3. 对于非规则椭圆风管的加固，应参照矩形风管。

风管的加固应符合图 4-22 所示的加固形式。

（1）用角钢框加固，加固的强度大，目前广泛采用。角钢规格可以略小于法兰的规格，当大边尺寸为 630～800mm 时，可采用 25×4（mm）的扁钢做加固框；当大边尺寸为 800～1250mm 时，可采用∟25×25×4（mm）的角钢做加固框；当大边尺寸为 1250～2000mm 时，可采用∟30×30×4（mm）的角钢做加固框。加固框必须与风管铆接，铆钉的间距与铆接法兰相同。

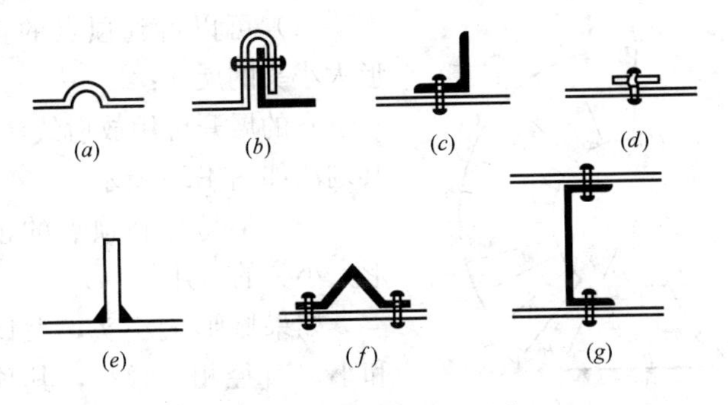

图 4-22　风管的加固形式

(a) 楞筋；(b) 立筋；(c) 角钢加固；(d) 扁钢平加固；
(e) 扁钢立加固；(f) 加固筋；(g) 管内支撑

(2) 采用管内支撑与风管加固时，应固定牢固，各支撑点之间或与风管的边沿或法兰的间距应均匀，不应大于 950mm。

(3) 风管采用楞筋滚槽加固时，风管展开下料后，先将壁板放到滚槽机械上进行十字线或直线形滚槽，然后咬口、合缝。

空气洁净系统所用的风管、其内壁表面应平整，避免风管内积尘。因此，风管加固部件不得安装在风管内或采用起凸棱对风管加固。

4.4　管件的加工制作

4.4.1　变径管的加工制作

在通风、空调系统中，变径管是用以连接不同断面的通风管(圆形或矩形)，以及通风管尺寸变更的部位。如设计图纸无明确规定时，变径管的扩张角应在 25°～30°之间，长度可按现场安装的需要而定。

变径管有：(1) 圆形变径管 (圆形大小头)；(2) 矩形变径管 (矩形大小头)；(3) 圆形断面变成矩形断面的变径管 (天圆地方)。

1. 圆形变径管

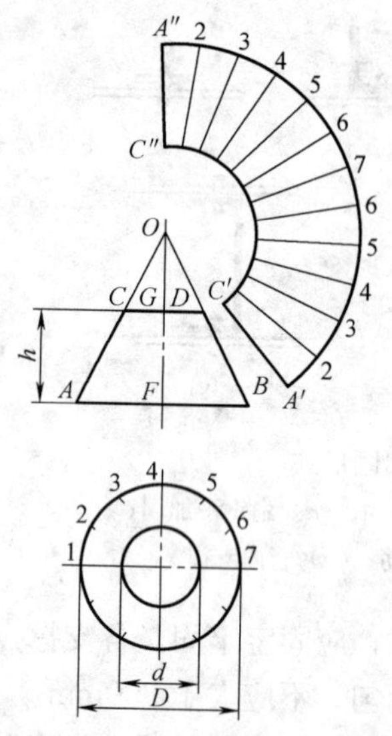

图 4-23　正心圆形大小头展开

（1）可以得到顶点的正心圆形大小头的展开：

它的展开可用放射线法做出，其划法如图 4-23 所示。

（2）不易得到顶点的正心圆形大小头的展开：

如果圆形大小头，大口直径和小口直径相差很少，其顶点相交在很远处，在这种情况下不可能采用放射线法作展开图，一般常采用近似的划法来展开，其划法如图 4-24 所示。

（3）偏心圆形大小头的展开：

可用三角形法进行展开，如图 4-25 所示。根据已知的大口直径 D、小口直径 d 及偏心距和高度 h，划出主视图和俯视图。

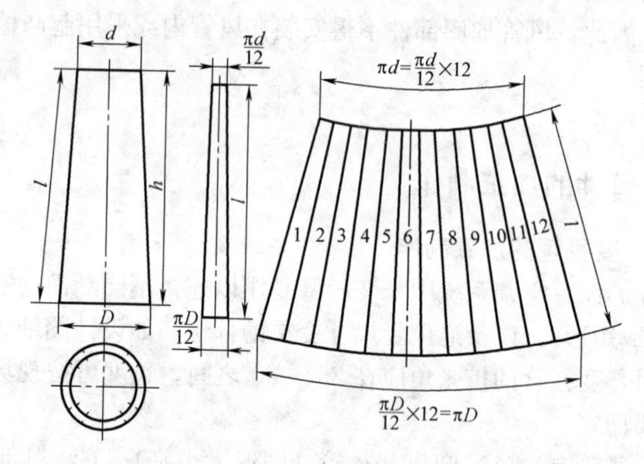

图 4-24　不易得到顶点的正圆心圆形大小头的展开

（4）圆形大小头的加工

各类不同的圆形大小头展开图绘制后，应放出咬口留量，并

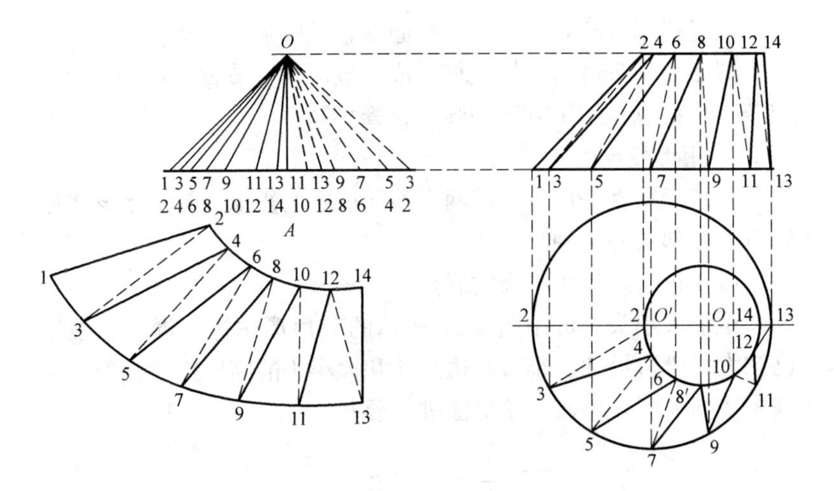

图 4-25　偏心圆形大小头的展开

根据选用的法兰，留出法兰的翻边量后才能下料。当采用角钢法兰，大口直径和小口直径相差很少时，对法兰与大小头组装影响不大；当大口与小口直径相差较大时，就会出现如图 4-26 所示的情况，小口法兰套不进入，大口法兰不能和风管贴紧，就得加设短直管，加设短直管后势必使大小头高度增加。一般情况下只要把相邻的直管剪掉一些，并不影响管道安装；但在接口处，如尺寸已经固定，就应在下料时，将短直管的尺寸留出，以免返工。

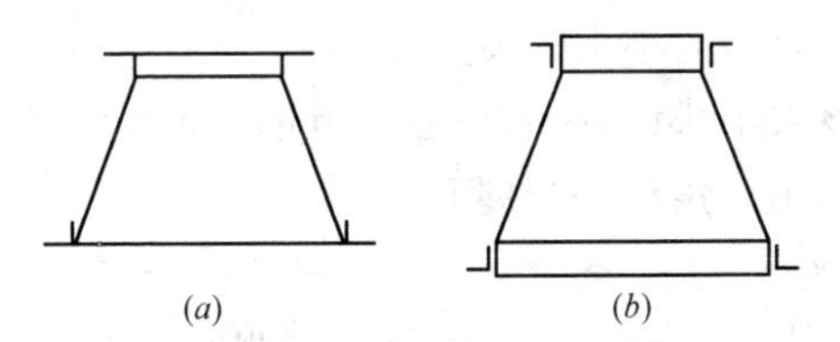

图 4-26　圆形大小头与法兰的组装

对于管径较小的圆形大小头采用扁钢法兰时，因扁钢厚度一般为 4～5mm，对于组装影响不大，只要在下料时稍加注意，把小口稍缩小些，把大口稍放大些，法兰套入后，经小锤翻边敲平，就能得到符合要求尺寸、表面平整的圆形大小头。

圆形大小头可用一块板材制成，也可为了节省用料，分两块或若干块拼成，加工方法和圆形直管相同。

2. 矩形变径管

矩形变径管是用以连接两个不同口径的矩形风管。矩形变径管有正心和偏心两种。

（1）正心矩形大小头的展开：

矩形大小头，可用图 4-27 所示的三角形法进行展开。根据已知大口管边尺寸、小口管边尺寸和大小头的高度尺寸，作出主视图和俯视图。再按三角形法进行展开。

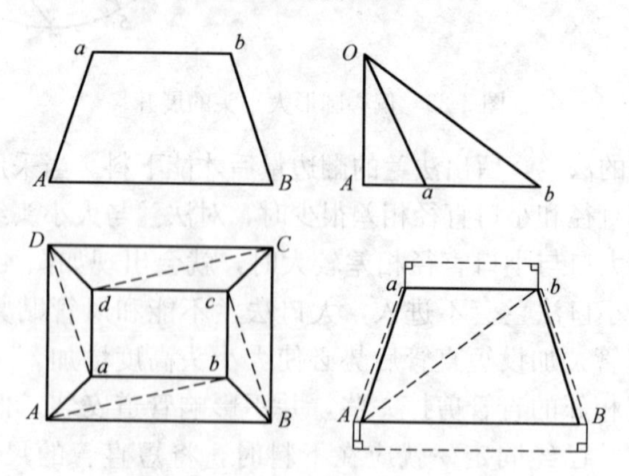

图 4-27　正心矩形大小头的展开

（2）偏心矩形大小头的展开：

偏心矩形大小头的展开方法与矩形正心大小头相同，如图 4-28 所示的采用三角形进行展开。

3. 天圆地方

天圆地方用于通风管与通风机、空调器、空气加热器等设备的连接，以及由圆形断面变为矩形断面部位的连接。

（1）正心天圆地方的展开

正心天圆地方的展开方法很多，可用前述的三角形法展开，也可用近似的锥体展开法及交点轮圆法展开。

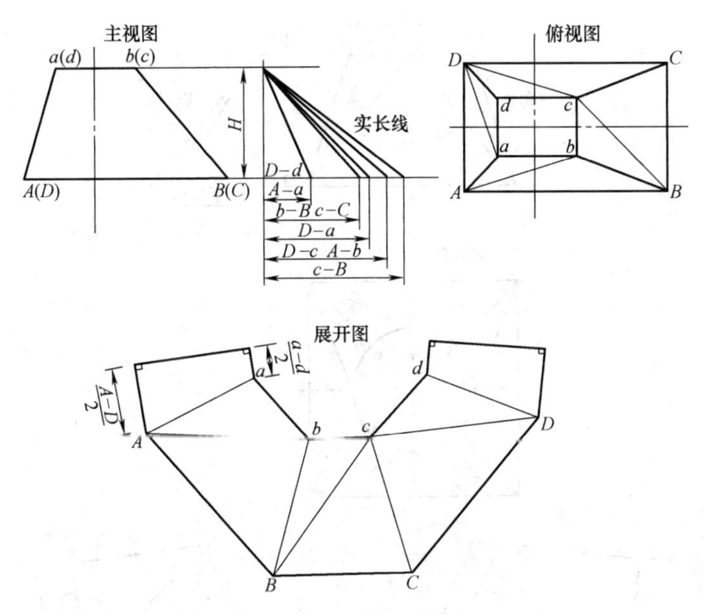

图 4-28 偏心矩形大小头的展开

1）三角形法：

根据已知圆管直径 D，矩形风管管边尺寸 A—B、B—C 和高度 h，划出主视图和俯视图，并将上部圆形管口等分编号，如图 4-29 所示。

2）近似的圆锥体展开法：

根据已知圆管直径 D，矩形风管的管边长度 A、B 和高度 h，可按圆锥体展开，如图 4-30 所示。

使用这种方法，比较简便，圆口和方口尺寸正确，但明显的看出，其高度比规定高度稍小，一般加工制作时可在加工法兰的短直管上进行修正。

3）交点轮圆法展开法：

根据已知圆管直径 D，矩形风管管边尺寸和高度，划出主视图和俯视图，并将圆管直径等分划出棱线；用直角三角形法求出 1—A、2—A 的实长线。如图 4-31 所示。

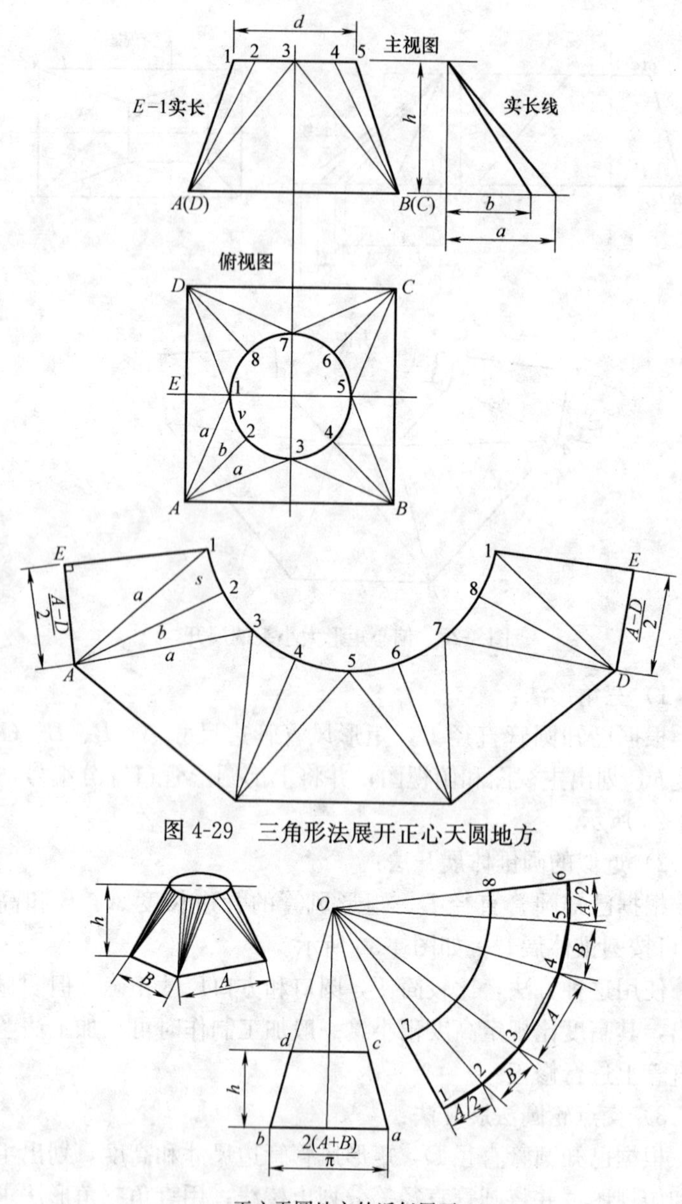

图 4-29　三角形法展开正心天圆地方

正心天圆地方的近似展开

图 4-30　近似圆锥体法展开正心天圆地方

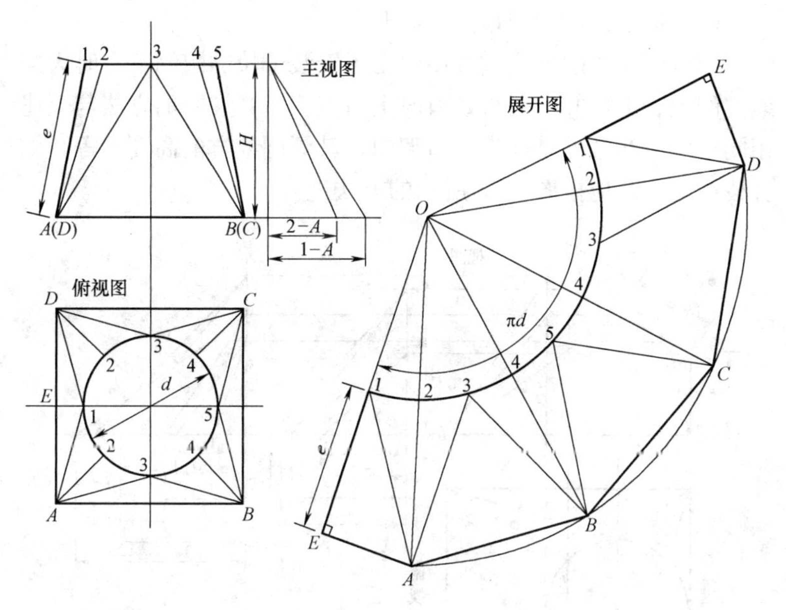

图 4-31　交点轮圆法展开正心天圆地方

(2) 偏心天圆地方的展开

偏心天圆地方的展开，一般采用三角法，如图 4-32 所示。

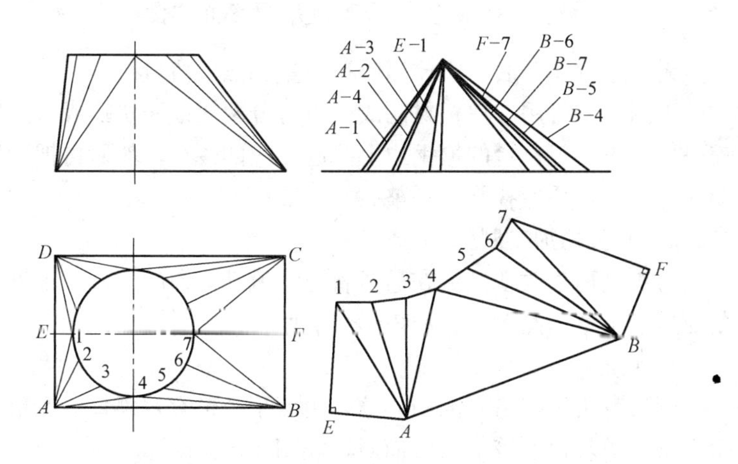

图 4-32　偏心天圆地方的展开

（3）偏心斜口天圆地方的展开

在风管系统的安装过程中，由于安装部位的限制，有时天圆地方的上、下口并不平行，有时上口偏斜，其展开的方法与上述相同。但应注意的是如果上口偏斜，其天圆地方的高度不等，求各棱线的实长应按图 4-33 所示的方法进行。

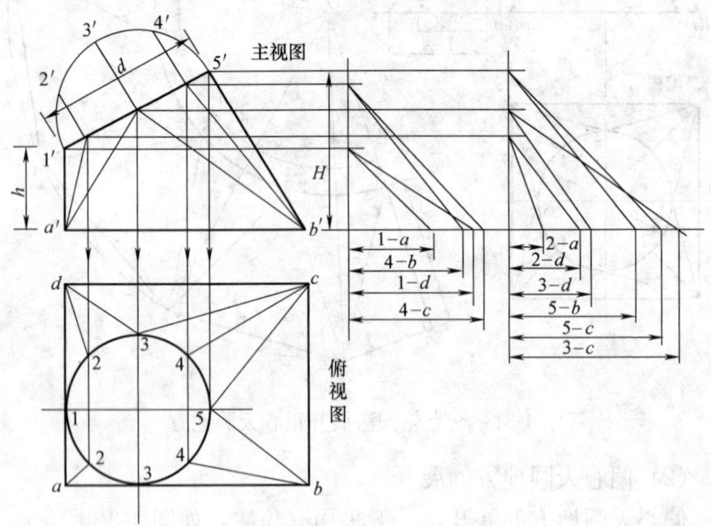

图 4-33　偏心斜口天圆地方各棱线的实长

天圆地方展开后，应放出咬口留量和法兰留量。

天圆地方可用一块板材制成，也可分两块或四块拼成。拍好咬口后，应在工作台的槽钢边上凸起相应的棱线，然后再把咬口钩挂、打实，最后找圆、平整。

4.4.2　弯头的加工制作

弯头是用来改变气流在通风管道内流动方向的配件。根据其断面形状可分为圆形弯头和矩形弯头两种。

1. 圆形弯头

圆形弯头可按需要的中心角，由若干个带有双斜口的管节和两个带有单斜口的管节组成而对，如图 4-34 所示。

以 D 表示弯头的直径，R 表面弯头的曲率半径，把带有双斜口的管节叫中节，把分别设在弯头两端带有单斜口的管节叫端节，端节为中节的一半。因为圆柱体的垂直横断面是个正圆形，而斜截面是个椭圆形，二者周长不一样，就不能正确的吻合，所以圆形弯头必须在两端设一个端节。

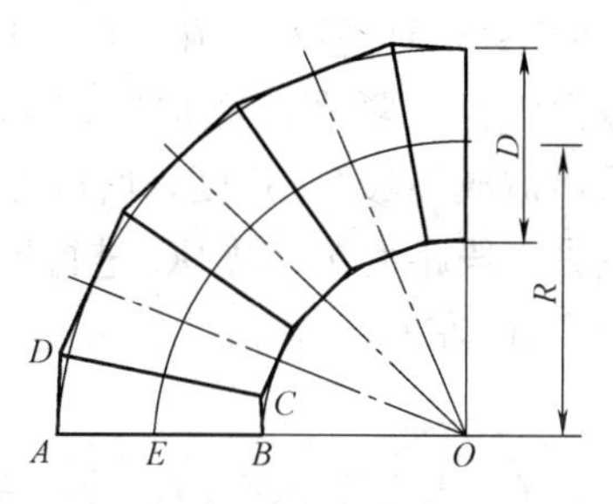

图 4-34　圆形弯头的侧面图

圆形弯头根据使用的位置不同，有 90°、60°、45°、30°四种，其曲率半径 $R=1\sim1.5D$。曲率半径是从风管中心计算。弯头的节数根据管径确定，节数不少于表 4-9 所列的规格系列。

圆形弯头曲率半径和最少节数　　　表 4-9

弯头直径 D(mm)	曲率半径 R	弯头角度和最少节数							
		90°		60°		45°		30°	
		中节	端节	中节	端节	中节	端节	中节	端节
80～220	≥1.5D	2	2	1	2	1	2	—	2
220～450	D～1.5D	3	2	2	2	1	2	—	2
450～800	D～1.5D	4	2	2	2	1	2	1	2
800～1400	D	5	2	3	2	2	2	1	2
1400～2000	D	8	2	5	2	3	2	2	2

（1）圆形弯头的展开：

圆形弯头采用平行线法展开，根据已知弯头的直径、弯曲角度及确定的曲率半径和节数，先划出主视图，然后进行展开，其划法如图 4-15 所示。

在实际加工过程中，可不必划不同规格弯头的展开图，可根据“全国通用通风管道配件图表”的弯头构造图和展开图，进行查表制作样板。

弯头的咬口，要求咬得严密一致，但当弯头的直径较小时，其曲率半径也较小，在实际操作时，由于弯头里的咬口不易打得像弯头背处紧密，经常出现如图 4-35（a）的情况，弯头组合后，造成不够 90°角度，所以在划线时，应把弯头的“里高”BC减去一段距离h，以BC'进行展开，如图 4-35（b）所示，h一般为 2mm 左右。

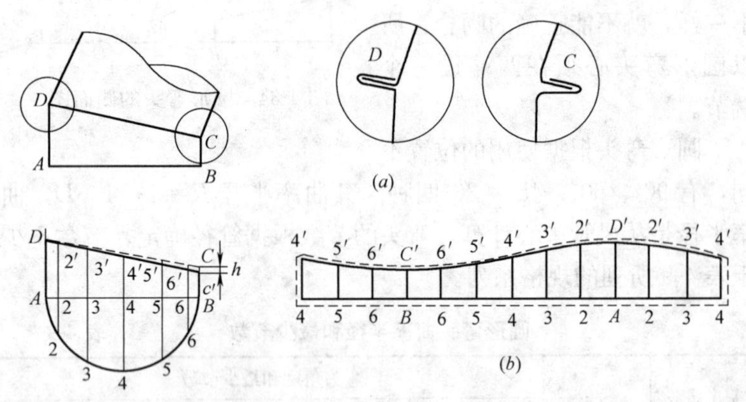

图 4-35　弯头端节在展开时的修正

展开好的中节和端节，应放出咬口留量，端节还必须放出法兰的翻边量，然后用剪好的端节或中节做样板，按需要的数量在板材上划出剪切线，如图 4-36 所示，并应划出AD和BC'线，

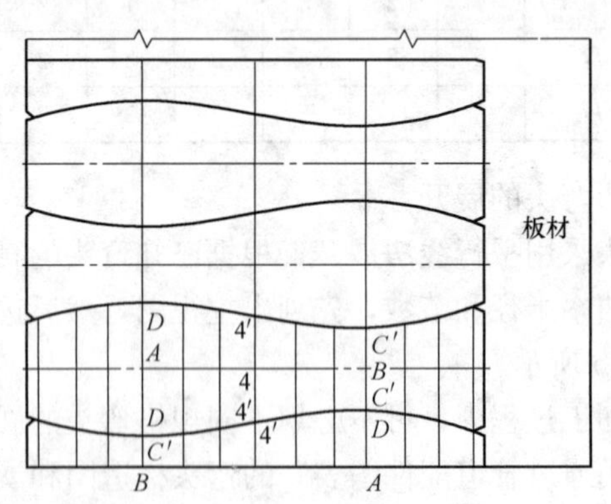

图 4-36　圆形弯头下料

以便组对装配时使用。

（2）圆形弯头的加工：

将划好线的板材：用手剪或曲线剪板机剪开，用单平咬口机或手工拍好纵咬口，各节加工成带斜口的短管。然后在弯头咬口机上压出横立咬口，压咬口时，应注意每节压成一端单口，另一端为双口。并应注意将各节的纵向咬口缝错开。

压好咬口，就可进行弯头的组对装配。装配时，应把短节上的 AD 线及 BC' 线与另一短节上的 AD 线及 BC' 线对正，这样可以防止做好的弯头发生歪扭现象。

弯头可用弯头合缝机或用钢制方锤在工作台上进行合缝。

2. 矩形弯头

矩形弯头有内外弧形弯头、内弧形弯头及内斜线弯头。弯头的形式和曲率半径如图 4-37 所示。工程上经常采用内外弧形弯头；如受到施工现场加工的限制，可采有内弧形和内斜线弯头。内弧形和内斜线弯头的大边尺寸 $A \geqslant 500$mm 时，为改善气流流动分布的均匀性，弯头内应设导流片。

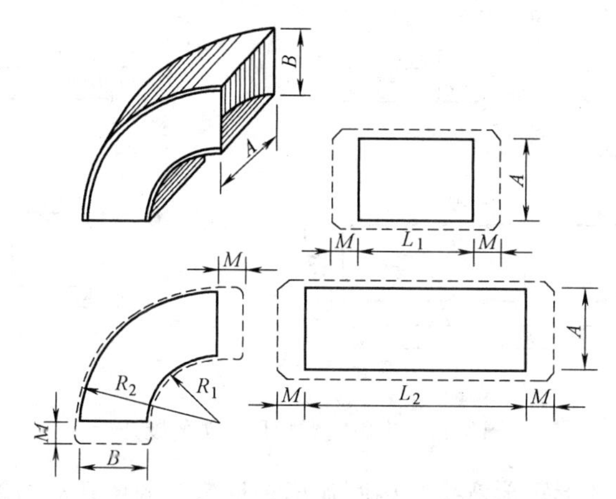

图 4-37　内外弧形矩形弯头的展开

矩形弯头由两块侧壁、弯头背、弯头里四部分组成。弯头的侧壁宽度以 A 表示，弯头背和弯头里的宽度以 B 表示。

(1) 弯头的展开下料：

内外弧形弯头　内外弧形弯头的曲率半径一般为 1.5A，弯头里的曲率半径等于 0.5A。矩形内外弧形弯头侧壁的展开与圆形弯头相同，由已知的 R_1 和 R_2 划出，并应加单折边的咬口留量。为了避免法兰套在圆弧上，可另放法兰留量 M，M 为法兰角钢的边宽再加 10mm 翻边。

矩形弯头可用单角咬口连接，也可用联合角咬口连接。加工的方法如前所述。

内斜线形矩形弯头　内斜线形矩形弯头的展开如图 4-38 所示，由两块侧壁板、一块弯头背板（中间折方）和一块弯头里的斜板组成。各板下料前必须根据咬口形式放出咬口留量和法兰翻边留量。

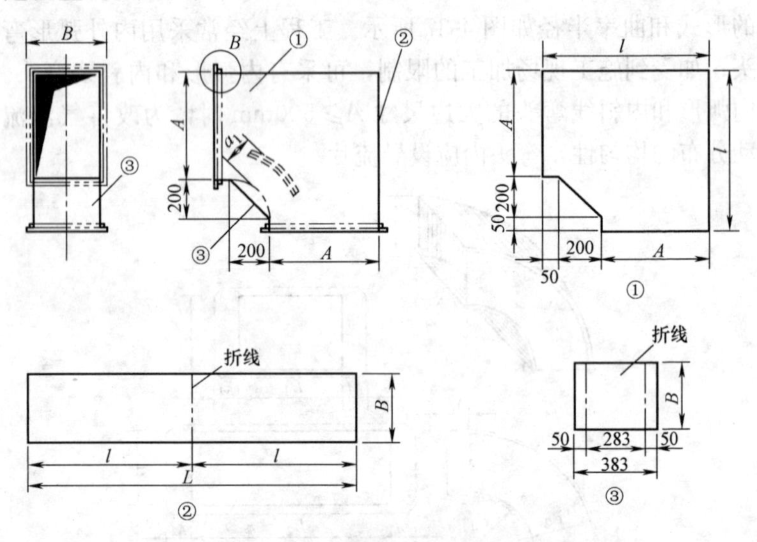

图 4-38　内斜线形矩形弯头的展开

内圆弧形矩形弯头　内圆弧形矩形弯头的展开与内斜线形矩形弯头相似，如图 4-39 所示。

三种矩形弯头所用的板材近似，计算方法相同。内弧形矩形弯头与内斜线形矩形弯头，除弯头里的斜板尺寸不同外，其余均

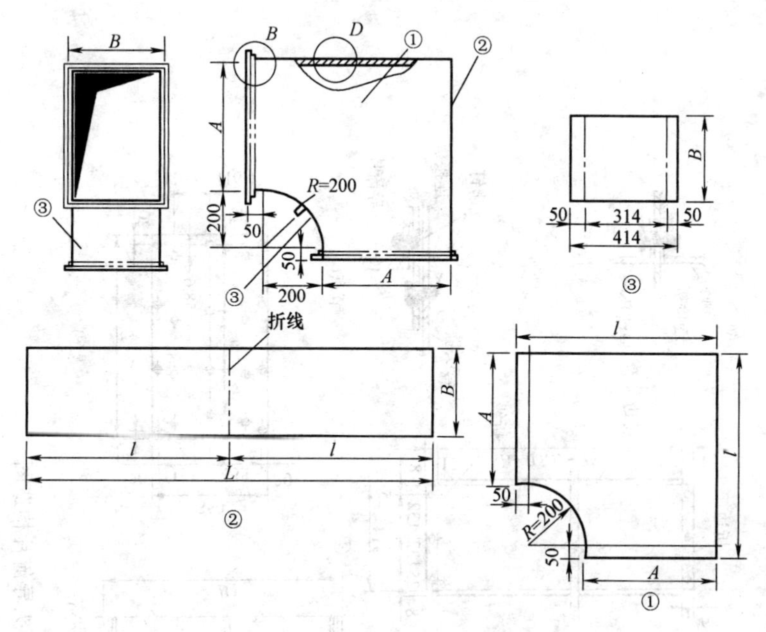

图 4-39 内弧形矩形弯头的展开

相同。

(2) 弯头内导流片的组装:

矩形内圆弧形和内斜线形弯头，其 A 的尺寸大于或等于 500mm，应设置导流片，以改善气流流动的稳定性。

导流片的构造是由导流片和连接板组成，即导流片按照一定的间距铆接在连接板上，连接板再铆接在风管上。

导流片的片数、片距，是根据弯头的 A 尺寸而定，弯头的 A 尺寸越大，其片数越多。弯头导流片的片数、片距及材料的明细，如表 4-11 所列。

对于弯头 B 的尺寸小于 1000mm，可采用单片导流片，两端分别铆接在连接板上；对于弯头 B 的尺寸大于 1000mm，为了保证风管系统运转时的牢固性，可将单片导流片采用两片组装在中间连接板上，其构造和各节点连接方式，如图 4-40 所示。导流片片数、片距等如表 4-10 所列。

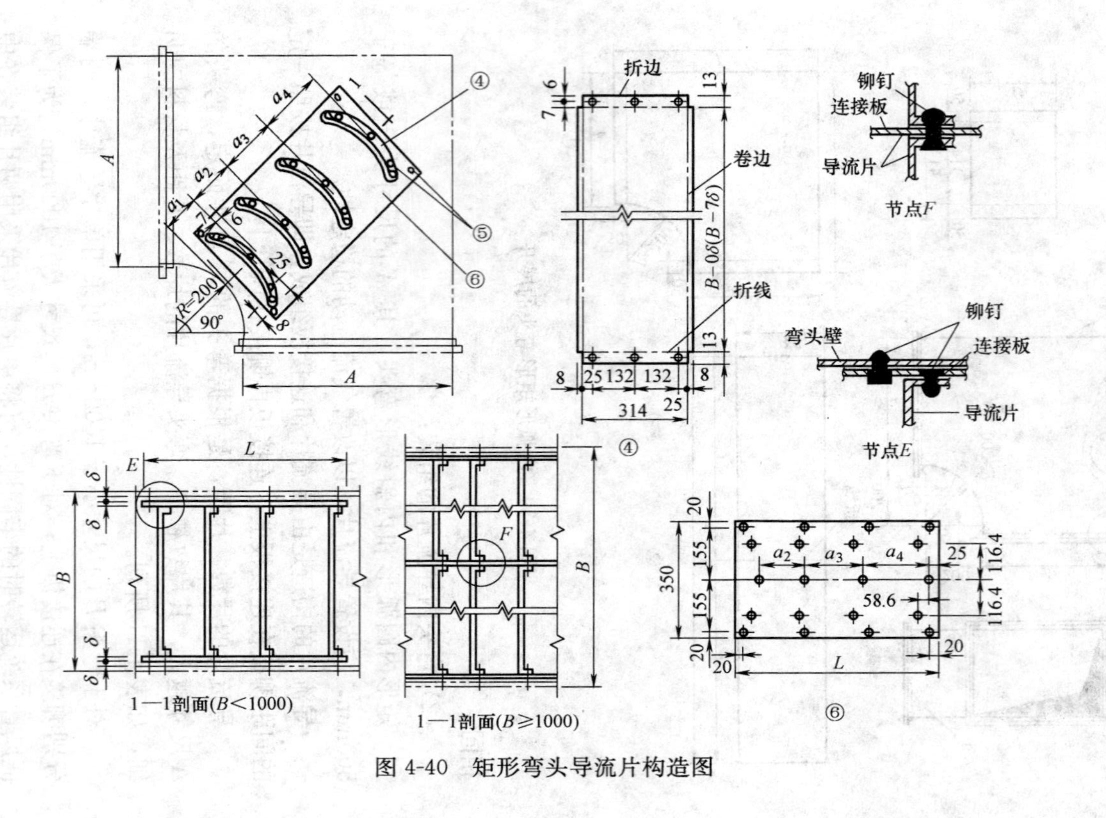

图 4-40　矩形弯头导流片构造图

导流片片数、片距及材料明细表 **表 4-10**

尺寸表(mm)

型号	A	片数	a_1	a_2	a_3	a_4	a_5	a_6	a_7	a_8	a_9	a_{10}	a_{11}	a_{12}	l
1	500	4	95	120	140	165									510
2	630	4	115	145	170	200									610
3	800	6	105	125	140	160	175	195							880
4	1000	7	115	130	150	165	180	200	215						1130
5	1250	8	125	140	155	170	190	205	220	235					1410
6	1600	10	135	150	160	175	190	205	215	230	245	255			1930
7	2000	12	145	155	170	180	195	205	215	230	240	255	265	280	2500

材料明细表

规格			B=200		B=250		B=320		B=400		B=500		B=630	
件号	名称	材料规格	个数	面积 (m^2)	个数	面积 (m^2)	个数	面积 (m^2)	个数	面积 (m^2)	个数	面积 (m^2)	个数	面积 (m^2)
4	导流片	同弯头	1	0.075	1	0.091	1	0.114	1	0.14	1	0.17	1	0.216
5	铆钉	ϕ3.6×7(*10)	6		6		6		6		6		6	
6	连接板	同弯头	2		2		2		2		2		2	

规格			B=800		B=1000		B=1250		B=1600		B=2000	
件号	名称	材料规格	个数	面积 (m^2)	个数	面积 (m^2)	个数	面积 (m^2)	个数	面积 (m^2)	个数	面积 (m^2)
4	导流片	同弯头	1	0.273	1	0.425	1	0.502	1	0.623	1	0.755
5	铆钉	ϕ3.6×7(*10)	6		9		9		9		9	
6	连接板	同弯头	2		3		3		3		3	

注：1. δ为弯头壁厚。2. 连接板面积为l×350。3. 连接板铆孔间距≈200mm。

为了保证风管系统运转时气流稳定、无噪声，各导流片的弧度应一致，导流片与连接板、连接板与弯头板壁必须铆接牢固，不能松动。

4.4.3 来回弯的加工制作

来回弯在通风、空调管路系统中，是用来跨越或躲让其他管道、设备及建筑物件等。

1. 圆形来回弯

圆形来回弯实际可看成是由两个不够 90°的弯头转向组成。展开时应根据来回弯的长度 L 和偏心距 h 划成如图 4-41 所示的主视图，然后可按加工弯头的方法，对来回弯进行分节，展开和加工成型。

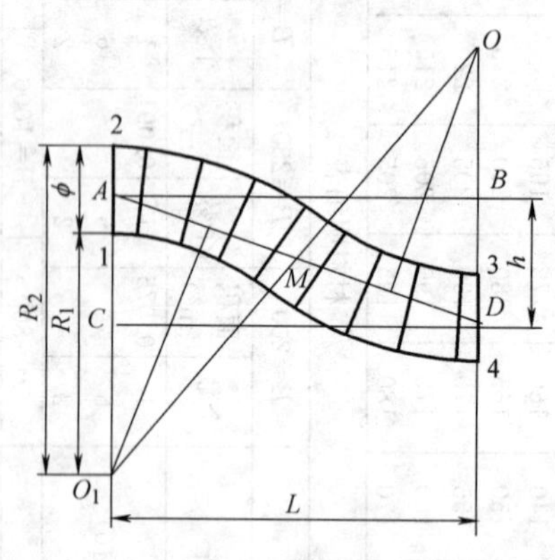

图 4-41 圆形来回弯主视图

2. 矩形来回弯

矩形来回弯如图 4-42 所示，它是由两个相同的侧壁和相同的上壁、下壁四部分组成。侧壁可按圆形来回弯的方法展开；上、下壁的长度 L_1 可用钢卷尺按侧壁边量出。

4.4.4 三通的加工制作

三通是通风、空调管路系统分叉或汇集的管件。三通的形式、种类较多，有斜三通、直三通、裤衩三通、弯头组合式三通等。为使制作三通标准化，应尽量采用现行的《通风与空调工程

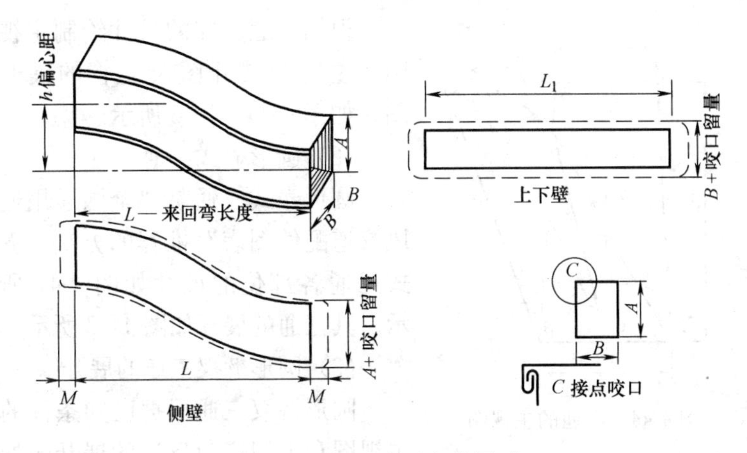

图 4-42 矩形来回弯的展开

施工质量验收规范》推荐的“全国通用通风管道配件图表”中规定的各种三通。

1. 圆形三通

如图 4-43 所示的三通，一般把风管的延续部分 1 叫“主管”，分叉部分 2 叫“支管”。

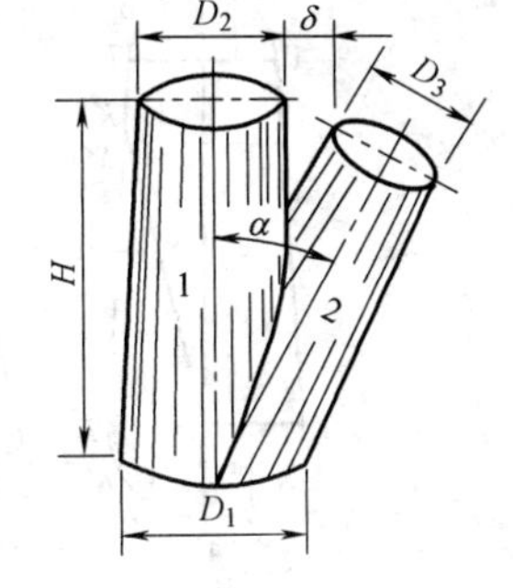

图 4-43 圆形三通示意图

以 D_1 表示大口直径，D_2 表示小口直径，D_3 表示支管直径，H 表示三通的高度，α 表示主管和支管轴线的交角。

交角 α 应根据三通断面大小来确定，一般为 15°～60°。交角 α 较小时，高度 H 较大；反之，高度 H 较小。加工断面较大的三通，为不使三通高度过大，应采用较大的交角。一般通风系统的交角 α，可采用 15°～60°。除尘系统可采用 15°～30°。

主管和支管边缘之间的开挡距离 δ，应能保证安装法兰盘，并应能便于上紧法兰螺栓。

（1）圆形连挡三通的展开：

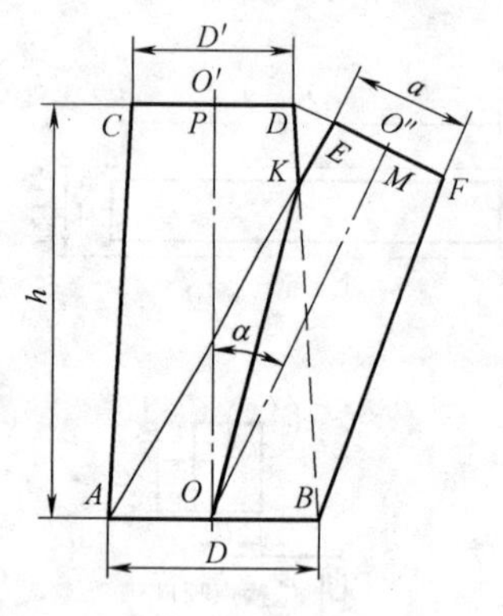

图 4-44　三通的主视图

根据三通已知的尺寸绘制主视图、主管的展开图及支管的展开图，如图 4-44～4-46 所示。

（2）圆形壶式三通

圆形壶式三通是“全国通用通风管道配件图表”推荐的方法，壶式三通各部位的尺寸如图 4-47 所示。其三通的展开如图 4-48 所示。

（3）圆形裤衩三通的展开

圆形裤衩三通根据已知条件件的主视图和采用三角形法的展开图如图 4-49 所示。

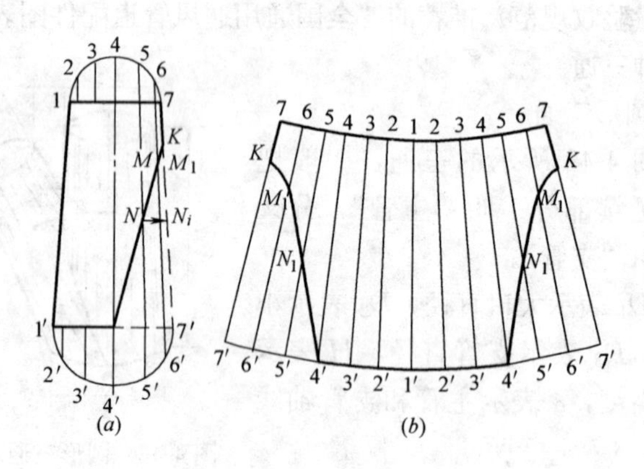

图 4-45　三通主管的展开

（4）三通的加工制作

加工制作三通时，先划好展开图，根据连接的方法留出连接留量和法兰留量，板材用手工或机械进行剪切。

圆形三通的接合缝连接形式，应根据板材的材质、板厚来决定。镀锌薄钢板和一般薄钢板，其板厚小于 1.2mm 可采用咬口连接；而大于 1.2mm 的镀锌薄钢板，可采用铆接；大于 1.2mm 的一般薄钢板，可采用焊接。其连接的形式如图 4-50 所示。

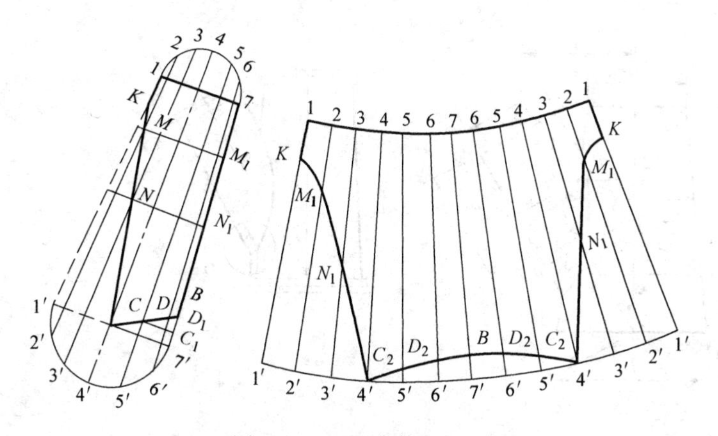

图 4 46　二通支管的展开

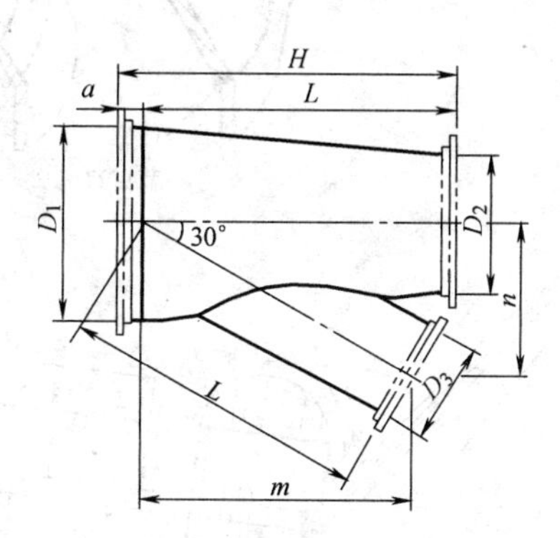

图 4-47　壶式三通各部位尺寸

圆形三通的咬口连接，还有单平咬口和插条等形式。

当采用插条连接时，主管和支管可分别进行咬口、卷圆，并把咬口压实，加工成独立的构件。然后把对口部分放在平板钢上检查是否贴实。再进行接合缝的折边工作，折边时把支管和主管都折成单折边，如图 4-51。用加工好的插条，在二通的接合缝处插入，并用木槌轻轻敲入，使主管和支管紧密的接合。插条插入后，用小锤和衬铁，将插条打紧打平。

当采用焊接连接时，可用对接缝形式。如果板材较薄时，可将接合缝处扳起 5mm 的立边，用氧气-乙炔焊焊接。

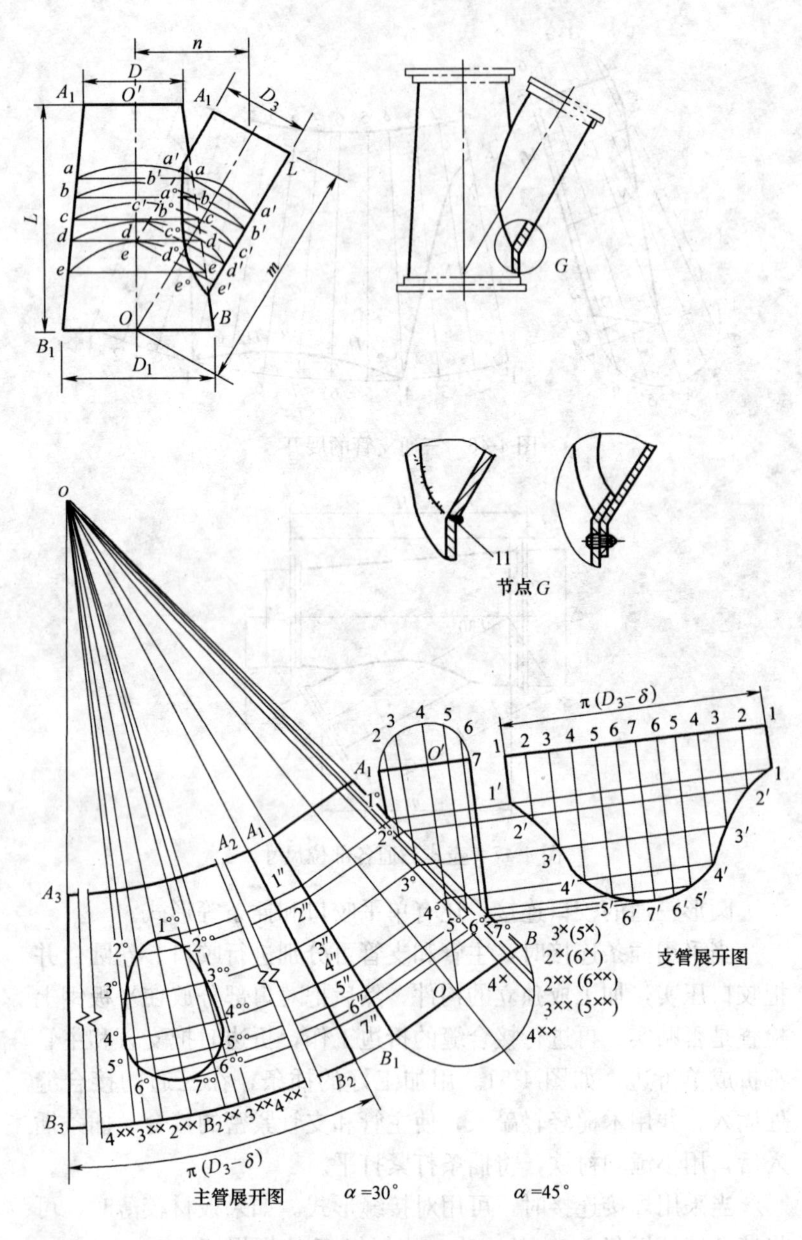

图 4-48　圆形壶式三通的展开

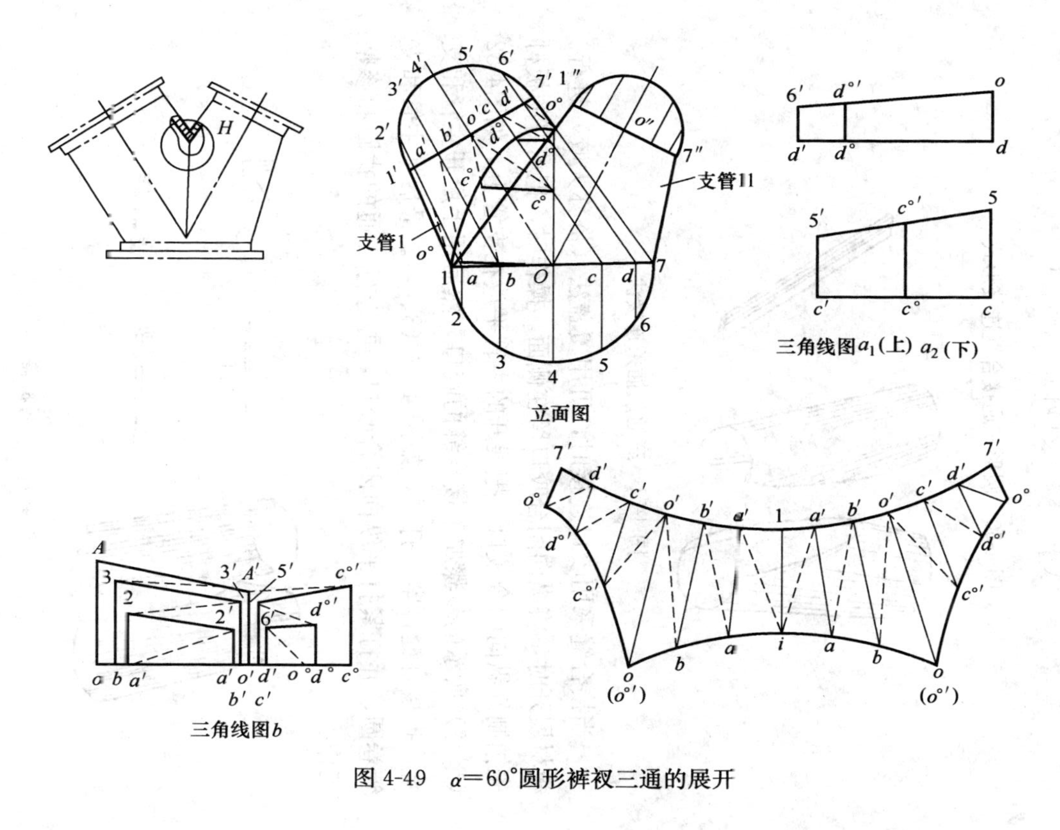

图 4-49　$\alpha=60^\circ$圆形裤衩三通的展开

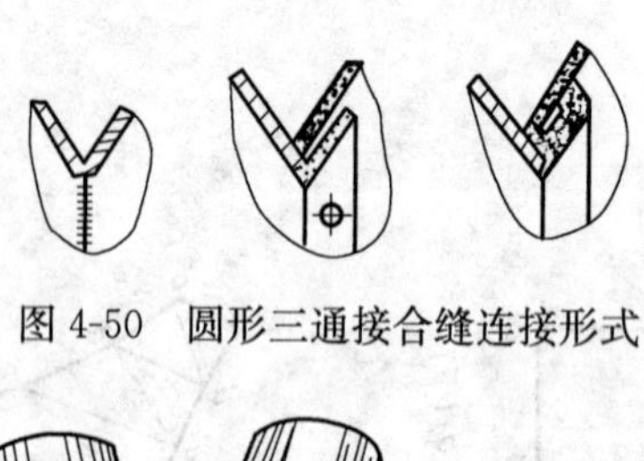

图 4-50　圆形三通接合缝连接形式

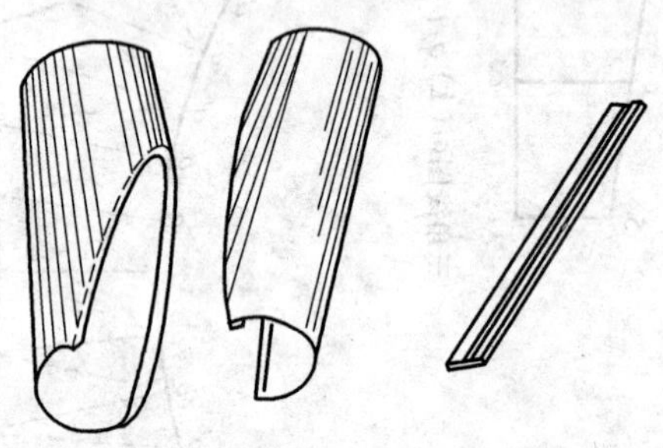

图 4-51　三通的插条连接法

当接合缝采用咬口连接时，可用覆盖法（俗称大咬）进行。板材展开时，将纵向闭合咬口留在侧面。操作时，把剪好的板材先拍制好纵向闭合咬口，把展开的主管平放在支管上，如图4-52（1、2）所示的步骤加工接合缝的咬口，然后用手掰开主管和支管，把接合缝打紧、打平，如图 4-52（3、4）。最后把主管和支管卷圆，并打紧打平纵向闭合咬口，再进行三通的找圆和修整工作。

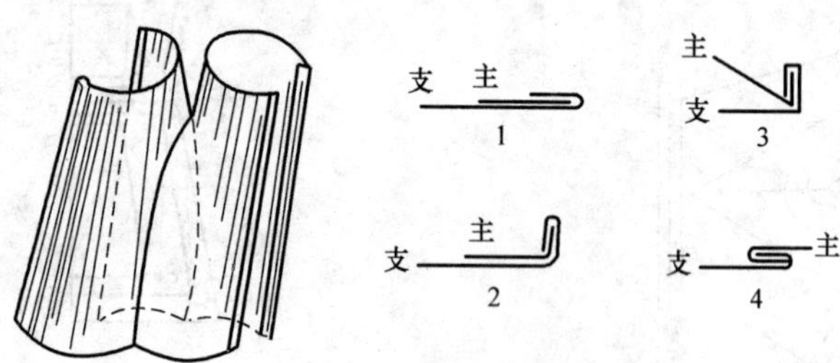

图 4-52　三通覆盖法咬接

圆形三通采用咬口连接时，也可把接合缝处做成单立咬口的形式，最后把立咬口打平，加以修整。

2. 矩形三通

矩形三通有整体式三通、插管式三通及弯头组合式三通等。

(1) 整体式三通：整体式三通有正三通和斜三通两种，可根据风管系统的需要，而确定加工的型式。

1) 整体式正三通　整体式正三通是“全国通用通风管道配件图表”推荐采用的，其外形和构造及展开图如图 4-53 所示。它是由两块平面板、一块平侧板、一块斜侧板及一块角形侧板组成。

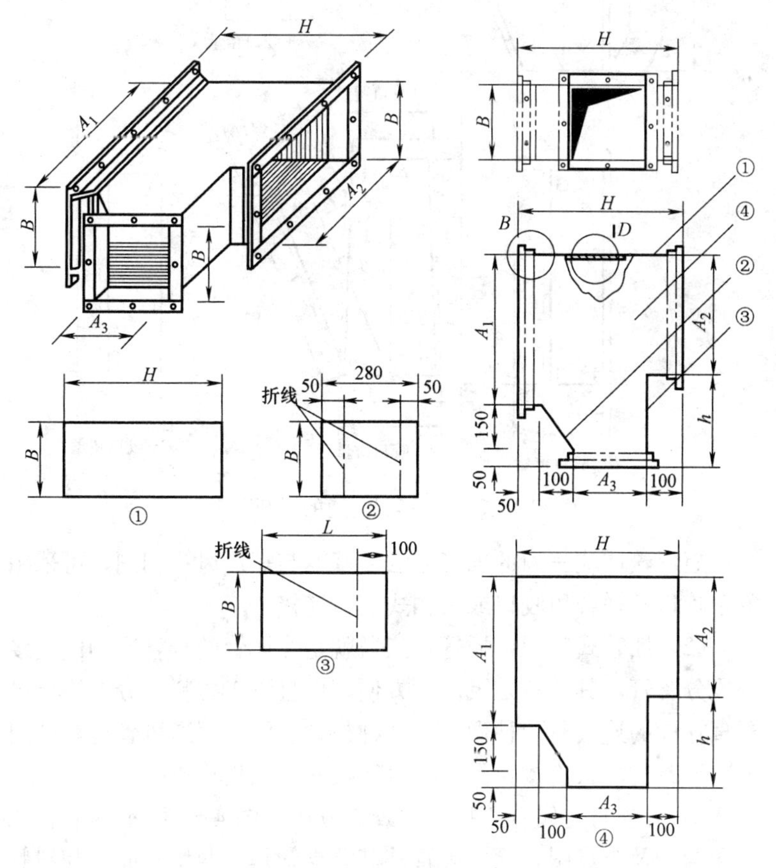

图 4-53　整体式正三通的构造及展开图

2) 整体式斜三通　整体式斜三通由上、下侧壁和前后侧壁及一块夹壁共 5 部分组成，如图 4-54 所示。

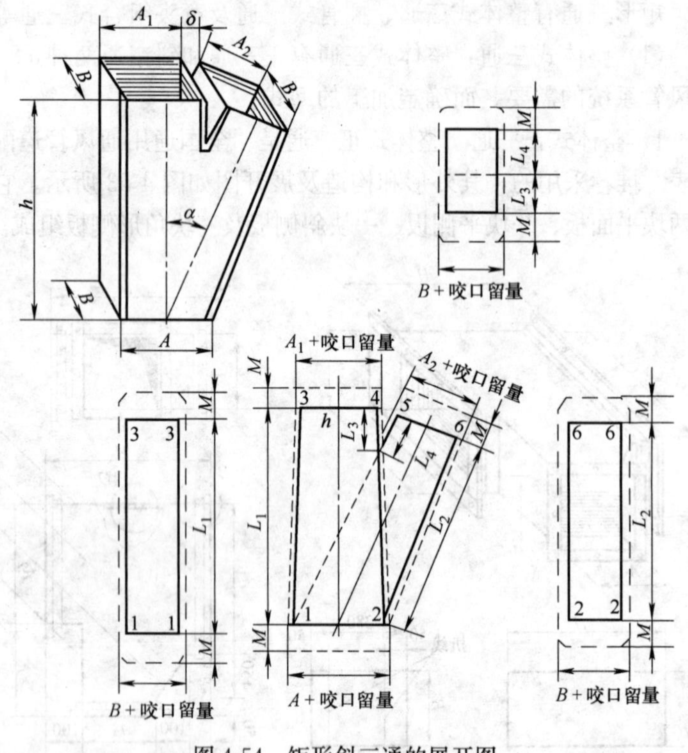

图 4-54 矩形斜三通的展开图

矩形整体式三通的加工方法，基本与矩形风管相同，可采用单角咬口、联合角咬口或按扣式咬口连接。

(2) 插管式三通：插管式三通就是在风管的直管段侧面连接一段分支管，其特点是灵活、方便，而且省工省料。分支管与风管直管段的连接有两种做法，一种是“全国通用通风管道配件图表”推荐的咬口连接，另一种是连接板插入板边连接。

1) 分支管与风管连接采用咬口方式 图 4-55 所示的插管式三通构造及节点图，除主风管外其分支管是由两块平面板和斜侧板、平侧板各一块组成。在制作过程中，先将分支管的纵面连接缝、与主风管的连接缝的咬口折边，再将纵向连接接合缝，分支

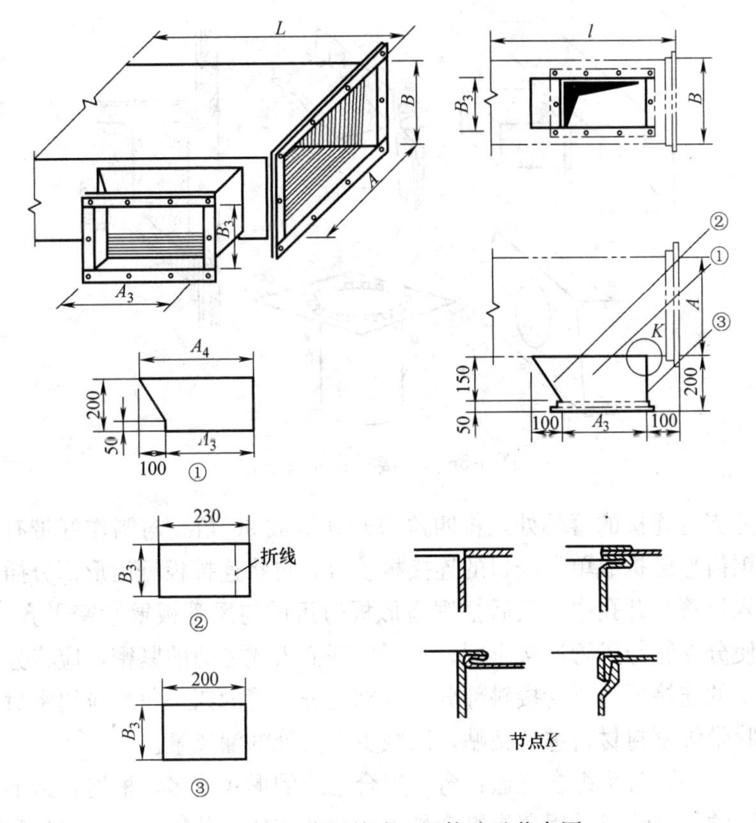

图 4-55 矩形插管式三通构造及节点图

管成型后待用。另外将主风管的侧板开孔，再将纵缝和与支风管连接的咬口折边，即可与支风管连接，最后主风管咬口合缝成型。

分支管与主风管连接的形式，可采用焊接、单角咬口、联合角咬口等形式。

2）分支管的连接板插入风管直管段板边连接方式如图 4-56 所示的插管式三通，与咬口连接方式相比更为简单、灵活。它适合于在风管已安装就位后，开孔连接。这种插管式三通，首先按分支管的外形尺寸，在风管直管段已确定的位置上开孔，然后把

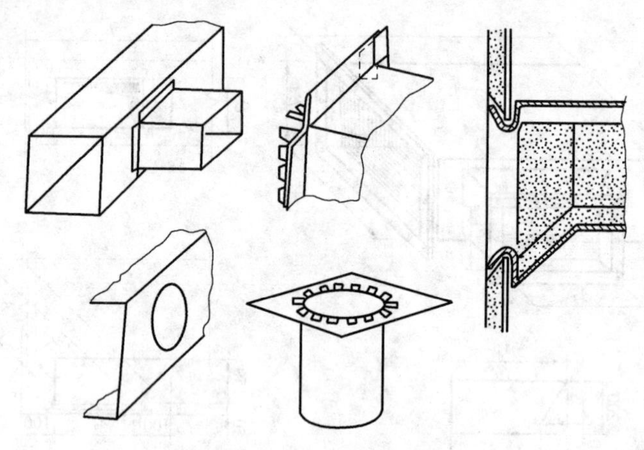

图 4-56　连接板式插管三通

分支管连接的管端处，将四角剪开并折成 90°角。与制作好带有锯齿形已折成单立咬口的连接板咬合，再将连接板锯齿形部分插入风管的开孔中，最后把锯齿形板边折成与风管板壁紧密平齐，使分支管与风管连接牢固。为了保证插入式三通的紧密，应将分支的连接板与风管接触部分，特别是分支管的四个角，应用密封胶带等密封材料进行粘贴，以减少连接处的漏风量。

（3）弯头组合三通：弯头组合三通的形式较多，根据管路不同的分支情况，用弯头组合各种形式的三通，其特点是气流分配的均匀，制作工艺简单，在国内的引进工程中广泛采用。图4-57

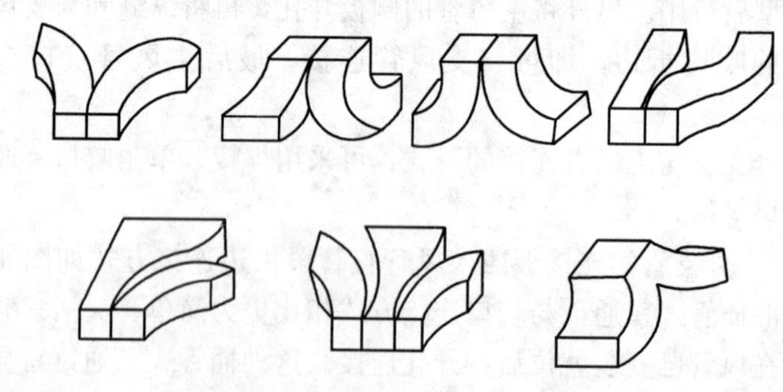

图 4-57　常用的弯头组合三通

所示的弯头组合三通，其弯头之间用角钢法兰框架铆接在一起。也可用插条连接，应根据工程的具体情况而确定。采用插条连接时，必须做好插条缝隙的密封工作。

4.4.5 法兰与无法兰连接件的加工制作

风管与风管或风管与管件、部件的连接，一般采用便于安装和维修方便的法兰连接。也可采用无法兰连接。

法兰的焊缝应熔合良好、饱满，无假焊和孔洞；法兰平面度的允许偏差为2mm，同一批量加工的相同规格法兰的螺孔排列应一致，并具有互换性。

1. 圆形法兰的加工

圆形法兰的加工多采用机械加工。先将整根角钢或扁钢放在法兰卷圆机上，卷成螺旋形状后，再将卷好的角钢或扁钢划线切割，再在平台上找平找正及调整后的焊接、冲孔。

为使法兰与风管组合时严密而不紧，适度而不松，应保证法兰尺寸偏差为正偏差，其偏差值为+2mm。

法兰的用料规格如表4-11所列。圆形法兰的构造及螺孔、铆钉孔尺寸如表4-12和图4-58所示。

金属圆形风管法兰及螺栓规格（mm）　　表4-11

风管直径 D	法兰材料规格		螺栓规格
	扁钢	角钢	
$D\leqslant140$ $140<D\leqslant280$ $280<D\leqslant630$	20×4 25×4 —	25×3	M6
$630<D\leqslant1250$ $1250<D\leqslant2000$	— —	30×4 40×4	M8

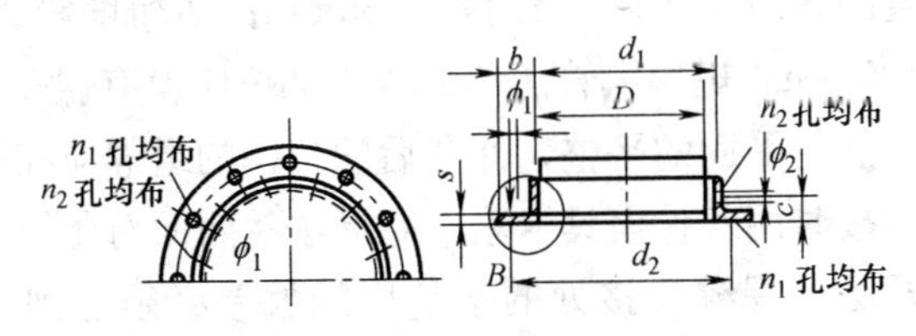

图4-58　圆形法兰构造图

圆形法兰螺、铆孔尺寸表 **表 4-12**

序号	风管外径 D/mm	螺孔		铆钉	
		ϕ_1/mm	n_1/个	ϕ_2/mm	n_2/个
1	80～90	7.5	4		
2	100～140		6		
3	150～200		8		
4	210～280		8	4.5	8
5	300～360		10		10
6	380～500		12		12
7	530～600	9.5	14	5.5	14
8	600～630		16		16
9	670～700		18		18
10	750～800		20		20
11	850～900		22		22
12	950～1000		24		24
13	1000～1120		26		26
14	1180～1250		28		28
15	1320～1400		32		32
16	1500～1600		36		36
17	1700～1800		40		40
18	1900～2000		44		44

2. 矩形法兰的加工

矩形法兰由四根角钢组焊而成。划线时应注意焊成后的内框尺寸不小于风管的外边尺寸。下料一般采用电动切割机或角钢切断机及联合冲剪机等。角钢切断后应进行找正调直，磨掉两端的毛刺，再进行冲或钻铆钉孔及螺栓孔。

中、低压系统风管法兰的螺栓及铆钉孔的间距≯150mm；高压系统风管≯100mm。洁净系统风管法兰铆钉孔的间距，当系统洁净度的等级为 1～5 级时，≯65mm；洁净度等级为 6～9 级时，≯100mm。矩形风管法兰的四角部位应设有螺孔。

为保证法兰平面的平整，冲孔后的角钢的组焊应在平台上进行焊接，焊接时用各种模具卡紧。矩形法兰两面对角线之差、法兰平整度及法兰焊缝对接处的平整度的偏差必须达到规范的要求。为了方便安装，螺孔孔径应比螺栓直径大 1.5mm，螺孔的孔距准确，法兰具有互换性。矩形法兰的构造和法兰、螺栓的规格如图 4-59 和表 4-13 所示。

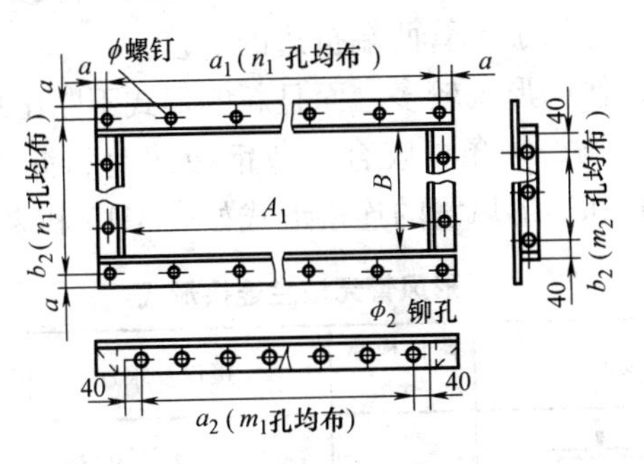

图 4-59　矩形法兰构造图

金属矩形风管法兰及螺栓规格（mm）　　表 4-13

风管长边尺寸 b	法兰材料规格(角钢)	螺栓规格
$b\leqslant630$	25×3	M6
$630<b\leqslant1500$	30×3	M8
$1500<b\leqslant2500$	40×4	M8
$2500<b\leqslant4000$	50×5	M10

圆形风管法兰和矩形风管法兰制作的尺寸允许偏差如表4-14所示。

法兰制作尺寸的允许偏差　　表 4-14

项次	项　　目	允许偏差/mm	检 验 方 法
1	圆形法兰直径	0～+2	用尺量互成 90°的直径
2	矩形法兰边长	0～+2	用尺量四边
3	矩形法兰两对角线之差	3	尺量检查
4	法兰平整度	2	法兰放在平台上，用塞尺检查
5	法兰焊缝对接处的平整度	1	法兰放在平台上，用塞尺检查

3. 无法兰连接件的加工

无法兰连接与法兰连接的区别，在于不采用角钢或扁钢制作，而是利用薄钢板和不同形式的连接件，在风管两端折成不同形式的折边与连接件连接。因此，采用无法兰连接其风管制作工艺稍有变动，即增加风管两端折边的工艺。

无法兰连接的形式较多，而且新的形式不断出现，按其结构形式可分为承插、插条、咬合、薄钢板法兰和混合式等连接方式。圆形风管和矩形风管的连接形式如表 4-15 和表 4-16 所示。

圆形风管无法兰连接形式　　　表 4-15

无法兰连接形式		附件板厚/mm	接口要求	使用范围
承插连接		—	插入深度≥30mm，有密封要求	低压风管，直径<700mm
带加强筋承插		—	插入深度≥20mm，有密封要求	中、低压风管
角钢加固承插		—	插入深度≥20mm，有密封要求	中、低压风管
芯管连接		≥管板厚	插入深度≥20mm，有密封要求	中、低压风管
立筋抱箍连接		≥管板厚	翻边与棱筋匹配一致，紧固严密	中、低压风管
抱箍连接	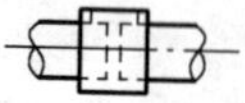	≥管板厚	对口尽量靠近不重叠，抱箍应居中	中、低压风管，宽度≥100mm

矩形风管无法兰连接形式　　　表 4-16

无法兰连接形式		附件板厚/mm	使用范围
S形插条		≥0.7	低压风管，单独使用连接处必须有固定措施
C形插条		≥0.7	中、低压风管
立插条		≥0.7	中、低压风管
立咬口	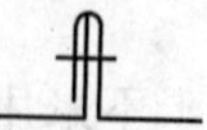	≥0.7	中、低压风管

续表

无法兰连接形式		附件板厚/mm	使用范围
包边立咬口		≥0.7	中、低压风管
薄钢板法兰插条		≥1.0	中、低压风管
薄钢板法兰弹簧夹		≥1.0	中、低压风管
直角形平插条		≥0.7	低压风管
立联合角形插条		≥0.8	低压风管

注：薄钢板法兰风管也可采用铆接法兰条连接的方法。

无法兰连接适用于通风空调中圆形或矩形风管的连接，对于C、S形插条连接的矩形风管其大边不应大于630mm；对于其他连接形式，其风管大边长现行规范无明确规定，可控制在1000mm左右。

采用共板式和插接式薄钢板法兰矩形风管的接口及附件，其尺寸应准确，形状应规则，接口处应严密；薄钢板法兰的折边应平直，弯曲度≯5/1000；弹性插条或弹簧夹应与薄钢板法兰相匹配；角件与风管薄钢板法兰四角接口的固定应稳固、紧贴，端面应平整、相连处不应有缝隙>2mm的连接穿透缝。

采用C、S形插条连接的矩形风管，其插条与风管加工插口的宽度应匹配一致，允许偏差为2mm；连接应平整、严密，插条两端压倒长度≯20mm。

采用立咬口、包边应咬口连接的矩形风管，其立筋的高度应大于或等于同规格风管的角钢法兰宽度。同一规格风管的立咬口、包边立咬口的高度应一致，折角应倾角、直线度允许偏差为5/1000；咬口连接铆钉的间距≯150mm，间隔应均匀；立咬口四角连接处的铆固应紧急、无孔洞。

圆形风管无法兰连接采用芯管连接形式，其要求如表 4-17 所示。

圆形风管的芯管连接 **表 4-17**

风管直径 D(mm)	芯管长度 l(mm)	自攻螺丝或抽芯铆钉数量(个)	外径允许偏差(mm)	
			圆管	芯管
120	120	3×2	−1～0	−3～−4
300	160	4×2		
400	200	4×2	−2～0	−4～−5
700	200	6×2		
900	200	8×2		
1000	200	8×2		

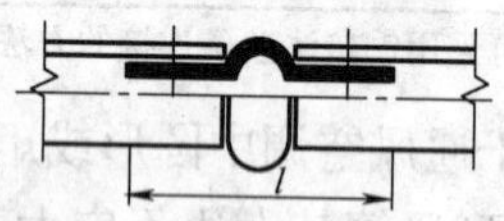

4.5　不锈钢板、铝板等风管的制作

采用不锈钢、铝板等金属材料加工制作风管及部件时，其展开下料、咬口等工序及加工方法，与普通薄钢板基本相同。但对于不锈钢等材料的物理特性，应在加工制作的工艺过程中加以考虑。

4.5.1　不锈钢板风管

不锈钢的品种很多，其牌号及所含的化学元素成分也不同。常用的不锈钢薄板为铬镍钢和铬镍钛钢，如 1 铬 18 镍 9 钛，代号为 1Cr18Ni9Ti，其成分是：碳≤0.12%、硅≤0.8%、锰≤2%、铬 17～19%、镍 8～11%、钛 0.8%，其余主要成分是铁和很少的磷、硫等杂质。这种钢板具有较高的塑性、良好的机械性能及优良的耐腐蚀性能。不锈钢对高温气体及各种酸类有良好的耐腐蚀性能，常用于制作输送腐蚀性气体的通风管道及配件。

不锈钢的耐腐蚀性能，主要是由于铬在钢表面形成一层非常稳定的钝化保护膜，所以在加工过程中，应尽量避免使板材表面产生划痕、刮伤、凹穴和其他缺陷，保护钝化膜不受破坏，使板材保持有清洁、光滑的表面。因此在堆放不锈钢板材时，应竖靠在木支架上，不能把板材平叠，防止取板材时，使底下一张板材上滑动造成划痕。不锈钢板应与碳素钢板分开放置，防止与不锈钢接触而产生晶间腐蚀。运输过程中也应注意防止板材表面受到损伤，必须采取相应措施。

工作场地应铺置木板或橡胶板，工作前必须把工作场地上的铁屑、杂物打扫干净。

在展开放样划线时，不能用锋利的金属划针在板材表面划辅助线和冲眼，以免造成划痕。不锈钢板价格较贵，制作较复杂的管件时，应先下好样板，经复核无误后，再在不锈钢板上划线。

板材经锤击加工，会造成不均匀的变形，还会产生内应力，即锤击愈重，内应力愈大，耐腐蚀的性能愈低。因此，当采用手工咬口时，应使用木方尺或木锤。折单立咬口、卷圆预弯及折边时，应使用铜锤或不锈钢锤，不能用碳素钢锤，避免在材料表面造成伤痕和凹陷。风管不需要加工的表面，应尽量保持平整，不能有锤印。

由于不锈钢的强度较高、弹性又好，所以管壁厚度小于或等于 1mm，可采用咬口连接，而大于 1mm，应采用焊接。焊接应采用电弧焊或氩弧焊，不能采用氧气—乙炔焊焊接。电弧焊或氩弧焊的焊条，应选择与板材相同类型的材质，机械强度不应低于板材的最低值。

制作不锈钢板风管和管件的板材厚度应符合表 4-18 所列的数值。

不锈钢板经冷作加工，其强度增加，而韧性减低，材料发生硬化。所以在手工拍制咬口时，应注意不要拍反，免得改拍咬口时，板材硬度增加，造成加工困难，甚至产生裂缝。

高、中、低压系统不锈钢板风管板材厚度（mm） 表 4-18

风管直径或长边尺寸 b	不锈钢板厚度
$b \leqslant 500$	0.5
$500 < b \leqslant 1120$	0.75
$1120 < b \leqslant 2000$	1.0
$2000 < b \leqslant 4000$	1.2

采用焊接时，可用非熔化极（钍化钨）电极的氩弧焊。这种焊接方法，加热非常集中，焊缝的热影响区小，风管表面焊缝平整，并能使不锈钢保持较高的机械强度和耐腐蚀性能。氩弧焊不但可焊较厚的板材，也可焊接 0.5mm 厚的薄板。

当板材厚度大于 1.2mm 时，可用普通直流电焊机，使用反极法进行焊接。

不能采用氧气-乙炔焊缝，是由于焊缝的热影响区大，材料受热过久，使不锈钢发生渗碳作用，并剧烈地烧失合金元素，降低不锈钢的耐腐蚀性能。

焊接前，应将焊缝处的油脂、污物清除干净，防止焊缝出现气孔、砂眼。清洗用汽油、丙酮等进行。

焊接后，应注意清除焊缝处的熔渣，并以铜丝刷子刷出金属光泽，再用 10％硝酸溶液酸洗钝化，最后用热水清洗。

不锈钢板材表面也可用喷砂处理。喷砂可消除表面上的划痕、擦伤，使表面产生新的钝化膜，提高不锈钢的耐腐蚀性能。

加工和堆放不锈钢材时，要避免和铁锈接触。对使用的机械设备，应进行清洗，把机械上的铁锈等杂物擦洗干净。当铁锈和氧化物落在不锈钢板表面上，会产生局部腐蚀中心。

机械设备的加工能力，一般都是按加工普通钢板规定的，由于不锈钢的强度要比普通钢板高得多，所以要注意机械设备不能超负荷工作，防止造成机械设备的过度磨损和其他事故。

剪切不锈钢板时，为了使切断的边缘保持光洁，应仔细地调整好上、下刀刃的间隙。刀刃间隙一般为板材厚度的 0.04 倍。

在不锈钢板上钻孔时，应采用高速钢钻头，顶尖角可磨成

118°～122°。钻孔的切削速度不要太快，约为普通钢的一半，最多不要超过 20m/s。切削速度太快，容易使钻头因摩擦过热而烧坏钻头。钻孔前，先用样冲做好定心工作，并在不锈钢板底下垫好硬实的东西。钻孔时，应在对正钻孔后，就加压力，使钻头始终进行切削，不然钻头在板面上摩擦，会使不锈钢硬化而增加切削困难。

不锈钢板风管的法兰用料规格参照表 4-11 和表 4-13 所列的数值。

圆形法兰应尽量采用冷煨，当用热煨时，应使用电炉加热。如用普通焦碳加热时，为防止表面受到碳、硫的扩散，以致渗入板材内部，降低耐腐蚀性能，应避免与焦碳直接接触，可加设碳素钢管做套管。加热温度可在 1100～1200℃之间，煨弯时的温度应在 820～1200℃之间。温度低于 820℃时，再进行煨弯会使材料发生硬化，使法兰表面产生裂缝。

为了防止不锈钢在 450～850℃之间缓慢冷却，产生晶间腐蚀倾向，煨好的法兰应重新加热到 1100～1200℃，在冷水中迅速冷却。但施工现场由于条件限制，不易控制温度。可采用等离子切割器在不锈钢上直接割出圆形法兰，但有较多的下脚料，使工程成本增加。

风管与法兰之间一般采用翻边连接。

4.5.2 铝板风管

铝板的品种很多，有纯铝和铝合金板等。由于铝在空气中与氧接触，表面生成一层氧化铝薄膜，可防止外部的腐蚀。铝有较好的抗化学腐蚀性能，能抵抗硝酸的腐蚀，但容易被盐酸和碱类所腐蚀。由 99％的纯铝制成的铝板，有优良的耐蚀性能，但强度较差。为了增加铝的机械强度，适应不同用途的需要，在铝中加入铜、硅、镁、锰、锌、镍等冶炼成铝合金，铝合金板的耐蚀性能不及纯铝。通风工程常用的是纯铝和经退火处理的铝合金板。

制作铝板风管和管件的板材厚度应符合表 4-19 所列的数值。

中、低压系统铝压风管板材厚度（mm）　　表 4-19

风管直径或长边尺寸 b	铝板厚度
$b \leqslant 320$	1.0
$320 < b \leqslant 630$	1.5
$630 < b \leqslant 2000$	2.0
$2000 < b \leqslant 4000$	按设计

铝板的加工性能较好，管壁厚度小于或等于 1.5mm，可采用咬口连接；大于 1.5mm 可采用氧气-乙炔焊或氩弧焊，焊接时应清除焊口处和焊丝上的氧化皮及污物。焊接后应用热水去除焊缝表面的焊渣、焊药等杂物。应保证焊缝牢固，不得有虚焊、穿孔等缺陷。

铝板风管的法兰用料规格参见表 4-11 和表 4-13 所列的数值。

在制作铝板风管时，要注意保护板材表面的完整，防止产生刻划和磨损等伤痕。制作场地应清理干净，避免铝板与一些重金属（钼、铁等）接触，防止由于电化学作用而产生电化学腐蚀。铝板风管采用角型铝法兰，应进行翻边速接，并用铝铆钉固定。铝板风管如使用普通角钢法兰时，应根据设计要求做防腐绝缘处理。

4.5.3 塑料复合钢板风管

塑料复合钢板由普通薄钢板表面上喷涂了一层塑料，保护钢板防止腐蚀，它具有钢板的机械强度和塑料的耐蚀性能。施工方法和普通薄钢板相同，但应注意不要破坏钢板表面的塑料层，在下料和制作过程中塑料复合钢板不要在地面上来回拖动，以免把塑料层磨损。划线时也不要用锋利的金属划针。

风管的连接缝只能采用咬口和铆接进行板材的连接，不能采用焊接，避免烧毁和损坏塑料层。咬口折边机械不要有尖锐的棱边，以免造成伤痕。对损伤的塑料层处，应涂刷环氧树脂漆保护。

4.5.4 镀锌钢板风管

镀锌钢板风管常用于一般空调系统和空气洁净系统，其制作工艺与薄钢板风管相同，但应注意下列事宜：

1. 镀锌钢板在放样下料前，必须用中性的清洗剂将其表面的油膜、污物清洗干净，再用清水擦净晾干。不应将施工的程序颠倒，否则即浪费工时，又擦洗不干净，影响使用效果。特别是空气洁净系统，必须按正常施工程序施工。

2. 镀锌钢板是由普通钢板表面镀锌而成，在制作风管咬口时应注意镀锌层免受破损，以提高其防腐能力。

3. 如严密性有较高的要求时，可在咬口处补加锡焊。在锡焊时，焊后应用热水把焊缝处的药水冲洗干净，避免焊药继续腐蚀钢板。

4. 对于板厚大于 1.2mm 的镀锌钢板，当咬口折边机械设备满足不了要求时，不能采用焊接，以免破坏镀锌层，一般多采用铆接。

5. 制作加工好的风管、管件，必须妥善保管，不能堆放在室外露天的场所，以免雨淋后受潮而使镀锌层产生“白癣”状的氧化物，而降低防腐能力。

5. 通风、空调系统部件及消声器的加工制作

通风、空调系统的部件包括各类风阀，各类送、回（排）风口、排气罩、风帽及柔性短管等，是系统的重要组成部分。近年来，随着安装技术的发展，已由施工现场制作，进入到集中加工预制，以至工厂商品化生产。为了使系统保证使用效果和外形的美观，大多数的风阀和风口消声器等已商品化，只有个别的风口、阀门由施工单位制作。

5.1 风阀的加工

通风、空调系统中的风阀主要是用来调节风量，平衡各支管或送、回风口的风量及启动风机等；另外还在特别情况下关闭和开启，达到防火、排烟的作用。

常用的风阀有蝶阀、多叶调节阀、插板阀、三通调节阀、光圈式调节阀、防烟防火阀等。

5.1.1 对风阀的要求

1. 手动单叶片或多叶片调节阀的手轮或扳手，应以顺时针方向转动为关闭，其调节范围及开启角度指示与叶片开启角度相一致。用于除尘系统间歇工作点的风阀，关闭时应密封。

2. 电动、气动调节风阀的驱动装置，动作应可靠，在最大工作压力下工作正常。

3. 防火阀和排烟阀（排烟风口）必须符合消防产品标准的规定，并且有相应的产品合格证明文件。

4. 防爆风阀的制作材料必须符合设计规定，不得自行替换。

5. 净化空调系统的风阀，其活动件、固定件以及紧固件均

应采用镀锌或其他防腐处理（如喷塑或烤漆）；阀体与外界相通的缝隙处，应有可靠的密封措施。

5.1.2 蝶阀

蝶阀一般用于分支管或空气分布器（风口）前，作风量调节用。这种风阀是以改变阀板的转角来调节风量。

蝶阀由短管、阀板、调节装置等三部分组成，其外形如图5-1所示。

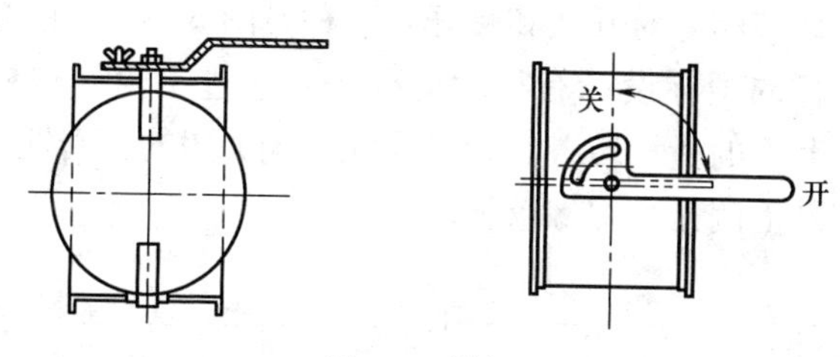

图 5-1 蝶阀

短管用厚度为 1.2～2mm 的钢板制成，长度为 150～200mm。加工时穿轴的孔洞，应在展开时精确划线、钻孔；钻好孔后再卷圆焊接。短管两端为便于与风管连接，应分别设置法兰。

阀板可用厚度为 1.5～2mm 的钢板制成，直径较大时，用扁钢进行加固。阀板的直径应略小于风管直径，但不宜过大，以免关闭后漏风量过大。

两个半轴用 $\phi15$ 圆钢经锻打车削而成，较长的一根端部锉方并套丝扣，两根轴上分别钻两个 $\phi8.5$mm 的孔洞。

手柄可用 3mm 厚的钢板制成，其扇形部分开有 1/4 圆周圆弧形的月牙槽，圆弧中心开有和轴相配的方孔，使手柄可按需要位置开关或调节阀板的位置。手柄通过焊在垫板上的螺丝和翼形螺母，固定开关位置，垫板可焊在阀体上固定。

组成蝶阀时，应先检查零件尺寸，然后把两根半轴穿入短管的轴孔，并放入阀板，用螺栓把阀板固定在两个半轴上，使阀板在短管中绕轴转动，在转动灵活无卡阻情况时，垫好垫圈。在短管外固定住铆好螺丝的垫板和下垫板，再把手柄套入，并以螺帽和翼形螺帽固定。

蝶阀轴应严格放平，阀门在轴上应转动灵活，手柄位置应能正确反映阀门的开关。

5.1.3 多叶调节阀

为保证通风、空调系统的总风量，各支管及送风口风量达到设计给定值，应对系统进行测定和调整，采用多叶调节阀进行调节。多叶调节阀有对开式和顺开式两种。图 5-2 所示的多叶调节阀已比现行的国标设计有很大的改进，通过手轮和蜗杆进行调节，并有开度的指示装置。为了保证风阀关闭的紧密性，在各叶片的一端贴上闭孔海绵橡胶板。

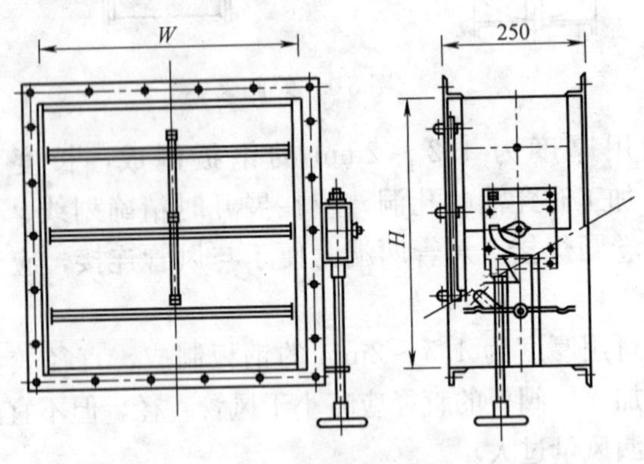

图 5-2 多叶调节阀

多叶调节阀在制作时应符合下列要求：

1. 风阀的结构应牢固，启闭应灵活，法兰应与相应材质的风管相一致。

2. 叶片的搭接应贴合一致，与阀体缝隙应<2mm。

3. 截面积>1.2m^2 的风阀应采用分组调节。

5.1.4 止回阀

止回阀又叫单向阀。在通风、空调系统中，特别是在空气洁净系统中，为防止通风机停止运转后气流倒流，常用止回阀。止回阀在正常条件下通风机开动后，阀板在风压作用下会自动打开；而通风机停止运转后，阀板自动关闭。图 5-3 所示的止回阀，适用于风管内风速小于 8m/s。为使阀板启闭灵活及防火花、防爆，阀板应采用重量轻的铝板。止回阀根据风管形状的不同可分为圆形和矩形；根据止回阀在风管的部位，又可分为垂直式和水平式。在水平式止回阀的弯轴上装有可调整的坠锤，用来调节阀板，使其启闭灵活。止回阀轴必须转动灵活，阀板关闭严密，铰链和转动轴应采用黄铜制作。

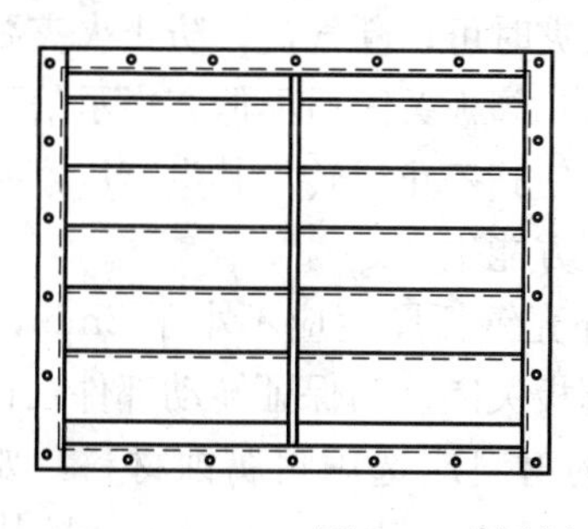
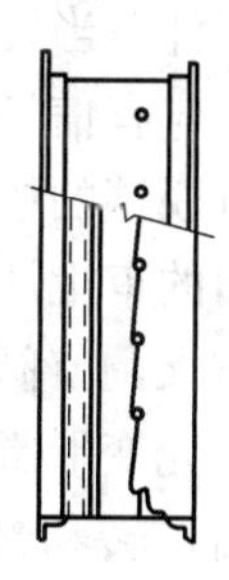

图 5-3　止回阀

止回阀在制作时应符合下列要求：

1. 启闭灵活，关闭应严密。

2. 阀板的转轴、铰链应采用不易锈蚀的材料制作，保证转动灵活、耐用。

3. 阀板的强度应保证在最大负荷下不弯曲变形。

4. 水平安装的止回阀应有可靠的平衡调节机构。

5.1.5　三通调节阀

三通调节阀在通风、空调系统中，用来调节总风管对各支管的风量调节，通过改变三通处阀板的位置来实现。有拉杆式和手柄式两种。在制作时应符合下列要求：

1. 拉杆或手柄的转轴与风管的结合处应严密。

2. 拉杆可在任意位置上固定，手柄开关应标明调节的角度。

3. 阀板应调节方便、灵活，不与风管相碰擦。

5.1.6 插板风阀

插板风阀在通风、除尘系统中，用来调节各支管风量。插板风阀在制作时应符合下列要求。

1. 壳体应严密，内壁应做防腐处理。
2. 插板应平整，启闭灵活，应有可靠的定位固定装置。
3. 斜插板阀的上下接管应成一直线。

5.1.7 防烟防火调节阀

防烟防火调节阀是大型高层建筑和工业厂房空调系统中不可少的重要部件。当发生火灾时可切断气流，防止火灾蔓延。阀板开启与否，应有信号指示；阀板关闭后不但有指示信号，还应打开与通风机联锁的接点，使其停止运转，其生产厂家必须经过公安消防部门的审批认可，方能生产。

防烟防火调节阀的外壳钢板厚度应不小于 2mm，防止在火灾状态时外壳变形影响阀板关闭。为保证转动部件在任何时候都能转动灵活，转动部件的材料应选用耐腐蚀材料，如黄铜、青铜、不锈钢及镀锌钢件等金属材料。防火阀的易熔片是关键部件，严禁用尼龙绳或胶片等代用，必须使用正规产品。如需要对易熔片进行检验，应在水浴内进行，以水温为准，其熔点温度与设计要求的允许偏差为－2℃。易熔片要安装在阀板的迎风侧。阀板关闭应严密，能有效地阻隔气流。

防烟防火调节阀根据其防烟防火的要求和火灾自动控制程度，又分为防烟防火调节阀和防火调节阀两种。

防烟防火调节阀的阀板动作分别接受两个信号进行的。一是空调房间发生火灾后，感烟元件输入至火灾报警控制中心，并将此信号输出至防烟防火调节阀的电磁线圈，而使阀板关闭；另一是空调房间发生火灾后，送风温度升高，而使易熔片熔化，使阀板关闭。阀板关闭后，并输出与风机联锁信号，风机停止运转。防烟防火调节阀有矩形和圆形两种，图 5-4 所示的是矩形防烟防火调节阀。

防烟防火调节阀主要的技术参数：

额定电压、电流：DC24V、0.3A

最低动作电压：DC16V

温度熔断器（易熔片）动作温度：70℃

阀门叶片动作转矩：100～700N·cm

调整风量叶片开启角度：15°～90°

阀门漏风量：标准状况下，阀门两侧压力差为 20Pa 时，漏风量小于 $5m^3/m^2 \cdot min$。

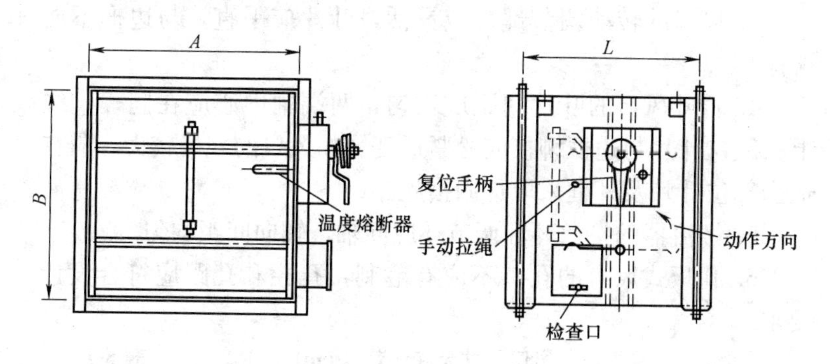

图 5-4　矩形防烟防火调节阀

5.2　风口的加工

风口又叫空气分布器，用来向房间内送入空气或排出空气，在通风管上设置各种型式的送风口、回风口及排风口，并调节送入或排出的空气量。

风口的形式较多，根据使用对象可分为通风系统和空调系统风口。

通风系统常用圆形风管插板式送风口、旋转吹风口、单面或双面送、吸风口、矩形空气分布器、塑料插板式侧面送风口等。

空调系统常用百叶送风口（单、双、三层等）、圆形或方形散流器、送吸式散流器、流线型散流器、送风孔板及网式回风口等。

风口一般明露于室内，其外形加工的如何将影响室内的美观。用于高级民用建筑内的风口，对其外形要求更为严格，必须与室内装饰协调一致。因此对风口制作的要求，除满足技术性能外，关键是外形表面平整，必须采用模具化生产。

5.2.1 对风口加工的要求

1. 钢制风口的焊接可选用氧气-乙炔焊或电弧焊，铝制风口应采用氩弧焊；其焊缝均应在非装饰面处进行。

2. 风口表面平整、无划痕，四角方正，其允许偏差如表 5-1 所列。

3. 风口的转动调节部分应灵活，叶片应平直，与边框不能碰擦。

4. 百叶风口的叶片间距应均匀，两端轴中心应在同一直线上；风口叶片与边框铆接应松紧适度。如风口的规格较大，应在适当部位叶片及外框采取加固措施。

5. 散流器的扩散环和调节环应同轴，轴向间距均匀。

6. 孔板式风口的孔口不应有毛刺，孔径和孔距应符合设计要求。

风口尺寸允许偏差（mm）　　表 5-1

圆形风口			
直径 允许偏差	≤250 0～－2		＞250 0～－3
矩形风口			
边长 允许偏差	＜300 0～－1	300～800 0～－2	＞800 0～－3
对角线长度 对角线长度之差	＜300 ≤1	300～500 ≤2	＞500 ≤3

5.2.2 插板式风口

插板式风口常用于通风系统或要求不高的空调系统的送、回（吸）风口，借助插板改变风口净面积。它由插板 1、导向板 2、挡板 3 组成，如图 5-5 所示。

插板式风口在调节插板时应平滑省力。导向板可用手工剪下料或做简单的模具压成，在风管孔洞上下边上分别各设一根，一端插入风管内，与风管铆接，另一端夹在风管外壁上。铆接时应

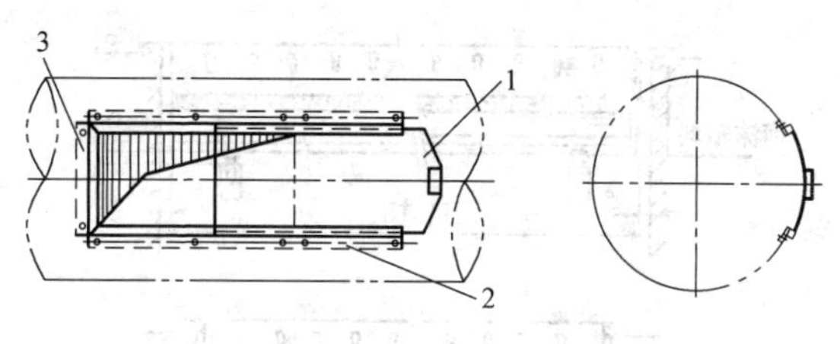

图 5-5　插板式风口

保持导向板平直，上下导向板应平行，保证插板在槽中滑动灵活。

为了防止插板在关闭时用力过大而滑出导向板，在出风口的另一端应设置挡板。

圆形插板式风口，其插板可做成与风管同圆弧的板条形状，尾部剪去两角，并卷有半圆形的拉手。插板的尺寸应和导向板铆接的距离相匹配。

5.2.3　矩形联动可调百片风口

矩形联动可调百叶风口是由单、双层叶片架和对开式风量调节阀组成。叶片架上装有一层或两层叶片，用以调节气流的上下倾角和扩散角，满足气流组织的需要。由于在风口的内部装有对开式风量调节阀，可以在空调房间内调节风口的送风量，改变气流的射程。

风口的叶片根据水平和垂直排列形式，可分为 H、V 形单层百叶风口和 HV、VH 形双层百叶风口。H 表示叶片是水平的，而 V 表示叶片是垂直的。

带有风量调节阀的百叶风口，用 S 符号来表示，如 HS、VS、HVS 及 VHS。

矩形联动百叶风口如图 5-6 所示。制作的材质有铝合金和碳素薄钢板两种。铝合金风口采用挤压铝型材制作，并经阳极化处理，其特点是造型美观、表面光洁、着色清雅；钢制风口经焊接后可进行喷漆或烤漆。

5.2.4　散流器

散流器常用于空调系统和空气洁净系统，它可分为直片型散

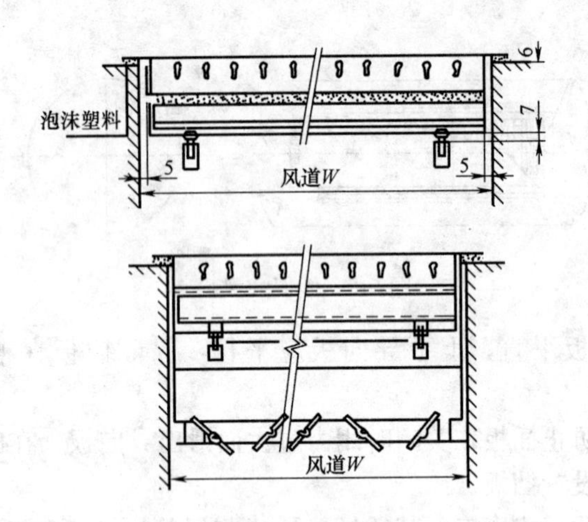

图 5-6 矩形联动可调百叶风口

流器和流线型散流器。

直片型散流器有圆形和方形的，内部装有调节环和扩散圈。调节环与扩散圈处于水平位置时，可产生垂直向下的气流流型，用于空气洁净系统。如调节环插入扩散圈内 10mm 左右时，使出口处的射流轴线与顶棚间的夹角 $\alpha<50°$，可形成贴附气流，用于空调系统。制作散流器时，圆形散流器应使调节环和扩散圈同轴，每层扩散圈的周边间距一致，圆弧均匀；方形散流器的边线平直，四角方正。直片型散流器的构造如图 5-7 所示。

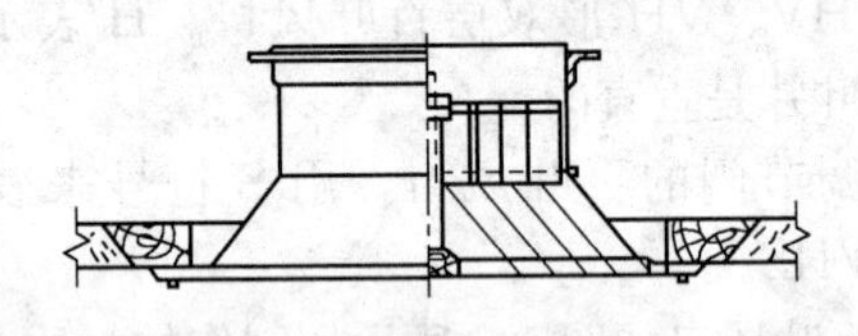

图 5-7 直片散流器的构造

直片型散流器生产技术发展较快，已由单一的气流方向发展到多方向，现以 FSJ 型方、矩形散流器为例作简要介绍。

这种散流器是安装在平顶上作为气流平送风口，贴附气流由 1～4 个不同方向送出 10 多种结构形式，如图 5-8 所示。各种结构形式，其外框通用，内扩散圈可互换。根据风量调整的需要可分为带阀和不带阀两种。带阀散流器调节风阀的开启度，可拆卸散流器扩散圈，用螺丝刀调节。散流器扩散圈的拆卸方法：从外框内侧将活动挂架拉开取出。带阀的散流器的接口处不做法兰，散流器可直接与风阀阀体铆接。散流器的材质为铝合金型材，制成后可进行阳极氧化处理，并根据要求进行着色。带阀和不带阀的散流器的构造如图 5-9 所示。

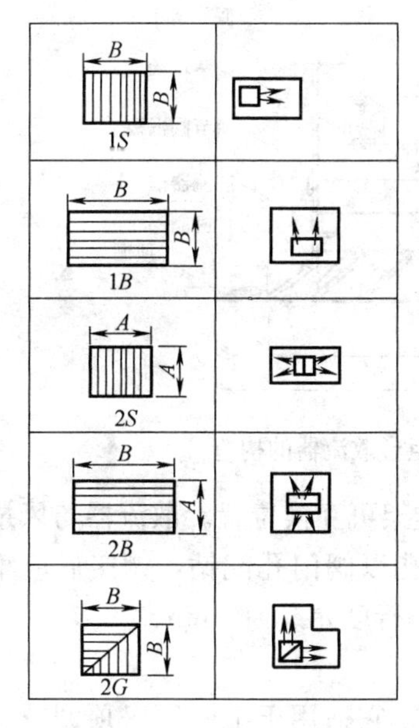

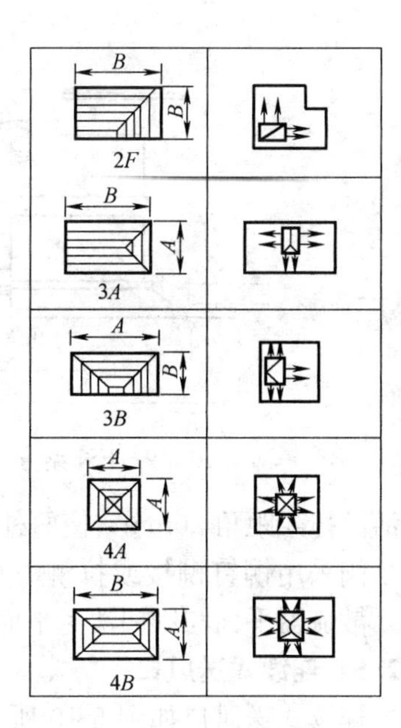

图 5-8　散流器的结构形式

在制作散流器时，其表面应平整，边线平直，四角方整，接缝规矩，两对角线之差不应大于 3mm；扩散圈的叶片挺直，间距一致、平行、对称，边缘光滑；叶片与骨架铆接后，叶片再互铆，并铆接的牢固，不得有划痕、撞伤。铝合金外框及叶片，进行阳极氧化处理和抛光着色，处理后不允许有斑痕存在。法兰盘与外框铆接时，外框与法兰盘孔配钻，以保证铆接的牢固。活动挂架与固定挂架，分别铆接在外框的四角，固定挂架紧靠角上，

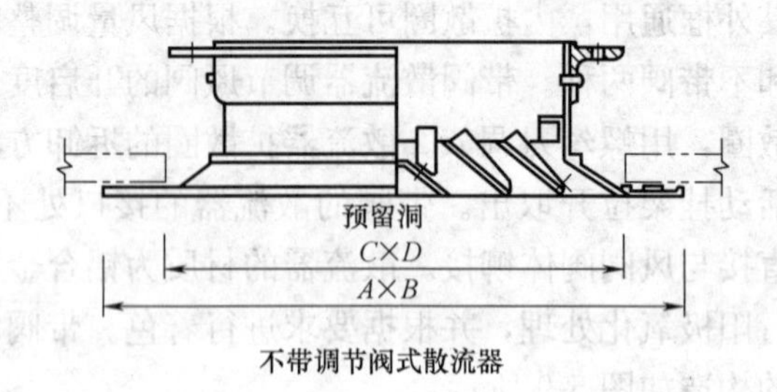

不带调节阀式散流器

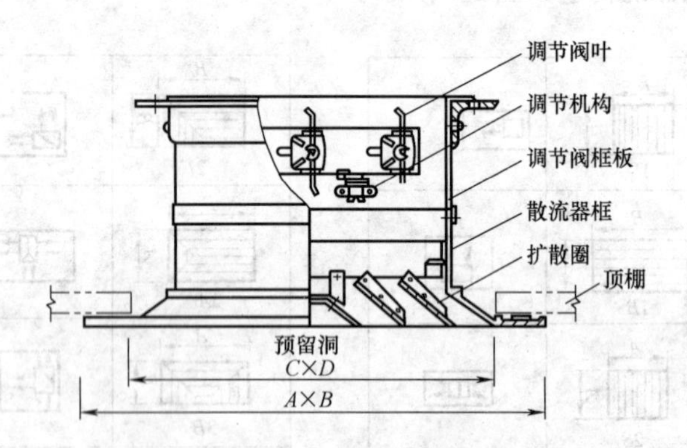

图 5-9 FSJ 型方、矩形散流器的构造

而活动挂架距角 20mm，使两种挂架可互换位置。散流器与风量调节阀采用铆钉铆接或拉铆，其孔以阀门孔配钻，铆接后应牢固，散流器平面与阀门法兰平面平行度允差为 1mm。

5.2.5 连续式送风口

连续式送风口如图 5-10 所示。它适用于工业厂房顶棚下送风，对于纺织厂或大面积厂房可采用多个风口连续安装或数排并列安装。气流经网板和调节风量的篦孔从三个方向射出，其气流均匀，而且衰减的较快，射程约为 0.5～1.5m。

风口用薄钢板制作，表面可进行烤漆处理。风口壳体六个平面可采用按扣式咬口连接，喉管与壳体可采用铆钉连接。固定孔板，滑动孔板冲孔应表面平整，不得有毛刺和歪斜现象，其间距应按规定的开孔面积均匀分布。固定孔板与滑动孔板，在全开位置上调节必须灵活，壳体送风口与固定孔板、孔板均采用铆接，

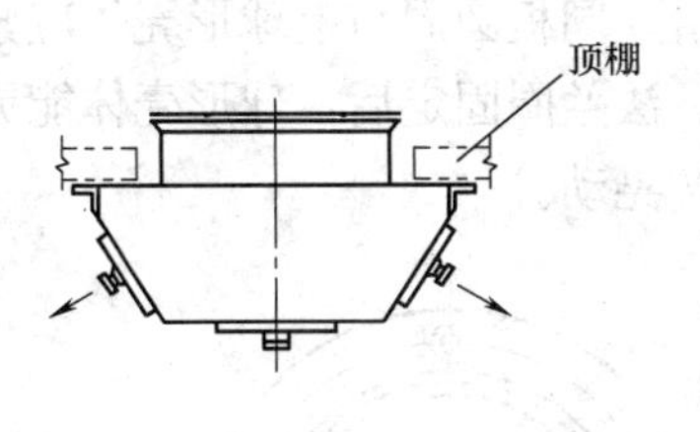

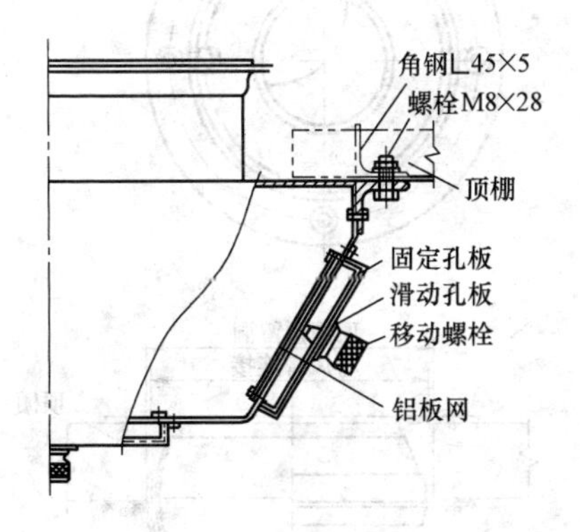

图 5-10　连续式送风口

铆钉孔位置与孔板配钻。

5.2.6　球形旋转送风口

球形旋转送风口是如图 5-11 所示。常用于热车间或热环境条件的工作岗位局部吹风风口，并适用于对噪声控制不太严格的场所。这种风口可单独安装在风管末端做局部吹风，或密集的设置在静压箱下面作下送风用。

风口用铝合金或钢质材料制成。风口与静压箱连接时，根据实际情况可采用自攻螺丝、拉铆钉或螺栓等；风口与顶棚连接时，可采用膨胀螺栓或木螺钉。

球形旋转送风口的吹出气流的方向，可以用转动的球体来调节。而球形旋转送风口的风量，可通过旋轮上的启闭阀板进行调节。

球形壳体的焊缝应牢固，不得有漏焊、虚焊，穿孔等缺陷。壳体外表面应平整、光滑，并进行镀铬处理。球体与上球形壳体的环焊缝应打磨光滑，阀板圆周与上球形壳体应紧贴。旋转阀板转动时应松紧适宜。法兰圈固定后，球形壳体能灵活转动无阻滞现象，但也不能空阔晃动。

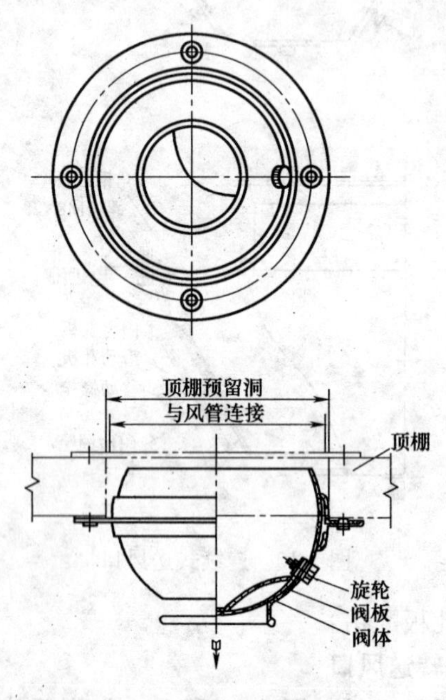

图 5-11　球形旋转送风口

5.2.7　高效过滤器送风口

高效过滤器送风口是用于 8 级、7 级和 6 级等各种非单向流洁净室的终端送风装置。它是由高效过滤器箱壳、静压箱及扩散孔板组合而成。高效过滤器和扩散孔板为下装式的，在洁净室内可更换高效过滤器。送风管可在静压箱的顶部或侧面连接。安装时用四根吊杆吊在顶部，可在楼板上或轻钢吊顶等处安装。

高效过滤器送风口用铝或铝合金板制作。在制作时必须保证与高效过滤器接触的平面光滑、平整，焊缝不得突出表面，否则将影响其密封性。扩散孔板的孔径和分布尺寸，严格遵守设计要求，孔洞无毛刺。高效过滤器送风口如图 5-12 所示。

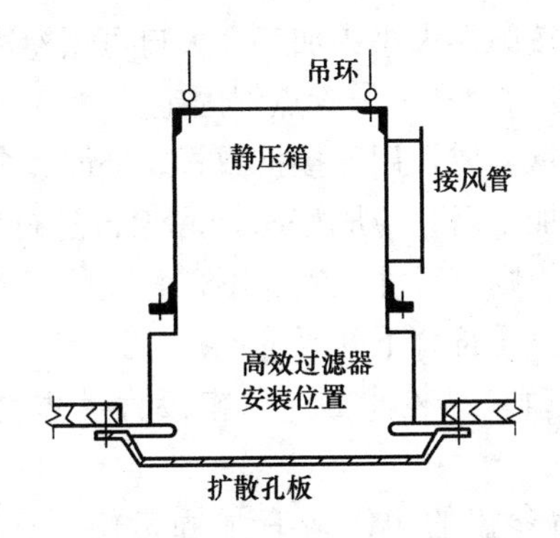

图 5-12　高效过滤器送风口

5.3　风帽的加工

在排风系统中，一般使用伞形风帽、锥形风帽和筒形风帽向室外排出污浊空气。伞形风帽适用于一般机械排风系统，锥形风帽适用于除尘系统，筒形风帽适用于自然排风系统。

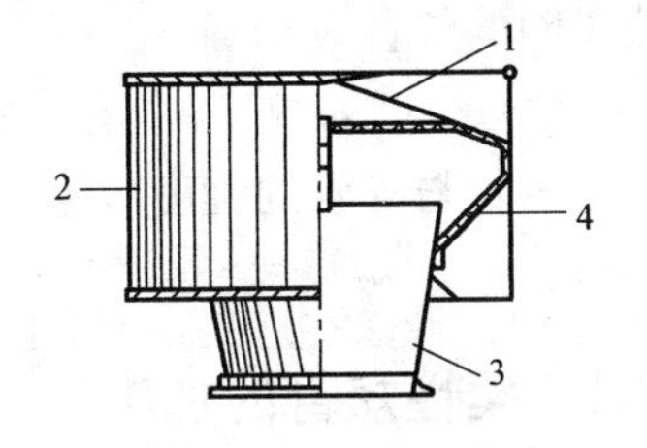

图 5-13　筒形风帽

筒形风帽的加工　筒形风帽如图 5-13 所示。它比伞形风帽多了一个外圆筒，当在室外风力作用下，风帽短管处形成空气稀薄现象，即造成了一个负压区，促使空气从竖管排至大气，室外风力越大，效率就越高。

筒形风帽主要由伞形罩 1、外筒 2、扩散管 3 和支撑 4 等部分组成。

伞形罩可按圆锥形展开咬口制成。圆筒为一圆形短管，风帽的规格较小时，帽的两端可翻边卷铁丝加固；风帽的规格较大时，可用扁钢或角钢做箍进行加固。

扩散管可按圆形大小头加工，一端用翻边卷铁丝加固，一端铆上法兰，以便与风管连接。

挡风圈也可按圆形大小头加工，大口可用卷边加固，小口用手锤錾出 5mm 的直边和扩散管点焊固定。

支撑是用扁钢制成，用连接扩散管、外筒和伞形帽。

风帽各部件加工后，应刷好防锈底漆再进行装配；装配时，必须使风帽形状规则、尺寸准确、不歪斜，所有的部件应牢固。

风帽在制作时应符合下列要求：

1. 尺寸应正确，结构牢固，风帽接管尺寸允许偏差和风管的要求一致。

2. 伞形风帽伞盖的边缘应有加固措施，支撑高度尺寸应一致。

3. 锥形风帽内外锥体的中心应同心，锥体组合的连接缝应顺水，下部排水应畅通。

4. 筒形风帽的形状应规则，外筒体的上下沿口应加固，其不圆度不应大于直径的 2%；伞盖边缘与外筒体的距离应一致，挡风圈的位置应正确。

5. 三叉形风帽三个支管的夹角应一致，与主管的连接应严密；主管与支管的锥度应为 3°～4°。

5.4 柔性短管的加工

为了防止风机的振动通过风管传到室内引起噪声，一般常在通风机的入口和出口处，装设柔性短管。在空气洁净系统中，高效过滤器送风口与支管连接，也常用柔性短管在其中间过渡。柔性短管的长度一般为 150～200mm。

一般通风、空调系统的柔性短管用帆布制作，空气洁净系统用挂胶帆布制作，输送腐蚀性气体的通风系统宜用耐酸橡胶板或 0.8～1mm 厚的聚氯乙烯布制作。

1. 帆布（或挂胶帆布）柔性短管的制作：帆布柔性短管如图 5-14 所示。制作时，先把帆布按管径展开，并留出 20～25mm 的搭接量，用针线把帆布缝成短管，或用缝纫机缝合。然后再用1mm厚的条形镀锌钢板或刷过防锈漆的普通薄钢板连同帆布短管铆接在角钢法兰上。连接应紧密，铆钉距离一般为60～80mm，不应过大。铆完帆布短管后，再把伸出管端的铁皮进行翻边，并向法兰平面敲平。

也可把展开好的帆布两端，分别和60～70mm宽的镀锌钢板条咬上，然后再卷圆或折方将铁板闭合缝咬上，帆布缝好，最后用两端的钢板与法兰铆接，如图5-14（*b*）所示。

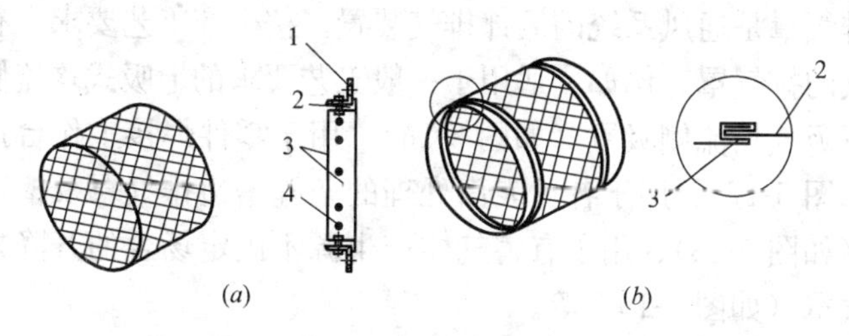

图5-14　帆布柔性短管

1—法兰盘；2—帆布短管；3—镀锌铁皮；4—铆钉

2. 塑料布柔性短管的制作　用塑料布制作柔性短管时，先把塑料布按管径展开，并留出10～15mm搭接量和法兰留量，法兰留量应按角钢规格留出。焊接时，先把焊缝按线对好，用端部打薄的电烙铁插到上下两块塑料布的叠缝中加热，到出现微量的塑料浆时，用压辊把塑料布压紧，使其粘合在一起，其方法如图5-15所示。电烙铁沿焊缝慢慢移动，压辊也跟在烙铁后面压合被加热的塑料布。一边焊完后，为牢固起见，应把塑料布翻身，再焊另一边的搭接缝。

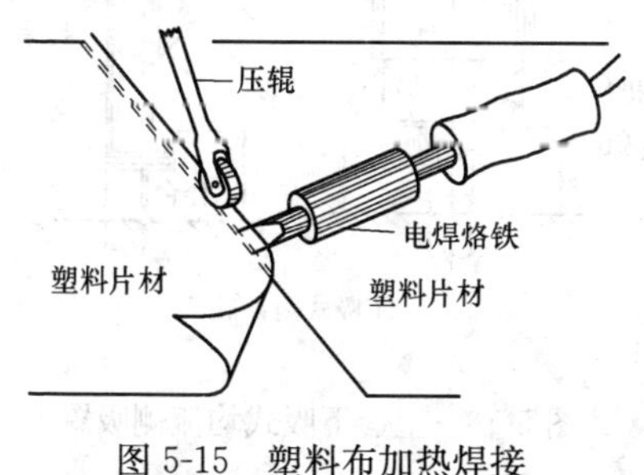

图5-15　塑料布加热焊接

焊接时，电烙铁的温度应保持在210～230℃之间，避免过热烧焦塑料布，可用调压变压器来控制温度。

对矩形的柔性短管，搭接缝可放在中间，对其四边的缺角，应用小块料补上。

5.5 排气罩的加工

排气罩是通风系统的局部排气装置。按生产工艺要求，有各种形式的排气罩。例如：适用于一般工艺要求的上吸式均流侧吸罩和下吸式均流侧吸罩（如图5-16）、用于零件焊接工作台排气罩（如图5-17）、用于各种表面处理的条缝槽边排气罩及槽边侧吸罩（如图5-18）、用于有害气体产生源不固定场合的升降式回转排气罩（如图5-19）等。

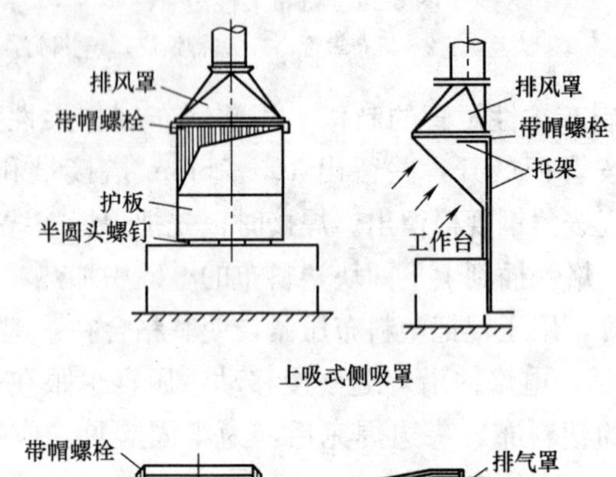

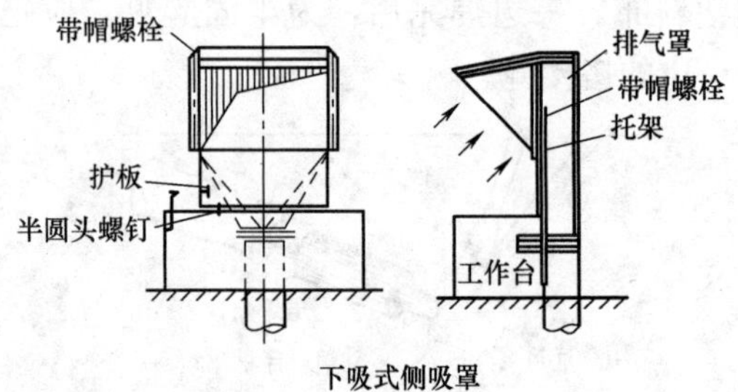

图5-16 上、下吸式均流侧吸罩

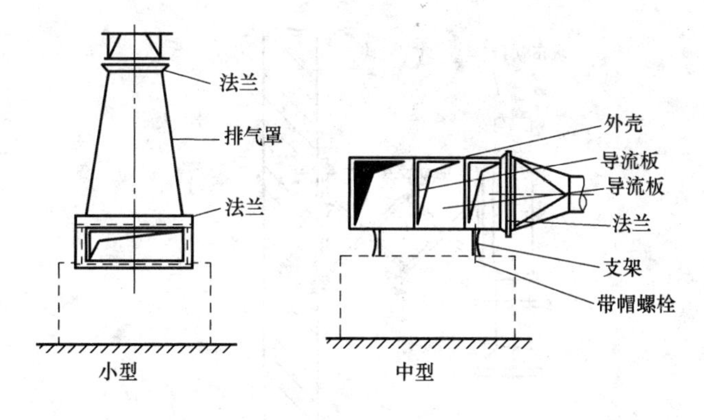

图 5-17　零件焊接工作台排气罩

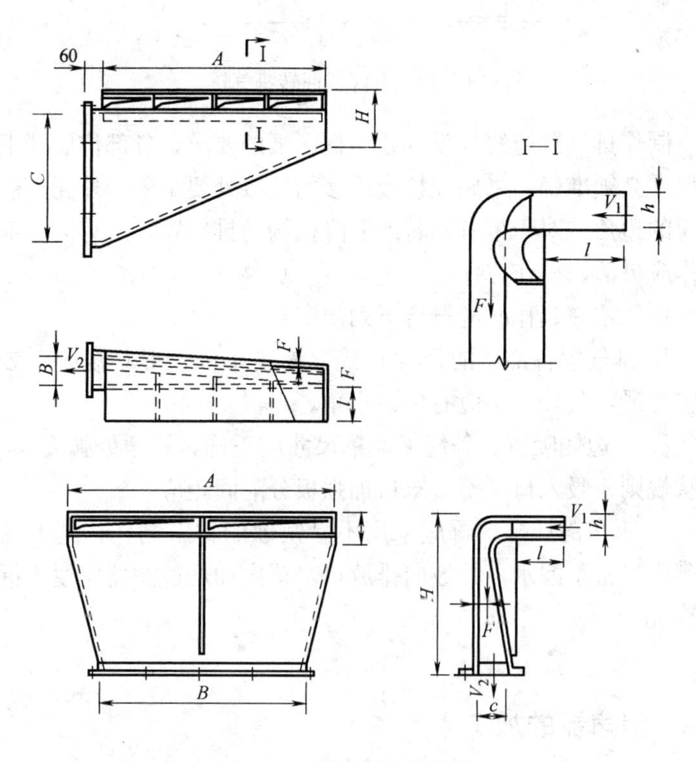

图 5-18　条缝槽边侧吸罩

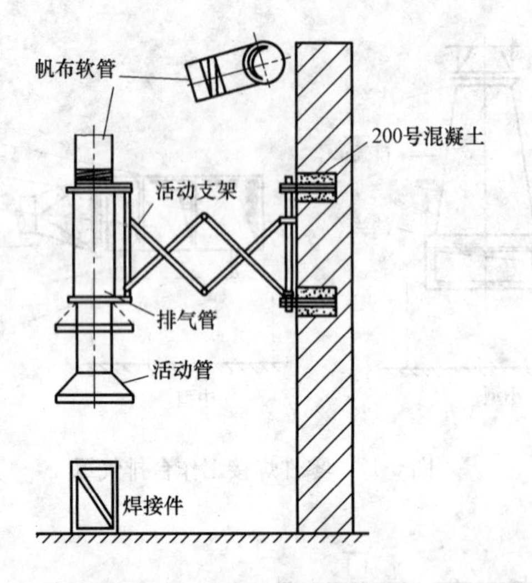

图 5-19　升降式回转排气罩

制作排气罩应符合设计或国标图纸的要求，各部位展开下料的尺寸必须准确，采用咬接或焊接的连接处要牢固，外壳不能有尖锐的边角。对于带有回转或升降机构的排气罩，所有活动部件动作应灵活、操作方便。

排气罩在制作时应符合下列规定：

1. 排气罩各部位的尺寸正确、连接牢固、形状规则、表面平整光滑，其外壳不应有尖锐边角。

2. 槽边侧吸罩、条缝抽风罩尺寸应正确，转角处弧度均匀、形状规则，吸入口平整，罩口加强板分隔间距应一致。

3. 厨房锅灶排烟罩应采用不易锈蚀的材料制作，其下部集水槽应严密不漏水，并坡向排放口，罩内油烟过滤器应便于拆卸和清洗。

5.6　消声器的加工

消声器一般是用吸声材料按不同的消声原理设计而成的消声

装置。在通风、空调系统中一般安装在风机出口水平总风管上，用来降低风机产生的空气动力性噪声，阻止或降低噪声传播到空调房间内。在空调系统中也有的将消声器安装在各个送风口前的弯头内，这种消声装置常称为消声弯头。空气洁净系统一般不设置消声器，避免由吸声材料内的灰尘污染洁净系统，尽量采取其他综合措施，来满足空气洁净系统的要求。如必须使用消声器时，应选用不易产尘和积尘的结构及吸声材料，如穿孔板消声器等。

5.6.1 消声器的种类

消声器的种类和构造形式较多，按消声器的原理可分为四种基本类型，即阻式、抗式、共振式及宽频带复合消声器等。

阻式消声器是用多孔松散材料消耗声能以降低噪声。这类消声器有片式、管式、蜂窝式、折板式、迷宫式及声流式，其构造形式如图 5-20 所示。它对中高频噪声有良好的消声作用。

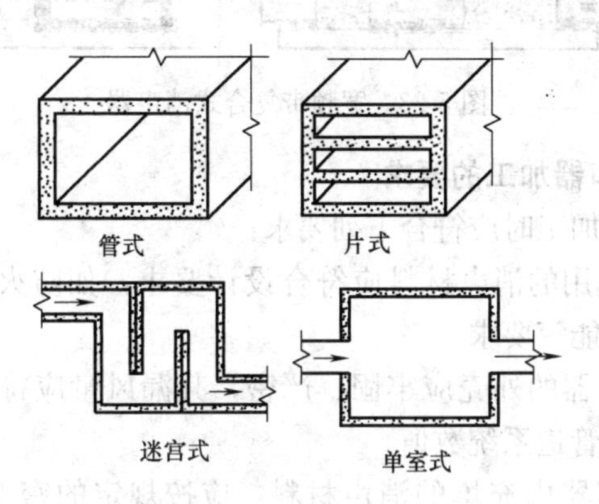

图 5-20 阻式消声器

抗式消声器又叫膨胀式消声器，是利用管道内截面突变，使沿管道传播的声波向声源方向反射回去，而起到消声作用。它对低频噪声有较好的消声效果。这类消声器有单节、多节和外接式、内插式等，如图 5-21 所示。

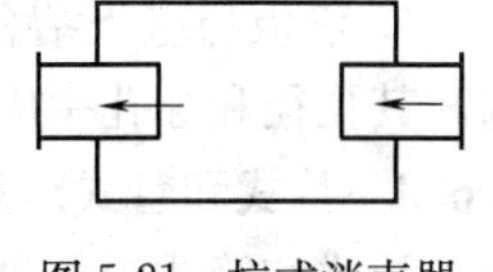

图 5-21 抗式消声器

共振性消声器是利用穿孔板小孔的空气柱和空腔（即共振腔）内的空气，构成一个弹性系统，其固有频率为 f。当外界噪声频率和弹性系统的固有频率相同时，将引起小孔处空气柱的强烈共振，空气柱小孔壁发生剧烈摩擦而消耗声能。它可用于消除噪声的低频部分。共振性消声器如图 5-22 所示。

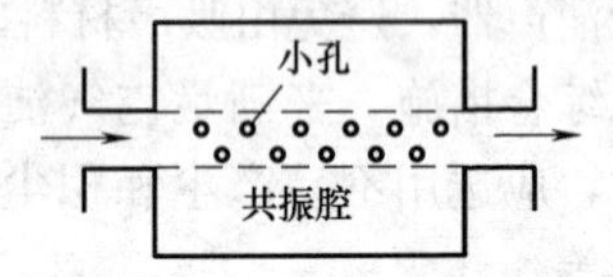

图 5-22　共振性消声器

宽频带复合式消声器吸收了阻式、抗式及共振性消声器的优点，从低频到高频都具有良好的消声效果。它是利用管道截面突变的抗性消声原理和腔面构成共振吸声，并利用多孔吸声材料的阻性消声原理，消除高频和大部分中频的噪声。宽频带复合式消声器如图 5-23 所示。

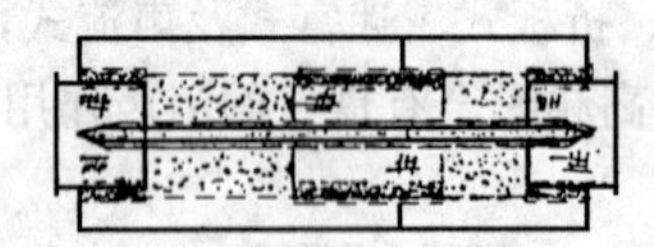
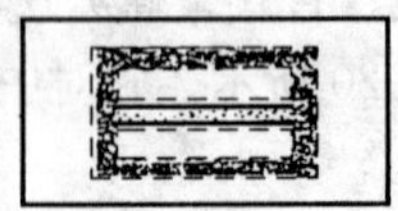

图 5-23　宽频带复合式消声器

5.6.2　消声器加工的要求

消声器加工时应符合下列要求：

1. 所选用的消声材料应符合设计要求，如防火、防腐、防潮及卫生性能等要求。

2. 消声器的外壳应牢固、严密，其漏风量应符合所安装在相应压力的管道系统数值。

3. 消声器内充填的消声材料，应按规定的密度均匀铺设，并应有防止下沉的措施。消声材料的覆面层不能破损，搭接应顺气流，且应拉紧，界面无毛边。

4. 隔板与壁板结合处应紧贴、严密；穿孔板应平整、无毛刺，其孔径和穿孔率应符合设计要求。

5.6.3　片式和管式消声器

片式和管式消声器的构造示意图如图 5-24 所示。在制作过

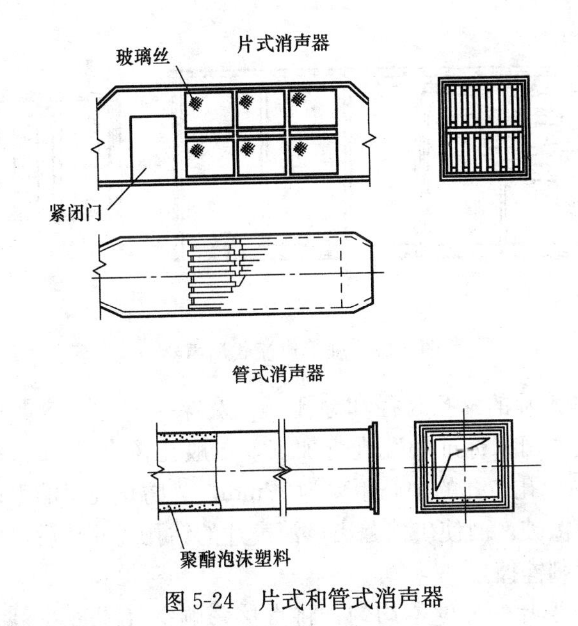

图 5-24　片式和管式消声器

程中应注意以下几点：

1. 为了防止消声片填充的消声材料不均匀，影响消声效果，在填充填料时应根据国家标准图的要求，称重后均匀填充。填料的密度：熟玻璃丝、矿棉为 $170kg/m^3$，卡普隆纤维为 $38kg/m^3$。

2. 消声片的填料复面层的玻璃丝布必须拉紧后在钉距加密的条件下装订。并按 100mm×100mm 的间距用尼龙线，分别将两个面层拉紧，并保持消声片原厚度不变。否则将会在运输或安装过程中填料在重度的影响下，造成立式消声片的填料下坠，而使上部厚度减薄，下部厚度增加；水平消声片的填料下坠，使通风的截面积减小，系统阻力增大。

3. 管式消声器的消声孔在冲压过程中应注意孔分布要均匀，开孔的孔径和开孔面积必须符合"国家标准图"的要求。

5.6.4　弧形声流式消声器

弧形声流式消声器的构造示意图如图 5-25 所示，在制作过程中应注意以下几点：

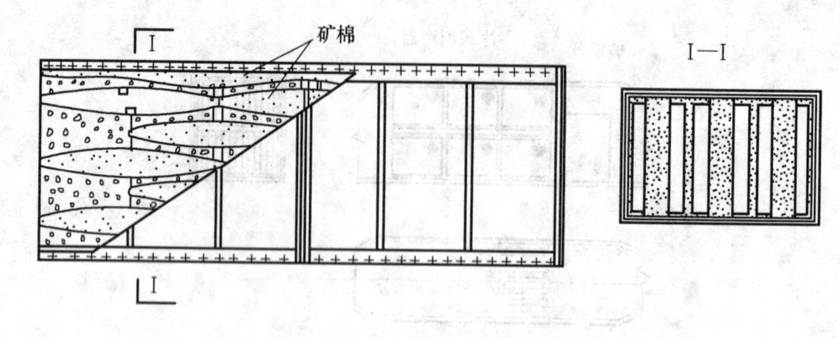

图 5-25　弧形声流式消声器

1. 消声片的穿孔孔径和穿孔面积及穿孔的分布应严格按设计图纸或“国家标准图”进行加工，一般孔径为 9mm、穿孔面积为 22%、孔与孔的中心距离为 12mm。为防止孔口的毛刺将玻璃纤维布擦破，而使矿棉漏出，消声片的钻孔或冲孔后，应将孔口上的毛刺锉掉。

2. 弧形片的弧度不均匀，将直接影响空气通过的阻力，为保持弧形片的弧度均匀，各号弧形片应分别采用模具方法制作。

3. 消声片填料填充的均匀性和密实性是直接影响消声性能的主要因素。为达到填料填充均匀，密实性达到设计要求，应根据体积按密度计算，称量后进行填充。

4. 弧形声流式消声器是由三种消声片组成，各片之间距是靠片与片的固定拉杆进行调整。为保证各片距相等，保证固定拉杆的调节量，必须按要求的片距认真调整。

5.6.5　阻抗复合式消声器

阻抗复合式消声器的阻抗消声是靠阻性吸声片和抗式消声的内管截面突变、内外管之间膨胀室的作用所构成，它对低频及部分中频噪声有较好的消声作用。国家标准图中列有 10 种规格，其中 1～4 号消声器有三个膨胀室，5～10 号消声器有两个膨胀室，其膨胀比（M）即为消声器外形断面积与气流通道有效面积的比值。膨胀比越大，则低频消声性能越好，但消声器的体积较大，应合理的选择。一般消声器的膨胀比为 3～4 左右。阻抗复合式消声器的构造如图 5-26 所示。图中所示的是 4 号消声器，其阻式吸声片有两条，其他型号则根据消声器的断面尺寸而增减。阻抗复合式消声器的选用如表 5-2 所示。

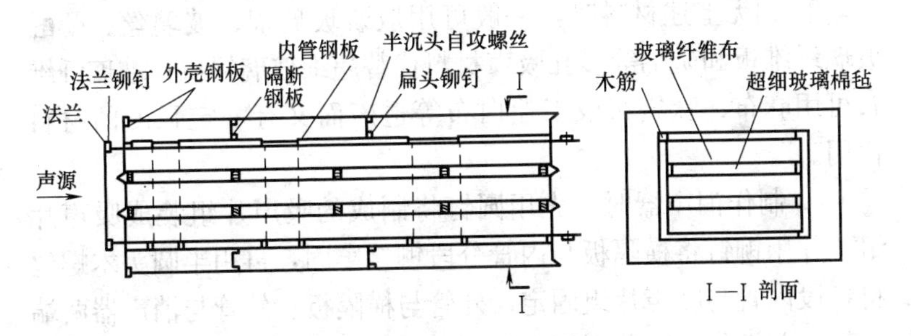

图 5-26　阻抗复合式消声器

阻抗复合式消声器选用表　　　　**表 5-2**

消声器型号	长度(mm)	外形尺寸(mm)	外形断面(m^2)	法兰尺寸(mm)	有效截面(m^2)	膨胀比(M)	有效截频(Hz)	适用风量(m^3/h)		
								风速(6m/s)	风速(8m/s)	风速(10m/s)
1	1600	800×500	0.40	520×230	0.093	4.26	596	2000	2660	3330
2	1600	800×600	0.48	510×370	0.139	3.91	507	3000	4000	5000
3	1000	1000×600	0.60	700×370	0.186	3.17	480	4000	5330	6670
4	1600	1000×800	0.80	770×400	0.231	3.46	420	5000	6660	8320
5	900	1200×800	0.96	700×550	0.278	3.43	380	6000	8000	10000
6	900	1200×1000	1.20	780×630	0.372	3.20	339	800	10660	13340
7	900	1500×1000	1.50	1000×630	0.463	3.29	430	10000	13320	16640
8	900	1500×1400	2.10	1000×970	0.695	3.07	513	15000	20000	25000
9	900	1800×1400	2.52	1330×970	0.928	2.73	470	20000	26700	33400
10	900	2000×1800	3.60	1500×1310	1.390	2.59	393	30000	40000	50000

制作时应注意的事项：

1. 各膨胀室的缝隙要严密，膨胀室的内管和外壳间的隔断钢板要铆接牢固，以保证消声的效果。

2. 阻性吸声片是用木筋、密度为 18kg/m^3 的超细玻璃棉毡和无碱玻璃纤维布做成。制作时先用木筋制成木框，内填超细玻璃棉毡，在外包玻璃布。玻璃棉毡必须铺得薄厚均匀，玻璃布平整牢固，装钉吸声片时凡与气流接触部分均用漆泡钉，其余利用鞋钉装钉。

3. 如无上述材料时，一般可用散装玻璃棉、玻璃丝、酚醛玻璃纤维板和矿棉等多孔吸声材料代替超细玻璃棉毡；玻璃纤维布可用麻布、麻袋布或工业白布等透声而又有一定强度的材料代用。

4. 制作消声器时，先用圆钉将制成的吸声片组装成吸声片组，并用铆钉将横隔板与内管分段铆接牢固，再用半圆头木螺丝将各段内管与吸声片组固定，外管与横隔板、外管与消声器两端盖板、盖板与内管分别用半沉头自攻螺丝固定，最后再安装两端法兰。对于尺寸较大的7～10号消声器，内管各分段及其与隔板的连接均用半圆头带帽螺钉紧固。

5. 采用多节消声器串联时，吸声片两端的三角形导风木条不需要每节都做，只需在串联消声器组的两端吸声片上做三角形导风木条。

5.6.6 微穿孔板消声器

微穿孔板消声器有直管形和弯头形两种。它具有良好的消声性能和较宽的频带，气流阻力小，再生噪声低，采用了较小的穿孔板作为吸声材料，适用于潮湿、高温、高速气流及空气洁净系统中使用。

微穿孔板消声器分单腔和双腔两种。双腔微穿孔板消声器的消声性能更好一些。消声微穿孔板是由镀锌薄钢板或铝合金按规定的孔径和穿孔率冲孔，制成内腔并固定在外管壳钢板上，其外形构造如图5-27所示。

制作时应注意的事项：

1. 消声微穿孔板的穿孔孔径和穿孔率必须符合设计图纸的要求。单腔微穿孔板消声器的穿孔率为2.5%，孔径为0.8mm，板厚为0.8mm的铝合金或0.75mm的镀锌薄钢板。双腔微穿孔板消声器的穿孔率内层为2.5%，外层为1%，孔径均

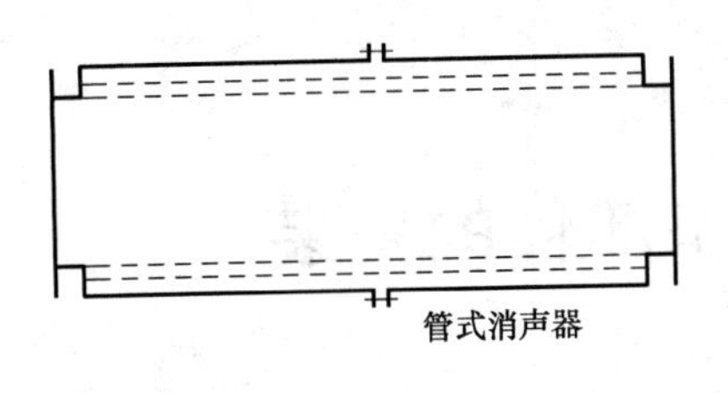

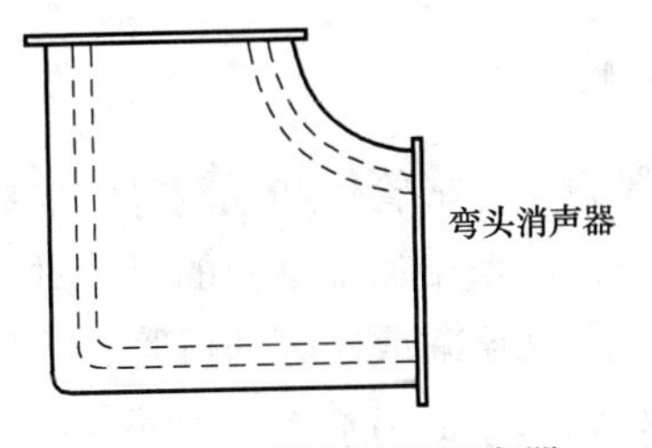

图 5-27　微穿孔板消声器

为 0.8mm。

2. 微穿孔板的穿孔的孔径必须准确，分布要均匀。一般应采用专用的模具冲孔，穿孔板不应有毛刺。

6. 风管和部件的安装

6.1 风管的组配

制作好的直风管、异形管件和风阀等，安装前应按设计图纸要求涂刷防锈底漆，并根据加工草图的尺寸进行组配，并检查规格、数量和质量，发现遗漏或碰坏的风管、管件，应进行补做和整修，按建筑物及通风、空调系统进行编号，防止在运输过程中拉乱，减少安装时的忙乱现象。

6.1.1 法兰与风管的连接

制作好的风管及管件，为了防止在运输过程中碰撞变形，必须先将其与法兰连接好。法兰与风管的连接方式，应根据风管的材质、厚薄等情况，可分别采用翻边、铆接和焊接，如图 6-1 所示。

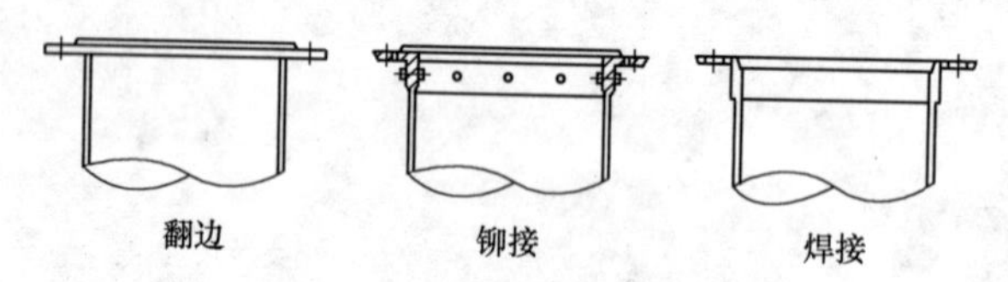

图 6-1 法兰与风管的连接

风管的法兰采用扁钢时，可采用翻边。翻边前，应用直尺检查风管的外径和法兰的内径是否符合各自允许的偏差要求，法兰内径过大，风管与法兰连接后容易漏风；法兰内径过小，在连接过程中，法兰不易套在风管上，如硬将法兰套上，风管的咬口容易张开；一般法兰的内径或内边长应等于或比风管稍大 2～3mm 较为合适，如过大或过小时，应返工或重配合适的法兰。套法兰时，可把法兰斜放，先把风管下半部放入，然后用手把风管上端部压下，并用手锤把法兰敲进风管，套上法兰后，应使管端露出法兰边 10mm 左右，用衬铁顶法兰，在管端排上几点，用手锤翻打出翻边，然后检查法兰平面与风管中心线是否垂直，可用翻边多少进行找正，翻边尺寸一般为 6～9mm。翻边尺寸不能留的过大，以免遮住螺栓孔，妨碍安装时穿螺栓。合格后，就可用手锤把管端翻边部分均匀打平。并将咬口重叠处，在翻边时将突出部位用錾子铲平。

风管采用角钢法兰，管壁厚度小于 1.2mm 时，可用 4～5mm 的铆钉，将法兰固定在管端后，再进行翻边。

铆接矩形风管法兰时，应在平钢板上进行，先把两端法兰套在风管上，并使管端露出法兰 10mm。用角尺的一边靠在矩形风管的纵向折角边上，用小锤轻敲法兰的角钢边，使它靠在角尺的另一边，这时，风管的中心线和法兰平面即保持垂直，如图 6-2 所示。如用手工铆接时，用电钻穿过法兰上的铆钉孔，在风管上先钻出两个铆钉孔，穿上铆钉铆好。铆好后，在已铆上铆钉的法兰上，用直尺量出到另一端法兰边的距离，使两法兰保持平行。同样把另一端的法兰也铆上两个铆钉，然后把风管翻转 180°，用角尺靠在风管的侧面，使法兰与风管纵向折边保持垂直，再在两个法兰上，各铆上两只铆钉。用卷尺量取风管端的对角线是否相等来检查两端法兰是否平行，并用手按法兰的四角检查风管是否翘角。检查合格后，就可将剩下的铆钉孔钻出，并铆好铆钉。铆好后，再用小锤将管端翻边。

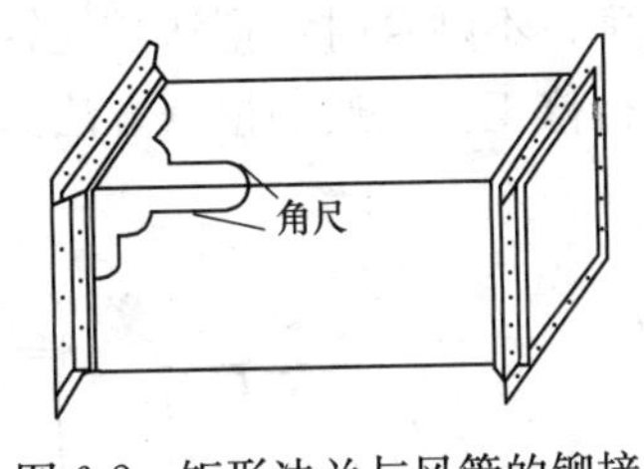

图 6-2　矩形法兰与风管的铆接

当风管采用角钢法兰连接，而且管壁厚度大于 1.2mm 时，可不用翻边，应沿风管的周边把法兰用电焊进行满焊。焊接时，也和铆接一样，先点焊几点，检查合格后，再进行满焊。为了使法兰表面平整，风管的管端应缩进法兰 4～5mm。

6.1.2 弯头和三通的检查

1. 弯头的检查

弯头进行检查时，把弯头立起，放在平钢板上。弯头如有歪斜，可用法兰的翻边量进行纠正，然后用角尺或线锤检查弯头的角度是否正确。检查时，把角尺放在钢板上，一边靠住法兰面，如果法兰面和角尺重合，弯头的角度就为90°；如不重合，可用小锤把法兰轻轻敲打到与角尺边贴合。如不贴合，可根据法兰边进行修正；角度差得小的，可把弯头的翻边翻得宽些来纠正；差得多的，可按法兰边划线，用手剪把板边修掉一些，再重新翻边或铆接。弯头角度的检查方法如图6-3所示。

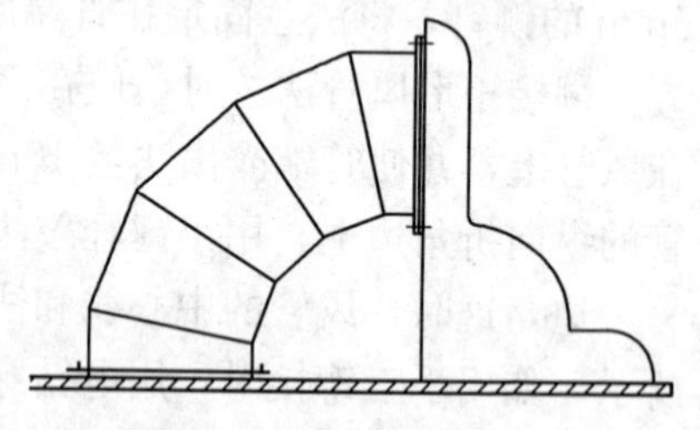

图6-3 弯头角度的检查

2. 三通的检查

三通进行检查时，把三通立起，小口放在平钢板上，观察大口是否平正。如不正，可在大口处用翻边的多少来进行纠正，然后把三通倒转，把三通所带的弯头，用三个螺丝临时固定在三通的支管上，用角尺或线锤检查弯头的角度是否正确。法兰面与角尺边贴合，弯头角度就正确；不贴合时，把法兰轻轻敲到与角尺边贴合，并根据法兰边进行修正。三通的检查方法如图6-4所示。

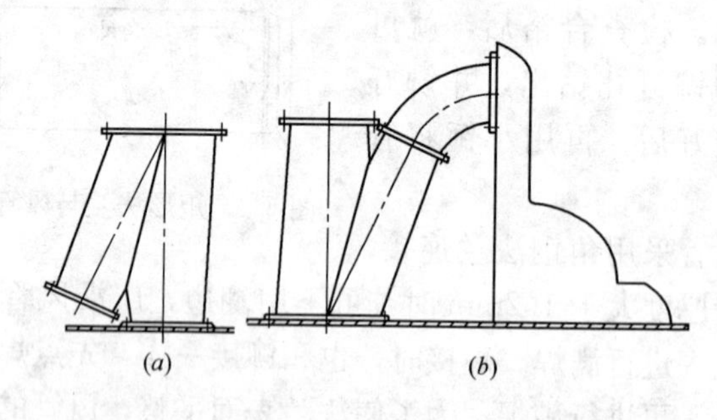

图6-4 三通的检查

6.1.3 直管的组配

对三通、弯头等管件检查达到要求后，按加工草图把某一个系统相邻的三通或弯头，用螺丝临时连接起来，如图 6-5 所示。用卷尺量出两个三通中心之间的实际距离 L_2'，然后按加工草图要求的距离 L_2 减去实际距离 L_2'，就得出两个三通之间需要连接的直管长度 L_2''，用同法可求出 L_1''和 L_3''。

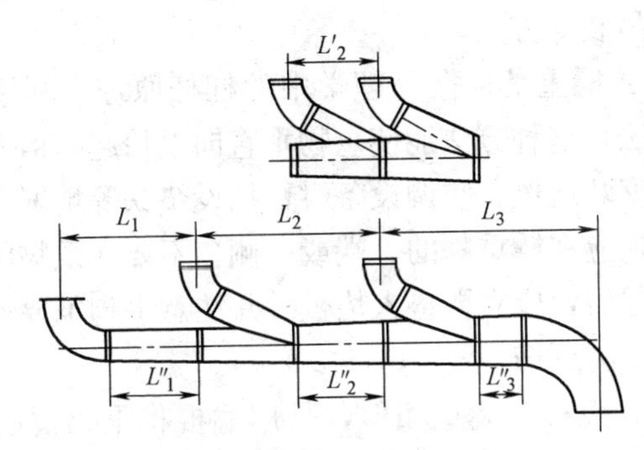

图 6-5 风管的组配示意图

求出直管长度后，应对加工好的直管进行检查，不合适的应加长或剪掉，要保证所需要的长度，然后再把直管的法兰套上，并进行翻边或铆接。三通和三通，三通和弯头之间的直管段，应留出一根直管，其法兰只铆接一端，另一端到施工现场再铆接，只有当尺寸很有把握时，才把两端法兰都铆接。

铆接或焊接的法兰，要把三通和弯头的方向找正后，螺丝孔对正并做好记号后再铆，以免支管歪斜，造成返工。

组配好的风管，应按规范要求铆好加固框或采取其他加固措施，编上标号，并按设计要求装好测量风量、风压及温度的测量孔，避免安装后在高空作业打孔，使风管凹下而不易修整。

对于输送空气湿度较大的风管，风管的纵向接合缝应避免设在风管底部，横向接合缝可用氧气-乙炔焊焊接；采用咬口缝时，应加锡焊补平，防止漏水。

6.2 风管和部件的吊装

6.2.1 起重吊装的基本方法

起重吊装工作，应根据施工现场条件、具体工作内容，因地制宜地选择操作方法。常用的方法可分为撬重、点移、滑动、滚动、抬重、吊装等方法。

1. 撬重：撬重是根据物理学中的杠杆原理，利用撬棍把重物撬起的方法。这种方法能使重物垂直向上抬起，但升高的距离不大。常在安装通风、空调设备时，加设垫铁等情况下使用。

撬重时，应在撬重物的一端或一侧，不要在重物四脚同时起撬。重物撬起后，应立即垫入垫板，并注意手脚不要伸到重物的下面，防止手脚压伤。

2. 点移：点移与撬重相似，是用撬棍将重物撬起后在水平位置上略微移动的方法。这种方法每次移动的距离不大，常用于通风、空调设备的就位和找正。

3. 滑动：滑动是在水平面或斜面上用外力使重物做横向或纵向的平行移动。滑动的摩擦力较大，耗用的能力多，所以一般只用于短距离移动重物。

4. 滚动：滚动是在水平面或斜面上横向或纵向移动重物，在重物下面安放滚杠以减少摩擦的方法。滚动比滑动摩擦阻力小，因而省力，由于滚杠可以调节方向，所以便于控制重物滚动的方向。滚杠一般可用钢管制作。

5. 抬重：抬重是利用人力把较重的重物抬起而移动的方法。常用于安装高差不大，人力能及的通风机、电动机等设备的安装。

抬重时，一般由二人或多人进行，应注意步调一致、同起同落，防止发生事故。

6. 吊重：吊重是在重物上面用起重工具把重物提起升高的方法。因其升高距离大，升降速度快，节省人力，应用较广。

6.2.2 常用的起重工具

常用的起重工具有绳索、滑轮及倒链等，可根据施工现场的具体情况选用。

1. 绳索

绳索用于捆绑重物、传递拉力和吊起重物是不可缺少的。常用的有麻绳和钢丝绳。

麻绳轻而柔软，便于捆绑物件和打绳结，但机械强度较低，易于磨损，适用于起吊较轻的物件，在通风、空调工程安装中应用较广。麻绳的规格和性能如表 6-1 所列。

在使用时，麻绳使用的拉力，必须要考虑足够的安全系数。麻绳的破坏拉力用下式计算：

$$P_{破坏}=K\cdot P$$

式中 P——麻绳的最大允许拉力，N；

$P_{破坏}$——麻绳的破坏拉力，N；

K——安全系数，对于吊装用绳 $K\geqslant6$；用于捆绑时，$K\geqslant12$。

普通三股麻绳的技术参数　　表 6-1

麻绳尺寸(mm)		白麻绳		浸油麻绳	
圆周	直径	每百米重量(kg)	破断拉力(N)	每百米重量(kg)	破断拉力(N)
30	9.6				
35	11.1	8.75	6100	10.3	5750
40	12.7	11.20	7750	13.8	7350
45	14.3	14.60	9450	17.2	8950
50	15.9	17.40	11200	20.5	10650
60	19.1	24.80	15700	29.3	14900
65	20.7	29.30	17550	34.6	16650
70	23.9	39.50	23930	46.6	22260
90	28.7	57.20	34330	67.5	32230
100	31.8	70.00	40130	82.6	37670

在实际工作中，使用的麻绳新旧不一，其强度出入很大，使用时最好按起重量做一次实际试验，试验合格后再用。

在起重吊装过程中，绳索的绑扎和结扣是一项很重要的工序。绳扣要绑扎得结实，防止受力以后出现脱扣现象，吊装后又能很容易地解开绳扣，去掉绳子。图 5-1 所示的是几种常用的结扣和吊扣方法，使用时可按实际需要分别选用。

图 6-6 中 1、2、3 为两个端头相接的绳扣，用以延长麻绳和结成绳套；4 为单套结，用以套挂物件；5 和 6 为单、双背扣，用以绑扎风管吊装时用；7 为倒背扣，用以竖向吊装风管；8 和 9 为绳子与吊钩连接用的吊钩背扣与吊钩扣。

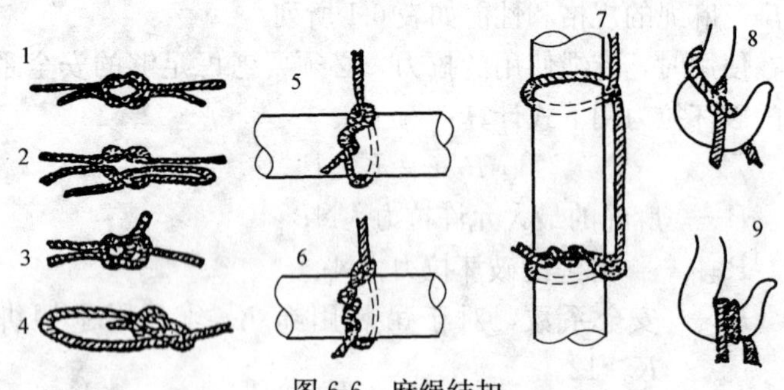

图 6-6　麻绳结扣

1—死结；2—活结；3—水手结；4—单套结；5—单背扣；6—双背扣；7—倒背扣；8—吊钩背扣；9—吊钩扣

钢丝绳是由细钢丝捻绕而成。钢丝绳强度大，工作可靠，一般用于吊装重量较大的大型通风、空调设备。

2. 滑轮

滑轮是为了减少起吊重物所需力量，以及改变施力方向用的一种轻便起重工具，要与绳索配合才能使用。

滑轮主要由滑轮、盖板、滑轮轴、横杆、拉紧螺栓、端圈及吊钩等部件所组成。

现场使用的滑轮如图 6-7 所示，有卸扣式、吊钩式、开口吊钩式三种。可分为定滑轮和动滑轮两种。

（1）定滑轮：定滑轮的特点是当轮子转动时，而轴的位置不变，这种滑轮只能改变力的方向，并不省力，如图 6-8（a）所示。

（2）动滑轮：动滑轮的特点与定滑轮不同，当轮子转动时，

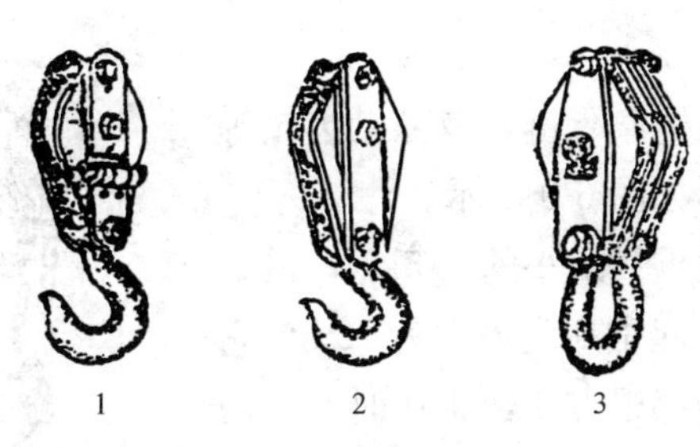

图 6-7　滑轮

1—卸扣式；2—吊钩式；3—开口吊钩式

轴也跟着上升或下降，这种滑轮可节省一半力，如图 6-8（b）所示。

（3）滑轮组：滑轮按滑轮数的多少可分为单滑轮和多滑轮。当起吊重量较大的设备时，为了省力，可把两个具有单滑轮或多滑轮的滑轮，用绳索上、下往复串连而成滑轮组，如图 6-8（c）所示。在图示的滑轮组里，物体的重量由六根绳子承担，所以只要花六分之一的力就能把物体吊起。在实际使用时，因滑轮和绳子间有摩擦力，滑轮和绳子本身也有一定的重量，实际用力要稍大些。

滑轮组在应用时，把上面的定滑轮固定在梁柱及三角架等支持结构上，施力绳可固定在卷扬机等施力机构上或用人力起吊。

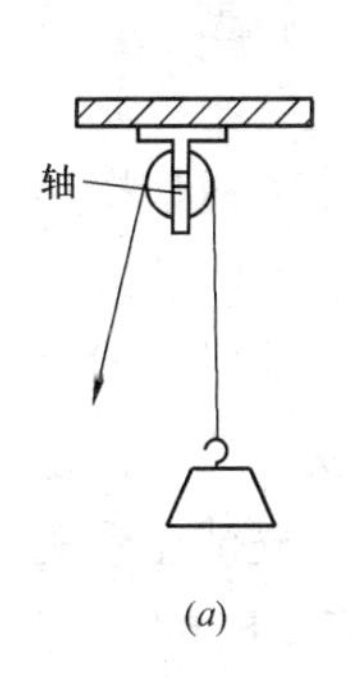

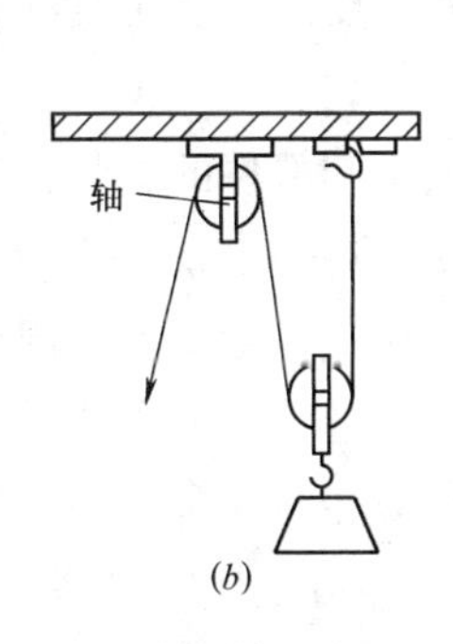

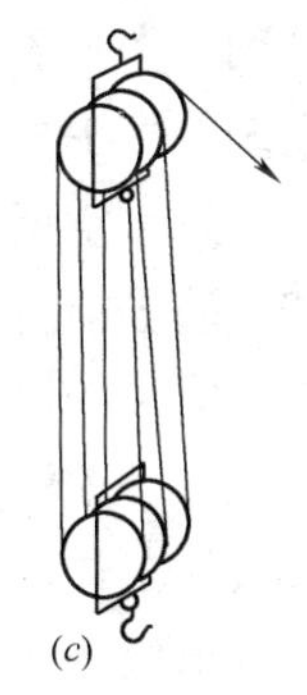

图 6-8　滑轮的应用

3. 倒链

图 6-9　倒链

倒链是由链条、链轮及差动齿轮等组成，其外形如图 6-9 所示。

倒链的起重量最小的为 5kN，最大的为 300kN。起重高度最大为 12m。它的使用和搬动都很方便，工作时一、两个人就可以拉动，常用来起吊通风机等设备。

使用时，起吊重物的重量不能超过它的起重能力，如起重能力不明或起吊重量不详时，如一人能拉动即可使用，不能用两人以上的力量猛拉，以免发生事故。

6.3　风管系统的安装

风管系统安装前，应进一步核实风管及送回（排）风口等部件的轴线和标高是否与设计图纸相符，并检查土建预留的孔洞、预埋件的位置是否符合要求。根据施工方案确定的施工方法组织劳动力进场，并将预制加工的支、吊、托架、风管按安排好的施工顺序运至现场。同时，将施工辅助用料（螺栓、螺母、垫料及胶粘剂、密封胶等）和必要的安装工具准备好，根据工程量大小及系统的多少分段进行安装。

通风、空调系统风管和部件的安装，土建工程应根据风管明装和暗装等情况，必须具备一定条件才能进行。对明装或在技术夹层内安装的风管，应在通风管道安装部位的土建完工或主体工程及地坪、粉刷完工以后进行；如果通风管道安装后，再进行土建及其他工作，可能会损坏通风管道，特别是空气洁净系统，将会使管道内受到污染。对暗装风管的安装，应及时配合土建施工，否则将会损坏土建的装饰吊顶、墙壁。

6.3.1 安装常用的电动工具

建筑安装企业必须不断地提高施工技术和施工机械化水平，降低工人的体力劳动强度，推广使用小型施工安装机具，是实现施工机械化、半机械化，提高施工质量和工效的重要途径。

1. 混凝土打洞工具

(1) 冲击电钻

冲击电钻是一种旋转结合冲击运转具有特殊用途的钻孔工具。可在混凝土、金属等建筑构件上钻孔。

冲击电钻具有可调式结构，当调至无冲击位置时，可做普通电钻使用。冲击电钻的钻孔可与膨胀螺栓配套，用来固定管道支架。目前国内生产的冲击电钻型号有多种，根据钻孔孔径选用。最大钻孔直径为 12～16mm。

(2) 电锤

电锤主要用于砖石、混凝土等硬质建筑结构上开孔打洞后安放锚固螺栓。钻孔直径为 12、16、22、26mm 等。

当使用硬质合金钻头，在砖石、混凝土上打孔时，钻头旋转兼冲击，操作者无需施加压力；当用于开槽、夯实、打毛等工作时，工具与旋转运动脱开，只做冲击运动。

(3) 射钉工具枪

在没有电源、气源的施工场地，利用火药爆炸时产生的高压推进力，将尾部带有螺纹的（或平头等形状的）射钉射入钢板、混凝土等坚实的建筑构件内，作悬挂、固定物体用，以代替打眼，凿洞、预埋螺栓等工作，并具有不损坏构件的优点，减轻工人的劳动强度和提高工程质量。

射钉工具枪由枪支和枪弹两部分组成。它有双保险机构：即按下保险按钮后，前枪口抵紧施工面，并与坐标护罩齐平，才能击发。

坐标护罩能起消声和定位作用，以保护操作者的安全和能准确击中目标。

操作者必须熟知射钉工具枪的性能、用法及安全事项，并应具备拆开、擦拭和重新安装的技能。

2. 剪切电动工具

(1) 风剪

I2 型风剪的性能：压缩空气的压力：0.5MPa。最大剪切厚度：退火低碳钢板，2mm；不锈钢板，1.2mm；铝板，2.5mm。剪切速度（以 1.6mm 低碳钢板计）：2m/min。最小剪切半径：30mm。空载剪切频率：1800 次/min。空载耗气量：0.4m^3/mm。

(2) 电动剪刀及电动曲线锯

目前常用的 J_1Qz-3 型电动曲线锯，能在薄钢板、有色金属板及塑料板等板材上锯出曲率半径较小的几何形状。锯条分粗、中、细三种，根据板材的材质更换锯条。锯切钢板最大厚度为 3mm。

电动剪刀适用于薄钢板、有色金属板及塑料板直线或曲线剪切。目前国内生产的有 J_1J-1.5、J_1J-2、J_1J-3 及 J_1J-4.5 等四种型号，剪切钢板最大厚度为 1.5、2、3 及 4.5mm，最小曲率半径为 30～50mm。

3. 常用的装配电动工具

常用的装配电动工具目前发展的品种较多，有手动拉铆枪、电动拉铆枪、电动自攻螺钉钻、电动扳手、手动扭力扳手、定扭矩定转角电动扳手、电动扭力扳手及电动螺丝刀等。主要在装配工序中用来铆接、拧紧、拆卸自攻螺钉或螺栓螺母等。由于这类的电动工具品种较多，仅介绍下列几种常用的工具。

(1) 电动自攻螺钉钻

电动自攻螺钉钻可作为板材或部件用自攻螺钉拧紧或松开的工具。这种钻在螺钉装夹方面，采用磁定位方式，只要将要拧紧螺钉装入定位孔中，就能进行各种方向的操作，而无需用手稳定，可安全、方便地工作。这种钻还装有正反向换向装置，可方便地进行螺钉的装卸；还装有螺钉旋入深度选择装置，可根据要求进行调整。为了避免电机因过载而产生烧毁的危险，设有过载保护装置，即当超过安全使用的扭矩时，机内离合器会自动脱离，不但保证操作者的安全，而且还能避免电机过载的危险。

（2）电动扳手

国内生产的 PIB 系列单向串激电动扳手的性能如表 6-2 所列。拧紧碳素钢螺纹件标准力矩可参照表 6-3 所列的参数。

电动扳手的技术性能　　表 6-2

参数＼型号	PIB-8 型	PIB-12 型	PIB-16 型	PIB-20 型	PIB-24 型
使用范围	M6～M8	M10～M12	M14～M16	M18～M20	M22～M24
额定/(N·m) 扭矩/(kg·m)	5～6 0.5～1.6	60 6	150 15	220 22	400 40
最大/(N·m) 扭矩/(kg·m)	18～22 1.8～2.2	70～80 7～8	200～250 20～25	300～350 30～35	400～500 40～50

拧紧碳素钢螺纹件标准力矩（钢 40）　　表 6-3

螺纹尺寸/mm	M8	M10	M12	M14	M16	M18	M20	M22	M24
标准拧紧力矩/(N·m)	10	30	35	53	85	120	190	230	270
标准拧紧力矩/(kg·m)	1.0	3.0	3.5	5.3	8.5	12	19	23	27

6.3.2　支架敷设

1. 支、吊架安装要求

支（吊）架安装是风管系统安装的第一道工序。支（吊）架的形式应根据风管安装的部位、风管截面的大小及工程的具体情况选择，应符合设计图纸或国家标准图的要求。风管的支（吊）架的间距如设计无明确要求时，对于不保温风管应符合下列要求：

（1）水平安装的风管直径或长边≤400mm，其间距≯4m；风管直径或长边≥400mm，其间距≯3m。螺旋风管由于刚度较好，支、吊架可分别加长至 5m 和 3.75m；薄钢板法兰连接的风管，由于刚度较差，其支、吊架间距不应>3m。

（2）垂直安装的风管支架的间距不应大于4m。单根直管至少应设两个固定点。

（3）风管的支、吊架应按国标图集与规范选用强度和刚度相适应的形式和规格。对于直径或边长＞2500mm的超宽、超重等特殊风管的支、吊架应按设计规定。

（4）对于相同管径的支、吊、托架应等距离排列，但不能将支、吊、托架设置在风口、风阀、检视门及测定孔等部位，否则将影响系统的使用效果，应适当错开一定的距离为≤200mm。矩形保温风管不能直接与支、吊、托架接触，应垫上坚固的隔热材料，其厚度与风管保温层相同，防止产生“冷桥”，造成冷（热）量的损失。

（5）当水平悬吊的立、干风管长度＞20m时，应设置防止摆动的固定点，每个系统不应少于1个。

（6）吊架的螺孔应采用机械加工。吊杆应平直、螺纹完整、光洁。安装后各副支、吊架的受力应均匀，无明显变形。对于可调隔振支、吊架的拉伸或压缩量应按设计要求进行调整。

（7）抱箍支架、其折角应平直，抱箍应紧贴开箍紧风管。安装在支架上的圆形风管应设托座和抱箍，其圆弧应均匀，并与风管的外径一致。

（8）对于保温风管，由于选用的保温材料不同，其风管的单位长度重量也不同，风管支（吊）架的间距应符合设计要求。

（9）风管的安装标高，对于矩形风管是从管底算起；而圆形风管是从风管中心计算，在安装支（吊）架时应引起注意。圆形风管的管径由大变小时，为保持风管中心线的水平，托架的标高应按变径的尺寸相应地提高。输送空气湿度较大的风管，为排除管内凝结水，风管安装时应保持设计要求的0.01～0.015的坡度，托架标高也应按风管的要求坡度安装。

2. 常规的支架安装

（1）托架的安装

通风管道沿墙壁或柱子敷设时，经常采用托架来支承风管。

组配检查合格的风管安装是否平直，主要取决于托架安装得是否正确。

在砖墙上敷设托架时，应先按风管安装部位的轴线和标高，检查预留的孔洞。托架的外形如图6-10所示。

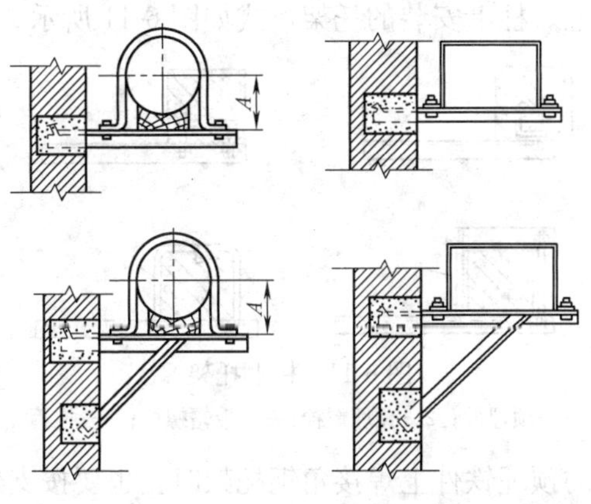

图6-10　墙上托架

托架安装时，可根据已定的标高，在墙上量出托架角钢面离地的距离，对于矩形风管就是管底标高，对于圆形风管应按风管中心标高减去风管的半径和木垫或扁钢垫的厚度，如图6-10中所示的距离A。按角钢面离地的距离，用水平尺在墙洞边上划一条水平线，检查预留孔是否合适。如不合适或遗漏时，可用手锤、錾子或电锤打出大小约80mm×80mm的方洞，打的洞应内外大小一致，并应比支架埋进墙的深度稍深20～30(mm)。洞打好后，用水把墙洞浇湿，并冲击砖屑，以利水泥砂浆和墙洞结合牢固，然后在墙洞内先填塞一部分砂浆，放上托架，托架上的抱箍可先取下，并根据埋进墙洞的距离，在角钢上做好记号划上线，然后按记号和角钢面的水平线埋设支架。埋设时，可把水平尺放在角钢面上，检查托架是否水平，并由另一人在远处用眼检查托架是否放正，如果水平尺上的水泡在中间，托架已经放正，就可以把托架用水泥砂浆填实。在托架找平和填塞水泥砂浆时，可适当地填塞一些浸过水的石块、碎砖，便于托架固定。填塞水泥砂浆时，应稍低于墙面，以便土建修饰墙面时，能把墙面补平。

在柱上敷设时，可把托架焊在预埋铁件上或紧固到预埋的螺栓上。如没有预埋铁件和螺栓，可用圆钢和角钢做成抱箍，把托架夹在柱子上。柱上安装的托架形式如图 6-11 所示。

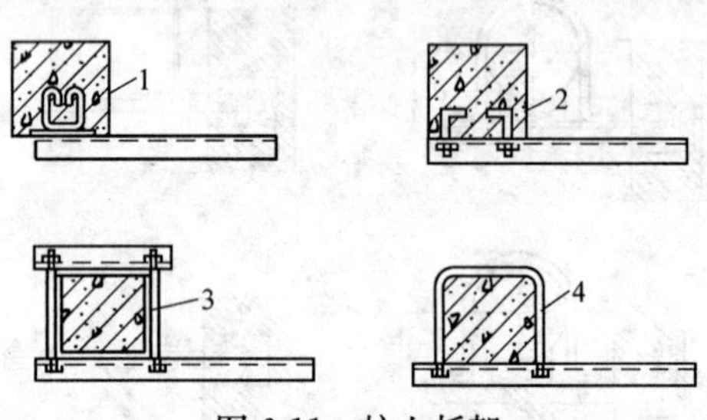

图 6-11　柱上托架

1—预埋件；2—预埋螺栓；3—带帽螺栓；4—抱箍

在柱子的预埋铁件上焊接角钢托架时，也要按支架角钢面离地面的距离在柱子划出水平线，按托架伸出柱子的距离，在角钢上划好线，然后放上角钢托架用电焊点焊住。点焊后，先检查是否跑线，并用水平尺再检查一次托架是否水平，如没有跑线，支架呈水平状态，即可将支架焊牢。

当风管系统较长，需要安装一排托架时，应把两端托架先安装好，以两端的托架作为基准。然后在两端两个托架的角钢面上拉一根铅丝，中间的托架就按铅丝来找标高，以求风管安装时保持水平。铅丝应拉紧。当风管太长时，可多装几个托架做基准面，以免铅丝下垂，造成太大的误差。

（2）吊架的安装

当风管敷设在楼板或桁架下面离墙较远时，一般采用吊架来安装风管。

矩形风管的吊架，由吊杆和横担组成。圆形风管的吊架，由吊杆和抱箍组成，其吊架形式如图 6-12 所示。

圆形风管的抱箍可按风管直径用扁钢制作。为了便于安装，抱箍可做成两半的。吊杆较长时，用单吊杆不太稳定，为避免风

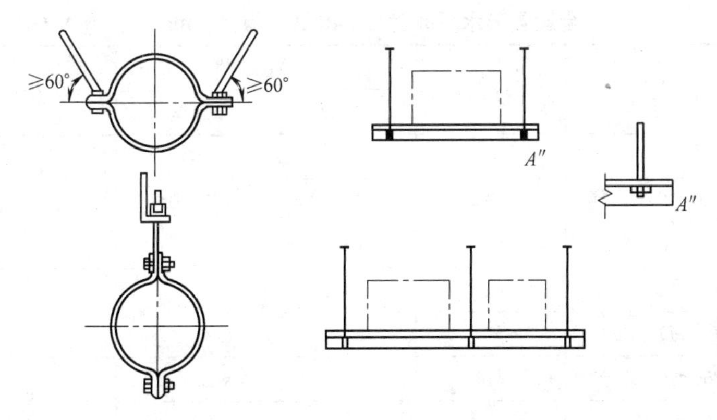

图 6-12　吊架

管摇晃，应该每隔两个单吊杆，其中间安装一个双吊杆。矩形风管的横担一般用角钢制成，风管较重时也可用槽钢。横担上穿吊杆的螺孔距离，应比风管稍宽 40～50mm，一般都使用双吊杆固定。为便于调节风管的标高，吊杆可以分节，并在端部套有长 50～60mm 的丝扣，便于调节。

吊杆应根据施工现场的具体情况，在不损坏原结构受力分布，可用电焊或螺栓固定在楼板、钢筋混凝土梁或钢梁上，其固定形式如图 6-13 所示。

矩形和圆形风管在最大允许安装距离下，吊架的最小规格应符合表 6-4 和表 6-5 的要求。

金属矩形水平风管吊架的最小规格（mm）　　表 6-4

风管边长 b	吊杆直径	横担规格	
		角钢	槽铜
$b \leqslant 400$	Φ8	∟25×3	⊏40×20×1.5
$400 < b \leqslant 1250$	Φ8	∟30×3	⊏40×40×2.0
$1250 < b \leqslant 2000$	Φ10	∟40×4	⊏40×40×2.5 ⊏60×40×2.0
$2000 < b \leqslant 2500$	Φ10	∟50×5	
$b > 2500$	按设计确定		

金属圆形水平风管吊架的最小规格（mm）　　表 6-5

风管直径 D	吊杆直径	抱箍规格		角钢横担
		钢丝	扁钢	
$D\leqslant250$	$\phi8$	$\phi2.8$	$*25\times0.75$	—
$250<D\leqslant450$	$\phi8$	$*\phi2.8$ 或 $\phi5$		
$450<D\leqslant630$	$\phi8$	$*\phi3.6$		
$630<D\leqslant900$	$\phi8$	$*\phi3.6$	$*25\times1.0$	—
$900<D\leqslant1250$	$\phi10$	—		
$1250<D\leqslant1600$	$\phi10$	—	$*25\times1.5$	∟40×4
$1600<D\leqslant2000$	$\phi10$	—	$*25\times2.0$	

注：1. 吊杆直径中“*”表示两根圆钢。
2. 钢丝抱箍中的“*”表示两根钢丝合用。
3. 扁钢中的“*”表示上、下两个半圆弧。

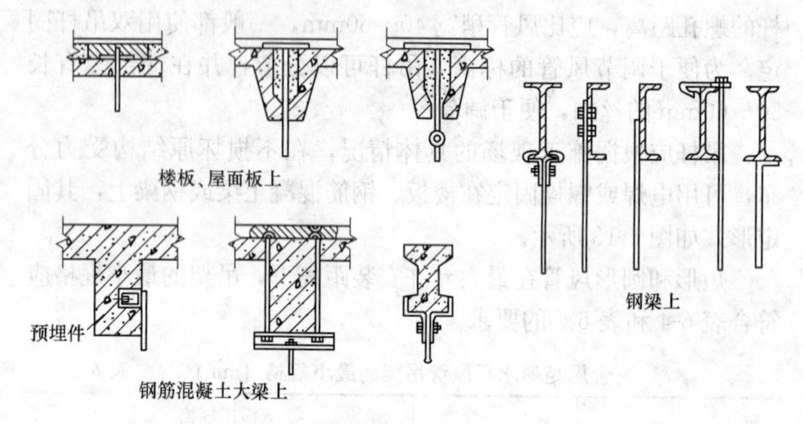

图 6-13　吊架的固定

安装吊架时，可按风管的中心线找出吊杆的敷设位置，单吊杆就在风管的中心线上，双吊杆可按横担的螺孔间距或风管中心线对称安装。在楼板上固定吊杆时，应尽量放在预制楼板的板缝中，如位置不合适时，可用手锤和尖錾或电锤打洞。当孔洞快要打穿时，用力不要过大，以免使楼板下部被打掉一大片，影响土建质量。

垂直风管可用立管卡子和吊架进行固定，其固定形式如图6-14所示。

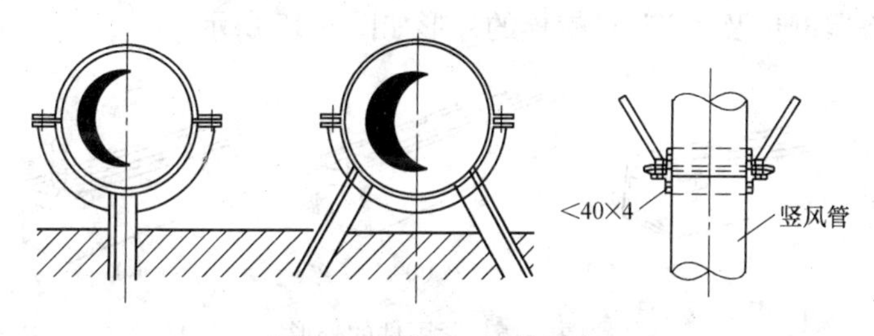

图6-14　垂直立管的固定

安装立管卡子时，应先在卡子半圆弧的中点划好线，然后按风管位置和埋进墙的深度，先把最上面的一个卡子固定好，再用线锤在中点处吊线，下面卡子可按线进行固定，保证安装的风管比较垂直。

3. 新型组合支架

风管的支架是根据现场具体情况和风管的重量，传统的做法是用圆钢、扁钢、角钢制作，在某些情况下也有的用槽钢。这些支架显得笨重，浪费大量的钢材，而且缺乏组装的灵活性。

为了适应建筑安装技术发展的需要，国内有的施工单位、设计部门，以施工验收规范为依据，总结多年的施工技术特点和吸收国外成熟经验，研制出异型钢薄壁组合式通用构架金具系列产品。它是由多种异型钢附件及百余种连接元件组成一种多用途的金属构架组合系统，可根据施工现场的需要，组成各种形式的吊架、支架及托架。这种新型支架，已做到标准化、系列化、通用化商品生产，不需要在施工现场焊接、钻孔、除锈、刷油等复杂的加工工序和烦琐的操作，使工程安装速度加快，更有效地提高了工程质量和装配化施工水平和经济效益。

（1）支架组合的节点结构形式

支架组合的节点连结结构方式，有三种形式，即带弹簧或不带弹簧的螺母垫或“T”形螺栓组成。它可在任何位置放入异型槽钢的导槽中，用螺母和螺栓将部件可靠地固定在所需要的位置上，所有安装部件都可调整、拆卸并能重复使用。带弹簧、不带弹簧螺母垫及“T”形螺栓的外形如图 6-15 所示。

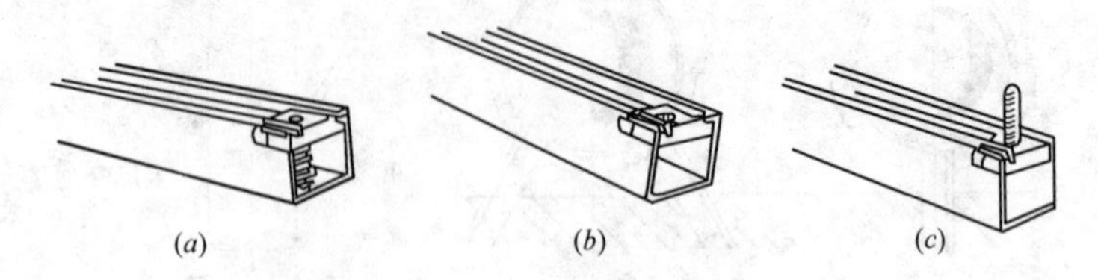

图 6-15　紧固件的外形

(a) 带弹簧螺母垫；(b) 不带弹簧螺母垫；(c) 大 T 形螺栓

弹簧螺母垫的安装方法如图 6-16 所示。图中（左）是沿异型钢开口任何位置均可放入弹簧螺母垫；图中（中）是压入螺母垫并顺时针旋转至螺母与槽翻边相咬合，图中（右）是将安装部件用扳手上紧即可。

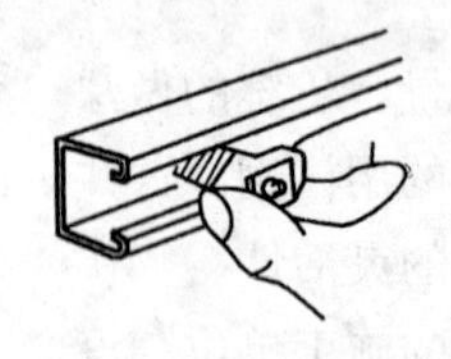

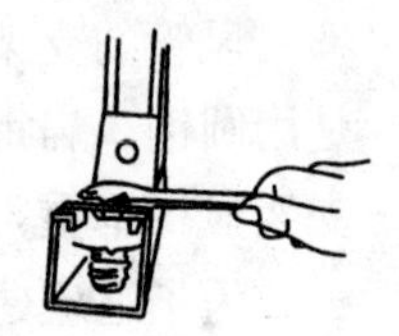

图 6-16　弹簧螺母垫的安装方法

（2）预埋件与紧固件

1）可调型混凝土预埋件：由于施工现场条件难予固定不变，往往会出现预埋件预留位置的准确性，不能满足安装的需要，图 6-17 所示的可调型混凝土预埋件可在预埋件长度的范围内任意调整，可提高工程安装效率和工程质量。这种预埋件适用于钢模

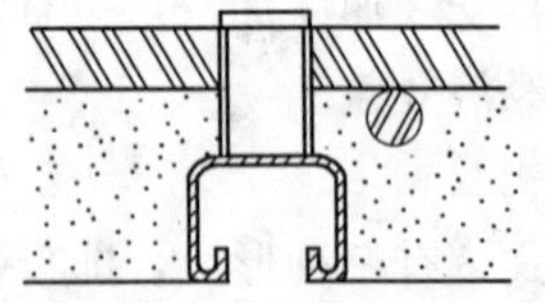
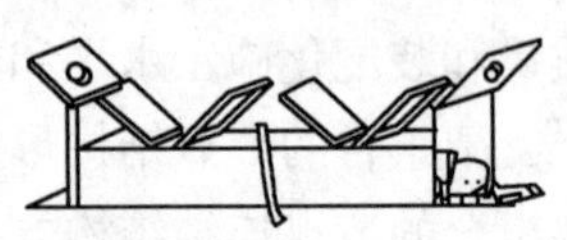

图 6-17　可调型预埋件

板和木模板，其长度为100～2000mm多种规格。

2）单点预埋件：单点预埋件可根据建筑物结构来选择。

对于钢结构建筑的顶板，可采用图6-18（*a*）所示的单点预埋件；对于钢结构建筑的钢顶板，可采用图6-18（*b*）所示的单点预埋件；对于混凝土结构为木模板，可采用图6-18（*c*）所示的单点预埋件，自身带有螺丝孔，使用时可直接将预埋件固定在木模板上。

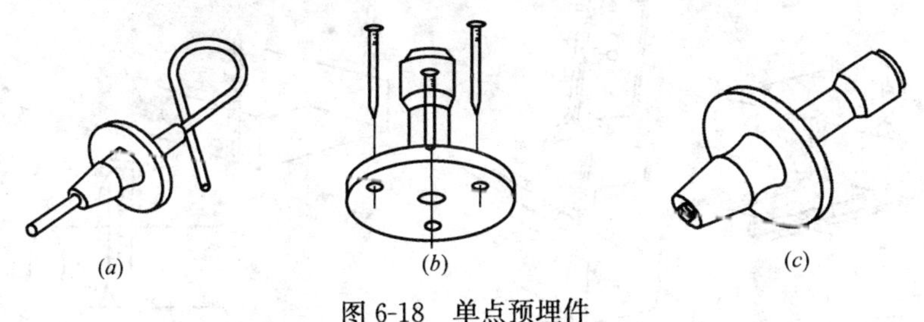

图6-18　单点预埋件

3）支、托、吊架生根固定及连接：支、托、吊架和混凝土、钢结构、预埋件等部位生根连接必须牢固可靠，应根据施工现场的具体情况选择适当的连接方法。图6-19所示的常见生根连接方法的示意图。图中（*a*）为与混凝土采用螺栓直接连接固定；

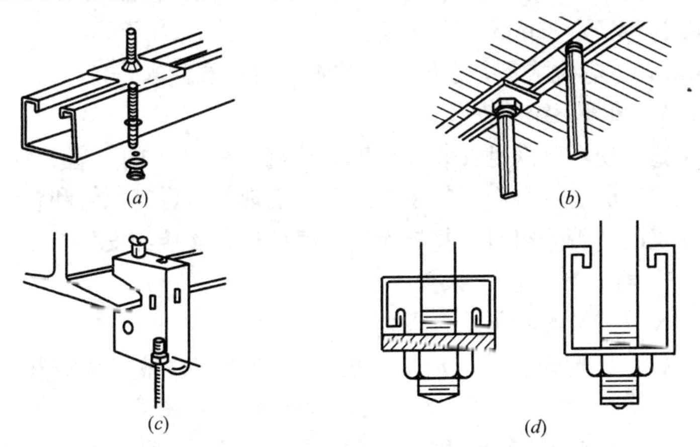

图6-19　支、托、吊架的生根连接

（*a*）螺栓或膨胀螺栓直接固定；（*b*）吊杆与预埋件联接；（*c*）钢结构吊卡；（*d*）异型钢在吊杆上固定

图中（b）为吊杆在可调预埋件上固定；图中（c）为吊杆与钢结构吊装卡具的连接，图中（d）为异型钢在吊杆上的连接。

（3）风管的吊装：新型支、吊风管的悬吊形式，根据吊杠的不同有带减振元件的吊架、带通孔吊带与托架的吊架及全部采用通孔吊带的吊架，其安装形式如图 6-20 所示。

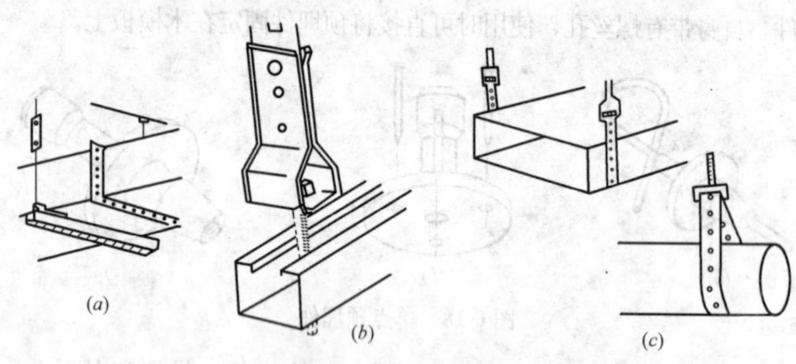

图 6-20 风管的吊装

（a）带减振元件；（b）通孔吊带与托盘；（c）用通孔吊带直接吊装

采用带减振元件或不带减震元件的吊杠，为了便于调整，有的吊杠制作成通丝，按照实际使用长度可任意截取。通孔吊带的厚度为 0.75～2mm，其宽度为 20mm，孔径为 7mm、孔距为 12mm，成卷绕成盘，根据吊架的长短可任意截取。

6.3.3 风管系统的安装

施工现场已满足安装条件时，应将预制加工的风管、管件，按照安装的顺序和不同的系统运至施工现场，再将风管和管件按照加工时的编号组对，复核无误后即可进行连接和安装。

1. 对风管安装的要求

风管安装时必须符合下列要求：

（1）风管安装前应清除管内外的杂物，并做好清洁和保护工作。

（2）风管安装的位置、标高、走向，应符合设计要求。现场风管接口的配置，不得缩小其有效截面。

（3）风管连接法兰的螺栓均匀拧紧，其螺母应在同一侧。

(4) 风管的接口连接应严密、牢固。风管法兰垫片的材质应符合系统功能的要求，厚度不小于 3mm。垫片不应凸入管内，也不应突出法兰外。

(5) 柔性短管的安装，应松紧适度，无明显扭曲。

(6) 可伸缩性金属或非金属软风管的长度不应超过 2m，并不应有死弯或塌凹。

(7) 风管与砖、混凝土风道的连接接口，应顺着气流方向插入，并应采取密封措施。风管穿出屋面处应设防雨装置。

(8) 不锈钢板、铝板风管与碳素钢支架的接触处，应有隔绝或防腐绝缘措施。

2. 风管的连接

将按系统运到施工现场的风管、管件，在安装地点的地坪上，按编号进行排列组对，并按施工现场实际组对加工好的风管，再一次进行复核，做好风管的组配和检查工作。风管尺寸和角度都合适后，就可按图把干管和支管分组进行连接。

风管的连接长度，应按风管的壁厚、法兰与风管连接方法、安装的建筑部位和吊装方法等因素决定。为了安装方便，在条件允许的情况下，尽量在地面上进行连接，一般可连接至 10～12m 左右。在风管连接时不允许将可拆卸的接口，装设在墙或楼板内。

风管连接时，用法兰连接的一般通风、空调系统，为了使法兰接口处严密不漏风，接口处应加垫料，其法兰垫料厚度为 3～5mm。在加垫料时，垫片不要突入管内，否则将会增大空气流动的阻力，减小风管的有效面积，并形成涡流，增加风管内的积尘。法兰垫料的材质如设计图纸无明确规定时，可按下列原则进行选用：

(1) 输送空气温度低于 70℃ 的风管，应用橡胶板、闭孔海绵橡胶板等。

(2) 输送空气温度或烟气温度高于 70℃ 的风管，应用石棉绳或石棉橡胶板等。

（3）输送含有腐蚀性介质气体的风管，应用耐酸橡胶板或软聚氯乙烯板等。

（4）输送产生凝结水或含湿空气风管，应用橡胶板或闭孔海绵橡胶板等。

（5）除尘系统的风管，应用橡胶板。

在上法兰螺栓时，应先把两个法兰对正，能穿过螺栓的螺孔先穿上螺栓，并带上螺母，但不要上紧，然后用圆钢制作的别棍，塞到穿不上螺栓的螺孔中，把两个法兰的螺孔别正。到所有的螺孔都穿上螺栓带上螺母后，再把螺母拧紧。为了避免螺栓滑扣，上螺母时不要一个挨一个的顺序拧紧，而应十字交叉地逐步均匀地拧紧。法兰上的螺母要尽量拧紧，拧紧后的法兰，其厚度差不要超过 2mm。为了安装上的方便和美观，所有螺母应在法兰的同侧。

连接好的风管，可把两端的法兰作为基准点，以每副法兰为测点，拉线检查风管连接得是否平直。如在 10m 长的范围内，法兰和线的差值在 7mm 以内，每副法兰相互间的差值在 3mm 以内时，就为合格。如差值太大，应把风管的法兰拆掉，把板边修正后，重铆法兰进行纠正。

目前国内经常采用的法兰垫料，一般在施工现场临时裁剪，而且表面无粘性，往往因操作不慎而落入风管中，造成法兰连接后的漏风。北京市设备安装公司与其他单位共同研制开发了新型的风管法兰垫料—胶泥垫条，并在工程上得到广泛的应用。该胶泥垫条为 8501，可分为阻燃和非阻燃两种。阻燃胶泥垫条呈带状，经消防部门鉴定，它有良好的难燃性，符合国家新型建筑材料的要求，可用于工业和民用建筑的通风、空调工程中。采用胶泥垫条连接的风管，经试验风管内的风压在 1000Pa 以上时，不会产生漏风现象，法兰的螺栓间距可由原来的 120mm，增加到 215～350mm，而且施工工艺简单，减轻工人劳动强度，提高工作效率，降低工程成本。采用胶泥垫条时法兰的螺栓用量与规范规定的用量对比，如表 6-6 所列。

采用密封胶泥垫料螺栓使用数量　　表 6-6

规格（mm）	原用螺栓数（个）	现用螺栓数（个）	规格（mm）	原用螺栓数（个）	现用螺栓数（个）	规格（mm）	原用螺栓数（个）	现用螺栓数（个）
120×120	4	4	500×200	12	6	1000×630	24	10
160×120	4	4	500×250	12	6	1000×800	30	12
160×160	4	4	500×320	14	6	1000×1000	32	12
200×120	6	4	500×400	14	8	1250×400	26	12
200×160	6	4	500×500	16	8	1250×500	26	12
200×200	8	4	630×250	12	6	1250×630	28	12
250×120	6	4	630×320	14	6	1250×800	34	14
250×160	6	4	630×400	14	8	1250×1000	36	14
250×200	8	4	630×500	14	8	1600×500	30	14
250×250	8	4	630×630	16	8	1600×630	32	14
320×160	8	4	800×320	20	8	1600×800	38	16
320×200	10	4	800×400	20	10	1600×1000	40	16
320×250	10	4	800×500	20	10	1600×1250	44	18
320×320	12	4	800×630	22	10	2000×800	46	18
400×200	10	6	800×800	28	12	2000×1000	48	18
400×250	10	6	1000×320	22	8	2000×1250	52	20
400×320	12	6	1000×400	22	10			
400×400	12	8	1000×500	22	10			

3. 风管系统的安装

风管安装前，应检查吊架、托架等固定件的位置是否正确，是否安装牢固。并应根据施工现场情况和现有的施工机具条件，选用滑轮、麻绳吊装或液压升降台吊装。采用滑轮、麻绳吊装时，先把滑轮穿上麻绳，并根据现场的具体情况挂好滑轮，一般可挂在梁、柱的节点上。其受力点应牢靠，吊装用的麻绳必须结实，没有损伤，绳扣要绑扎结实。

吊装时，先把水平干管绑扎牢靠，然后就可进行起吊。起吊时，先慢慢拉紧系重绳，使绳子受力均衡保持正确的重心。当风管离地 200～300mm 时，应停止起吊，再次检查滑轮的受力点和所绑的麻绳与绳扣。如没有问题，再继续吊到安装高度，把风管放在托架上或安装到吊架上，然后才可解开绳扣，去掉绳子。

风管安装时找正找平可用吊架上的调节螺丝或托架上加垫的方法。

水平干管找正找平后，就可进行支、立管的安装。

风管安装后，可用拉线和吊线的方法进行检查。一般只要支架安装得正确，风管接得平直，风管就能保持横平竖直。风管安装的允许偏差为水平度每米不大于3mm，总偏差不大于20mm。

对于不便悬挂滑轮的风管，或因风管连接得较短，重量较轻，可用麻绳把风管拉到脚手架上，然后再抬到支架上，分段进行安装。稳固一段后，再起吊另一段风管。

垂直风管也和水平风管一样，便于挂滑轮的可连接得长些，用滑轮进行吊装。风管较短，不便于挂滑轮的，可分段用人力抬起风管，对正法兰，逐根进行连接。风管安装的允许偏差为垂直度每米不大于2mm，总偏差不大于20mm。

当风管敷设在地沟内时，地沟较宽便于上法兰螺栓，可在地沟内分段进行连接。不便于上螺栓时，应在地面上连接得长些，用麻绳把风管绑好，慢慢放入地沟的支架上。风管较重时，可多绑几处，用多人进行抬放。抬放时，应注意步调一致，同起同落，防止发生事故。地沟内的风管与地面上的风管连接时，或穿越楼层时，风管伸出地面的接口距地面的距离不应小于200mm，以便于和地面上的风管连接。

安装地沟内的风管，其内部应保持清洁，安装完毕后，露出的敞口应做临时封口，防止杂物落入。

为了便于安装时装支架和拧螺母等工作，应根据现场情况和风管安装高度，可采用梯子、高凳或脚手架及液压升降台。高凳和梯子应轻便结实；脚手架可用扣件式钢管脚手架，搭设应稳定，并应便于风管安装。风管安装前，应先进行检查，把脚手板铺好，用铅丝固定，防止翘头，避免发生高空坠落事故。

在3m以上高空作业时，应带安全带，防止摔下跌伤。工具和螺栓等配件不能上下掷递，应放在工具袋内用绳索吊送。吊装风管时，工作区域附近不得有人停留，下面工作的人员应戴好安全帽，防止工具及物体落下打伤。安装地点要有足够的照明，现场的临时电源线要符合要求，并保持一定的距离，防止触电事故。

6.3.4 空气洁净系统的风管安装

空气洁净系统的风管安装方法，总的来说与一般通风、空调系统基本相同。不同之处在于空气洁净系统的特殊性，必须保证在清洁的环境中进行安装，并且在管道、电气、风管及土建施工必须按照一个合理的程序进行施工，才能保证风管安装后的洁净性和密封性。图 6-21 所示为洁净室主要施工程序，在施工安装过程中，各专业必须密切配合。空气洁净系统的安装一方面需要土建等专业为其创造条件，另一方面也要为土建等专业创造条件。只有协作配合好，才能保证安装的质量和进度。

1. 对净化空调系统风管安装的要求

净化空调系统风管必须符合下列要求：

（1）风管、静压箱及其他部件，必须擦拭干净，做到无油污和浮尘，当施工停顿或完毕时，端口应端好。

（2）法兰垫料应为不产尘、不易老化和具有一定强度和弹性的材料，厚度为 5～8mm，不得用乳胶海绵；法兰垫片应尽量减少拼接，并不允许直缝对接连接，严禁在垫料表面涂刷料。

（3）风管与洁净室吊顶、隔墙等围护结构的接缝处应严密。

2. 法兰垫片的选用

风管系统的密封好坏，除决定于风管的咬口、组装法兰的风管翻边的质量外，还决定于法兰与法兰连接的密封垫料。法兰密封垫料应选用不透气、不产尘、弹性好的材料，一般常选用橡胶板、闭孔海绵橡胶板等。严禁采用乳胶海绵、泡沫塑料、厚纸板、石棉绳、铅油、麻丝及油毡纸等易产生灰尘的材料。密封垫片的厚度，应根据材料弹性大小决定，一般为 5～8mm。密封垫片的宽度，应与法兰边宽相等。并应保证一对法兰的密封垫片的

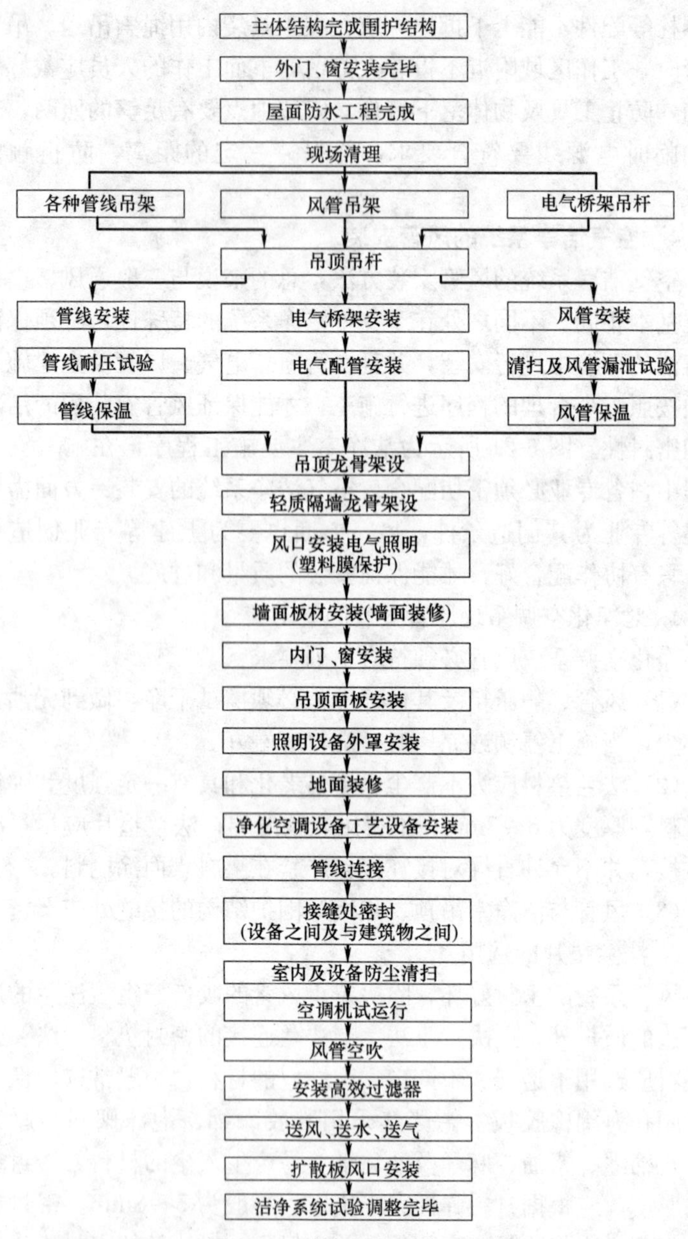

图 6-21　洁净室主要施工程序

规格、性能及厚度相同。严禁在密封垫片上涂刷涂料，否则将会脱层、漏气，影响其密封性。

法兰垫片采用板状截成条状时，应尽量减少接头。其接头形式应采用不漏气的梯形或楔形，并在接缝处涂抹密封胶，应做到严密不漏，其接头形式如图 6-22 所示。为了保证密封垫片的密封性和防止法兰连接时的错位，应把法兰面和密封垫片擦拭干净，涂胶粘牢在法兰上，应注意，不得有隆起或虚脱现象。法兰均匀拧紧后，密封垫片内侧应与风管内壁平。

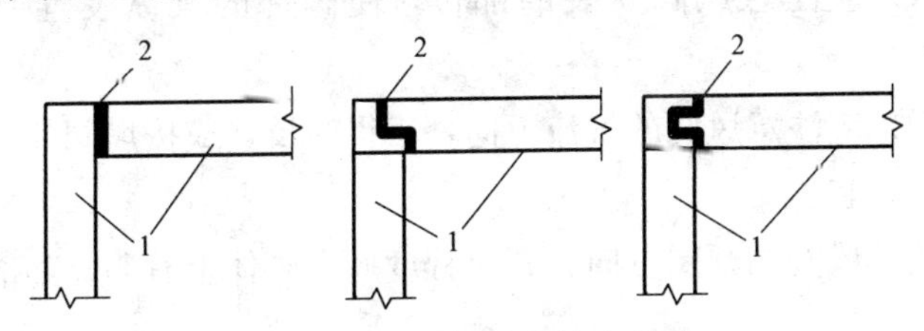

图 6-22　密封垫片的接头形式
对接不正确，梯形接正确；企口接正确
1—密封垫；2—密封胶

3. 风管的安装

空气洁净系统的风管安装，与一般通风、空调系统的安装方法基本上相同，其不同的在于：施工的现场环境要干净，风管内不被污染，必须保持清洁，风管的连接严密。在施工过程中应注意下列几点：

（1）预制加工后的风管，其内部应保持清洁，塑料封口要保持密封状态。如塑料封口已损坏，应再一次清洗干净，再与其他风管连接。

（2）为了避免风管在吊装过程中发生变形而降低其严密性，每次吊装的风管总长度应在 6～8m 的范围。

（3）风管在地面上组装后，必须将两端用塑料布封口，待与系统连接时封口再拆除。

（4）暂时安装完毕的风管系统，其系统两端口或分支口，要用塑料布封口，防止环境中的灰尘污染风管内部。

6.3.5 部件的安装

1. 一般风阀的安装

风管系统上安装蝶阀、多叶调节阀等各类风阀，在安装前应检查框架结构是否牢固，调节、制动、定位等装置应准确灵活。风阀的安装与安装风管相同。在安装时只要把风阀的法兰与风管或设备上的法兰对正，加上密封垫片，上紧螺钉，使其连接得牢固及严密。但应注意以下各点：

（1）应注意风阀安装的部位，使阀件的操纵装置要便于操作。

（2）应注意风阀的气流方向，不得装反，应按风阀外壳标注的方向安装。

（3）风阀的开闭方向、开启程度应在阀体上有明显和准确的标志。

（4）安装在高处的风阀，其操纵装置应距地面或平台1～1.5m。

（5）止回风阀、自动排气活门的安装方向应正确。

（6）输送灰尘和粉屑的风管，不应使用蝶阀，可采用密闭式斜插板阀。斜插板阀应顺气流方向与风管成45°角，在垂直管道上（气流向上）的插板阀以45°角顺气流方向安装。

（7）分支管风量调节阀是作为各送风口的风量平衡之用，由于阀板的开启程度靠柔性钢丝绳的弹性，因此在安装时应该特别注意调节阀所处的部位，其正确的安装部位如图6-23所示。

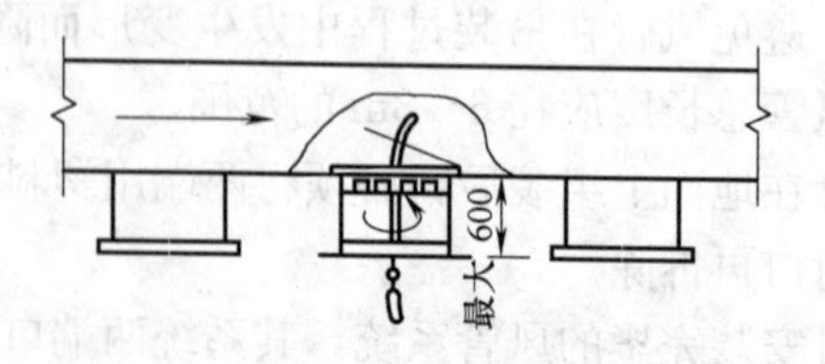

图6-23 分支管风量调节阀安装的正确部位

设计或安装单位往往对分支管风量调节阀的性能不甚了解，有时会错误地安装在如图 6-24 所示的支管中，使风阀的阀板处于全关状态。

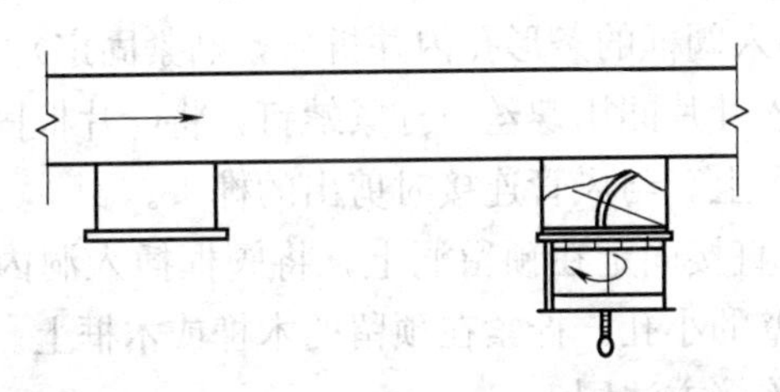

图 6-24　分支管风量调节阀安装的错误部位

(8) 余压阀是保证洁净室内静压能维持恒定的主要部件。它安装在洁净室的墙壁的下方，应保证阀体与墙壁连接后的严密性，而且注意阀板的位置处于洁净室的外墙，以使室内气流当静压升高时而流出。并且应注意阀板的平整和重锤调节杆不受撞击变形，使重锤调整灵活。

2. 风口的安装

各类风口安装应横平、竖直、严密、牢固，表面平整。在无特殊要求情况下，露于室内部分应与室内线条平行。各种散流器的风口面应与顶棚平行。有调节和转动装置的风口，安装后应保持原来的灵活程度。为了使风口在室内保持整齐，室内安装的同类型风口应对称分布；同一方向的风口，其调节装置应在同一侧。条形风口的安装，接缝处应衔接自然，无明显缝隙。同一厅室、房间内的相同风口安装高度应一致，排列应整齐。风口安装的偏差：

1) 明装无吊顶的风口，安装位置和标高偏差不应＞10mm。

2) 风口水平安装，其水平度偏差不应＞3/1000。

3) 风口垂直安装，其垂直度偏差不应＞2/1000。

(1) 矩形联动可调百叶风口

矩形联动可调百叶风口的安装方法，可根据是否带风量调节阀来确定。

当带风量调节阀的风口安装时，应先安装调节阀框，后安装风口的叶片框，其方法如下：

1）风口与风管连接时，应在风管伸出墙面部分按照阀的外框条形孔位置及尺寸，剪出 10mm 连接榫头，再把阀框装上（即将榫头插入阀框的条形孔内并折弯，贴紧固定）。然后安装叶片框，即伸入叶片间用螺丝刀拧紧螺钉，将叶片框固定在阀框内壁的连接卡子上。与风管连接时剪出的榫头。

2）风口直接固定在预留洞上，将阀框插入洞内，用木螺钉穿过阀框四壁的小孔，拧紧在预留的木榫或木框上。然后再安装叶片框，其连接方法同上。

当不带风量调节阀的风口安装时，应在风管内或预留洞内的木框上，采用铆接或拧紧角形连接卡子，然后再安装叶片框。

风口的风量调节，是将螺丝刀由叶片架的叶片间伸入，卡进调节螺钉的凹槽内旋转，即可带动连杆，以调整外框上叶板的开启度，达到调节风量的目的。

风口的气流吹出的角度调整时，应根据气流组织情况，将叶片沿横向排列方向分为数段进行不同角度的调整，调整时采用不同角度的专用扳手，卡住叶片旋转到接触相邻叶片为宜。

图 6-25 所示的是风量调整和气流吹出角度的调整方法。

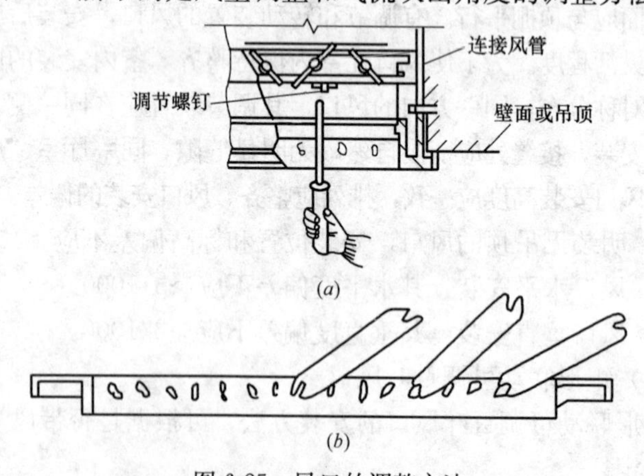

图 6-25　风口的调整方法

(a) 风量调节；(b) 气流方向调节

(2) 散流器

散流器与风管的连接、散流器直接固定在预留洞上的安装方法，参见百叶风口的安装方法。

(3) 净化空调系统风口

风口安装前应擦拭干净，其风口的边框与洁净室的顶棚或墙面之间的缝隙处，应用密封垫料或密封胶进行密封处理，不能漏风。高效过滤器送风口，应采用分别调节高度的吊杆，以保证送风口的外壳边缘与顶棚紧密地连接。

(4) 管式条缝散流器

管式条缝散流器的安装方法，应按下列程序进行：

1) 把内藏的圆管卸下，即可将旋钮向风口中部用力旋转取下。

2) 在风口壳上装吊卡及螺栓，将吊卡旋转成顺风口方向，整体进入风管，再将吊卡旋转 90°搁在风管台上，旋紧固定螺栓。

3) 再将内藏圆管装入风口壳内。

(5) FSQ 球形旋转风口

球形旋转风口与静压箱、顶棚的连接方法，可采用自攻螺钉、拉铆钉、螺栓、膨胀螺栓等。连接后要牢固，球形旋转头要灵活而不空阔晃动。

3. 局部排气的部件安装

局部排气系统的排气柜、排气罩、吸气漏斗及连接管等，必须在工艺设备就位并安装好以后，再进行安装，以满足工艺的要求。安装时各排气部件应排列整齐固定牢固可靠，调整至横平竖直，外形美观，外壳不应有尖锐的边缘，安装的位置应不妨碍生产工艺设备的操作。

4. 风帽的安装

风帽可在室外沿墙绕过檐口伸出屋面，或在室内直接穿过屋面板伸出屋顶。

穿过屋面板安装的风管，必须完好无损，不能有钻孔或其他

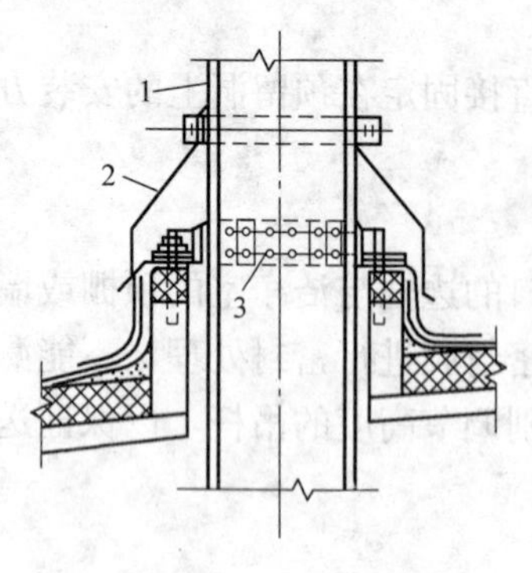

图 6-26 穿过屋面的排风管
1—金属风管；2—防雨罩；3—铆钉

创伤，以免使用时雨水漏入室内。风管安装好后，应装设防雨罩，防雨罩与接口应紧密，防止漏水，如图 6-26 所示。

不连接风管的筒形风帽，可用法兰固定在屋面板上的混凝土或木底座上。当排送湿度较大的空气时，为了避免产生的凝结水滴漏入室内，应在底座下设有滴水盘并有排水装置。

风帽装设高度高出屋面 1.5m 时，应用镀锌钢丝或圆钢拉索固定，防止被风次倒。拉索不应少于 3 根，拉索可加花篮螺钉拉紧。拉索可在屋面板上预留的拉索座上固定。

5. 柔性短管的安装

柔性短管常用于风机与空调器、送回风管间的连接，以减少系统的机械振动；柔性短管也用于空气洁净系统，用于高效过滤器风口与支风管出口的连接。

柔性短管的安装应松紧适当，不能扭曲。安装在风机吸入口的柔性短管可安装得绷紧一些，防止风机启动后被吸入而减小截面尺寸。在连接柔性短管时应注意，不能把柔性短管当成找平找正的连接管或异径管。

柔性短管除现场制作外，还有定型的产品，它是由金属（铝箔、镀锌薄钢板、不锈钢薄板）和涂塑化纤织物（聚酯、聚乙烯、聚氯乙烯薄膜）为管壁材料，采用机械缠绕工艺，以金属螺旋线咬接而成。具有结构新颖、质轻性柔、耐腐防霉等特点，常用于通风、除尘排气系统，也可用于空调系统支风管与送风口的连接等部位。

常用的柔性风管有铝合金薄板带缠绕成型咬口、镀锌薄钢带缠绕成型咬口、薄不锈钢带缠绕成型咬口及玻纤网、聚酯膜铝箔复合料用金属螺旋线咬口、玻纤涂塑布用金属螺旋线咬口缠绕成型。另外，还有带隔热层和微穿孔消声管的特殊用途的柔性风管。

柔性风管在水平或垂直安装时，应使管道充分地伸展，确保柔性风管的直线性，一般应在管道端头施加 150N 拉力使管道舒展。管道支架应适当地增设，以消除管道的弧形下垂，并可增加外形的美观和减少管道的阻力损失。

柔性风管作为空调系统的支管与风口连接时，由于受空间位置的限制，可折成一定的角度，不需要施加拉力而舒展。

柔性风管与直管连接、柔性风管与螺旋风管或薄钢板风管开三通连接，以及柔性风管与异形管件连接等。可按图 6-27 所示的方法进行安装。

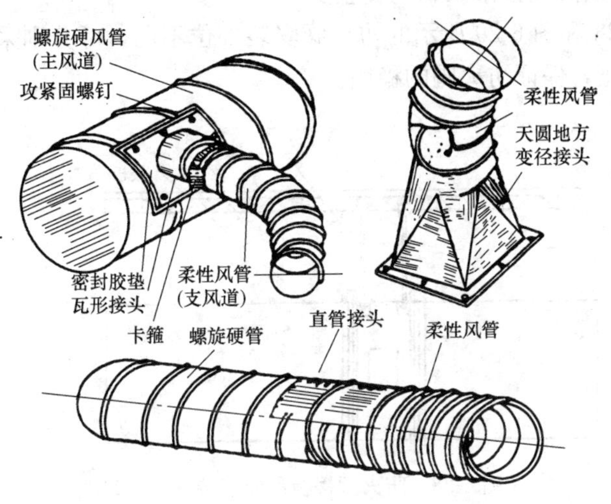

图 6-27 柔性风管的连接

6. 防火阀与排烟风口的安装

(1) 防火阀的安装

防火阀是防火阀、防火调节阀、防烟防火阀、防火风口的总称。防火阀与防火调节阀的区别在于叶片的开度在 0°～90°范围能否调节。

防烟防火阀是在火灾发生时，通过感烟或感温器控制设备电信号联动，在火灾初始阶段，将阀门严密关闭起隔烟阻火作用，阀门关闭同时可输出电信号与控制中心连锁的防火阀。

防火风口是安装在通风空调系统送、回风管道的送风口或回风口处，防火阀的一端带有装饰作用或调节气流方向的铝合金风口。

全自动控制防火阀是通过感烟、感温控制设备输出的电信号或热敏元件、易熔环等温感装置的作用，发生火灾时能自动关闭（自动报警）起隔烟阻火作用，平时又可自动调节开度、自动复位（开启、关闭）的防火阀；阀门的自动开启、关闭、复位、调节与控制中心连锁，实现全自动控制。

1）防火阀楼板吊架和钢支座安装

图 6-28 和图 6-29 所示的防火阀安装部位不同，可分别采用吊架和支座，保证防火阀的稳固。

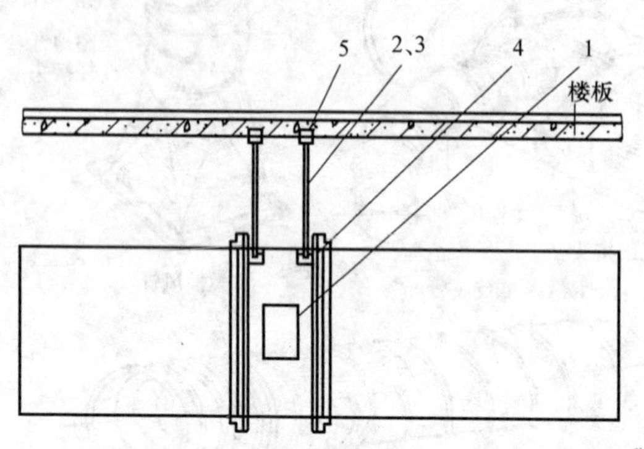

图 6-28　防火阀楼板吊装安装

1—防火阀；2、3—吊杆和螺母；4—吊耳；5—楼板吊点

2）风管穿越防火墙时防火阀安装

风管穿越防火墙时防火阀的安装如图 6-30 所示。其安装方法除防火阀单独设吊架外，穿墙风管的管壁厚度要大于 1.6mm，防火分区的两侧的防火阀距墙表面应不大于 200mm，安装后应

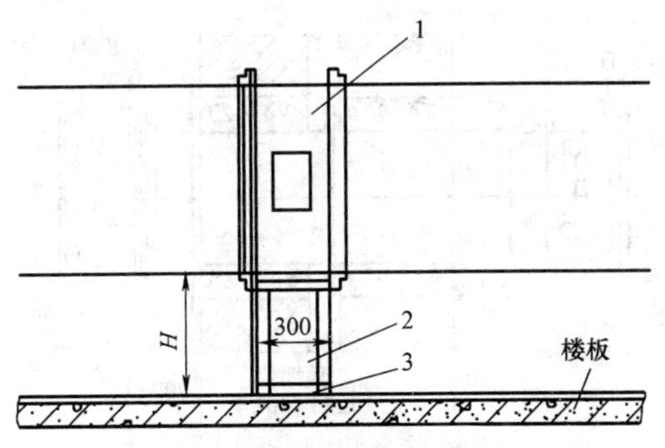

图 6-29 防火阀楼板钢支架安装

1—防火阀；2—钢支架；3—膨胀螺栓

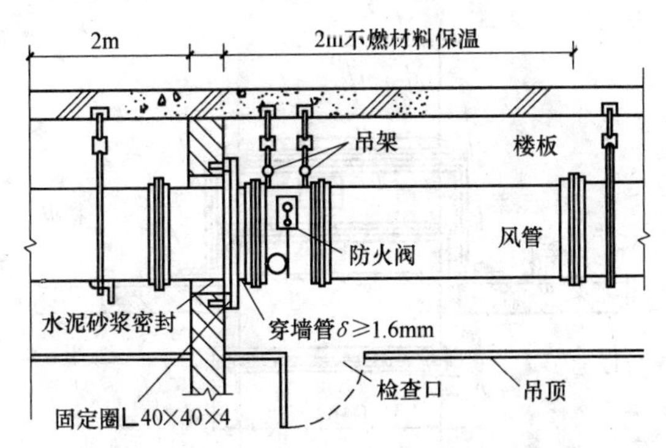

图 6-30 防火墙处的防火阀安装示意图

在墙洞与防火阀间用水泥砂浆密封。

3）变形缝处防火阀安装

变形缝处防火阀安装如图 6-31 所示。在变形缝两端均设防火阀，穿越变形缝的风管中间设有挡板，穿墙风管一端设有固定挡板；穿墙风管与墙之间应保持 50mm 距离，其间用柔性不燃烧材料密封，保持有一定的弹性。

4）风管穿越楼板时防火阀的安装

风管穿越楼板时防火阀的安装如图 6-32 所示。穿越楼板的风管与防火阀由固定支架固定，固定支架采用 $\delta=3$ 钢板和∟50×50×5 的角钢制作，穿越楼板的风管与楼板的间隙用玻璃棉或矿

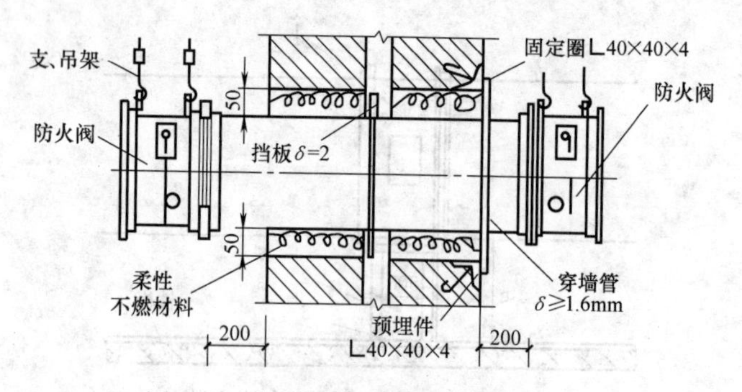

图 6-31　变形缝处的防火阀安装示意图

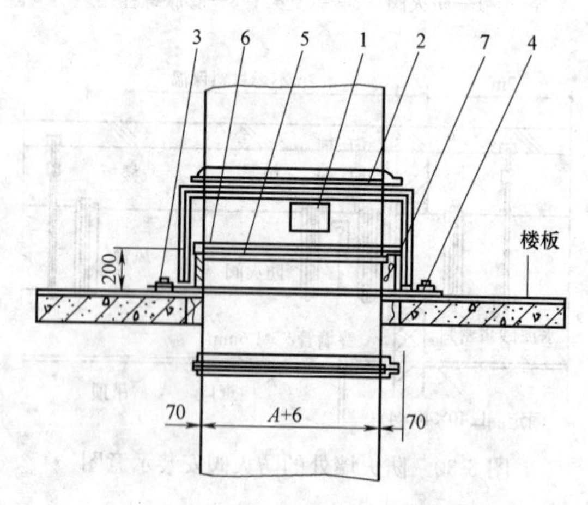

图 6-32　风管穿越楼板时防火阀安装示意图

1—防火阀；2—固定支架；3—膨胀螺栓；4—螺母；5—穿楼板风管；6—玻璃棉式矿棉；7—保护层

棉填充，外露楼板上的风管用钢丝网水泥砂浆抹保护层。

(2) 排烟口与送风口的安装

排烟阀安装在排烟系统中，平时呈关闭状态，发生火灾时借助于感烟、感温器能自动开启排烟阀门。

排烟阀由阀体、装饰风口和执行机构及控制器组成。阀门动作是通过感烟、感温器联动电信号控制中心来控制阀门执行机构的电磁铁或电动机工作，实现阀门在弹簧力或电动机转矩作用下开启。设有温感器装置的排烟阀，阀门开启后，温感器装置在火灾温度达到动作温度 280℃时动作，阀门在弹簧力作用下关闭，阻止火灾沿排风管道蔓延。

1）竖井墙上安装

排烟口与送风口在竖井墙上安装前，在混凝土框内应预埋∟40×40×4 的角钢框，预留洞尺寸如表 6-7 所列，其预留洞如图 6-33 所示。

排烟口、送风口预留洞尺寸（mm）　　表 6-7

排烟口、送风口规格 A×B	500×500	630×630	700×700	800×630	1000×630	1250×630	800×800	1000×800	1000×1000	1250×1000	1600×1000	—
预留洞尺寸 a×b	765×515	895×645	965×715	1065×645	1265×645	1515×645	1065×815	1265×815	1265×1015	1515×1015	1865×1015	—

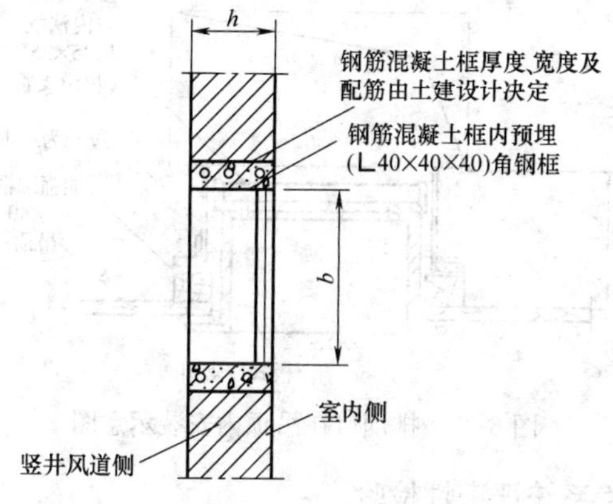

图 6-33　排烟口、送风口预留洞示意图

排烟口与送风口安装时应先制作钢板安装框，安装框与预留混凝土角钢框连接，最后将排烟风口与送风口插入安装框中，并固定。排烟口与送风口如与风管连接时，钢板安装框一侧应将风管法兰钻孔后连接。其风口在竖井墙上安装如图 6-34 所示。

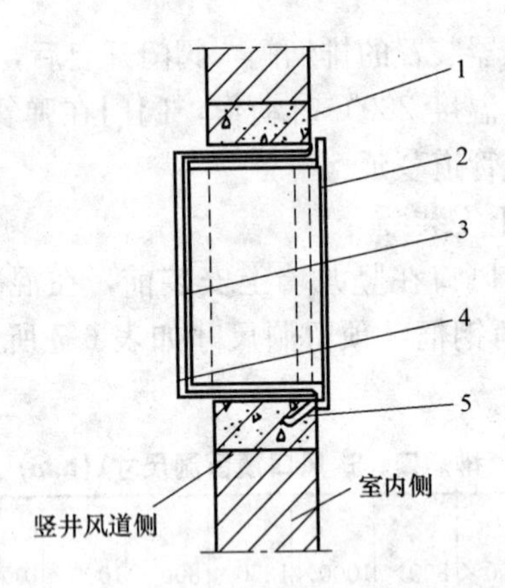

图 6-34 排烟口、送风口在竖井墙上安装

1—钢筋混凝土框；2—排烟口或送风口；3—钢板安装框；
4—螺栓；5—角钢框

2）排烟口在吊顶内安装

排烟口在吊顶内安装如图 6-35 所示。

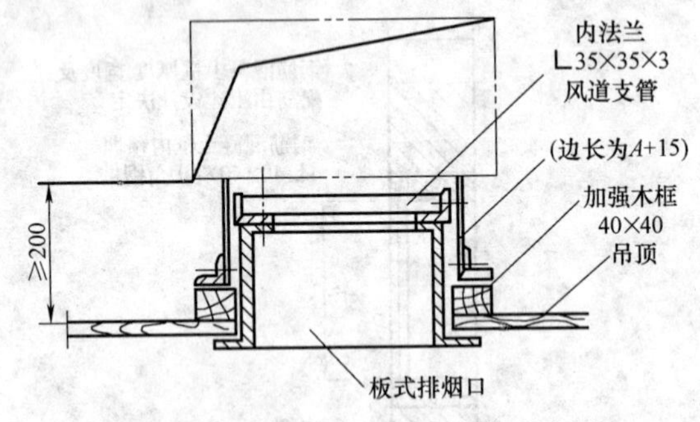

图 6-35 排烟口在吊顶内安装示意图

6.3.6 风管系统严密性检验

系统风管安装后的严密性检验，是检验风管、部件制作加工后的咬口缝、铆钉孔、风管的法兰翻边及风管与管件连接等的严密性。如果系统的漏风量超过要求，将造成系统运行过程中的能量浪费而缩短空气过滤器的使用寿命；甚至系统漏风量过大，使空调、洁净系统的效果达不到设计要求。因此，风管系统安装

后，可对总管和支干管，根据系统大小等具体情况进行分段或整个系统的漏风量试验，待试验合格后再安装支管、各类风口等部件及进行风管的保温工作。

1. 严密性检验应符的规定

(1) 低压系统风管的严密性采用抽检，其检验率为5%，但不能少于1个系统。在加工工艺得到保证的前提下，采用漏光法检测。检测不合格时，应按规定的抽检率做漏风量测试。

中压系统风管的严密性检验，应在漏光法检测合格后，对系统漏风量测试进行抽检，抽检率为20%，但不能少于1个系统。

高压系统风管的严密性检验，为全部进行漏风量测试。

系统风管的严密性检验被抽检系统，应全数合格，则认为通过；如有不合格时，则应再加倍抽检，直到全数合格。

(2) 净化空调系统风管的严密性检验，1～5级系统按高压系统风管的规定进行测试；6～9级系统按风管系统的实际工作压力来确定。

2. 系统风管严密性检验方法

(1) 漏光法

漏光法检测是利用光线对小孔的强穿透力，对系统风管严密程度进行检测的方法。漏光法检测由于是定性的方法，仅用于低、中压系统风管的检测。其检测方法是在一定长度的风管上，在漆黑的环境下，在风管内用电压不高于36V的安全电源、功率在100W以上带保护罩的灯泡，从风管的一端缓缓移向另一端，若在风管外能观察到光线，则说明有漏风，并对风管的漏风处进行密封处理。漏光法检测如图6-36所示。

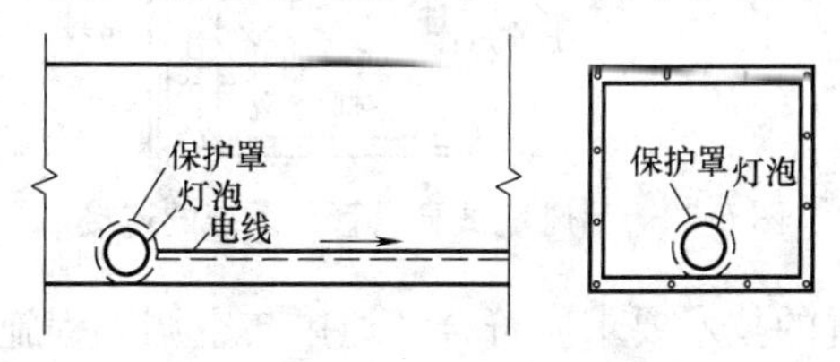

图6-36 漏光法检测示意图

漏风处如在风管的咬口缝、铆钉孔、翻边四角处，可涂密封胶或采取其他密封措施；如在法兰接缝处漏风，根据实际情况紧固螺母或更换法兰密封垫片。

对系统风管的检测，可采用分段检测、汇总分析的方法。在严格安装质量管理的基础上，系统风管的检测以总管和干管为主。低压系统风管采用漏光法检测时，以每10m接缝的漏光点不大于2处，且100m接缝平均不大于16处为合格；中压系统风管，每10m接缝的漏光点不大于1处，且100m接缝平均不大于8处为合格。

（2）漏风试验法

漏风试验法是用离心风机向系统风管内鼓风，使风管内静压上升到并保持在工作压力，此时该进风量即等于漏风量。该进风量用风机与风管之间设置的孔板和压差汁测量。风管内的静压则由另一台压差计来测量。试验装置可分为正压风管和负压风管式两种。一般采用正压条件下的测试来检验。正压风管的试验装置及风管系统连接的方法，如图6-37图6-38所示。

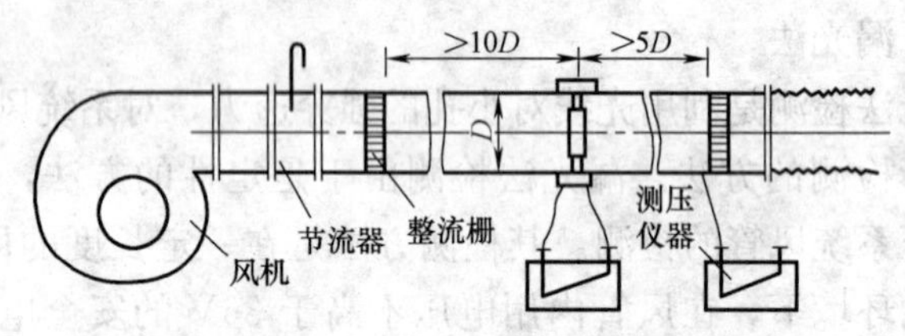

图6-37 正压风管式漏风量试验装置

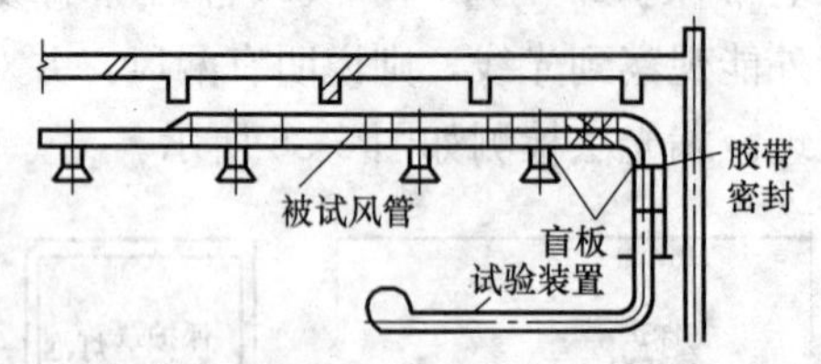

图6-38 漏风量试验风管与系统的连接

试验装置的技术要求应符合《通风与空调工程施工质量验收规范》GB 50243—2002的规定。

漏风量试验的方法：

1）试验前的准备工作：将连接送风的支管取下，并将开口管端用盲板密封。

2）试验步骤：整个试验过程应作详细记录，其内容包括漏风部位、漏风量、漏风的原因及如何处理等情况。

① 漏风声音试验　在漏风量测量之前，先用盲板和胶带密封管端口开处，将试验装置的软管连接到被试风管上，关闭进风挡板，启动风机，逐步打开进风挡板，直到风管内静压值上升保持在规定压力为止。此时注意听风管所有接缝和孔洞处漏风声音，将每个漏风点做出记号并逐步修补。

② 漏风量测量试验　在漏风声音试验后，并将漏风声音点进行修补和密封，再次启动风机，逐步打开进风挡板，直到风管内静压值上升并保持在规定压力时，读取气流通过孔板产生的压差，即可对漏风量进行计算。

漏风量可按下式计算：

$$Q=3600\varepsilon \cdot \alpha \cdot A_{\mathrm{n}}\sqrt{\frac{2}{\rho}\Delta P}$$

式中　Q——漏风量（m^3/h）；

ε——空气流束膨胀系数；

α——孔板的流量系数；

A_{n}——孔板开口面积（m^2）；

ρ——空气密度（kg/m^3）；

ΔP——孔板差压（Pa）。

孔板的流量系数与β值的关系根据图 6-39 确定，其适用范围应满足下列条件，在此范围内，不计管道粗糙度对流量系数的影响。

$$10^5<Re<2.0\times10^6$$

$$0.05<\beta^2\leqslant0.49$$

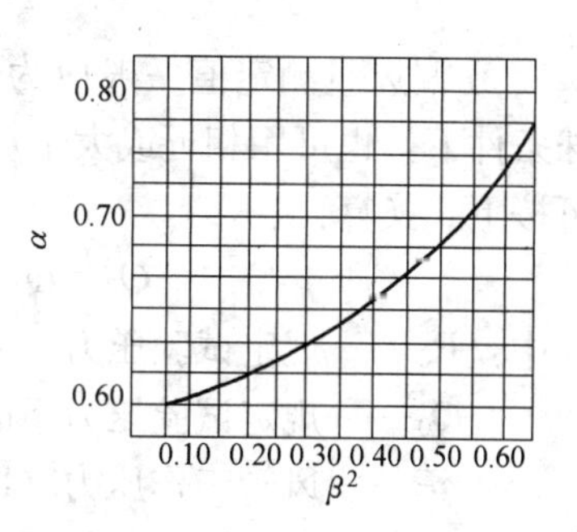

图 6-39　孔板流量系数图

$$50\text{mm} < D \leqslant 1000\text{mm}$$

雷诺数小于 10^5 时，则应按现行国家标准《流量测量节流装置》求得流量系数 α。

孔板的空气流束膨胀系数 ε 值可根据表 6-8 查得。

采用角接取压标准孔板流束膨胀系数 ε 值（$k=1.4$）　　表 6-8

β^2 \ P_2-P_1	1.0	0.98	0.96	0.94	0.92	0.90	0.85	0.80	0.75
0.08	1.0000	0.9930	0.9866	0.9803	0.9742	0.9681	0.9531	0.9381	0.9232
0.1	1.0000	0.9924	0.9854	0.9787	0.9720	0.9654	0.9491	0.9328	0.9166
0.2	1.0000	0.9918	0.9843	0.9770	0.9698	0.9627	0.9450	0.9275	0.9100
0.3	1.0000	0.9912	0.9831	0.9753	0.9676	0.9599	0.9410	0.9222	0.9034

注：1. 本表允许内插，不允许外延。

2. P_2/P_1 为孔板后与孔板前的全压值之比。

当测试系统或设备负压条件下的漏风量时，装置连接应符合图 4-12 的规定。

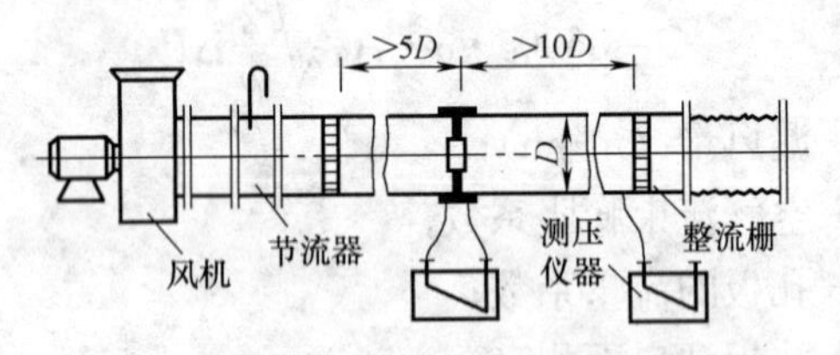

图 6-40　负压风管式漏风量测试装置

③ 漏风量测定值一般应为规定测试压力下的实测数值。特殊条件下，也可用相近或大于规定压力下的测试代替，其漏风量可按下式换算：

$$Q_0 = Q(P_0/P)^{0.65}$$

式中：P_0——规定试验压力，500Pa；

Q_0——规定试验压力下的漏风量 [$m^3/(h \cdot m^2)$]；

P——风管工作压力（Pa）；

Q——工作压力下的漏风量 [$m^3/(h \cdot m^2)$]。

7. 非金属风管的制作和安装

7.1 硬聚氯乙烯塑料板风管的制作和安装

7.1.1 制作的要求

硬聚氯乙烯塑料板风管和管件的制作的允许偏差及管件中的圆形弯头分节、圆形二通和四通支管与总管夹角的偏差等，与金属风管的要求相同。硬聚氯乙烯塑料板风管制作还应满足下列要求：

1. 风管的两端面平行，无明显扭曲，外径或外边长的允许偏差为 2mm；表面平整、圆弧均匀，凹凸不应>5mm。

2. 焊缝的坡口形式和角度应符合表 7-1 的要求。

焊缝形式及坡口　　表 7-1

焊缝形式	焊缝名称	图形	焊缝高度 /mm	板材厚度 /mm	焊缝坡口张角 α /(°)
对接焊缝	V 形单面焊	α; 1~1.5; 0.5~1	2~3	3~5	70~90
	V 形双面焊	α; 1~1.5; 0.5~1	2~3	5~8	70~90
	X 形双面焊	α; 1~1.5; 0.5~1	2~3	≥8	70~90
搭接焊缝	搭接焊	a; ≥3a	≥最小板厚	3~10	—

续表

焊缝形式	焊缝名称	图形	焊缝高度/mm	板材厚度/mm	焊缝坡口张角 α/(°)
填角焊缝	填角焊无坡角		≥最小板厚	6～18	—
			≥最小板厚	≥3	—
对角焊缝	V形对角焊	1～1.5　α	≥最小板厚	3～5	70～90
	V形对角焊	1～1.5　α	≥最小板厚	5～8	70～90
	V形对角焊	3～5　α	≥最小板厚	6～15	70～90

3. 焊缝应饱满，焊条排列应整齐，无焦黄断裂现象。

4. 用于洁净室的风管在制作时，应符合净化空调系统风管的要求。

7.1.2　硬聚氯乙烯塑料板风管的加工

1. 板材划线

硬聚氯乙烯塑料板制作风管或管件时，其展开划线的方法和金属风管相同。

硬聚氯乙烯塑料板是由层压法制得，在再次被加热后，由于板材内部的各向异性和残余的内应力关系，冷却时会出现收缩现象。所以在下料时，对需要加热成型的风管或管件，应适当地放出收缩余量。收缩余量随加热时间和工厂生产过程而异，一般应对每批材料先进行加热试验，以确定其收缩余量。

放样时，应用红铅笔进行划线，不要用锋利的金属划针或锯条，以免板材表面形成伤痕，发生折裂。

划线时，应按图纸尺寸，根据板材规格和现有加热箱的大小等具体情况，合理安排图形，尽量减少切割和焊缝，又要注意节省原材料。

直管一般可按板长来展开圆周长或周长，以板宽来作管段长度。当管径较小，圆周长或周长小于板宽时，也可依板宽来展开，依板长作管段长度。

风管的纵缝应交错设置，圆形风管可在组配焊接时再考虑。矩形风管在展开划线时，应注意焊缝避免设在转角处，因为四角要加热折方。在划折线时，要注意相邻的管段的纵缝要交错设置。

风管划线时，应和金属风管一样，要用角尺对板材的四边进行角方，以免产生扭曲翘角现象。

板材中若有裂缝，下料时应避开不用。

硬聚氯乙烯塑料板制作风管及部件，当设计无特殊要求时，其厚度可参考表 7-2 来选用。

中、低压风管和管件的板材厚度（mm）　　表 7-2

圆形		矩形	
风管直径 D	板材厚度	风管大边 b	板材厚度
$D \leqslant 320$	3.0	$b \leqslant 320$	3.0
$320 < D \leqslant 630$	4.0	$320 < b \leqslant 500$	4.0
$630 < D \leqslant 1000$	5.0	$500 < b \leqslant 800$	5.0
$1000 < D \leqslant 2000$	6.0	$800 < b \leqslant 1250$	6.0
		$1250 < b \leqslant 2000$	8.0

2. 板材切割

硬聚氯乙烯塑料板进行切割，必须考虑其冲击韧性和温度的关系，以及其导热系数较低等性能，避免材料碎裂或因过热而变形，甚至烧焦，并使工具损坏等现象。

板材可用剪床、圆盘锯或普通木工锯进行切割。

使用剪床进行剪切时，5mm 厚以下的板材可在常温下进行。5mm 厚以上或冬天气温较低时，应事先把板材加热到 30℃左右，再用剪床进行剪切，以免发生碎裂现象。

使用圆盘锯床锯切时，锯片的直径为 200～250mm，厚度为 1.2～1.5mm，齿距为 0.5～1mm，周速每分钟 1800～2000m。锯齿应用正锯器拨正锯路，锯路要拨得均匀，但不要太宽，并用三角锉把锯齿锉锋利。

锯割时，应将板材贴在锯床表面上，均匀地沿锯割线移动，锯割的线速度为每分钟 3m 左右。在接近锯完时，应减小进锯压力，避免材料碎裂。

锯割时，为了避免材料过热，发生烧焦和粘住现象，可用压缩空气进行冷却。

一般应尽量采用锯床进行锯割或剪床剪切，当工程量较少时，也可用普通木工锯、手板锯或小型手持的电动锯锯割板材。

当锯割曲线时，可用规格为 300～400mm 长、齿数为每英寸 12 牙的鸡尾锯进行锯割。

锯割圆弧较小或在板内锯穿缝时，可用钢丝锯进行。

3. 板材坡口

焊接硬聚氯乙烯塑料时，为了使板材间有很好的结合，并具有较高的焊接强度，下料后的板材应按板材的厚度及焊缝的形式进行坡口，坡口的角度和尺寸应均匀一致。可用锉刀、木工刨床或普通木工刨进行坡口，也可用砂轮机或坡口机进行坡口。常用的塑料坡口机如图 7-1 所示。

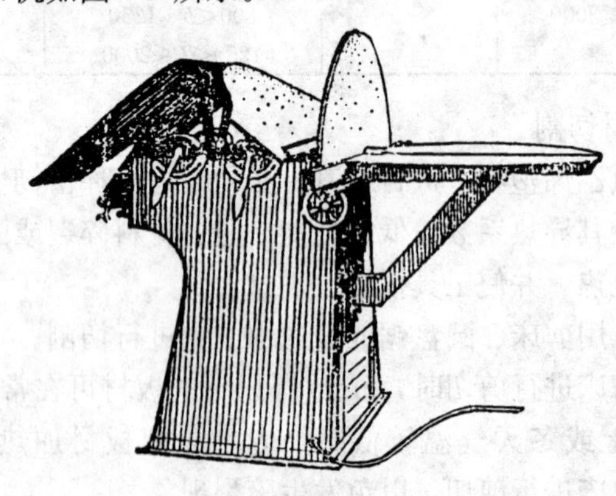

图 7-1　塑料坡口机

4. 加热成型

硬聚氯乙烯塑料板为热塑性塑料，当加热到 10Ω～150℃时，就呈柔软状态，可在不大的压力下，按需要加工成各种形状的管件。由于聚氯乙烯塑料的导热系数较低，所以在加热时，应使板材的表面均匀受热。板材不要较长时间处于 170℃以上，防止在较高的温度状态下，使板材形成韧性流动状态，引起板材膨胀、起泡、分层等现象。

硬聚氯乙烯塑料的加热可用电加热、蒸汽加热和热空气加热等方法，施工现场一般常使用电热箱来加热塑料板。

（1）圆形直管的加热成型

首先将电热箱的温度保持在 130～150℃左右，待温度稳定后，把下好料的板材放入电热箱内加热。操作时，必须使板材整个表面均匀受热，加热的时间应根据板材厚度决定，如表 7-3 所列。

塑料板的加热时间 **表 7-3**

板材厚度(mm)	2～4	5～6	8～10	11～15
加热时间(min)	3～7	7～10	10～14	15～24

当板材被加热到柔软状态时，从电热箱内取出，把板材放在垫有帆布的木模中卷成圆管，如图 7-2 所示。待完全冷却后，将管取出。

帆布的一端用铁皮板条钉在木模上，另一端钉在地板上。在卷管时，应把帆布拉紧，把塑料板放入对齐后，再滚木模卷管。

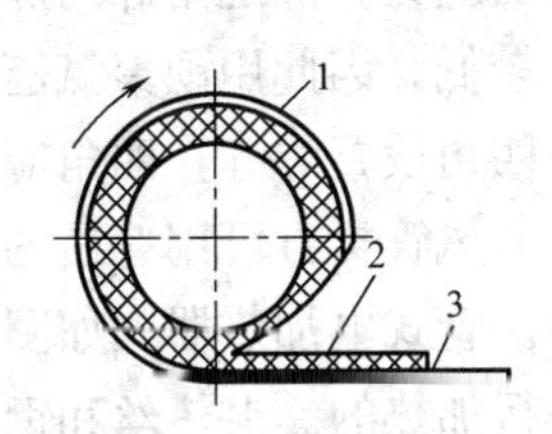

图 7-2 塑料板卷管示意图
1—木模；2—塑料板；3—帆布

木模是用红松木料做成空心的圆管，其外径等于风管的内径，其长度应比风管长度略长 100mm。一般风管按板宽下料，板宽为 900mm 时，木模长度可为 1000mm。

塑料风管的圆弧均匀与否，基本上取决于木模，所以木模外表应光滑，圆弧应正确，有条件可用车床车圆，砂纸打光。

圆形直管加热成型除采用手工操作的木模法外，还可以采用简易的圆形直管成型机进行加热成型。当板材加热到柔软状态后，可从电热箱取出放到图 7-3 所示的成型机台面上，手摇成型轮将塑料板卷入帆布轮中，再用压缩空气强行冷却后将成型后的塑料管从成型机上取出。

成型机可制成不同管径的塑料圆形直管，它是用帆布卷绕在成型轮上，调整其外径等于待加工的塑料管的内径。采用成型机加热成型一根圆管约需要 3min，与人工木模方法相比，除能节省木模加工外，在操作上迅速方便，减轻劳动强度和提高工效。

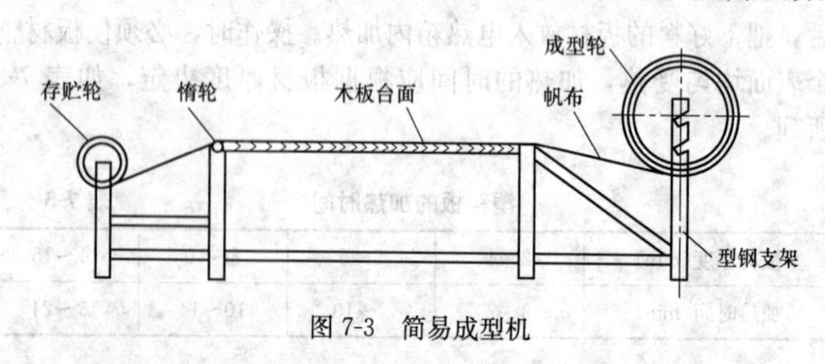

图 7-3　简易成型机

(2) 矩形风管的成型

矩形风管的四边如采用角焊时，由于焊接后热收缩所产生的弯曲应力，加之角焊的焊缝断面积小、抗弯力矩小，所以机械强度较低。因此用硬聚氯乙烯塑料板加工制作矩形风管时，应避免在四角设置焊缝，四角应加热折方成型。

风管折方可用普通的手动板边机和两根管式电加热器配合进行。管式电加热器（如图 7-4）是在钢管中装设的电热丝通电来进行加热的。电热丝和钢管之间应用瓷管隔绝。电热丝选用的功率应能保证钢管表面被加热到 150～180℃的温度。

折方时，把划好线的板材放在两根管式电加热器中间，并把折线对正加热器，使折线处进行局部加热。加热处变软后，迅速抽出放在手动板边机上，把板材折成 90°角。待加热部位冷却后，才能取出成型后的板材。

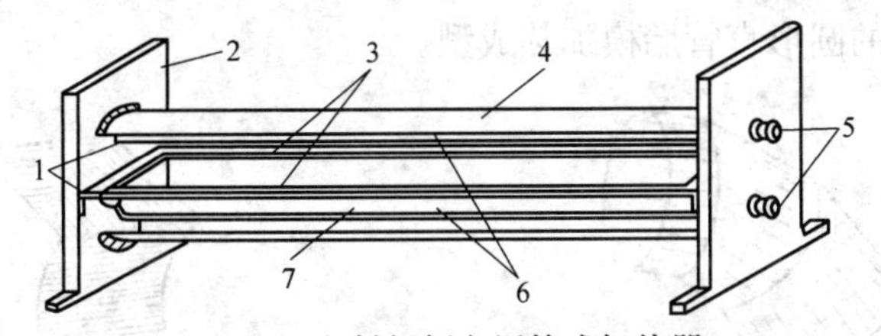

图 7-4　塑料板折方用管式加热器

1—绝缘套管；2—支座；3—搁塑料板支架；4—上反射罩；5—电源接线柱；6—管式电加热器；7—下反射罩

（3）变径管的加工成型

圆形大小头、矩形大小头、天圆地方可按金属风管展开放样，留出加热后的收缩量。塑料板材下料后，矩形大小头可按矩形风管方法加热折方成型；圆形大小头和天圆地方，应放在电热箱中加热，再在胎模中成型。胎模可用铁皮或木材制成，如图 7-5 所示。一般可按整体的 1/2 制作，如断面较大时，也可按整体的 1/4 制作。

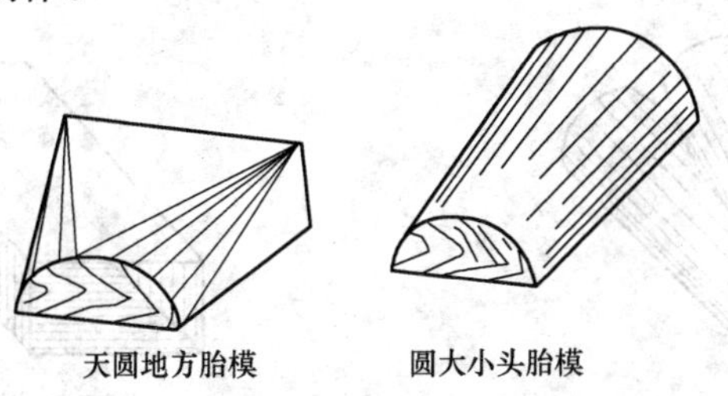

图 7-5　胎模

（4）弯头的加工成型

圆形弯头　图 7-6 所示的圆形弯头，可将板材按样板进行划线、切割。加热以后，用相同管径的圆直管的胎模卷成圆形。

也可用样板紧贴在已经加工好的圆直管上，沿展开线划线，然后沿划线截出若干个管节。此法可不因弯头加热成型后不均匀收缩，而造成形状不正确，但切割和坡口比较麻烦。

矩形弯头　图 7-7 所示的矩形弯头两块侧面可按图形切割下料，背板和里板应放出加热后的收缩量再切割。切割后，可用相同圆弧的圆形直管胎模加热成型。

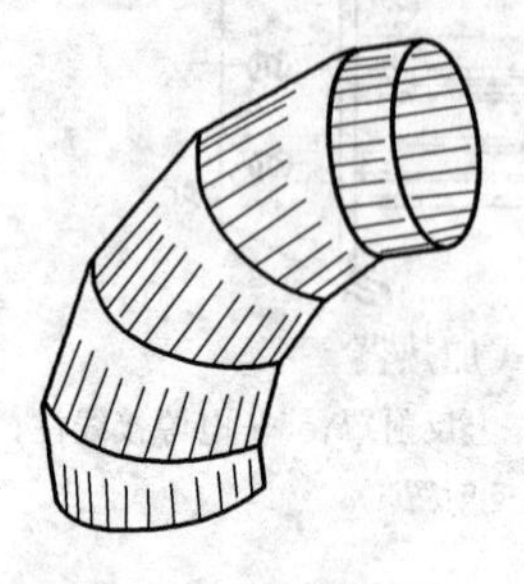

图 7-6　圆形弯头

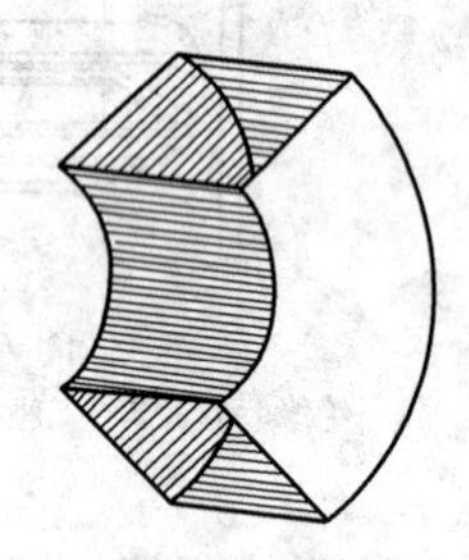

图 7-7　矩形弯头

（5）三通的加工成型

图 7-8 所示的圆形三通，可用样板紧贴在加工好的圆形大小头或圆形直管上，沿样板划出曲线，然后按曲线锯出。

图 7-9 所示的矩形三通，可按矩形弯头的加工方法进行加工。

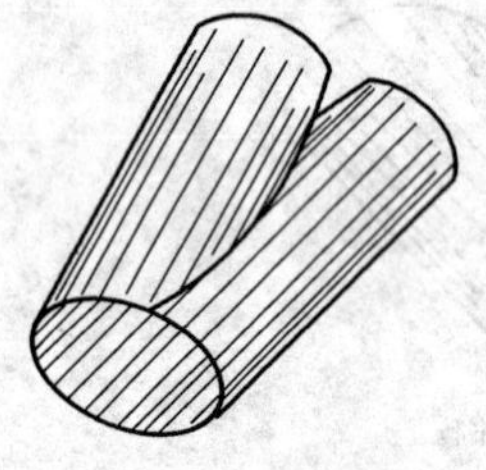

图 7-8　圆形三通

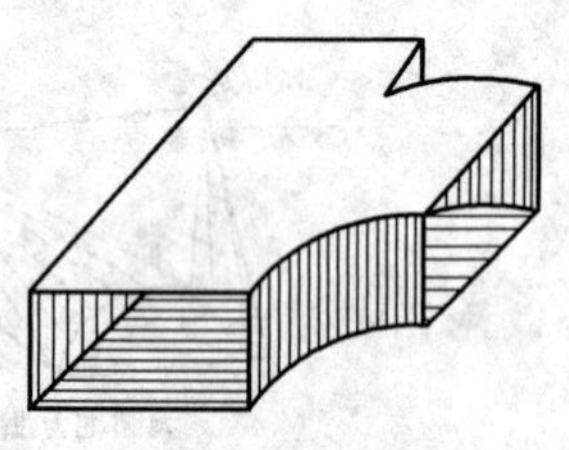

图 7-9　矩形三通

5. 法兰的制作加工

圆形法兰加工制作，是将塑料板在锯床上锯成条形板，在坡口机上开出内圆的坡口，放到电热箱内加热到柔软状态，然后取出加热好的条形塑料板放到胎具上煨成圆形。

胎具可根据法兰的厚度和内径作一块圆木板，板的外径等于法兰内径，并把圆木板钉在平板上。

塑料条形板煨成圆形后，应用平钢板或其他重物把煨好的法兰压平，待冷凝定型后，再取出进行焊接和钻孔。

直径较小的圆形法兰，可在车床上车制。

矩形法兰加工制作，是将塑料板锯成条形，开好坡口，在平板上焊接。

焊好的法兰，可用普通高速麻花钻头在台钻上钻孔，钻孔的切削速度 500～700m/min，钻头每转的进刀量为 0.5～0.8mm。为了避免塑料板过热，应间歇地提取钻头或用压缩空气进行冷却。

圆形、矩形法兰的加工尺寸应按表 7-4 和表 7-5 所列的数值进行加工，其允许误差与金属法兰相同。

硬聚氯乙烯圆形风管法兰规格（mm）　　表 7-4

风管直径 D	材料规格(宽×厚)	连接螺栓
D≤180	35×6	M6
180＜D≤400 400＜D≤500 500＜D≤800	35×8 35×10 40×10	M8
800＜D≤1400 1400＜D≤1600 1600＜D≤2000	45×12 50×15 60×15	M10
D＞2000	按设计	

硬聚氯乙烯矩形风管法兰规格（mm）　　表 7-5

风管边长 b	材料规格(宽×厚)	连接螺栓
b≤160	35×6	M6
160＜b≤400 400＜b≤500	35×8 35×10	M8
500＜b≤800	40×10	M10
800＜b≤1250 1250＜b≤1600 1600＜b≤2000	45×12 50×15 60×15	M10
b＞2000	按设计	

6. 风管的组配和加固

为避免腐蚀介质对风管法兰金属螺栓螺母的腐蚀和自法兰间隙中泄漏，管道安装尽量采用无法兰连接。当硬聚氯乙烯风管的连接采用焊接时，每一管段在安装前可连接至 4m 左右，再设置一副法兰，其风管的连接长度也可根据风管管径的大小、运输条件等适当地增减。

风管组配采取焊接方式，风管的纵缝必须交错，交错的距离应>60mm。圆形风管管径<500mm，矩形风管大边长度<400mm，其焊缝形式可采用对接焊缝；圆形风管管径>560mm，矩形风管大边长度>500mm，应采用硬套管或软套管连接后，风管与套管再进行搭接焊接。图 7-10 为塑料风管采用对接焊的形式。图 7-11*B* 为塑料风管采用套管搭接焊的形式；硬套管和软套管的具体尺寸如表 7-6 所列。

硬套管或软套管规格选用表 **表 7-6**

序号	圆形风管管径 D (mm)	矩形风管周边长 S (mm)	套管厚度 δ (mm)	硬套管或软套管长度 L(mm)
1	100～320	520～960	2	80
2	360～900	1000～2800	3	120
3	1000～1600	3200～3600	4	160
4		4000～5000	5	200
5		5400	6	240

为了增加塑料风管的机械强度，风管应在一定的距离按图 7-11*A* 中所示设加固圈，其加固圈的规格如表 7-7 所列。

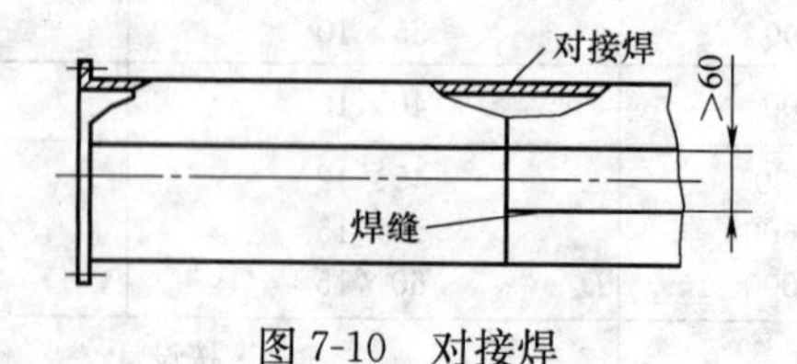

图 7-10　对接焊

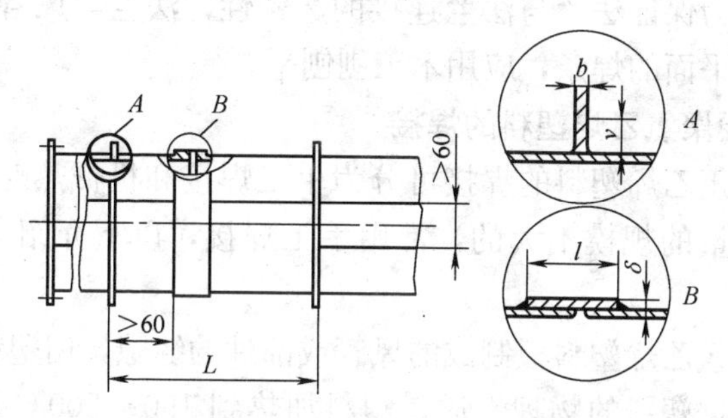

图 7-11　塑料风管的软、硬套管连接及加固

塑料管加固圈规格尺寸（mm）　　　　**表 7-7**

圆形			矩形		
风管直径	加固圈		风管大边长度	加固圈	
	规格 $a \times b$	间距 L		规格 $a \times b$	间距 L
100～320	—	—	120～320	—	—
360～500	—	—	400	—	—
560～630	40×8	～800	500	35×8	～800
700～800	40×8	～800	630～800	40×8	～800
900～1000	45×10	～800	1000	45×10	～400
1120～1400	45×10	～800	1250	45×10	～400
1600	50×12	～400	1600	50×12	～400
1800～2000	60×12	～400	2000	60×15	～400

风管与法兰焊接时，应注意下列事项：

（1）应仔细检查风管中心线与法兰平面的垂直度，以及法兰平面的平整度，其允许误差和金属的相同。法兰平面的平整度，对塑料制作的法兰尤为重要，以免上紧法兰螺栓时，由于两法兰的偏斜而造成局部过分应力，以致焊缝断裂。

（2）硬聚氯乙烯的抗拉强度低于钢材，对风管上的法兰，除了能承受风管重量外，还要承受螺栓的拉力。为了增加法兰的机械强度和防止法兰的变形，一般应在风管与法兰的连接处焊接三角支撑，三角支撑的间距可为 300～400mm。

（3）为保证法兰与法兰连接的严密性，法兰与风管焊接后，高出法兰平面的焊条，应用木工刨刨平。

7.1.3 硬聚氯乙烯塑料的焊接

硬聚氯乙烯塑料的焊接可分为手工焊接和机械热对挤焊接。一般工程量的规模不大的，常用手工焊接，以下介绍的为人工焊接。

硬聚氯乙烯塑料板制成的风管或部件的缝隙，用塑料焊接来连接。根据塑料的物理性质，塑料加热到190～200℃时，可变成韧性流动状态。使用热空气加热板材和焊条，在风压的作用下，使塑料板材与焊条结合，使焊条填满焊缝。塑料焊条有灰色和本色两种，其规格如表7-8所列。

塑料焊条的规格（mm） **表7-8**

直径		长度不短于	单焊条近似重量(kg/根)不小于	适用焊件厚度
单焊条	双焊条			
2.0	2.0	500	0.24	2～5
2.5	2.5	500	0.37	6～15
3.0	3.0	500	0.53	16～20
3.5	—	500	0.72	
4.0	—	500	0.94	

1. 焊接设备

塑料焊接设备有两种，一种是手持式的组合焊枪，其特点是加热和风机组合为一体，类似吹风机；另一种是分散组合式的，即焊枪、压缩空气源在使用再组合，适用于集中加工和焊接较厚的板材。

2. 焊接操作

为了保证塑料焊缝具有足够的机械强度和严密性，应正确地选用焊枪的空气温度、焊条及焊枪焊嘴直径、焊缝形式等，并正确地掌握和运用焊接方法。

（1）焊接空气温度的影响

根据表 7-9 所列的试验数据表明，焊接的空气温度越高，则焊接速度越快；但温度高于 260℃时，焊缝的机械强度降低，并易使材料分解；当温度低于 210℃时，不能使焊条与板材形成良好的接合，因此焊接的空气温度以 210～250℃较为合适。

温度对焊接速度及焊缝强度的影响　　表 7-9

焊枪焊嘴温度(℃)	单列缝的焊接速度(m/min)	X 型焊缝的抗拉强度(MPa)	对材料本体强度的百分比(%)	附　注
200	0.11	27.5	55	空气压力为 0.05～0.06MPa，焊条直径 3mm，焊枪焊嘴直径 3mm。焊枪焊嘴温度，用水银温度计在离焊嘴 5mm 处平行于气流方向经 15s 测定
210	0.14	33.0	60	
220	0.15	33.5	67	
230	0.16	32.5	65	
240	0.17	29.5	59	
260	0.18	25.5	51	
280	0.21	23.5	47	
300	0.22	20.35	40.7	

（2）焊条直径及焊嘴直径的影响

根据表 7-10 所列的试验数据表明，焊枪的焊嘴直径接近焊条直径时，焊缝强度最高。当焊条直径大于焊嘴直径时，因加热不充分，焊条不能均匀受热，因此焊接后焊条本身产生应力，这种应力在连续焊接时，如焊条再被加热，就会收缩，形成裂缝；当焊条直径小于焊嘴直径时，使焊条过分受热，降低焊缝强度。

焊条直径及焊枪焊嘴直径对焊缝强度的影响　　表 7-10

焊条直径(mm)	焊枪焊嘴直径(mm)	焊缝抗拉强度(MPa)	附　注
2.6	3.5	31.0	X 型 90°坡口张角板厚 5mm，焊接空气温度 240℃，空气流量 2～3m³/h，压力 0.05～0.06MPa
3.2	3.5	39.6	
3.4	3.5	40.0	

焊条直径可根据被焊板材厚度来选择。焊条一般采用直径为 3mm 的较为合适。第一道底焊时，为了更好地焊透焊缝根部，可采用直径为 2～2.5mm 的焊条。焊条选用如表 7-11 所列。

焊条选用表（mm） 表 7-11

板材厚度	焊条直径
2～5	2
5.5～15	3
16 以上	3.5

（3）焊缝的形式及断面的影响

焊缝的形式是随着风管、部件的结构特点及焊接的操作条件来进行选择。主要分为如表 7-1 所示的四种形式：

1）对接焊缝；2）搭接焊缝；3）填角焊缝；4）对角焊缝。

以对接焊缝的机械强度为最高，其他焊缝形式只在不可能用对接焊缝时采用。

采用搭接焊缝和填角焊缝时，由于焊条在板材表面上，而用层压法制成的板材，再次被局部加热到压制温度以上时，由于板材内应力作用，会产生分层和膨胀的趋向，因而薄片间的粘合强度就被破坏，相应地降低焊缝强度。所以搭接焊缝和填角焊缝一般很少单独使用，大多用作辅助焊缝，以加强其他焊缝的气密性，或构件加固时使用。

对接焊缝可以采用 V 型断面和 X 型断面。X 型断面在同样焊缝张角及板厚时，焊条用量最少，所以比较经济。而且焊接时，X 型断面热应力分布也比较均匀，所以 X 型焊缝强度也比较大于 V 型焊缝强度。

焊缝强度在一定程度上与焊缝张角成比例，张角大时，焊条与焊缝根部结合较好；但另一方面张角越大，焊缝所需焊条越多，因而焊接时间也越长。一般当板厚≤5mm 时，张角 α 采用 60°～70°；当板厚>5mm 时，张角 α 采用 70°～90°。

焊缝的形式和断面尺寸，可根据风管构造，参考表 7-1 进行选用。

焊缝断面确定后，可用坡口机进行坡口。坡口的角度应均匀一致，焊缝处应平直，焊缝背面应留有 0.5～1.0mm 的间隙，以保证焊缝根部有良好的接合。

(4) 焊接方法的正确运用：

1) 焊条位置及其在焊缝中的移动：焊条应垂直于焊缝平面(图 7-12)，并施加一定的压力，使被加热的焊条严密地与板材本体粘合。焊条应在一定的部位被加热，使其离焊接点不远处软化。施压粘合时，使焊缝处挤出微量的浆水为最好。当焊条偏于焊接方向后方（图 7-12，2)，以及在焊条上加的压力过大时，焊条容易伸长，其结果会在冷却时产生收缩应力，造成焊条断裂或再次加入焊条时发生断裂。当焊条偏于焊缝方向前方时(图 7-12，3)，焊条较长一段被软化，使得焊接时不能很好施加压力，造成焊接处凸起，使焊缝结合不紧密。

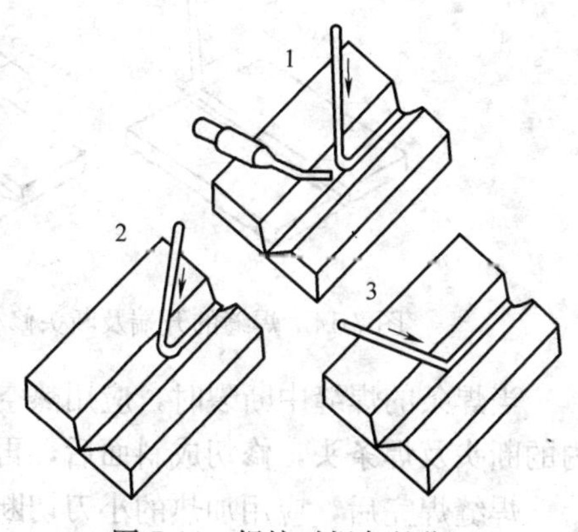

图 7-12　焊接时焊条的位置

2) 焊枪焊嘴的位置及运行：焊枪焊嘴的位置正确及摆动均匀对板材本体及焊条的均匀加热具有重大作用。为了避免焊缝边缘单面受热，焊枪焊嘴应沿焊缝方向均匀摆动。

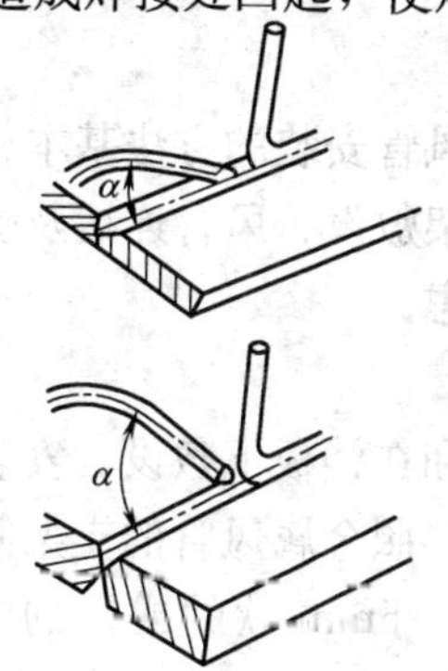

图 7-13　不同板厚时焊枪的倾斜角

焊枪焊嘴的倾角，根据被焊焊板材的厚度来确定，如图 7-13 所示。当板厚≤5mm 时，倾斜角 α 为 15°～20°；板厚为 5～10mm 时，α 为 25°～30°；当板厚>10mm时，α 为 30°～45°选定的倾斜角，应能保证焊条弯曲处的加热。

为了避免板材本体及焊条的过热发生炭化，焊枪焊嘴距焊缝表面应保持 5～6mm 的距离。

3）焊缝的开端和断头的分割：为了使焊缝开端处，焊条与板材本体有良好的接合，焊接时可先加热焊条，使其一端弯成直角，再插入已加热的焊缝中，使焊条的尖端留出焊缝 10～15mm，如图 7-14 所示。否则开始端处易于脱落。

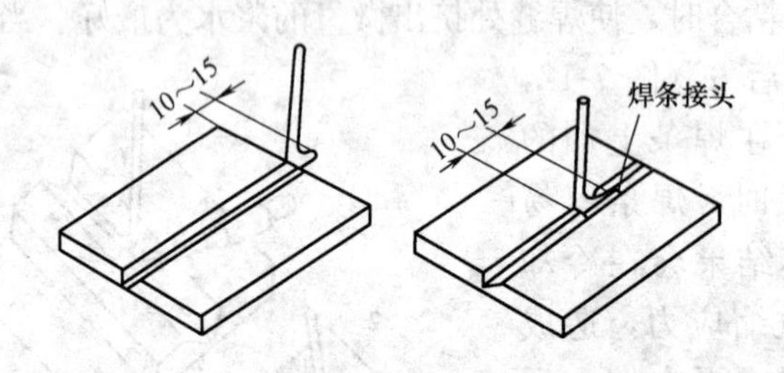

图 7-14 焊缝的开端及断头修补时焊条的熔焊

当焊条的焊缝中断裂时，应用热空气加热小刀，把留在焊缝内的断头及焊条头，修切成斜面后，再从切断处继续进行焊接。

焊缝焊完后，应用加热的小刀切断焊条，不要用手拉断。焊缝处应逐渐冷却，不要用水或压缩空气进行冷却，避免造成板材和焊条不均匀的收缩，产生应力以致断裂。

7.1.4 硬聚氯乙烯塑料板风管的安装

硬聚氯乙烯塑料风管的安装，和金属风管安装的方法基本相同。但由于硬聚氯乙烯塑料的特性，在支架敷设、风管连接及受热膨胀的补偿等方面，应在安装时加以考虑。

1. 塑料风管的架设

硬聚氯乙烯塑料风管，多数沿墙、柱和在楼板下敷设。安装时一般以吊架为主，也可用托架，具体可参照金属风管的支架制作；但风管与支架之间，应垫入厚度为 3～5mm 软的或硬的塑料垫片，并用粘结剂进行胶合。

硬聚氯乙烯塑料风管的支、吊架，多采用角钢制作，对于水平安装的横担和吊杆的规格如表 7-12 所列。支、吊架的间距为：当风管的边长 b＜400mm 时，其间距≤4000mm；当风管的边长

$b>400$mm 时，其间距≤3000mm。

硬聚氯乙烯塑料风管横担和吊杆规格（mm）　　表 7-12

风管类别	角钢或槽形钢横担				吊杆直径		
	∟25×3 ⊏40×20×1.5	∟40×3 ⊏40×20×1.5	∟50×5 ⊏40×20×1.5	∟63×5 ⊏40×20×1.5	ϕ8	ϕ10	ϕ12
硬聚氯乙烯风管	$b\leqslant630$	$b\leqslant1000$	$b\leqslant2000$	$b>3000$	$b\leqslant1250$	$1250<b\leqslant2500$	>2500

由于硬聚氯乙烯塑料的线膨胀系数大，所以支架的抱箍不能固定得太紧，风管和抱箍之间应有一定的空隙，以便于风管的伸缩。

安装风管时，应注意硬聚氯乙烯塑料性脆弱易裂，特别是冬季气温较低时，搬运风管应轻搬轻放，避免摔碰，发生裂缝；堆放风管要放平，不应堆放太高。

垂直吊装时，风管应绑扎控制绳，防止风管摆动碰撞，发生破裂。

法兰连接时，可用厚度为 3～6mm 的软聚氯乙烯塑料板做垫片，法兰螺栓处应加硬聚氯乙烯塑料制成的垫圈。拧紧螺丝时，要注意塑料的脆性，应十字交叉均匀地上紧螺栓。

安装的风管应与辐射热较强的设备和热力管道之间，留有足够的距离，防止风管受热变形。

室外敷设的风管、风帽等部件，为了避免太阳的照射而加速老化，外表面应刷白色油漆或铝粉漆。

管道上所用的金属附件，如支架的法兰的螺栓等，应根据具体场合的腐蚀情况，必须按设计要求涂刷防腐涂料。

2. 热延伸的补偿和振动的消除

通风管路的直管段较长时，由于硬聚氯乙烯塑料的线膨胀系数较大，当工作温度与周围温度差异较大，应每隔 15～20m 设置一个如图 7-15a 所示的伸缩节，以便于补偿其伸缩量。

通风管路的直管段产生伸缩情况，应将直管与支管的连接处，也设一个如图 7-15b 所示的软接头。

伸缩节和软接头可用厚度为 2～6mm 的软聚氯乙烯塑料板制成，其具体尺寸如表 7-13 所列。伸缩节的两端与风管外壁采

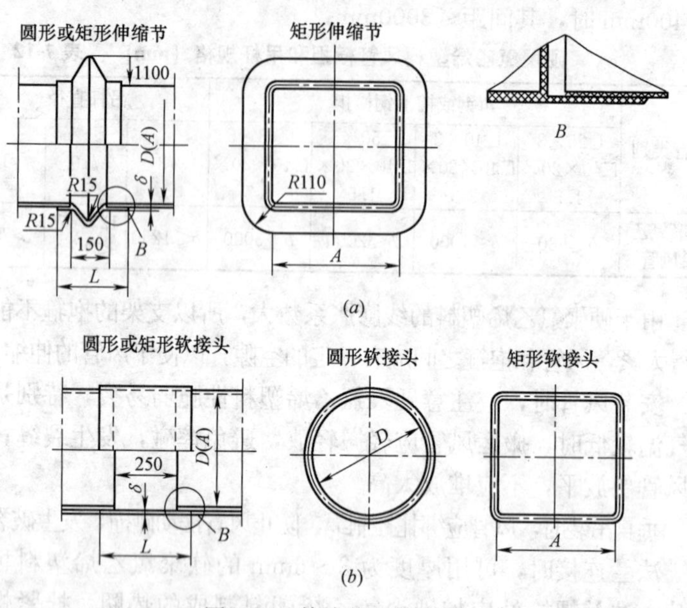

图 7-15 伸缩节和软接头

用焊接连接。当风管伸缩时，由于软塑料具有良好的弹性，当风管受热产生延伸时，由于软塑料具有良好的弹性，当风管受热产生延伸时，能够起补偿作用。

伸缩节、软接头的尺寸（mm） **表 7-13**

序号	圆形风管直径 D	矩形风管周长 S	厚度 δ	伸缩节 L	软接头 L
1	100～280	520～960	2	230	330
2	320～900	1000～2800	3	270	370
3	1000～1600	3200～3600	4	310	410
4	—	4000～5000	5	350	450
5	—	5400	6	390	490

通风机或其他有振动的设备与风管连接时，为了避免风机的振动引起噪声和风管震裂现象，应在连接处设置柔性短管，柔性短管可用 0.8～1.0mm 厚的软塑料布制成。

3. 风管穿过墙壁和楼板的保护

当硬聚氯乙烯塑料风管穿过墙壁时，应用金属套管加以保护，如图 7-16 所示。套管和风管之间，应留有 5～10mm 的间隙，可使塑料风管能沿轴向自由移动。墙壁与套管之间可用耐酸水泥砂浆填塞。

硬聚氯乙烯塑料风管穿过楼板时，楼板处应设置保护圈，防止楼板与风管的间隙向下渗水，并保护塑料风管免受意外撞击。如图 7-17 所示。

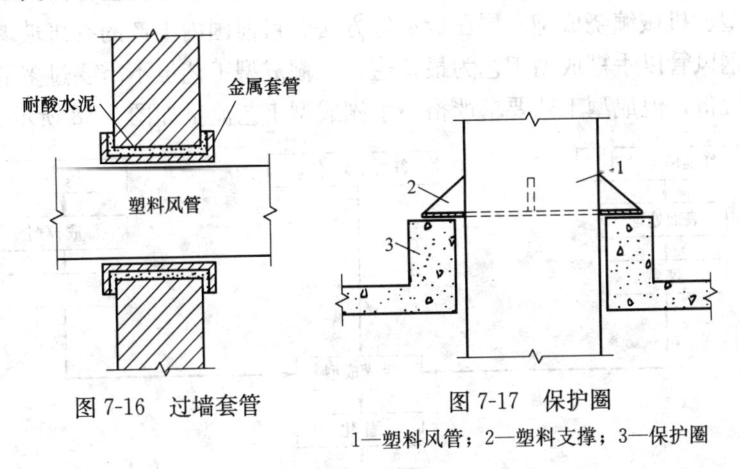

图 7-16　过墙套管

图 7-17　保护圈

1—塑料风管；2—塑料支撑；3—保护圈

7.2　有机玻璃钢风管的制作和安装

有机玻璃钢风管又叫玻璃纤维增强塑料，是由玻璃纤维布和各种不同树脂为胶粘剂，经成型工艺制作而成有机玻璃钢风管。其机械性能主要取决于纤维含量及排列方式；而耐腐蚀性能则取决于所选用的树脂的种类。有机玻璃钢有阻燃型和非阻燃型两种。

7.2.1　制作的要求

1. 风管不应有明显的扭曲、内表面应平整光滑，外表面应整齐美观，厚度应均匀，且边缘无毛刺，并无气泡及分层现象。

2. 风管的外径或外边尺寸的允许偏差为 3mm，圆形风管的任意正交两直径不应＞5mm；矩形风管的两对角线之差不应＞5mm。

3. 法兰应与风管成一整体，并应有过渡圆弧，并与风管轴线成直角，管口平面度的允许偏差为3mm；螺孔的排列应均匀，至管壁的距离应一致，允许偏差为2mm。

4. 矩形风管的边长＞900mm，且管段长度＞1250mm时，应加固。加固筋的分布应均匀、整齐。

7.2.2 有机玻璃风管的制作

1. 有机玻璃钢风管的制作工艺，可分为手糊成型、模压成型、机械缠绕成型、层压成型等方法。目前国内生产的有机玻璃钢风管以手糊成型工艺为最普遍。手糊成型工艺虽不需要过多的设备，但成型工艺要求严格。手糊成型工艺流量如图7-18所示。

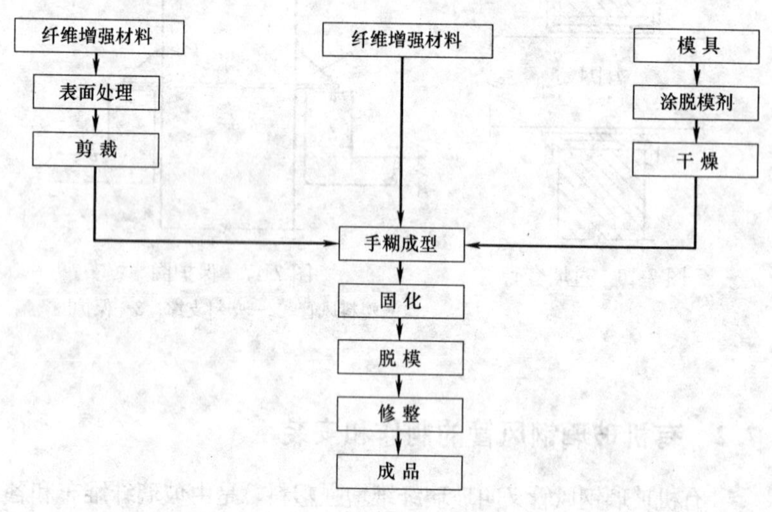

图7-18 手糊成型工艺流程

2. 有机玻璃钢风管的壁厚和法兰的规格如表7-14和7-15所列。制作风管的场地的温湿度应控制在15～30℃和RH75％以下，并设有排风设备以保证安全生产。对于原材料贮存也应对温湿度有所控制，玻纤制品的存放温湿度不小于15℃和RH不大于70％；化工原料应以低温贮存为宜，以不大于20℃为佳。

3. 玻璃纤维布的剪裁

玻纤布剪裁前应根据情况，进行脱蜡，但不能受潮或受污染。对于形状较为简单的风管或管件，可直接按其尺寸剪裁；对于形状较为复杂的管件，应先制成纸样后再剪裁。玻纤布要留有搭接余量。一般为50mm，对壁厚要求均匀的管件可对接；玻纤布搭接或对接，其各层布的接缝都应错开，以保证管件的强度。用于圆形风管或管件，应沿着与布的“经向”成45°角的方向剪裁成布带，利用45°方向布的形变性糊成圆形。

中、低压系统有机玻璃钢风管管壁厚度（mm）　表7-14

圆形风管直径 D 或矩形风管长边 b	壁厚
$D(b)\leqslant 200$	2.5
$200<D(b)\leqslant 400$	3.2
$400<D(b)\leqslant 630$	4.0
$630<D(b)\leqslant 1000$	4.8
$1000<D(b)\leqslant 2000$	6.2

有机、无机玻璃钢风管法兰规格（mm）　表7-15

风管直径 D 或风管边长 b	材料规格（宽×厚）	连接螺栓
$D(b)\leqslant 400$	30×4	M8
$400<D(b)\leqslant 1000$	40×6	M8
$1000<D(b)\leqslant 2000$	50×8	M10

剪裁玻纤布时，在不影响制品质量情况下，应尽量减少布的开剪处：如表面要求严格的管件，表层布的布边应在铺层前剪掉。对于要求机械性能高的管件，应尽量使整块玻纤布，保持纤维的连续性。

4. 胶衣的涂刷或喷涂

胶衣是有机玻璃钢风管表面的树脂层，起到风管的保护和装饰作用。胶衣涂刷应注意下列事项：

（1）模具上的脱模剂干燥后方能涂刷。涂刷的薄厚适宜而且要求均匀，防止涂胶厚而易裂或脱落，如涂的太薄而失去表面的保护作用。为保证涂层均匀，一般涂两层胶衣，第二层必须等第一层初凝后方可进行，其间隔时约40～60min。

（2）胶衣涂刷后如需要快速凝胶速度，可采用阳光或红外线灯照射，应防止局部湿度过高。如制作环境湿度过大的，应采取必要的措施，如送热风或红外线灯照射等。

（3）胶衣在涂刷过程中不能混入机械杂质。

5. 风管的糊制

风管的糊制是在胶衣涂刷后初凝，手感软而不粘时，应立即铺层糊制。铺层按层次安排进行，胶衣后面的一层应仔细成型，完成后可停一段时间，待表层不粘手再铺第二层。应注意在成型时要反复刮挤以降低树脂的含量，减少成型后的变形。树脂的固化时间调整为1h左右为宜。在风管的糊制中应注意下列事项：

（1）风管的外表层除涂刷胶衣外，为避免由于树脂固化收缩，使布纹凸起，造成表面不光滑，应采用0.06～0.1mm厚的薄布、表面毡或有机纤维布做表面。还可采用普通树脂（饱和型）加入粉末填料代替胶衣树脂。

（2）紧贴胶衣的增强材料，应采用1～2层短切纤维毡，在糊制过程排除气泡。

（3）风管在糊制时，为防止固化时发热量过大，风管厚度大于7mm可分两次成型。当中途停下进行多次成型时，应将前一次已固化的含蜡表面磨掉方能继续。如中途停顿，应尽量在固化前继续糊制。

（4）风管的转角、法兰、检查孔等受力部位，应增加布层，每次铺层不能同时铺两层以上。为提高风管等制品的刚度，按其具体情况可埋入加强筋；为不影响表面层的质量，加强筋应在铺层达到70%以上时埋入，并将埋入件去油洗净。

（5）风管等部件的拐角处的圆角的曲率半径R值：内侧R>5mm，外侧R>2mm。防止由于R太小，而使玻纤布回弹产生气泡。

（6）采用方格玻纤布时的含胶量为50%～55%；用毡时的含胶量为70%～75%。

(7) 风管在糊制时用力沿玻纤布的经、纬向顺一个方向排赶气泡，使布层贴紧，含胶量均匀。

(8) 风管糊制完毕，将未凝胶的落成面进行修整，在凝胶开始放热期间，涂刷加有蜡液的胶衣树脂，使落成面上带有胶衣。

在有机玻璃钢风管制作过程中，应制定劳动保护和安全生产技术措施。

7.2.3 有机玻璃钢风管的安装

有机玻璃钢风管的安装，应参照硬聚氯乙烯板风管。对于采用套管连接的风管，其套管厚度不能小于风管的壁厚。

7.3 无机玻璃钢风管的制作和安装

7.3.1 制作的要求

1. 风管的表面应光洁、无裂纹、无明显泛霜和分层现象。
2. 风管的外形尺寸的偏差应合表 7-16 的规定。

无机玻璃钢风管外形尺寸允许偏差 (mm)　　表 7-16

直径或大边长	矩形风管外表平面度	矩形风管管口对角线之差	法兰平面度	圆形风管两直径之差
≤300	≤3	≤3	≤2	≤3
301～500	≤3	≤4	≤2	≤3
501～1000	≤4	≤5	≤2	≤4
1001～1500	≤4	≤6	≤3	≤5
1501～2000	≤5	≤7	≤3	≤5
>2000	≤6	≤8	≤3	≤5

3. 风管法兰的规定与有机玻璃钢法兰相同。

7.3.2 无机玻璃钢的技术性能

无机玻璃钢风管主要是用氯氧镁水泥添加氯化镁胶结料等，用玻璃纤维布作增强材料而制得的复合材料风管。

无机玻璃钢风管具有良好的防火不燃烧性能，其抗氧指数达到 99，而且具有耐腐蚀、防潮湿、保温性能好及漏风量低等优点。其缺点是比较脆、易损坏，较笨重，应变能力差，安装上与其他材质的风管相比较为困难。无机玻璃钢风管的物理性能如表7-17所列。

无机玻璃钢风管的物理性能 表7-17

检验项目			一等品	合格品
表观密度/(g/m³)		不大于	2.1	
吸水率/%		不大于	8	12
抗弯强度/MPa		不小于	80	65
软化系数/MPa		不小于	0.80	0.70
抗冲击性	管体抗柔性冲击		20kg砂袋，500mm自由落下冲击15次不变形、不破坏	
	法兰抗冲击强度/(kJ/m²)	不小于	25	20
燃烧性能			不燃烧材料A级	
出厂含水率/%		不大于	5	7

7.3.3 无机玻璃钢风管的制作

无机玻璃钢风管的制作工艺多采用手糊成型的方法，其具体制作方法可参照有机玻璃钢风管，其区别是氯化镁、菱苦土（氯氧镁）等代替有机玻璃钢的树脂胶粘剂。

无机玻璃钢风管的壁厚、玻璃纤维布厚度与层数应符合表7-18和表7-19的要求，所用的法兰规格与有机玻璃钢风管相同。

中、低压系统无机玻璃钢风管管壁厚度（mm） 表7-18

圆形风管直径 D 或矩形风管长边尺寸 b	壁厚
$D(b) \leqslant 300$	2.5~3.5
$300 < D(b) \leqslant 500$	3.5~4.5
$500 < D(b) \leqslant 1000$	4.5~5.5
$1000 < D(b) \leqslant 1500$	5.5~6.5
$1500 < D(b) \leqslant 2000$	6.5~7.5
$D(b) > 2000$	7.5~8.5

无机玻璃钢风管根据使用的对象不同，可分为非保温单层风管和双层保温风管两种。双层保温风管即在其中间设有厚度为20mm 的自熄型的聚苯乙烯泡沫塑料板，其工程中常用的各种尺寸如表 7-20 所列。

中、低压系统无机玻璃钢风管玻璃纤维布厚度与层数（mm）

表 7-19

圆形风管直径 D 或矩形风管长边 b	风管管体玻璃纤维布厚度		风管法兰玻璃纤维布厚度	
	0.3	0.4	0.3	0.4
	玻璃纤维布层数			
$D(b)\leqslant 300$	5	4	8	7
$300<D(b)\leqslant 500$	7	5	10	8
$500<D(b)\leqslant 1000$	8	6	13	9
$1000<D(b)\leqslant 1500$	9	7	14	10
$1500<D(b)\leqslant 2000$	12	8	16	14
$D(b)>2000$	14	9	20	16

无机玻璃钢双层保温风管和法兰的规格（mm）　表 7-20

圆形风管直径 D 或矩形风管边长 b	双层保温风管的壁厚和保温层厚($\delta_1+B+\delta_2$)	双层风管的法兰规格	
		宽度	厚度
$D(b)\leqslant 300$	3+20+3	75	6
$300<D(b)\leqslant 500$	4+20+3	75	8
$500<D(b)\leqslant 1000$	5+20+3.5	75	10
$1000<D(b)\leqslant 1500$	6+20+4	80	12
$1500<D(b)\leqslant 2000$	7+20+5	80	17
$2000<D(b)\leqslant 2500$	8+20+6	80	22
$2500<D(b)\leqslant 3200$	10+20+7	80	24

无机玻璃钢风管除外形尺寸偏差和风管的壁厚及玻璃纤维布的厚度、层数必须达到要求外，风管和配件不得扭曲，内表面应平整光滑、外表面应整齐美观，厚度要均匀，边缘无毛刺，不能有返卤、严重泛霜和气泡分层现象。

7.3.4　无机玻璃钢风管的安装

无机玻璃钢风管的安装方法与金属风管安装基本相同。由于自身的特点，在安装过程中应注意下列问题：

1. 在吊装或运输过程中应特别注意，不能强烈碰撞。不能在露天堆放，避免雨淋日晒，如发生损坏或变形不易修复，必须重新加工制作，因而造成不应有的损失。

2. 无机玻璃钢风管的自身重量与薄钢板风管相比重得多，在选用支、吊架时不能套用现行的标准，应根据风管的重量等因素详细计算确定型钢的尺寸。

3. 进入安装现场的风管应认真检验，防止不合格的风管进入施工现场。对风管各部位的尺寸必须达到要求的数值，否则组装后造成过大的偏差。

4. 在吊装时不能损伤风管的本体，不能采用钢丝绳捆绑，可用棕绳或专用托架吊装。

7.4 复合风管的制作和安装

复合风管有复合玻纤板风管和发泡复合材料风管两种。

双面铝箔复合保温风管，是指两面覆贴铝箔、中间夹有发泡复合材料或玻纤板的保温板制作成的风管。

由于铝箔复合保温风管具有外观美、不用保温、隔声性能好、施工速度快、安全卫生等优点，国内多有采用。复合玻纤板风管的制作应按国家标准《通风与空调工程施工质量验收规范》（GB 50243—2002）和国家行业标准《复合玻纤板风管》（JG/T 591—1995）的要求执行。

7.4.1 制作的要求

1. 双面铝箔绝热板风管除参照金属风管的有关要求外，并应符合下列要求：

（1）板材的拼接宜采用专用的连接构件，连接后板面平面度允许偏差为 5mm。

（2）风管的折角应平直，拼缝粘接应牢固、平整，风管的粘接材料宜采用难燃材料。

（3）风管采用法兰连接时，其连接应牢固，法兰平面度的允许偏差为2mm。

（4）风管的加固，应根据系统工作压力及产品技术标准的规定执行。

2. 铝箔玻璃纤维板风管除参照金属风管的有关要求外，并应符合下列要求：

（1）风管的离心玻璃纤维板材应干燥、平整，板外表面的铝箔隔气保护层应与内芯玻璃纤维材料粘合牢固；内表面应有防纤维脱落的保护层，并应对人体无危害。

（2）当风管连接采用插入接口形式时，接缝外的粘接应严密、牢固，外表面铝箔胶带密封的每一边粘接宽度不应＜25mm，并应有辅助的连接固定措施。

当风管的连接采用法兰形式时，法兰与风管的连接应牢固，并应能防止板材纤维逸出和冷桥。

（3）风管的表面应平整、两端面平行，无明显凹穴、变形、起泡，铝箔无破损等。

（4）风管的加固，应根据系统工作压力及产品技术标准的规定执行。

7.4.2　选材和工具的准备

1. 复合风管的选材

复合风管材料应符合下列要求：

（1）复合风管的燃烧性能应符合国家标准“建筑材料燃烧性能分级方法”GB 8624中不燃A级或难燃B_1的规定。

（2）复合材料的表层铝箔材质应符合国家标准“工业用纯铝箔”GB 3198的规定，厚度不应＜0.06mm。当铝箔层复合有增强材料时，其厚度不应＜0.012mm。

（3）复合板材的复合层应粘接牢固，板材外表面单面的分层，塌凹等缺陷不得＞0.6%，内部绝热材料不得裸露在外。

（4）铝箔热敏、压敏胶带和粘接剂的燃烧性能应符合难燃B_1级，并应在使用期限内。胶粘接剂应与风管材质相匹配，并应符合环保要求。

（5）铝箔压敏、热敏胶带的宽不应<50mm，铝箔厚度不应<0.045mm。铝箔压敏密封胶带180°剥离强度不应<0.52N/mm。

铝箔热敏胶带熨烫面应有加热到150℃时变色的变温色点。热敏密封胶带180°剥离试验强度时，剥离强度不应<0.68N/mm。

2. 工具的准备

（1）工作台：用角钢焊制的工作台，其长×宽×高为4200×1200×800mm为宜，台面应平整，并应覆盖较厚而柔软的台布。

（2）铝制专用压尺：4200mm压尺用于竖向切板，使板材在工作台上固定不会移动；而1200mm的压尺则用于横向切板。

（3）双刃刀：90°的双刃刀用于开V型槽。装刀片的刀尖与底部的垂直距离应比板材厚度稍短。防止将板材割透。

（4）单刃刀：单刃刀有90°、45°、22.5°三种。45°单刃刀分左斜和右斜两种。单刃刀的刀尖与底部的垂直距离应比板材厚度稍长一点，以便将板材割透。

7.4.3 酚醛铝箔和聚氨酯铝箔复合风管制作和安装

1. 风管制作

（1）复合风管的拼应采用45°角粘接或“H”形加固条拼接，拼接处应涂胶粘剂粘合，其拼接形式如图7-19所示。当风管边长≤1600mm时，宜采用45°角形槽口处直接粘接，并在粘接缝处两侧粘贴铝箔胶带；边长>1600mm时，宜采用“H”形PVC或铝合金加固条在90°角槽口处拼接。

（2）板材切割应使用专用刀具、切口应平直。风管管板组合前应清除油渍、水渍、灰尘，组合可采用一片法、两片法或四片法形式，如图7-20所示。组合时45°角切口处应均匀涂满胶粘剂粘合。粘接缝应平整，不得有歪曲、错位、局部开裂等缺陷。铝箔胶带粘接时，其接缝处单边粘贴宽度不应<20mm。

（3）风管内角缝应采用密封材料封堵；外角缝铝箔断开处，应采用铝箔胶带封贴。

（4）PVC连接件的燃烧等级应为难燃R级，其壁厚应

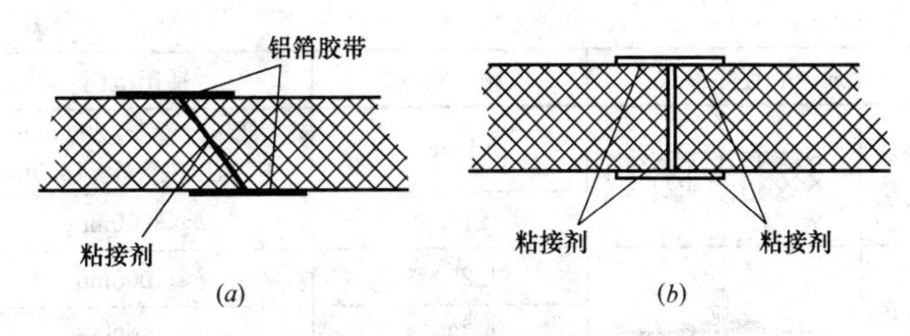

图 7-19　风管板材拼接方式
(a) 切 45°角粘接；(b) 中间加“H”形连接件拼接

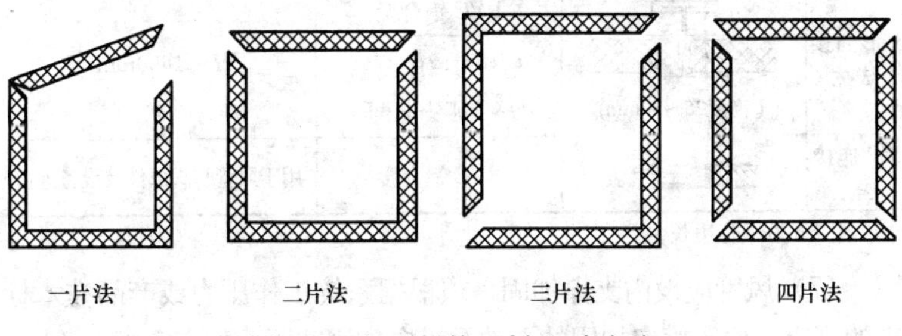

图 7-20　矩形风管 45°角组合方式

≥1.5mm。

(5) 低压风管边长＞2000mm，中高压风管边长＞1500mm时，风管法兰应采用铝合金等金属材料。

(6) 边长＞320mm 的矩形风管安装插接法兰时，应在风管四角粘贴厚度不＜0.75mm 的镀锌直角垫法，其宽度应与风管板料厚度相等，边长不＜55mm。

复合板风管连接形式及适应范围如表 7-21 所列。

复合板风管的连接形式　　表 7-21

非金属风管连接形式		附件材料	适用范围
45°粘接		铝箔胶带	酚醛铝箔复合板风管、聚氨酯铝箔复合板风管 $b\leqslant500$mm
榫接		铝箔胶带	丙烯酸树脂玻璃纤维复合风管 $b\leqslant1800$mm
槽形插接连接		PVC	低压风管 $b\leqslant2000$mm 中、高压风管 $b\leqslant1600$mm

续表

非金属风管连接形式		附件材料	适用范围
工形插接连接	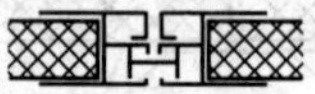	PVC	低压风管 $b \leqslant 2000$mm 中、高压风管 $b \leqslant 1600$mm
		铝合金	$b \leqslant 3000$mm
外套角钢法兰		∟25×3	$b \leqslant 1000$mm
		∟30×3	$b \leqslant 1600$mm
		∟40×4	$b \leqslant 2000$mm
c形插接法兰	 (高度25~30mm)	PVC 铝合金	$b \leqslant 1600$mm
		镀锌板厚度大于或等于 1.2mm	
“h”连接法兰	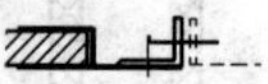	PVC 铝合金	用于风管与阀部件及设备连接

注：b 为风管边长。

（7）风管应设内支撑加固，须根据系统工作压力或产品技术标准的规定，确定横向加固的点数及纵向加固间距，如表 7-22 所列。

复合板风管横向加固点及纵向加固间距　　表 7-22

类别		系统工作压力(Pa)						
		<300	301~500	501~750	751~1000	1001~1250	1251~1500	1051~2000
		横向加固点数						
风管边长 b (mm)	410<$b \leqslant$600	—	—	—	1	1	1	1
	600<$b \leqslant$800	—	1	1	1	1	1	2
	800<$b \leqslant$1000	1	1	1	1	1	2	2
	1000<$b \leqslant$1200	1	1	1	1	1	2	2
	1200<$b \leqslant$1500	1	1	1	2	2	2	2
	1500<$b \leqslant$1700	2	2	2	2	2	2	2
	1700<$b \leqslant$2000	2	2	2	2	2	2	3
纵向加固间距(mm)								
聚氨酯铝箔复合板风管		≤1000	≤800	≤600				≤400
酚醛铝箔复合板风管		≤800						—

2. 风管系统的安装

（1）支、吊架安装

支、吊架的横担可根据风管的尺寸选用角钢或槽钢制作，吊杆采用圆钢，其具体的规定如表 7-23 所列。风管支、吊架的间距如表 7-24 所列。

复合板风管支架横担和吊杆规格（mm）　　　表 7-23

风管类别	角钢或槽形钢			吊杆直径	
	∠25×3 ⊏40×20×1.5	∠30×3 ⊏40×20×1.5	∠40×5 ⊏40×20×1.5	ϕ6	ϕ8
聚氨酯复合风管	≤630	630～1250	>1250	b≤1250	1250<b≤2000
酚醛复合风管	≤630	630～1250	>1250	b≤800	800<b≤2000

复合板风管支、吊架最大间距（mm）　　　表 7-24

风管类别	风管边长						
	≤400	≤450	≤800	≤1000	≤1500	≤1600	≤2000
	支吊架最大间距						
聚氨酯复合板风管	≤4000	≤3000					
酚醛复合板风管	≤2000				≤1500		≤1000

支、吊架安装时应注意下列几点：

1）在弯头、三通等管件受力部位，其支、吊的间距应适当减小。

2）复合风管与风阀等部件连接处，应单独设立支、吊架。支、吊架与部件的距离不少于 200mm。以利于操作和维修。

3）垂直安装的风管，支架的间距不应>2.4m，而且每根立管支架不少于 2 个，并增加支架与风管接触面积，减小局部受力。

4）水平吊架安装的风管，其长度>20m 时，应安装防止摆动的固定点，每个系统不应少 1 个。

（2）风管的安装

风管穿越需要密封的楼板或墙体时，应采用金属套管。套管的壁厚与金属风管相同。

风管与法兰或其他连接件采用插接连连接时，管壁厚度与法兰等连接件槽宽度应有 0.1～0.5mm 过盈量，插接面应涂满胶粘剂。法兰四角接头处应平整，不平整度应≤1.5mm，接头处的内边应填满密封胶。复合板风管安装应符合下列要求。

1）插条法兰的长度应小于风管内边 1～2mm，插条法兰的不平整度应≤2mm。

2）中、高压风管的插条法兰间应加密封垫或其他密封措施。

3）插条法兰四角的插条端头应涂抹密封胶后再插护角。

4）矩形风管边长＜500mm 的支管与主风管连接时，应按图 7-21（*a*）所示的在主风管接口切内 45°坡口，支风管管端接口处开外 45°坡口直接粘接。

5）主风管与支风管可直接开口连接，按图 7-21（*b*）所示采用 90°连接件或其他专用连接件连接。连接件四角处应涂抹密封胶。

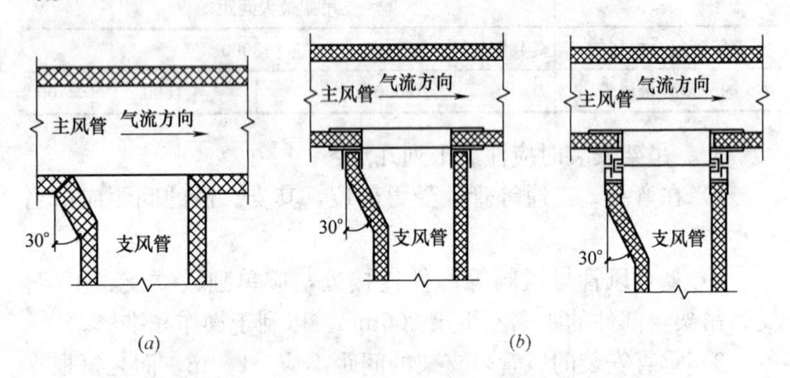

图 7-21　主风管与支风管连接形式

（*a*）接口切内 45°粘接；（*b*）90°专用连接件连接

7.4.4　玻璃纤维复合板风管的制作和安装

1. 风管制作

玻璃纤维复合板的内、外表面层与玻璃纤维绝热材料粘接应牢固，防止表面的纤维脱落。风管内壁采用涂层材料时，其材料应符合对人体无害的卫生要求。风管的制作应符合下列要求：

（1）风管应采用整板材料制作。板材拼接时必须在接口处涂满胶液并紧密贴合。为保证接口的密封性，应在外表面的拼缝处预留宽 30mm 的外护层涂胶密封后，再用一层宽度≥50mm 热敏或压敏铝箔胶带粘贴密封。接缝处单边，粘贴宽度不应＜20mm。风管的内表面拼缝处可用一层宽度≥30mm 铝箔复合玻璃纤维布粘贴密封或用胶粘剂抹缝。玻璃纤维复合板拼接如图 7-22 所示。

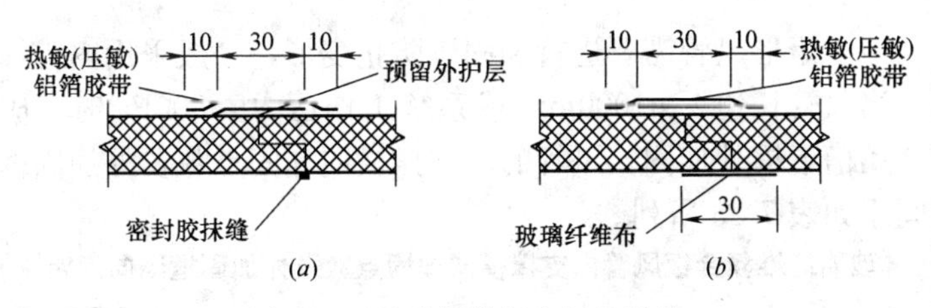

图 7-22　玻璃纤维复合板的拼接

（2）风管管板的槽口形式可采用 45°角形（如图 7-20）和 90°梯形（如图 7-23）。使用专用刀具切割槽口时，应注意不得破坏铝箔表层，组合风管的封口处应留有＞35mm 的外表面层搭接边量。

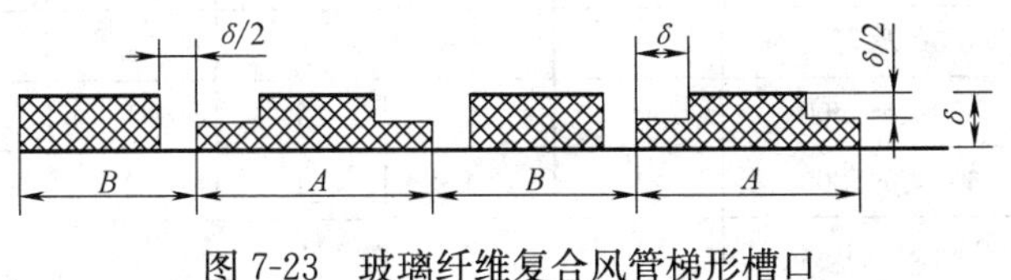

图 7-23　玻璃纤维复合风管梯形槽口

（3）风管组合前，应将管板表面的切割纤维、油渍、水渍等清除干净。风管组装时，应将槽口的切割面处均匀涂满胶粘剂，再顺槽口将板料折合成风管，槽口不能有间隙和错位，并调整风管端面的平面度。在组装时还应注意不能有玻璃纤维外露的现象。

图 7-24 所示的为风管直角组合图。图中所示：风管四角槽口粘合后，风管外壁的接缝用板料下料时预留的外护层均匀粘贴

在接缝处，再用一层宽度≥50mm 热敏或压敏铝箔胶带重叠密封。风管内角接缝处应用胶粘剂勾缝。

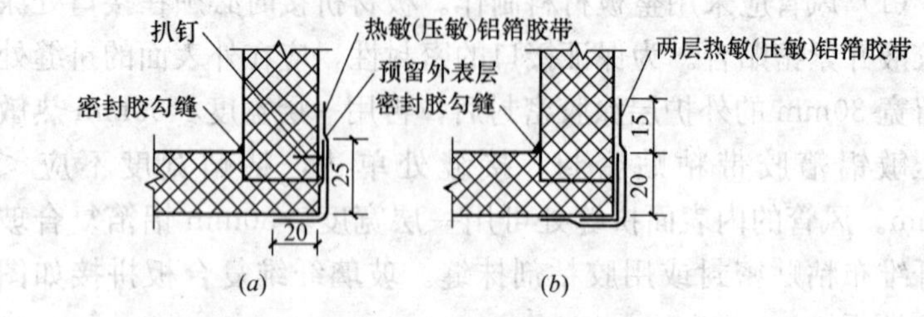

图 7-24 风管直角组合图

（4）矩形风管需要进行加固以防止变形，一般采用内支撑加固。当风管长边 b≥1000mm 或系统工作压力≥500Pa 时，应采用金属槽形框外加固。风管的内支撑横向加固点数及外加固框纵向间距如表 7-25 所列。

玻璃纤维复合板风管内支撑横向加固点数及外加固框纵向间距

表 7-25

类别		系统工作压力(Pa)				
		0～100	101～250	251～500	501～750	751～1000
		内支撑横向加固点数				
风管边长b(mm)	300＜b≤400	—	—	—	—	1
	400＜b≤500	—	—	1	1	1
	500＜b≤600	—	1	1	1	1
	600＜b≤800	1	1	1	2	2
	800＜b≤1000	1	1	2	2	3
	1000＜b≤1200	1	2	2	3	3
	1200＜b≤1400	2	2	3	3	4
	1400＜b≤1600	2	3	3	4	5
	1600＜b≤1800	2	3	4	4	5
	1800＜b≤2000	3	3	4	5	6
槽形外加固框纵向间距(mm)		≤600		≤400		≤350

风管加固时，用6mm的圆钢做内支撑横向加固，并与金属槽形框紧固为一体。槽形框的槽形钢的规格如表7-26所列。

玻璃纤维复合风管外加固槽形钢规格（mm）　表7-26

风管边长(*b*)	槽形钢高度×宽度×厚度
≤1200	40×20×1.0
1201～2000	40×20×1.2

风管加固后，应将对加固内支撑件和管外壁加固件的螺栓对管壁的穿孔，进行密封处理。

（5）风管如采用外套角钢法兰、外套C形法兰连接时，其法兰连接处可视为一处加固点。其他连接方式风管的边长＞1200mm时，距法兰150mm内应设纵向加固。采用阴、阳榫连接的风管，应距榫口100mm内设纵向加固。

（6）风管内表面采用丙烯酸树脂应符合下列要求：

1）丙烯酸树脂涂层应均匀，涂料重量不应＜105.7g/m^2，不得有玻璃纤维外露。

2）风管成形后，在外接缝处采用扒钉加固。其间距不应＞50mm，并应采用宽度＞50mm热敏胶带密封。

2. 风管系统安装

（1）风管水平安装的支、吊架允许的最大间距如表7-27所列。垂直安装的支架间距不应＞1.2m。

玻璃纤维复合风管水平安装支吊架最大间距（mm）表7-27

风管类别	风管边长		
	≤450	≤1000	≤2000
	支吊架最大间距		
玻璃纤维复合风管	≤2400	≤2200	≤1800

（2）风管水平安装的横担及吊杆如表7-28所列。

玻璃纤维复合风管水平安装横担及吊杆规格（mm）表 7-28

风管类别	角钢或槽形钢横担			吊杆直径	
	∠25×3 ⊏40×20×1.5	∠30×3 ⊏40×20×1.5	∠40×4 ⊏40×20×1.5	ϕ6	ϕ8
玻璃纤维复合风管	b≤450	450＜b≤1000	1100＜b≤2000	b≤600	600＜b≤2000

注：b 为风管边长。

（3）风管安装应符合下列要求：

1）管材搬运过程，应避免损坏铝箔复合面或树脂涂层。

2）榫连接风管连接时，应在榫口处涂胶粘剂，连接后在外接缝处应采用扒钉加固。间距不应＞50mm，并采用宽度＞50mm 的热敏胶带粘贴密封。

3）风管预接的长度不宜超过 2800mm。

4）采用榫形插接等连接构件时，风管端印口应采用铝箔胶带或刷密封胶封堵。

5）采用钢制槽形法兰或插条式构件连接的风管垂直固定处，应在风管外壁用角钢或槽钢抱箍、风管内壁衬镀锌金属内套，并用镀锌螺栓穿过管壁将抱箍与内套固定。螺孔间距不应＞120mm，螺母应位于风管外侧。螺栓穿过管壁处应进行密封处理。

6）风管在竖井内垂直固定，可采用角钢法兰加工成“♯”形套，将突出部分作为固定风管的吊耳。

8. 通风与空调设备的安装

8.1 组合式空调器及柜式空调机组的安装

8.1.1 安装的要求

1. 组合式空调器及柜式空调机组

(1) 组合式空调器各功能段的组装，应符合设计的顺序和要求；各功能段之间的连接应严密，整体应平直。

(2) 机组与供回水管的连接应正确，机组下部冷凝水排放管的水封高度应符合设计要求。

(3) 机组应清扫干净，箱体内应无杂物、垃圾和积尘。

(4) 机组内的空气过滤器（网）和空气热交换器翅片应清洁、完好。

2. 空气处理室

(1) 金属空气处理室壁板及各段的组装位置应正确，表面平整，连接严密、牢固。

(2) 喷水段本体及其检查门不能漏水，喷水管和喷嘴的排列、规格应符合设计要求。

(3) 表面式换热器的散热面应保持清洁、完好。当用于冷却空气时，在下部应设有排水装置，冷凝水的引流管或槽应畅通，冷凝水不外溢。

(4) 表面式换热器与围护结构间的缝隙，以及表面换热器之间的缝隙，应封堵严密。

(5) 换热器与系统供回水管的连接应正确，并严密不漏。

8.1.2 设备的安装

组合式空调器的特点：是预制的中间填充保温材料的壁板，

其中间的骨架有Z形、U形、I形等。各段之间的连接常采用螺栓内垫海绵橡胶板的紧固形式，也有的采用U形卡兰内垫海绵橡胶板的紧固形式。国外生产的空气调节机也有用插条连接。组合式空调器的安装，应按各生产厂家的说明书进行。在安装过程中应注意下列问题：

1. 组合式空调器各段在施工现场组装时，坐标位置应正确并找正找平，连接处要严密、牢固可靠，喷水段不得渗水，喷水段的检视门不得漏水。凝结水的引流管应该畅通，凝结水不得外溢。凝结水接头应安装水封，防止空气调节器内空气外漏或室外空气进入空气调节器内。

2. 空气调节器设备基础应采用混凝土平台基础，基础的长度及宽度应按照设备的外形尺寸向外各加大100mm，基础的高度应考虑到凝结水排水管的坡度。

设备基础平面必须水平，对角线水平误差应不超过5mm。有的空气调节器可直接平放在垫有3～5mm橡胶板的基础上。也有的空气调节器平放在垫有橡胶板的10号工字钢或槽钢上，即在基础上敷设三条工字钢，其长度等于空气调节器选用各段的总长度。

3. 设备安装前应检查各零部件的完好性，对有损伤的部件应修复，对破损严重的要予以更换。对表冷器、加热器中碰歪碰扭的翅片应予校正，各阀门启闭灵活，阀叶应平直。对各零部件上防锈油脂，积尘应擦除。

4. 表冷器或加热器应有合格证书，在技术文件规定期限内，外表面无损伤，安装前可不做水压试验，否则应做水压试验。试验压力等于系统最高工作压力的1.5倍，不得低于0.4MPa，试验时间为2～3min，压力不得下降。

5. 为减少空气调节器的过水量，挡水板与喷淋段壁板间的连接处应严密，使壁板面上的水顺利下流。应在挡水板与喷淋段壁板交接处的迎风侧，和分风板与喷淋段壁板交接处设有泛水。挡水板的片距应均匀，梳形固定板与挡水板的连接应松紧适度。

挡水板的固定件应做防腐处理。挡水板和喷淋水池的水面如有一定的缝隙，将会使挡水板分离的水滴吹过，增大过水量。因此，挡水板不允许露出水面，挡水板与水面接触处应设伸入水中的挡水板。分层组装的挡水板分离的水滴容易被空气带走，每层应设排水装置，使分离的水滴沿挡水板流入水池。

6. 空气喷淋室对空气处理的效果，还取决于喷嘴的排列形式。喷嘴安装的密度和对喷、顺喷的排列形式，应符合设计要求。同一排喷淋管上的喷嘴方向必须一致，分布均匀，并保证溢水管高度正确。

7. 空气调节器现场组装，必须按照下列的程序进行：

（1）对于有喷淋段的空气调节器，首先应按照水泵的基础为准，先安装喷淋段，然后左右两边分组同时对其他各功能段进行安装。

（2）对于有表冷段的空气调节器，也可由左向右或由右向左进行组装。

（3）在风机单独运输的情况下，先安装风机段空段体，然后再将风机装入段体内。

（4）现场组装的组合式空调器组装后，应做漏风的检测，其漏风量必须符合国家标准 GB/T 14294 的规定。

8. 表冷器或加热器与框架的缝隙，及表冷器或加热之间的缝隙，应用耐热垫片拧紧，避免漏风而短路。

9. 对于现场浇筑的混凝土空气调节器，预埋在混凝土内的供回水短管应焊有方肋板，防止漏水或渗水，并避免维修时使混凝土松动。管端应配上法兰或螺纹，距空气调节器墙面为 100～150mm。

8.2 通风机和防排烟风机的安装

通风机的安装是通风、空调系统施工中的一项重要分部工程，其安装质量的好坏，将直接影响到系统的使用效果。

防排烟风机是建筑物内安全的重要保证。正压送风的防烟风机多采用通用的离心风机或轴流风机；排烟风机采用专用风机。消防高温排烟风机，烟温低于150℃可长时间运转，烟温在300℃时，可连续运转40min。

8.2.1　安装的要求

（1）通风机的型号、规格应符合设计要求，其出口方向应正确；叶轮旋转应平稳，停转后不应每次停留在同一位置上；固定通风机的地脚螺栓应拧紧，并有防松措施。

（2）通风机安装应符合表8-1的要求，叶轮转子与机壳的组装位置正确；叶轮进风口插入风机机壳进风口或密封圈的深度，应符合设备技术文件的规定，或为叶轮外径的1/100。

通风机安装的允许偏差　　表8-1

项次	项　目		允许偏差	检验方法
1	水平线的平面位移		10mm	经纬仪或拉线和尺量检查
2	标高		±10mm	水准仪或水平仪，直尺，拉线和尺量检查
3	皮带轮轮宽中心平面偏移		1mm	在主、从动皮带轮端面拉线和尺量检查
4	传动轴水平度		纵向0.2/1000 横向0.3/1000	在轴或皮带轮0°和180°的两个位置上，用水平仪检查
5	联轴器	两轴心径向偏差	0.05mm	在联轴器互相垂直的四个位置上，用百分表检查
		两轴线倾斜	0.2/1000	

（3）现场组装的轴流风机的叶片安装角度应一致，达到在同一平面内运转，叶轮与筒体之间的间隙应均匀，水平度允许偏差为1/1000。

（4）安装隔振器的地面应平整，各组隔振器承受荷载的压缩量应均匀，高度误差应＜2mm。

（5）安装风机的隔振钢支吊架，其结构形式和外形尺寸应符合设计或设备技术文件的规定；焊接应牢固，焊缝应饱满、均匀。

8.2.2 风机的开箱检查

风机开箱检查时，首先应根据设计图纸按通风机的称呼，核对名称、型号、机号、传动方式、旋转方向和风口位置等六部分。通风机符合设计要求后，应对通风机再进行下列检查：

（1）根据设备装箱单，核对叶轮、机壳和其他部位（如地脚螺栓孔中心距、进排风口法兰孔径和方位及中心距、轴的中心标高等）的主要尺寸是否符合设计要求；

（2）叶轮旋转方向应符合设备技术文件规定；

（3）进、排风口应有盖板严密遮盖，防止尘土和杂物进入；

（4）检查风机外露部分各加工面的防锈情况，及转子是否发生明显的变形或严重锈蚀、碰伤等，如有上述情况，应会同有关单位研究处理；

（5）检查通风机叶轮和进气短管的间隙，用手盘动叶轮，旋转时叶轮不应和进气短管相碰。叶轮和平衡在出厂时都经过校正，一般在安装时可不进行此项工作。

8.2.3 离心式通风机的安装

离心式通风机混凝土基础上安装时，应先按图纸和风机实物，对土建施工的基础进行核对，检查基础标高和坐标及地脚螺栓的孔洞位置是否正确。然后清除基础上的杂物，特别是螺栓孔中的木盒板要清除干净，按施工图在基础上放出通风机的纵横中心线。

1. 安装小型整体式的通风机时，先将风机的电动机放在基础上，使电动机底座的螺栓孔对正基础上预留螺栓孔，把地脚螺栓一端插入基础的螺栓孔内，带丝扣的一端穿过底座的螺栓孔，并挂上螺母，丝扣应高出螺母 1～1.5 扣的高度。用撬杠把风机拨正，用垫铁把风机垫平，然后用 1∶2 的水泥砂浆浇筑地脚螺栓孔，待水泥砂浆凝固后，再上紧螺母。

小型的直联式风机，应保持机壳壁垂直、底座水平，叶轮与机壳和进气短管不得相碰。

2. 安装大型整体式和散装风机时，可按下列程序进行

（1）先把机壳吊放在基础上，穿上地脚螺栓，把机壳摆正，暂不固定。

（2）把叶轮、轴承箱和皮带轮的组合体也吊放在基础上，并把叶轮穿入机壳内，穿上轴承箱地脚螺栓。装好机壳侧面圆孔的盖板，再把电动机吊装在基础上。

（3）首先对轴承箱组合件进行找正找平。找正可用大平尺按中心线量取平行线进行检查，偏斜的可用撬杠拨正；找平可用方水平放在皮带轮上检查，低的一面可加斜垫铁垫平，应使传动轴保持在允许偏差范围以内。轴承箱的找正找平后作为机壳和电动机找正找平的标准，因此它的轴心不能低于机壳的中心。联轴器的轴心不能低于电动机中心。找平找正后就不要再动，最好先灌浆进行固定。

（4）叶轮按联轴器组合件找正中心后，机壳即以叶轮为标准进行找正找平。要求机壳的壁面和叶轮面平行，机壳轴孔中心和叶轮中心重合，机壳支座的法兰面保持水平。

一般在机壳下加垫铁和微动机壳来进行找平找正，加垫铁时不得使机壳和吸气短管与叶轮摩擦相碰。

（5）进行电动机的找正找平。当风机采用联轴器传动时，电动机应按已装好的风机进行找正，找正找平可利用联轴器来进行。

通风机和电动机两轴不同心，会引起风机的振动以及电动机和轴承过热等现象。联轴器内的橡胶圈，只能消除在正常运转下产生的微量变形，不能解决两轴不同心的弊病。为了保证风机的正常使用，安装时，应使两轴的不同心度保持在0.05mm以内；联轴器端面的不平行度保持在0.2mm以内，端面可留2～10mm的间隙。

当风机采用皮带传动时，电动机可先用螺钉固定在两根滑轨

上，两根滑轨应互相平行并水平固定在基础上。为使电动机和通风机能正常地运转，滑轨的位置应能保证电动机和通风机两轴的中心线互相平行，并使两个皮带轮中心线重合和拉紧三角皮带。可通过拨动电动机，移动滑轨位置来进行调整。

（6）当风机机壳和叶轮轴承箱结合件及电动机找正找平后，可用水泥砂浆浇筑地脚螺栓孔，同时，在机座下填入水泥砂浆。待水泥砂浆凝固后，再上紧地脚螺栓，地脚螺栓应带有垫圈和防松螺母。

最后，再次进行平正的检查工作，如有不平正时，一般稍加调整就能满足要求。

通风机安装的允许偏差应符合表 8-1 的要求。

8.2.4 轴流式通风机的安装

轴流式通风机常用于纺织厂的空调系统或一般的局部排风系统中。轴流式通风机可分为整体机组和现场组装的散装机组两种安装形式。

整体机组直接安装在基础上的方法与离心式通风机基本相同，用成对斜垫铁找正找平，最后灌浆。安装在无减振器的支架上，应垫上厚度为 4～5mm 的橡胶板，找正找平后固定，并注意风机的气流方向。排风采用的轴流式通风机，大多数是安装在风管中间和墙洞内，其方法如下：

1. 在风管中间安装轴流式通风机时，通风机可装在用角钢制作的支架上。支架应按设计图纸要求位置和标高安装，并用水平尺找正找平，螺孔尺寸应与风机底座的螺孔的尺寸相符。安装前，在地坪上按实物核对后，再埋设支架。

支架安装牢固后，再将风机吊起放在支架上，垫上厚度为 4～5mm 的橡胶板，穿上螺栓，稍加找正找平，最后上紧螺母。

连接风管时，风管中心应与风机中心对正。为了检查和接线方便起见，应设检查孔。

2. 在墙洞内安装的轴流式风机，应在土建施工时，配合土建留好预留孔，并预埋挡板框和支架。安装时，把风机放在支架上，上紧地脚螺栓的螺母，连接好挡板，并装上45°防雨防雪的弯头。

8.2.5 通风机的防振及其他

减振器安装时，除要求地面平整外，应注意各组减振器承受荷载的压缩量应均匀，高度误差应小于2mm，不得偏心；安装后应采取保护措施，防止损坏。每组减振器间的压缩量如相差悬殊，风机启动后将明显失去减振作用。减振器受力不均匀的原因，主要是由于减振器安装的位置不当，安装时应按设计要求选择和布置；如安装后各减振器仍有压缩量或受力不均匀，应根据实际情况移动到适当的位置。

风机安装结束后，应安装皮带安全罩或联轴器保护罩。进气口如不与风管或其他设备连接时，应安装网孔为20～25mm的入口保护网。如进气口和出风口与风管连接时，风管的质量不应加在机壳上，防止机壳受力变形，造成叶轮和机壳及进气短管相碰，其间应装柔性短管。柔性短管应安装得松紧适当，如太紧，将会由于风机振动被拉坏；如太松，将使柔性短管的断面减小而造成系统阻力增大。连接风机的柔性短管时，应把风机机壳内的杂物清除干净。

输送空气湿度较大的风机，在机壳底部应装直径为15mm的放水阀或水封弯管。装置水封弯管时，水封的高度应大于通风机的压力。

8.3 消声器的安装

8.3.1 安装的要求

1. 消声器安装前应保持干净，做到无油污和浮尘。

2. 消声器安装位置、方向应正确，与风管的连接应严密，不得有损坏与受潮。两组同类型的消声器不宜直接串联。

3. 现场安装的组合式消声器，消声组件的排列、方向和位置应符合设计要求。单个消声器的组件固定应牢固。

4. 消声器、消声弯头均应设独立的支、吊架。

8.3.2 消声器的安装

消声器的安装与风管的连接方法相同，应该连接牢固、平直、不漏风，但在安装过程应注意下列几点：

1. 消声器安装前应做好外观的检查，并将杂物等清理干净。

2. 消声器在安装过程中应注意保护和防潮。有很多消声器具有方向要求。因此在安装时不能反方向安装，否则会降低对系统的消声效果。

3. 消声器在运输和吊装过程中，应力求避免振动，防止消声器的变形，影响消声效果。特别对于填充消声多孔材料的阻抗式消声器，应防止由于振动而损坏填充材料，不但降低消声效果，而且也会污染空调环境。

4. 消声器在系统中应尽量安装在靠近使用空间的部位，如必须安装在机房内，应对消声器外壳及消声器之后位于机房内的部分风管采取隔声处理。当为空调系统时，消声器外壳应与风管做保温处理。

8.4 粗、中效空气过滤器的安装

8.4.1 安装的要求

粗、中效空气过滤器安装应符合下列要求：

1. 安装应平整、牢固，其方向必须正确。过滤器与框架、框架与围护结构之间应严密无穿透的缝隙。

2. 框架式粗、中效袋式空气过滤器的安装，过滤器四周与框架应均匀压紧，无可见缝隙，并应便于拆卸和更换滤料。

3. 卷绕式过滤器的安装，框架应平稳，展开的滤料应松紧适度，上下筒体应平行。

4. 静电空气过滤器的金属外壳接地必须良好。

8.4.2 粗、中效空气过滤器的安装

粗、中效空气过滤器的种类较多，根据使用的滤料可分为无

纺布过滤器、以化纤卷材为滤料的自动卷绕式空气过滤器及静电空气过滤器、金属风格浸油过滤器等。

金属网格浸油过滤器用于一般通风系统，常采用 LWP 型过滤器。安装前应用热碱水将过滤器表面附着物清洗干净，晾干后再浸以 12 号或 20 号机油。安装时应将空调器内外清扫干净，并注意过滤器的方向，将大孔径金属网格朝向迎风面，以提高过滤效率。

自动浸油过滤器用于一般通风系统，不能在空调和空气洁净系统中采用，以防止将油雾（即灰尘）带入系统中。安装时应清除过滤器表面附着物，并注意装配的转动方向，使传动机构灵活。过滤器与框架或并列安装的过滤器之间应进行封闭，防止从缝隙中将污染的空气带入系统中，而形成空气短路的现象，从而降低过滤效果。

自动卷绕式过滤器是用化纤卷材为过滤滤料，以过滤器前后压差为传感信号进行自动控制更换滤料的空气过滤设备，常用于空调和空气洁净系统。安装前应检查框架是否平整，过滤器支架上所有接触滤材表面处不能有破角、毛边、破口等。滤料应松紧适当，上下箱应平行，保证滤料可靠地运行。滤料安装要规整，防止自动运行时偏离轨道。多台并列安装的过滤器，用同一套控制设备时，压差信号使用过滤器前后的平均压差值，要求过滤器的高度、卷材轴直径以及所用的滤料规格等有关技术条件一致，以保证过滤器的同步运行。特别需注意的是电路开关必须调整到相同的位置，避免其中一台过早报警，而使其他过滤器的滤料也中途更换。

8.5 空气净化设备的安装

8.5.1 高效过滤器的安装

1. 安装的要求

（1）安装前需进行外观检查和仪器检漏。目测不得有变形、脱落、断裂等损坏现象；仪器抽检检漏应符合产品质量文件的规定。

（2）合格后的过滤器应立即安装，其方向必须正确，安装后的过滤器四周及接口，应严密不漏；在系统调试前应进行扫描检漏。

（3）高效过滤器采用机械密封时，应采用密封垫片，其厚度为 6～8mm，并定位贴在过滤器的边框上，安装后垫料的压缩应均匀，其压缩率为 25％～50％。

（4）采用液槽密封时，槽架安装应水平，不能有渗漏现象，槽内无污物和水分，槽内密封液高度为 2/3 槽深。密封液的熔点宜高于 50℃。

2. 高效过滤器的安装

（1）顶紧法和压紧法的安装

顶紧法的特点，能在洁净室内安装和更换高效过滤器，其安装的方法如图 8-1 所示。压紧法的特点，只能在吊顶内或技术夹层内安装和更换高效过滤器，其安装的方法如图 8-2 所示。

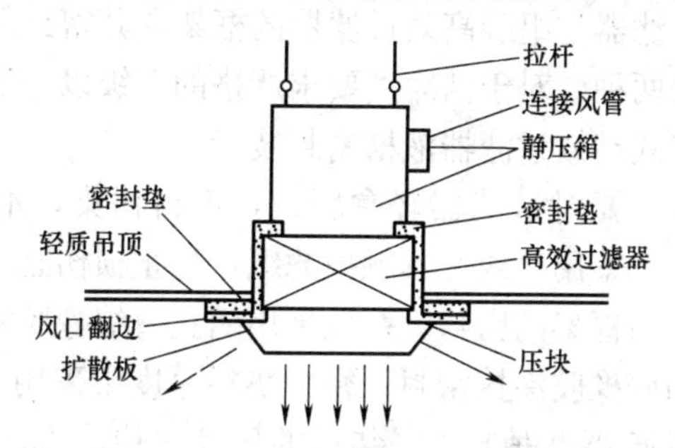

图 8-1　顶紧法安装高效过滤器

1）安装前的准备：为防止高效过滤器受到污染，开箱检查和安装时，必须在空气洁净系统安装完毕，空调器、高效过滤器箱、风管内及洁净房间经过清扫、空调系统各单体设备试运转后及风管内吹出的灰尘量稳定后才能进行。

安装前，要检查过滤器框架或边口端面的平直性，端面平整

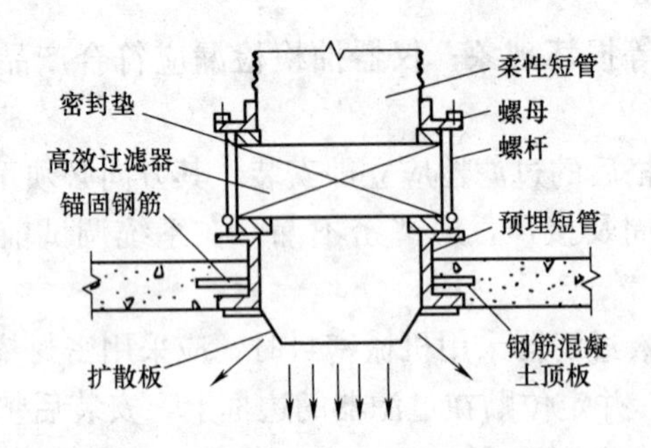

图 8-2　压紧法安装高效过滤器

度的允许偏差，每只不应大于 1mm。如端面平整度超过允许偏差时，只允许修改或调整过滤器安装的框架端面，不允许修改过滤器本身的外框，否则将会损坏过滤器中的滤料或密封部分，降低过滤效果。

2）安装方法：高效过滤器安装时，应保证气流方向与外框上箭头标志方向一致。用波纹板组装的高效过滤器在竖向安装时，波纹板必须垂直地面，不得反向。

高效过滤器与组装高效过滤器的框架，其密封一般采用顶紧法和压紧法两种。对于洁净度要求严格的 5 级以上洁净系统，有的采用刀架式高效过滤器液槽密封装置。

安装时，要对过滤器轻拿轻放，不得污染，不能用工具敲打、撞击，严禁用手或工具触摸滤纸，防止损伤滤料和密封胶。

过滤器与框架的密封，一般采用闭孔海绵橡胶板或氯丁橡胶板，也有用硅橡胶涂抹密封。密封垫料厚度常采用 6～8mm，定位粘贴在过滤器边框上，安装后的压缩率应在 25％～50％。密封垫料的拼接方法与空气洁净系统风管的法兰连接垫料拼接方法相同，即采用梯形或榫形拼接。

（2）液槽密封的安装

液槽密封的方法是为提高洁净室的洁净度而发展的一种密封方法，它克服了压紧法由于框架端面平整度差，而使过滤器密封不严密或密封垫层老化泄漏及更换拆装周期较长等缺点。

液槽密封的装置是用铝合金板压制成二通、三通、四通沟槽连接件，用螺钉连接装配组成一体，如图 8-3 所示。用密封胶状的非牛顿密封液密封，适用于垂直单向流洁净室。液槽内的非牛顿密封液，具有不挥发、不爬油、无腐蚀、耐酸碱、无毒性、有一定流动性及良好介电性能和稳定电气绝缘性能的惰性液体。将刀架式高效过滤器浸插在密封槽内。其安装形式如图 8-4 所示。

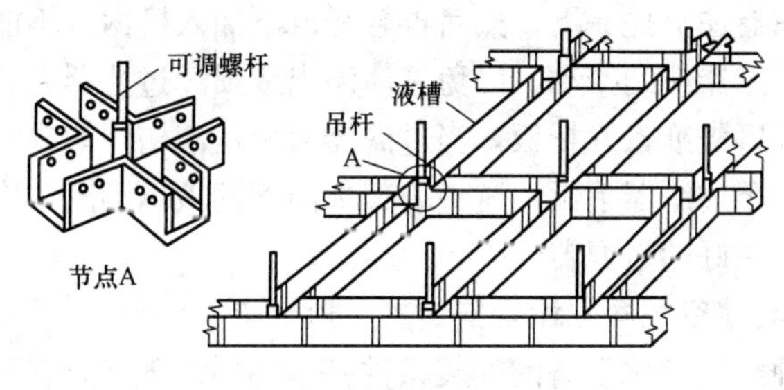

图 8-3　框架液槽结构

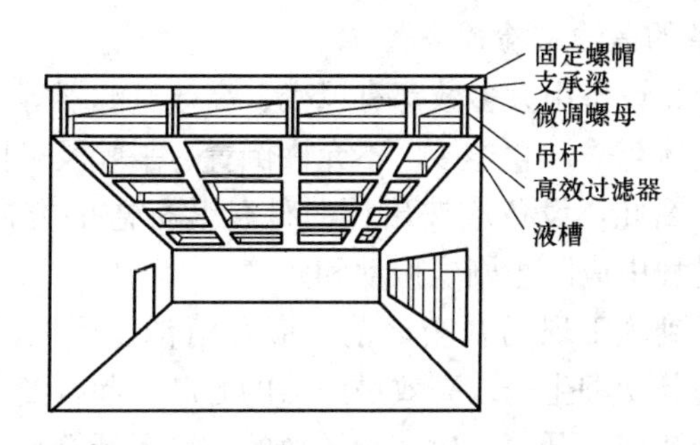

图 8-4　液槽密封装置的安装形式

在安装过程中，骨架构件的吊装、连续可能出现标高及不平整度的偏差，应尽量做到平整。为了保证高效过滤器刀架能在有限的空间内顺利地安装，平面精度要求液槽就位后纵横中心线的偏差不应大于 5mm；而垂直方向上液槽纵横中心线高差不应大于 3mm，以防止液槽系统运行到液面差接近最大值，而使液槽露底鼓泡漏气或局部液体外溢。框架液槽连接后，应用硅橡胶或环氧树脂胶及其他密封胶来密封所有的接缝缝隙。然后将密封液用水浴加温至80℃左右溶化后，迅速注入槽内达到2/3槽深，待密封液冷凝之后，即可安装高效过滤器。

安装过滤器时，刀架应避免接触槽壁，以免形成泄漏边界；刀架要轻轻插入液槽内密封。一般操作人员应在框架上，从上面放下过滤器，也可根据过滤器的外形尺寸情况，从下面斜着把过滤器托过液槽再对准放下。如已安装好的过滤器需要移动位置，可将过滤器往上提一下，然后再轻轻放下插入槽内。不能将已安装好的过滤器使劲推动，以免液体溢出或损坏过滤器。更换过滤器时，应事先准备好托板，当过滤器刀架从液槽中取出时，立即将托板置于过滤器下面，避免刀架上附着的液体滴入洁净室内或污染已安装好的过滤器。

8.5.2 其他空气净化设备安装的一般要求

各种空气净化设备的安装条件基本相同，现综合在一起，对某一种空气净化设备在安装时，可参照进行。

1. 设备的运输和检查

空气净化设备中大多数都有风机、高效过滤器等。而风机的出风口与箱体都采用软连接，不允许倒置、平躺及碰撞，否则将损坏设备。因此，设备应按出厂时外包装标志的方向装车、放置，运输过程中应防止剧烈振动和碰撞。

设备运到施工现场开箱之前，应在清洁、干燥的房间内存放，防止设备受潮生锈或高效过滤器的滤芯引起霉变。

设备安装前的开箱，应在较干净的环境下开箱检查，合格的设备应立即进行安装。不能在污染的环境下开箱，防止设备受到污染。设备开箱检查前，应具有合格证，按装箱单的内容进行检查，并应符合下列要求：

（1）设备无缺件，表面无损坏和锈蚀等情况；

（2）内部各部分连接牢固。

2. 设备安装应具备的条件

一般情况下，设备安装应在洁净室的建筑内部装饰和净化系统施工安装完成，并进行全面清扫、擦拭干净后进行。

对于新风净化机组、余压阀、传递窗、空气吹淋室、气闸室等与洁净室围护结构相连的设备，必须与围护结构同时施工安装，与围护结构连接的接缝缝隙应采取密封措施，应做到严密而清洁。设备或风管的送、回、排风口及水管的接口，应暂时封闭。待洁净室投入试运转时，应将各风口启封。

8.5.3　空气吹淋室的安装

空气吹淋室是人身净化设备。它是为了减少洁净室免受尘源的污染，工作人员在进入洁净室前，先经过吹淋室内的空气吹淋，利用经过处理的高速洁净气流，将身上的灰尘进行吹除。空气吹淋室安装在洁净室的入口处，还起到气闸作用，防止污染的空气进入洁净室。

1. 吹淋室的种类和工作原理

空气吹淋室按其进入洁净室工作人员的多少，可分为小室式和通道式两种。小室式只允许一人吹淋，而通道式可连续多人吹淋。它是由顶箱、内外门、侧箱、底座、风机、电加热器、高效过滤器、喷嘴、回风口、预滤器及电器控制元件等组成。当工作人员进入吹淋室前，接通控制回路及照明电源，并打开外门后进入吹淋室进行吹淋，这时风机、电加热器启动，吹淋一定时间后（一般为30～60s），内门可开启。吹淋室的内外门是互锁的，即一门打开时，而另一门打不开，防止洁净室与外面直接接通。在吹淋过程中，两门都打不开，也就是凡进入洁净室的工作人员必须经过吹淋，避免工作人员进入吹淋室直接出来不吹淋。

吹淋室内球状缩口型喷嘴使吹出的气流均匀，并可以进行调整，以使喷嘴射出的气流从两侧沿切线方向吹到全身，保证吹淋效果。吹淋的风速在25～35m/s之间，喷嘴的气流吹淋角度，其顶部向下20°，两侧水平相错10°、向下10°。

2. 吹淋室的安装

空气吹淋室的安装应根据设备说明书进行，一般应注意下列事项：

（1）根据设计的坐标位置或土建施工预留的位置进行就位；

（2）设备的地面应水平、平整，并在设备的底部与地面接触的平面，应根据设计要求垫隔振层，使设备保持纵向垂直、横向水平。

（3）设备与围护结构连接的接缝，应配合土建施工做好密封处理。

（4）设备的机械、电气连锁装置，应处于正常状态，即风机与电加热、内外门及内门与外门的连锁等。

（5）吹淋室内的喷嘴的角度，应按要求的角度调整好。

8.5.4　洁净工作台的安装

洁净工作台是使局部空间形成无尘无菌的操作台，以提高操作环境的洁净要求。洁净工作台是造成局部洁净空气区域的设备。

洁净工作台的种类较多，一般常按气流组织和排风方式来分类。按气流组织分，工作台可分成垂直单向流和水平单向流两大类。水平单向流洁净工作台根据气流的特点，对于小物件操作较为理想；而垂直单向流洁净工作台则适合操作较大物件。

按排风方式，工作台可分为无排风的全循环式、全排风的直流式、台面前部排风至室外式、台面上排风至室外式等。无排风的全循环式洁净工作台，适用于工艺不产生或极少产生污染的场合；全排风的直流式洁净工作台，是采用全新风，适用于工艺产生较多污染的场合；台面前部排风至室外式，其特点排风量大于、等于送风量，台面前部约 100mm 的范围内设有排风孔眼，吸入台内排出的有害气体，不使有害气体外逸；台面上排风至室外式，其特点是排风量小于送风量，台面上全排风。

洁净工作台安装时，应轻运轻放，不能有激烈的振动，以保护工作台内高效过滤器的完整性。洁净工作台的安放位置应尽量远离振源和声源，以避免环境振动和噪声对它的影响。使用过程中应定期检查风机、电机，定期更换高效过滤器，以保证运行正常。

8.5.5 生物安全柜的安装

生物安全柜是为了操作人员及其周围人员的安全，经处理病原体时发生的污染源隔离在操作区域内的防御装置。

根据美国 NIH 按照危险病原体的级别，对生物安全柜可分为三级。Ⅰ级和Ⅱ级安全柜具有操作用的前面开口和上部排风口的密闭容器。在操作区发生的污染源被从前面开口向柜内吸入的气流隔离在柜内，而排风中的污染源被高效过滤器阻挡住。Ⅰ级安全柜供给操作区的空气来自室内，适用于医院做一般的生化和血清检验等洁净场合。Ⅱ-A 级安全柜和Ⅰ级安全柜相似，所不同的是在操作区内侧通过高效过滤器送出垂直向下的洁净空气，由于安全柜内有部分循环空气，不适用于操作危险程度高的场合。Ⅱ-B 级安全柜的特点：前面开口平均风速大于 0.5m/s，仅有正压污染区及循环风量减小到 30%，甚至减到零。它与Ⅱ-A 级相比，有更高的安全度，适用处理更危险的病原体和化学物质，排风必须排至室外，排风管道采用密封式连接。Ⅲ级安全柜适用于病原病毒、病原细菌、病原寄生虫及重组遗传基因等实验具有最高危险度的操作。操作人员是通过完全密闭的负压柜体内的长手套（橡胶）进行操作，安全柜有单体和系列形式之分。

生物安全柜在安装过程中应注意下列问题：

（1）生物安全柜的密封是至关重要的问题，在安装搬运过程中，不允许将其横倒放置和拆卸，否则会使设备在复位和组装后的密封无法保证。为了避免搬运过程中碰撞松动，应将包装箱一同搬入洁净室内，在施工现场开箱。

（2）生物安全柜安装的位置，在施工图纸无明确要求时，应避开人流频繁处，还应避免房间气流对操作口空气幕的干扰。

（3）安装生物安全柜应注意背面、侧面离墙壁的距离，一般应保持 80～300mm 之间，以便打扫积藏的污物。对于底面和底边紧贴地面的安全柜，应对所有沿地边缝做密封处理。

（4）生物安全柜运转一段时间后，排风用的高效过滤器需要经常更换，为了避免在更换过程中污染环境，安全柜的排风管道的连接方式，必须以更换排风高效过滤器方便为原则。

生物安全柜安装或移动之后，为保证其技术性能和安全性，必须进行有关项目的试验。

8.5.6 风口机组的安装

风口机组也叫风机过滤单元（FFU），是把高效过滤器和风口做成一个部件，再加上风机而构成过滤单元。它方便了设计、安装和使用，特别适用于改建的非单向流洁净室，显得简单易行。

风口机组有管道型和循环型两种。管道型风口机组是与系统末端的管道连接，以弥补系统压头的不足，系统可总的安装多组粗、中效过滤器，风口机组只需要安装高效过滤器或亚高效过滤器。循环型风口机组是直接循环室内空气，风口机组的吸入端安装有预过滤器，以减轻高效过滤器的负担；风口机组压出端安装高效过滤器。

1. 安装的要求

(1) 风机过滤单元（FFU 与 FMU）空气净化装置应在清洁现场进行外观检查，目测不能有变形、锈蚀、漆膜脱落、拼接板破损等现象；在系统试运转时，必须在进风口处加装临时中效过滤器作为保护。

(2) 风机过滤单元的高效过滤器安装前应按质量验收规范的规定检漏，合格后进行安装，方向必须正确；安装后的风机过滤单元应便于检修。

(3) 风机过滤单元安装后，应保持整体平整，与吊顶衔接良好。风机箱与过滤器之间的连接，过滤单元与吊顶之间应有可靠的密封措施。

2. 机组的安装

风口机组一般多用于装配式洁净室内，安装前应根据风口在屋顶上的坐标位置，来确定吊顶的吊杆位置，使风口机组下端与顶棚平齐，风口机组的吸入端与风管的连接，应用柔性短管，防止风口机组运转过程中增加洁净室内的噪声。

风口机组安装中应注意风机箱体与过滤器之间的连接及风口机组与吊顶框架之间应有可靠的密封措施。安装中除方向正确外，并应考虑便于检修的位置。

8.5.7 层流罩的安装

层流罩又称为洁净棚。层流罩是产生局部垂直层流（即现称为单向流）的净化单元设备，和风口机组相似，但它可以组装成隧道式洁净室或洁净棚。

层流的分类为：按气流组织可分为无气幕的和带气幕的；按安装方式可分为吊装的和带立柱的（有围帘和无围帘的）；按用途可分为仅作为局部净化设备使用和作为隧道洁净室的组成部分。在安装层流罩时应符合下列要求：

（1）应设立独立的吊杆，并有防晃动的固定措施，以保持层流罩的稳固。

（2）层流罩必须按设计要求定位，安装后的水平度允许偏差为1/1000，高度的允许偏差为±1mm。

（3）层流罩安装在洁净室的吊顶内，其与顶板相连接的四周必须设有密封及隔振措施，以保证洁净室的严密性。

8.6 装配式洁净室的安装

空气洁净室有两种，一是构筑式，即围护结构由土建负责建造；二是装配式，即围护结构及净化设备由专业净化设备厂成套制造，在施工现场组装。装配式洁净室具有成套性好、机动灵活等特点，不但适用于空气洁净度要求较高的场所，还可用于原有房间进行净化技术改造。

装配式洁净室成套设备由围护结构、送风单元、空调机组、空气吹淋室、传递窗、余压阀、控制箱、照明灯具、灭菌灯具及安装在通风系统中的多级空气过滤器、消声器等单机组成，应按产品说明书的要求进行安装。装配式洁净室如图8-5所示。

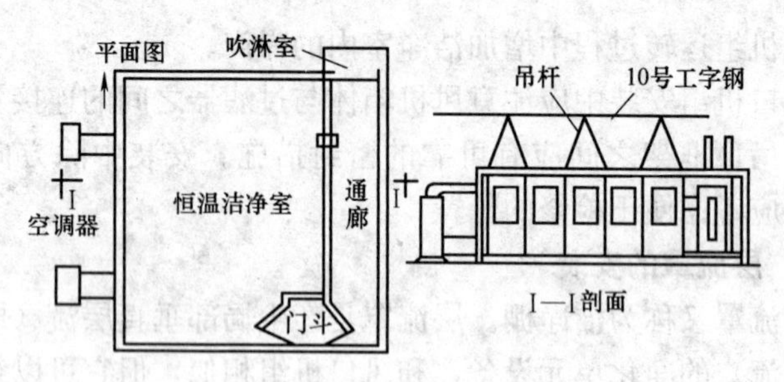

图 8-5　装配式洁净室示意图

8.6.1　安装的要求

（1）洁净室的顶板和壁板及夹芯绝热材料，应为不燃材料。

（2）洁净室的地面应干燥、平稳，平整度允许偏差为1/1000。

（3）壁板的构配件和辅助材料的开箱，应在清洁的室内进行，安装前应严格检查其规格和质量。壁板应垂直安装，底部宜采用圆弧或钝角交接；安装后的壁板之间、壁板与顶板间的拼缝，应平整严密，墙板的垂直允许偏差为2/1000，顶板水平度的允许偏差与每个单间的几何尺寸的允许偏差均为2/1000。

（4）洁净室顶板在受荷载后应保持平直，压条全部紧贴。洁净室壁板若为上、下槽形时，其接头应平整、严密；组装完毕的洁净室所有拼接缝，包括与建筑的接缝，均应采取密封措施，做到不脱落，密封良好。

8.6.2　地面的铺设

装配式洁净室地面由气流组织形式决定。垂直单向流洁净室的地面，采用格栅铝合金活动地板；而水平单向流和非单向流洁净室，采用塑料贴面活动地板或现场铺设的塑料地板。塑料地面一般选用抗静电聚氯乙烯卷材。

1. 卷材的下料及清洗

卷材下料裁剪应按地面尺寸进行，各边应比地面尺寸略小1mm，以便焊接。下料要平直，边角为直角。

卷材下料后在80～90℃清水中加热10min，再用清水冲洗去除表面污物，以提高地面粘贴质量。冬季施工时，塑料卷材先用热水泡一下，取出后待温度达到室温后再裁剪下料。

2. 塑料地面的铺设

地面平整度对安装墙板下马槽、缩小缝隙很重要。因此，铺设卷材的水泥地面应无疏松、麻面及蜂窝等缺陷，用 2m 直尺和楔形塞尺检验，平整度应不大于 1/1000；基层材料含水率应不大于6%～8%，以保证涂料涂覆和卷材的铺贴质量。地面面层的铺设应与墙板踢脚板形成密封的整体。地面如有缺陷及不平整处，可用不低于 M10 水泥砂浆修补找平，其平整度允许偏差为 1/1000。

铺贴前应将地面打扫干净，无尘土，并按设计的尺寸在地面上划线。

铺贴地面的胶粘剂可按设计要求选用。一般常用 88 号胶。铺贴时先用 30%的 88 号胶和 70%的稀料混合液在地面上薄薄地刷一层，待干后再均匀地刷一层 88 号胶，其厚度可控制在 1mm 左右，并同样地在塑料卷材上刷一层胶，待胶干至不粘手时将卷材铺贴在地面上，并用压辊赶出里面的空气。铺贴应从中间向四周顺序进行。每块卷材要预留约 1～1.5mm 的间隙用来作焊缝。

铺贴完后即可进行焊接。为了保证塑料焊缝的平直，可将焊机放在角钢制作的导轨上。塑料焊条选用三角形断面的焊条。焊接前可用三角刮刀坡口，并用丙酮或稀料将焊缝内的胶洗掉，以保证焊接强度。焊接时应将导轨调好，使焊机在前进过程中的焊嘴对准焊缝。焊条由输送压辊引出，经焊机的热空气把焊条及焊缝加热呈粘滞流动状态，再由压辊加压使之成为一整体。

踢脚板的铺贴须待壁板安装后，将地面靠近墙壁的预留的卷材边翻上来铺贴在板壁上，形成弧形的墙角及踢脚板。

8.6.3 壁板的安装

1. 壁板的结构

目前国内制造装配式洁净室的厂家较多，一般常采用 1mm 的薄钢板，按设计的尺寸剪裁，并将其两边冲压成企口形，两层板材间填充不燃的保温材料，并用自攻螺钉将其拼装连接。为增强壁板的整体性和刚度，上下各用一内马槽与板壁铆接。

壁板的厚度为 60mm，高为 2500mm，宽为 1000mm。某些特殊用途的壁板其宽度将以 1000 为模数扩大。组成洁净室除上述的基本壁板外，还有以下几种形式：双层玻璃窗壁板，传递窗板壁，送回风口壁板，回、排风口壁板，水、气、电源接线盒板壁，单扇门壁板，L 形板壁及 T 形壁板等。

2. 壁板的安装

壁板安装前，应严格在地面弹线并校准尺寸，安装时如误差较大应对板件单体进行调整或更换，防止累积误差出现不能闭合的现象。开始按划出的底马槽线，将贴密封条的底马槽装好。应注意使马槽接缝与壁板接缝错开。壁板应先从转角处开始安装，壁板两边企口处各贴一层厚为 2mm 的闭孔海绵橡胶板，第一块 L 形壁板的两边各装一个底卡子并放入底马槽，之后每安装一块板壁就装一个底卡子与相邻板壁企口吻合。当相邻两块板壁的高度一致、垂直平行时，便可装顶卡子将相邻两块壁板锁牢。壁板组装到一定长度时，便需要预扣一段顶马槽，以加强其整体性。板壁的合拢宜留在开口或转角处。壁板装好后，将顶马槽和屋角进行预装，注意平直，不使接缝与壁板的接缝错开。然后取下顶马槽并将其编号，在其内侧贴厚为 2～3mm 的闭孔海绵橡胶板，按编号顺序安装顶马槽，最后镶上塑料嵌条。安装的方法如图 8-6 所示。

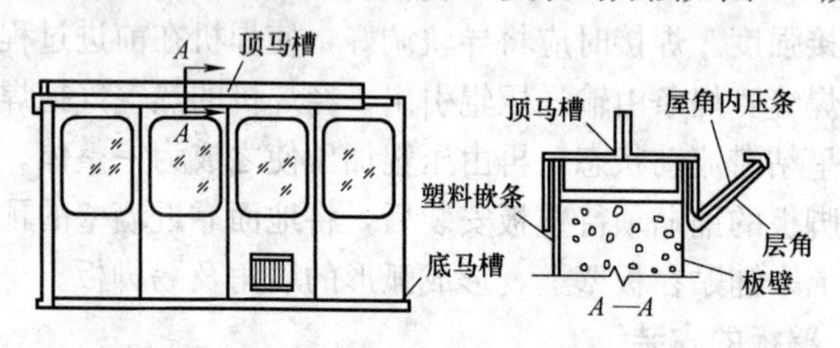

图 8-6　壁板安装示意图

壁板组装结束后，应对其垂直度进行检查，使用 2m 托板和直尺检查，垂直度不应大于 2/1000，否则应进行调整，达到允许的偏差范围内。

3. 顶板的安装

顶板的形式和地面一样，是由气流形式来决定的。垂直单向流洁净室的顶板满布高效过滤器；水平单向流洁净室的顶板则无高效过滤器，而是密封的平顶；非单向流洁净室的顶板留有局部的送风口。无论顶板的形式如何，其结构形式相同，都是由顶板骨架、吊杆、顶板块材等组成。顶板水平度的允许偏差与每个单间的几何尺寸的允许偏差为 2/1000。

(1) 无静压箱的顶板安装

1) 骨架安装：根据顶板骨架布置图，对顶板骨架进行安装。一般用 L 形连接板将主骨架与顶马槽及将主、次骨架连接起来。骨架必须严格按布置图安装；应保证平正方直，使顶板块材能较好的就位。骨架与周边壁板连接和十字形板与骨架连接方法如图 8-7 和图 8-8 所示。

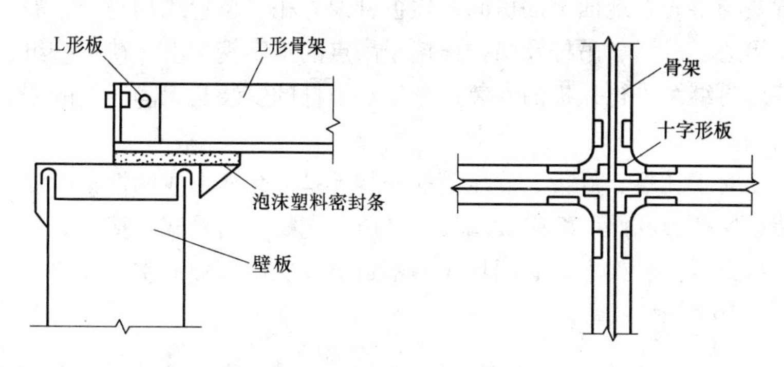

图 8-7　骨架与周边壁板连接　　图 8-8　十字形板与骨架连接

2) 吊杆安装：将骨架通过吊片、吊杆、花篮螺钉及吊钳等部件与套间内的工字钢梁吊点连接，使骨架得到支撑，增加稳定性。并用十字形板将主、次骨架从下面夹紧，增加骨架的整体性。

3) 顶板块材安装：在主、次骨架的内侧各贴一条密封条，将顶板块材嵌进主、次骨架构成的框架内，并用夹子夹紧，如图 8-9 所示。

在部件 L 形板与骨架、L 形板与顶马槽、十字形板与骨架等连接处，均需加密封条，以保证顶板的密封性。

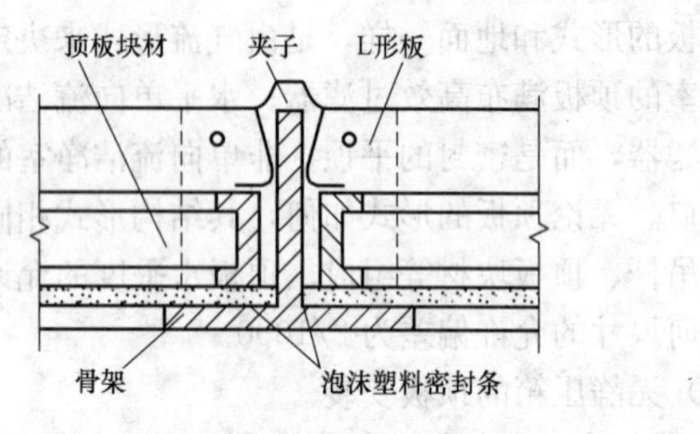

图 8-9　顶板块材的安装

(2) 设有静压箱的顶板安装

洁净室的送风静压箱安装在顶板上方，因其体积较大，故须在壁板等部件组装前，先将静压箱组装后吊装就位。其安装的位置要与事先在地面上的房间、顶板骨架等相对位置线相吻合。静压箱通过吊钳、吊杆及吊钩连接于吊点的工字钢梁上。待板壁组装后再继续进行顶板的安装，骨架及吊杆的安装与无静压箱的方法相同。

对于孔板、灯带、静压箱的安装，是在骨架形成的框架内安装送风孔板和照明灯带玻璃板；静压箱同螺钉与骨架连接，灯罩靠自重压在骨架上，其间均应加密封层，保证顶板的密封性，如图 8-10 所示。

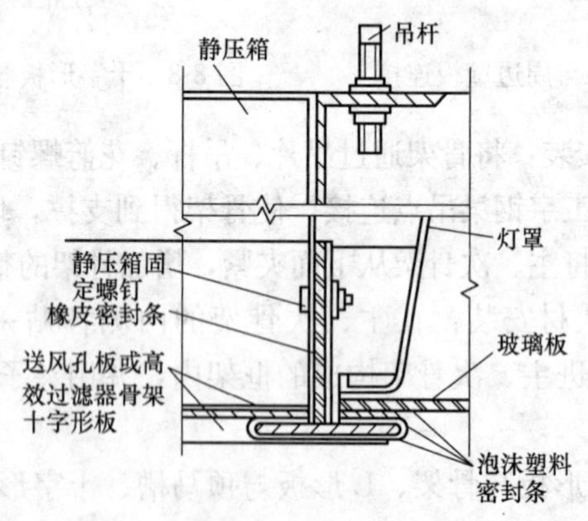

图 8-10　静压箱、灯带与骨架的连接

8.7 单元式空调机组的安装

单元式空气调节机可分为整体式空调机组和分体式空调机组。整体式空调机组是将制冷压缩冷凝机组、蒸发器、通风机、加热器、加湿器、空气过滤器及自动调节和电气控制装置等组装在一个箱体内。而分体式空调机组是将制冷压缩冷凝机组分离在箱体以外。因此其安装的要求和方法也不相同。

8.7.1 安装的要求

1. 分体式空调机组的室外机和风冷整体式空调机组的安装，其固定应牢固、可靠；除应满足冷却风循环空间的要求外，还应符合环境卫生保护有关法规的规定。

2. 分体式空调机组的室内机的位置应正确、并保持水平，冷凝水排放应畅通。管道穿墙处必须密封，不能有雨水渗入。

3. 整体式空调机组管道的连接应严密、无渗漏，四周应留有相应的维修空间。

8.7.2 整体式空调机组的安装

整体式空调机组安装前，应认真熟悉施工图纸、设备说明书及有关技术文件。根据设备装箱单会同建设单位对机组的零件、部件、附属材料及专用工具的规格、数量进行点查，并做好记录。制冷设备充有保护性气体时，应检查压力表的示值，确定有无泄漏情况。

机组安装时，直接安放在混凝土的基座上，根据要求也可在基座上垫上橡胶板，以减少机组运转时的振动。机组安装的座标位置应正确，并对机组找平找正。水冷式的机组，要按设计或设备说明书要求的流程，对冷凝器的冷却水管进行连接。

机组的电气装置及自动调节仪表的接线，应参照电气、自控平面敷设电管穿线，并参照设备技术文件连接。

8.7.3 分体式空调机组的安装

空调机组除按设计要求定位、找平外，其管路的连接方法，对于水冷式机组的冷却水管道的连接与整体式机组相同；对于风冷式机的管路安装应进行下列工作：

1. 根据室内机组接管的位置，来确定墙上的钻孔位置，按照说明书上要求的钻孔尺寸钻孔，并将随机带来的套管插入墙上钻出的孔洞内，套管应略长于墙孔 10mm 为宜。

2. 展开连接管：连接管随机整盘带来，安装前必须将连接管慢慢地一次一小段地展开，不能猛拉连接管，应防止由于猛拉而将连接管损坏。

3. 按预定管路走向来弯曲连接管，并将管端对准室内外机组的接头。弯曲时应小心操作，不得折断或弄弯管道，管道弯曲半径应尽量大一些，其弯曲半径不小于 100mm。

4. 室内外机组的连接管采用喇叭口接头形式。连接前应在喇叭口接头内滴入少量的冷冻油，然后连接并紧固。

5. 室内外机组连接后应排除管道内的空气，排除空气时可利用室内机组或室外机组截止阀上的辅助阀。

6. 连接管内的空气排除后，可开足截止阀进行检漏。确认制冷剂无泄漏，再用制冷剂气体检漏仪进行检漏；在无检漏仪的情况下，也可使用肥皂水涂在连接部位处进行检漏。

7. 以上工作完成后，即可在管螺母接头处包上保温材料。

8.8 诱导器与风机盘管机组的安装

8.8.1 诱导器的安装

诱导式空调系统是将空气集中处理和局部处理结合起来的混合式空调系统中的一种形式。这种系统在一定程度上兼有集中式和局部式空调系统的优点。这是一种利用集中式空调器来的初次风（即一次风）做诱导动力，就地吸入室内回风（即二次风）并加以局部处理的设备，用以代替集中式系统的送风口。被输送的初次风风量要减少很多，而且采用 15～25m/s 的高风速输送空气，可大大缩小送风管道尺寸，使回风管道的尺寸大大地缩小甚至取消，适用于建筑空间较小而装饰要求较高的旧建筑改造、地下建筑、舰船等特定场所。

诱导器安装应符合下列要求：

1. 诱导器安装前必须对每台进行质量检查，检查的内容如下：

(1) 诱导器各连接部分不能有松动、变形和破裂等现象。

(2) 喷嘴不能脱落和堵塞。

(3) 静压箱封头的缝隙密封材料，不应有裂痕和脱落。

(4) 一次风量调节阀必须灵活可靠，并调至全开位置，便于安装后的系统调试。

2. 诱导器经产品质量检查，能确保正常使用，即可进行安装。安装要求如下：

(1) 按设计要求的型号就位安装，并注意喷嘴的型号。

(2) 诱导器与一次风管连接处要密闭，必要时应在连接处涂以密封胶或包扎密封胶带，防止漏风。

(3) 诱导器水管接头方向和回风面朝向应符合设计要求。立式双面回风诱导器，应将靠墙一面留 50mm 以上的空间，以利回风；卧式双回风诱导器，要保证靠楼板一面留有足够的空间。

(4) 诱导器的出风口或回风口的百叶格栅有效通风面积不能小于 80%；凝结水盘要有足够的排水坡度，保证排水畅通。

(5) 诱导器的进出水管接头和排水管接头不得漏水；进出水管必须保温，防止产生凝结水。

8.8.2 风机盘管机组的安装

风机盘管和诱导器一样，都是空调系统的末端装置。与诱导器的区别在于风机盘管是由风机和盘管组成的机组设在空调房间内，靠开动风机，把室内空气（回风）和部分新风吸进机组，经盘管冷却或加热后又送入房间，使之达到空调的目的。

风机盘管机组所用的冷、热媒与诱导器相同，是集中供应的，新风采用集中处理后供给和就地吸取两种，属于混合式空调系统，具有开闭灵活的特点，可节省能源的消耗。

风机盘管的安装方法与诱导器基本上相同，在安装过程中应注意下列事项：

1. 风机盘管就位前，应按照设计要求的形式、型号及接管方向进行复核，确认无误。各台应进行电机的三速运转及水压检漏试验后才能安装。试验压力为系统工作压力的1.5倍，试验时间为2min，不渗漏为合格。

2. 对于暗装的风机盘管，在安装过程中应与室内装饰工作密切配合，防止在施工中损坏装饰的顶棚或墙面。

3. 机组应设独立支、吊架，安装的位置、高度及坡度应正确、固定牢固。

4. 机组的电气接线盒离墙的距离不应过小，应考虑便于维修。

5. 机组与风管、回风箱或风口的连接，应严密、可靠。

8.9 除尘器的安装

除尘器的种类较多，按作用于除尘器的外力或作用原理可分为机械式除尘器、过滤式除尘器、洗涤式除尘器及电力除尘器等四个类型。

8.9.1 除尘器安装的一般要求

除尘器的安装应符合下列的要求：

（1）除尘器的安装的坐标位置及标高应符合设计要求，其允许偏差应符合表8-2所列的要求。

除尘器安装允许偏差和检验方法　　表8-2

项次	项目		允许偏差/mm	检验方法
1	平面位移		≤10	用经纬仪或拉线、尺量检查
2	标高		±10	用水准仪、直尺、拉线和尺量检查
3	垂直度	每米	≤2	吊线和尺量检查
		总偏差	≤10	

（2）除尘器的活动或转动部件的动作应灵活可靠，并应符合设计要求。

（3）除尘器的排灰阀、卸料阀、排泥阀的安装应严密，并便于操作与维修管理。

8.9.2　机械式除尘器的安装

机械式除尘器是利用气、尘二相流在流动过程中，由于速度或方向的改变，对气体和尘料产生不同的离心力、惯性力或重力，而达到分离尘粒的目的。除尘器的除尘效率与气流的流型有直接关系，除尘器的结构要能形成合理的气流组织，按理想的气流流型流动。

除尘器的技术性能，常用处理空气灰尘颗粒大小、处理空气的流量、压力损失及除尘效率来表示。除尘器一般由专业工厂生产，有时由安装单位在现场加工制作，加工制作时应按设计或国家标准图的要求进行。除尘器的筒体外径或矩形外边尺寸的允许偏差不大于5%。为减少筒体内气流的阻力，提高除尘效率，筒体内外表面应平整光滑、弧度均匀。为减少除尘器与风管连接时的偏差，除尘器的进出风口应平直，筒体排出管与锥体下口应同轴，其偏差不得大于2mm。

机械式除尘器安装时应注意下列要求：

（1）组装时，除尘器各部分的相对位置和尺寸应准确，各法兰的连接处应垫石棉垫片，并将螺栓拧紧。

（2）除尘器应保持垂直或水平，并稳定牢固，与风管连接必须严密不漏风。

（3）除尘器安装后，在联动试车时应考核其气密性，如有局部渗漏应进行修补。

8.9.3　过滤式除尘器的安装

过滤式除尘器是利用过滤材料对尘粒的拦截与尘粒对过滤材料的惯性碰撞等原理实现分离的。影响除尘器的除尘效率的主要因素是滤材的选用与清灰装置的运转效率。过滤式除尘器的安装应注意下列要求：

(1) 外壳应严密、不漏，布袋接口应牢固。

(2) 外壳、滤材与相邻部件的连接必须严密，不能使含尘气流短路。

(3) 对于袋式滤材，起毛的一面必须迎气流方向。组装后的滤袋，垂直度与张紧力必须保持一致。拉紧力应保持在 25～35N/m；与滤袋连接接触的短管和袋帽，应无毛刺。

(4) 机械回转扁袋袋式除尘器的旋臂，转动应灵活可靠，净气上部的顶盖，应密封不漏气，旋转应灵活，无卡阻现象。

(5) 脉冲袋式除尘器的喷吹孔，应对准文氏管中心，同心度允许偏差为 2mm。

(6) 凸轮的转动方向应与设计要求一致，所有凸轮应按次序进行咬合，不能卡住或断开，并能保证每组滤袋必要的振动次数。

(7) 振动杠杆上的吊梁应升降自如，不应出现滞动现象。

(8) 清灰机构动作应灵活可靠。

(9) 吸气阀与反吹阀的启闭应灵活，关闭时必须严密，脉冲控制系统动作可靠。

8.9.4 洗涤式除尘器的安装

洗涤式除尘器，是利用含尘气体与液膜、液滴间的惯性碰撞、拦截及扩散等作用达到除尘的目的。洗涤式除尘器的除尘效率取决于气、水的混合程度。为保证洗涤除尘效率，其结构应保证液膜或液滴的完整、正常，防止含尘气流短路，避免排出的清洁气体夹带水分而增加气流的阻力。安装时应注意以下问题：

1. 水膜除尘器的喷嘴应同向等距离排列；喷嘴与水管连接要严密；液位控制装置可靠。

2. 旋筒式水膜除尘器的外筒体内壁不得有突出的横向接缝。

3. 对于水浴式、水膜式除尘器，要保证液位系统的准确。

4. 对于喷淋式的洗涤器，喷淋均匀无死角，液滴细密，耗水量少。

8.9.5 电除尘器的安装

电除尘器是利用电极电晕放电使尘粒带电，然后在电场力的作用下驱向沉降而达到灰尘分离的目的。电极实现电晕放电，必须具有足够高的电压。在安装时应符合下列要求：

1. 阳极板组合后的阳极排平面度允许偏差为5mm，其对角线允许偏差为10mm。

2. 阴极小框架组合后主平面的平面度允许偏差为5mm，其对角线允许偏差为10mm。

3. 阴极大框架的整体平面度允许偏差为15mm，整体对角线允许偏差为10mm。

4. 阳极板高度小于或等于7m的电除尘器，阴、阳极间距允许偏差为5mm。阳极板高度大于7m的电除尘器，阴、阳极间距允许偏差为10mm。

5. 振打锤装置的固定，应可靠；振打锤的转动，应灵活。锤头方向应正确；振打锤头与振打砧之间应保持良好的线接触状态，接触长度应大于锤头厚度0.7倍。

6. 放电极部分的零件表面应无尖刺、焊疤，电晕线的张紧力均匀一致；组装后的放电极与两侧沉降极的间距保持一致。

7. 电除尘器必须具有良好的气密性，不能有漏气现象；高压电源必须绝缘良好。

8. 清灰装置动作灵活可靠，不能与周围其他部件相碰。

9. 不属于电晕部分的外壳、安全网等，均有可靠的接地。

9. 风管和设备的防腐与绝热

9.1 风管和设备的防腐

风管和设备的腐蚀是由于外部介质影响下产生的化学作用或电化学作用，使其产生破坏或质变。风管和设备产生的腐蚀既有化学腐蚀也有电化学腐蚀。

为了保护和延长通风、空调设备和各种风管及部件的使用寿命，除在设计时正确地选用金属或非金属材料制造设备及风管外，还可在普通薄钢板制作的风管表面上，覆盖上“保护层”，使钢板表面与环境的周围介质隔开，防止腐蚀。

防腐的方法较多，如金属镀层、金属钝化、阴极保护、塑料喷涂及涂料工艺等。在设备与风管的防腐方法中，最常采用的是涂料工艺，用油漆等涂料作“保护层”。

9.1.1 防腐前的表面处理

为了使油漆能起到防止腐蚀的作用，除了选用的油漆本身能耐蚀外，还要求油漆和风管表面有良好的结合。因此在风管未涂刷油漆前，其表面必须要进行处理。

一般在大气环境中的风管，要求钢板表面除去浮锈，允许紧密的氧化皮存在，有利于油漆涂层的附着力。

用于有腐蚀的化工环境中的风管，要求金属表面的各种杂物等完全清除干净，清理后的表面颜色应灰白一致，增加油漆涂层的附着能力。

风管表面除锈可用人工除锈和喷砂除锈。

1. 人工除锈

风管采用防腐措施的效果如何，其表面除锈是关键。往往由于风管表面除锈不彻底或甚至不除锈，工程投产不多久，面漆和底漆一起脱落。在人工除锈过程中，应重视除锈的质量。风管表面的铁锈，可用钢丝刷、钢丝布、粗砂布擦拭，或用简易的除锈机进行擦磨。除锈的好坏程度，应达到露出金属本色为合格，最后再用棉纱或破布擦净。

2. 喷砂除锈

喷砂除锈是利用压缩空气把石英砂通过喷嘴，喷射在管道的表面，靠砂子有力的撞击风管表面，去掉表面的铁锈、氧化皮等杂物。

喷砂除锈的优点是能彻底去掉风管表面的铁锈、氧化皮、旧有的油层及其他杂物。经过喷砂的风管，表面变得粗糙又很均匀，对增加油漆涂层的附着力和漆层的质量有了保证。

9.1.2 风管和设备的刷油漆

用刷油漆的防腐措施来防止管道及设备的腐蚀，是目前经常采用的办法。因为施工方便，而且成本较低，所以在工程中广为采用。

刷油漆用来防腐，其作用原理是靠油漆的漆膜，把风管或设备的金属表面和周围的空气、水分、腐蚀性介质隔离，可保护金属表面不受腐蚀，因此要求油漆的漆膜除本身对使用的介质耐腐蚀外，在金属表面上的漆膜应该是连续无孔，并与金属表面有较好的附着力。

油漆的漆膜一般由底层和面层构成。底层用底漆打底，面层用面漆罩面。底层油漆应具有附着力强和具有良好防腐性能的油漆涂刷。面漆的作用是保护底漆不受损伤。每层涂刷的漆膜厚度和遍数按设计要求或遵守施工验收规范的规定。

在工程中常用的油漆涂刷方法有手工涂刷法和空气喷漆法两种。

1. 手工涂刷法

手工涂刷法的特点是操作简单，适应性强，可用于工程各个部位的涂刷，各种油漆都能施工。但人工涂刷法的效率低，涂刷的质量决定于操作者的技术水平。

手工涂刷油漆的操作程序，一般是自上而下，从左到右，先里后外，先斜后直，先难后易，纵横交错地涂刷。涂刷时，要求无漏涂、起泡、露底和胶底等现象，应做到漆层薄厚均匀一致。

（1）通风、空调工程中常用的油漆：通风、空调的风管、部件及制冷管道的涂漆种类应按不同用途及不同的材质来选择。

1）薄钢板风管的底层防锈漆采用红丹油性防锈漆，具有较好的除锈效果，而且易于涂刷，适用于手工涂刷，不宜喷漆；另外，还有铁红酚醛底漆、铝粉铁红酚醛防锈漆。应该注意的是红丹、铁红或黑类底漆、防锈漆只适用于涂刷黑色金属表面，而不适用于涂刷在铝、锌合金等轻金属表面。否则，底漆涂刷上后，很快就会脱落。

2）镀锌钢板用于一般空调系统，只要镀锌层不被破坏，可不涂除锈漆。如果镀锌层由于受潮已有泛白现象，或在加工中镀锌层损坏以及在洁净工程中需要，则应涂刷除锈层。应采用锌黄类底漆，如锌黄酚醛防锈漆、锌黄醇酸防锈漆。

3）对于铝、锌合金等轻金属应采用锌黄类底漆，如锌黄酚醛防锈漆、锌黄醇酸防锈漆等。由于锌黄能产生水溶性铁酸盐使金属表面钝化，具有良好保护性，对铝板、镀锌钢板风管的表面有较好的附着力。

对于一般通风、空调系统、空气洁净系统采用的油漆类别及涂刷的遍数分别如表9-1、表9-2所列。

（2）涂刷油漆应注意的事项：

1）所用的油漆牌号必须符合设计要求或施工验收规范的规定，并有产品出厂合格证。油漆是有使用有效时间限制的，必须在有效期内使用，如已超过规定时间，应送交技术检验部门签订，确认合格后才能使用。如因储存保管不良，虽在有效期内，但有明显变质时，也不能使用。

2）油漆涂刷前，应检查管道或设备的表面处理是否符合要求。涂刷前，风管或设备表面必须彻底干燥。

薄钢板油漆 表 9-1

序号	风管所输送的气体介质	油漆类别	油漆遍数
1	不含有灰尘且温度不高于70℃空气	内表面涂防锈底漆 外表面涂防锈底漆 外表面涂面漆(调和漆等)	2 1 2
2	不含有灰尘且温度高于70℃的空气	内、外表面各涂耐热漆	2
3	含有粉尘或粉屑的空气	内表面涂防锈底漆 外表面涂除锈底漆 外表面涂面漆	1 1 2
4	含有腐蚀性介质的空气	内外表面涂耐酸底漆 内外表面涂耐酸底漆	≥2 ≥2

空气洁净风管油漆 表 9-2

风管材料	系统部位	油漆类别	涂刷遍数
冷轧钢板	全部	内表面:醇酸类底漆 醇酸类磁漆	2 2
		外表面:有保温:铁红底漆 无保温:铁红底漆 磁漆或调和漆	2 1 2
镀锌钢板	回风管,高效过滤器前送风管	内表面:一般不涂刷 当镀锌钢板表面有明显氧化层,有针孔、麻点、起皮和镀层脱落等缺陷时,按下列要求涂刷: 磷化底漆 锌黄醇酸类底漆 面漆(磁漆或调和漆等)	 1 2 2
		外表面:不涂刷	
	高效过滤器后送风管	内表面:磷化底漆 锌黄醇酸类底漆 面漆(磁漆或调和漆等)	1 2 2

3）涂刷油漆的环境温度不能过低或相对湿度不能过高，否则它将会使油漆挥发时间过长，影响防腐性能。在涂刷油漆时，必须掌握环境条件。一般要求环境温度不能低于5℃，相对湿度不大于85％。

4）为保证油漆涂刷后的漆膜厚度均匀，无漏涂、起泡、露底等现象，油漆调的稠度既不能过大，也不能过小。稠度过大不但浪费油漆，而且还会产生脱落、卷皮等现象；稠度过小将会产生漏涂、起泡、露底等现象。

5）为使油漆的漆膜与漆膜之间牢固，在涂刷第二遍防锈漆时，必须等第一遍防锈漆彻底干燥后才能进行，否则将会产生漆层脱落现象。

6）薄钢板风管的防腐工作一般采用制作前和制作进行等两种形式。风管制作前预先在钢板上涂刷防锈底漆，其优点是涂刷的质量好，无漏涂现象，风管咬口缝内均有油漆，延长风管的使用寿命，而且下料后的多余边角料短期内不会锈蚀，能回收利用。风管制作后再涂刷油漆，在风管制作过程中必须先将钢板在咬口部位涂刷防锈底漆。

7）风管法兰或加固角钢制作后，必须在和风管组装前涂刷防锈底漆，不能在组装后涂刷，否则将会使法兰或加固角钢与风管接触面漏涂防锈底漆，而产生锈蚀。

8）送回风口和风阀的叶片和本体，应在组装前根据工艺情况先涂刷防锈底漆，可防止漏涂的现象。如组装后涂刷防锈底漆，会导致局部位置漏涂，而产生锈蚀。

9）风管的支、吊、托架的防腐工作，必须在下料预制后进行。应避免风管吊装到支架后再涂刷油漆，这将使支、吊、托架与风管接触部分漏涂。

10）使用的各种油漆，应了解其理化性质，并按技术安全条例进行操作，防止发生事故。

2. 喷漆

喷漆是用喷枪为工具，利用压缩空气为动力，使空气通过喷嘴时产生高速气流，从而将贮漆罐内的油漆被引射混合成雾状，喷涂在管道或设备的金属表面。喷漆的特点是漆膜厚度均匀，表面平整、效率高，可防止漏涂、起泡及露底等现象。

喷漆的质量好坏取决于油漆的粘度和压缩空气的工作压力及喷枪的喷嘴距喷涂表面的距离和喷枪移动的速度。喷枪的压缩空气的压力一般为0.2～0.4MPa。喷枪的喷嘴距喷涂表面距离为：圆弧面一般为400mm；平面为250～350mm。喷枪移动为10～15m/min。

喷漆的漆膜较薄，如需要达到规定的厚度，必须反复喷涂几次才能达到。为提高漆膜的厚度，减少稀释剂的用量，提高工作效率，可采用热喷漆。

9.2 风管和设备的绝热

在空气调节系统中，为了控制一定的温度，减少系统的热量向外传递或外部热量传入系统中，并降低系统运转时的能源损失，必须采取相应的技术措施。防止系统热量向外传递的措施为保温，而防止外部热量传入系统的措施为保冷。虽然保温和保冷有所不同，在实际工程中并不严格区分，习惯上统称为保温。

保冷与保温的区别，主要是保冷结构的热传递方向是由外向内，在传热过程中保冷结构内外壁之间存在温差，而产生水蒸气分压力差，致使大气中的水蒸气在分压力差的作用下随热流而渗入到绝热材料内，并在其保冷结构内产生凝结水等现象，导致绝热材料的保冷性能降低，导致保冷结构开裂、发霉腐烂，甚至损坏等后果。因此，保冷结构和保温结构的区别在于绝热层外必须设有防潮层，而保温结构一般不设置防潮层。

通风、空调系统保温的主要目的是减少冷、热损失，提高系统运行的经济性，改善环境的劳动条件，防止运行人员被烫伤，实现安全生产；另外，对于恒温恒湿空调系统，风管保温后能减小送风温度的波动范围，保证恒温恒湿房间的调节精度。

9.2.1 绝热材料

风管和设备的绝热，应采用不燃或难燃材料，其材质、密度、规格与厚度应符合设计要求。如采用难燃材料时，应对其难燃性进行检查，合格后方可使用。

绝热材料应具有较低的导热系数，还应具备重量轻、吸水率低、抗水蒸气渗透性强、耐热、不燃、无毒、无臭味、不腐蚀金属、有一定机械强度、耐用施工方便、价格低廉等特点。

目前常用的保温材料种类较多，通风、空调工程中的保温材料有岩棉、玻璃棉、碳化软木、聚苯乙烯泡沫塑料、聚氨酯泡沫塑料、聚乙烯泡沫塑料、铝箔玻璃棉毡、铝箔玻璃棉板、酚醛泡沫塑料及橡塑保温材料等。

9.2.2 风管保温结构与施工

空调系统风管的保温，应根据设计选用的保温材料和结构形式进行施工。为了达到较好的保温效果，保温层的板厚不应超过设计厚度的＋10％和－5％。保温的结构应结实，外表平整，无张裂和松弛现象。

隔热层应平整密实，不能有裂缝空隙等缺陷。隔热层采用粘接工艺时，粘结材料应均匀地涂刷在风管或空调设备的外表面上，隔热层应该与风管或空调设备表面紧密贴合。在粘结隔热材料时，其纵、横向接缝应该错开，并进行包扎或捆扎，包扎的搭接处应均匀贴紧，防止破坏隔热层。

对于无洁净要求的空调系统风管与空调设备的保温，如选用卷材或散材时，其隔热层的厚度应铺设的均匀，包扎的牢固，不能有散材外露的缺陷。

采用铝箔玻璃布、玻璃布、塑料布等作为保护层时，层间应搭接均匀，松紧适当。

室外的风管采用薄钢板或镀锌钢板作为保护时，为避免连接的缝隙有渗漏，其接缝应顺水流方向，并将接缝设置在风管的底部。

空调系统在风管内设置电加热器的部位，为了防止由于风机和电加热器的电气连接点失灵而造成事故，电加热器前后

800mm 范围内风管的隔热层必须采用不燃材料，一般常在这个范围采用石棉板进行保温。

1. 保温工作应具备的条件和注意事项

为了使保温工作能够顺利的进行，必须按照合理的施工程序进行，避免返工或局部拆除、返修，影响保温的效果。

（1）风管或设备的外表面的防腐工作已经结束，外表面上的灰尘、油污应清理擦洗干净。

（2）有漏风量要求或有泄漏和真空度要求的风管和设备，必须经试验并确认为合格后，才能进行保温。

（3）风管上各种预留的测孔必须提前开出，并将测孔部件组装结束。

（4）保温后的风阀应操作方便，风阀的启闭必须标记明确、清晰。

（5）风机盘管和诱导器及空调器与水管、风管的接头处，以及容易产生凝结水的部位，其保温不能漏保。

（6）绝热材料层应密实、无裂缝、无空隙等缺陷。表面应平整，当采用卷材或板材时，允许偏差为 5mm；采用涂抹或其他方式时，允许偏差为 10mm。防潮层（包括绝热层的端部）应完整。而且封闭良好，其搭接缝应顺水。

2. 风管绝热采用粘结的结构

（1）施工应符合下列要求：

1）粘结剂的性能应符合使用温度和环境卫生的要求，并与绝热材料相匹配。

2）粘结材料应均匀涂在风管、部件或设备的外表面上，绝热材料与风管、部件或设备表面应紧密贴合，无空隙。

3）绝热层纵、横向的接缝，应错开。

4）绝热层粘贴后，如进行包扎或捆扎，包扎的搭接处应均匀、贴紧；捆扎的应松紧适度，不能损坏绝热层。

（2）施工方法

图 9-1 所示的聚苯乙烯泡沫塑料板粘结的保温结构图。空调

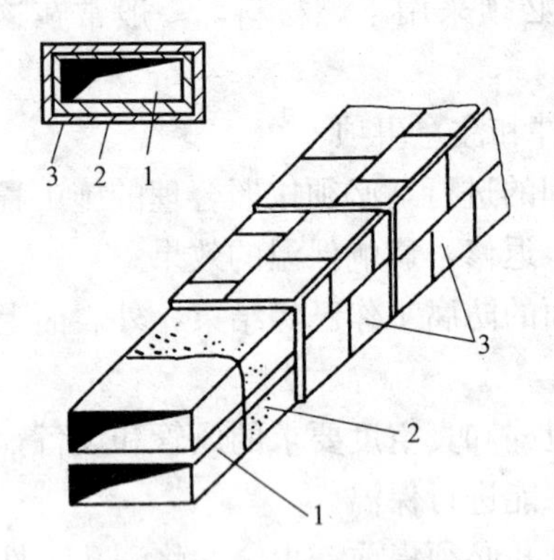

图 9-1 聚苯乙烯泡沫塑料板粘结保温

1—风管；2—樟丹防锈漆；3—保温板

工程均采用自熄型聚苯乙烯泡沫塑料板，在施工前必须进行鉴定，以免为今后运行造成隐患。鉴定的方法采用点燃法，如聚苯乙烯泡沫塑料板离开火种即熄灭，即为自熄型的；反之，即使离开火种仍然在燃烧，即为非自熄型的。

粘接常采用树脂胶和热沥青两种方法。粘接前应用棉纱将风管表面的油污等杂物擦干净，以增加粘接剂对风管的粘接能力，否则容易使塑料板脱落。

采用这种保温结构的表面不作其他处理，因此在粘接时，要求塑料板拼搭整齐，小块的塑料保温板应放在风管上部，双层保温时，小块塑料保温板在里，大块塑料保温板在外，以求外形美观。

绝热板材下料的尺寸应大于大边尺寸 5～10mm，以使间隙最小，使拼接缝紧密。绝热板材下料尺寸要准确，切割面要平齐；下料时，要使水平面与垂直面的搭接处以短边顶在长边上，如图 9-2 所示。

板材之间的接头做法如图 9-3 所示。在接缝处必须用粘接胶

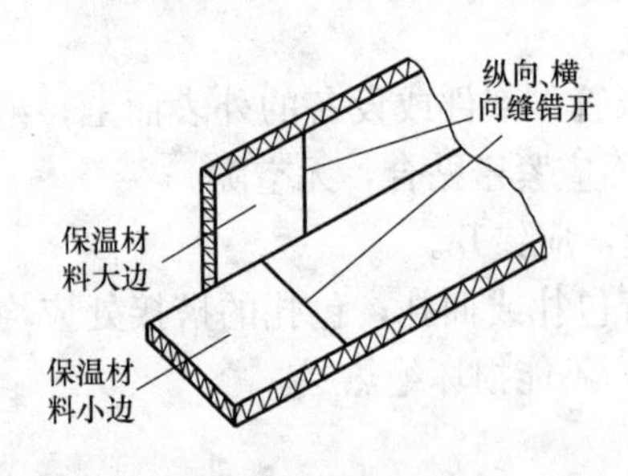

图 9-2 板材水平面与垂直面的搭接

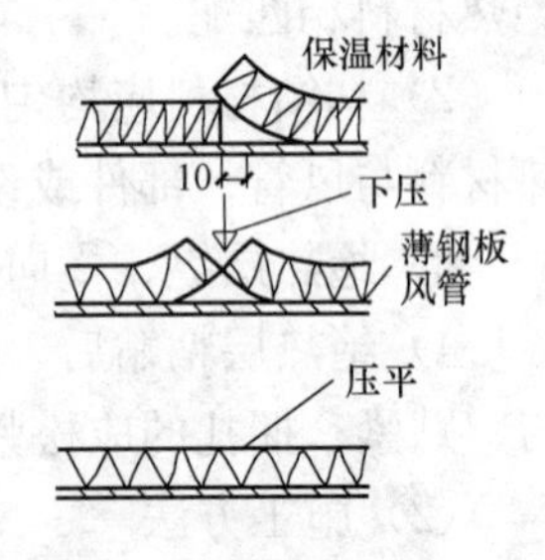

图 9-3 板材间的接头做法

带或其他密封方法处理，胶带的宽度应≥50mm。

3. 风管绝热采用保温钉固定结构

（1）施工应符合下列要求：

1）保温钉与风管、部件及设备表面的连接，可采用粘接或焊接，结合应牢固，不能脱落；焊接后应保持风管的平整，并不能影响镀锌钢板的防腐性能。

2）矩形风管或设备保温钉的分布应均匀，其数量底面每平方米不应少于16个，侧面不应少于10个，顶面不应小于8个。首行保温钉至风管或保温材料边沿的距离应<120mm。

3）风管法兰部位的绝热层厚度，不低于风管绝热层的0.8倍。

4）带有防潮隔汽层绝热材料的拼缝处，应采用粘胶带封严。粘胶带的宽度不应<50mm。粘胶带应牢固的粘贴在防潮面层上，不能有胀裂和脱落。

（2）施工方法：

采用保温钉粘接在风管上，用保温钉来固定岩棉（或玻璃棉）毡、板及聚苯乙烯泡沫塑料板，比粘接方法更为简单，已在空调工程中广为采用。

保温钉由铁质、塑料等制成。施工时应将风管外表面的油污、杂物擦干净，以增加保温钉粘接后的强度。往往由于操作者不认真处理风管外表面，而使保温材料坠落。

粘接保温钉的粘接剂目前市场上的品种较多，一般橡胶性的强度较高，而且不会因为受潮而脱落。如果工程量较大，在未进行施工前，应对选用的粘接剂进行试验。

采用岩棉（或玻璃丝）板和保温钉保温的方法，有时为了防止由于保温钉脱落，保温板每隔一定距离用打包钢带（或尼龙）进行加固。

岩棉（或玻璃棉）板外层一般用铝箔玻璃布包扎，其接缝的连接处，用铝箔玻璃布胶带粘接，使之成为保温的整体。保温外护层复合铝箔材料国内已有系列产品。

目前，国内还生产一种岩棉（或玻璃棉）板外层直接已贴有铝箔玻璃布或铝箔牛皮纸的一体化的保温材料，采用保温固定的方法更为简便，可减少外覆铝箔玻璃布防潮、保护层的工序，只是用铝箔玻璃布胶带粘接其横向和纵向接缝，使之成为一个保温整体。

保温钉的外形和保温的结构如图 9-4 和图 9-5 所示。塑料保温钉与垫片利用鱼刺形刺而自锁；铁质保温钉与垫片的连接，采用钉的端部扳倒的办法而固定。

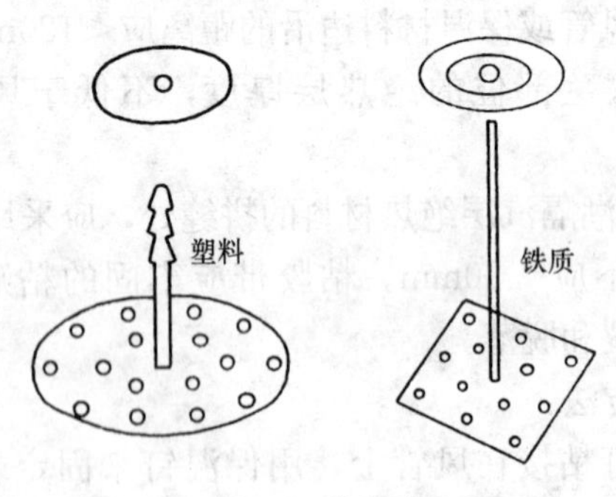

图 9-4　保温钉

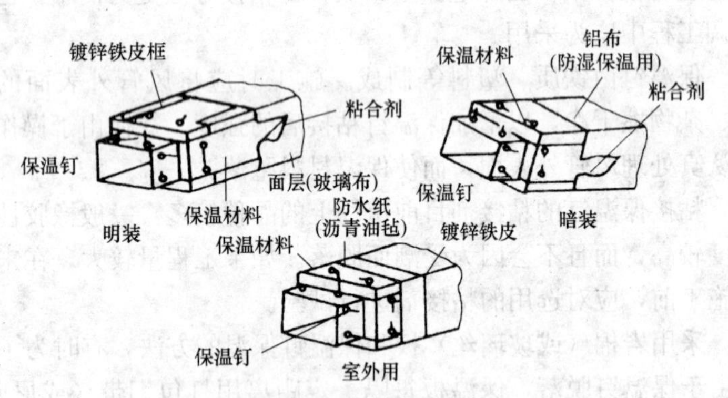

图 9-5　用保温钉固定保温材料的结构形式

风管法兰连接处要用同类绝热材料补保，其补保的厚度不低于风管绝热材料的 0.8 倍，在接缝内要用碎料塞满没有缝隙，如图 9-6 所示。

4. 圆形风管的保温结构

一般多采用玻璃棉毡、沥青矿棉毡及岩棉毡进行保温，其结构形式如图 9-7 所示。

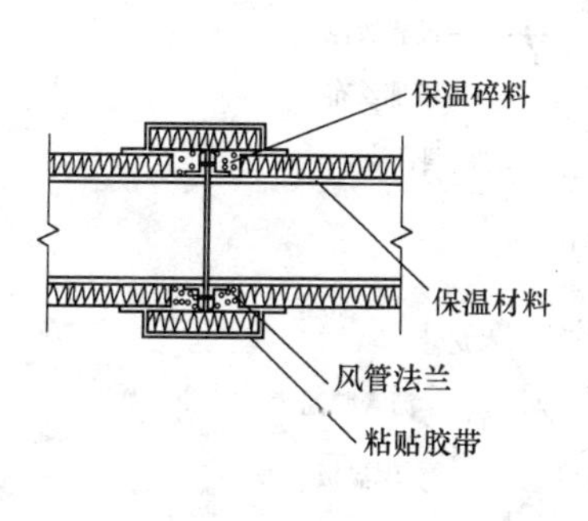

图 9-6 风管法兰部位的保温

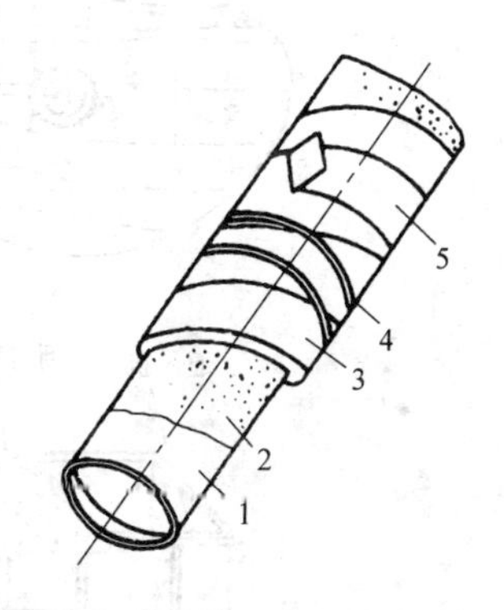

图 9-7 圆形风管的保温结构
1—风管；2—樟丹防锈漆；
3—保温层；4—镀锌铁丝；
5—玻璃纤维布

包扎风管时，其前后搭接边应贴紧；保温层外，每隔 300mm 左右用直径 1mm 的镀锌铁丝绑扎。包扎完第一层再包第二层。做好保温层后，再用玻璃布按螺旋状把保温层缠紧，布的前后搭接量为 50～60mm。如用玻璃棉毡或沥青矿棉毡保温时，应根据设计要求涂刷两道调合漆。

9.2.3 空调设备的保温

1. 风机保温

为减少空调系统风机表面的冷热能量损耗，特别在夏季工况下为避免风机表面结露滴水，风机必须进行保温。对于 8 号及 8 号以下风机，采用固定铁爪（或粘接保温钉）来固定保温板材的结构形式；而对于 8 号以上的风机则采用保温板材固定在木龙骨内的结构形式，其保温结构形式如图 9-8 所示。

风机的保温方法与风管基本相同。保温材料可选用玻璃棉板、软木板、岩棉板及自熄式的聚苯乙烯泡沫塑料板等。在风机

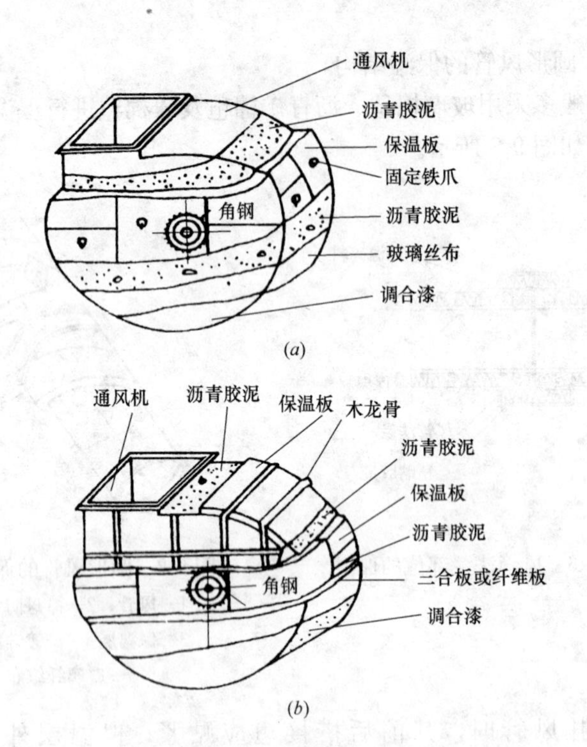

图 9-8　风机的保温结构

(a) 8 号及 8 号以下通风机保温（板材构造）；(b) 8 号以上通风机保温（板材木龙骨构造）

保温时，应将风机轴的周围用角钢围住焊在风机外壳上，防止风机轴被保温材料包住，影响风机的正常运转。另外风机的铭牌应外露，便于试运转或运行时对其技术参数的查阅。

2. 设备的保温

冷水箱和水箱式蒸发器的保温：冷水箱和水箱式蒸发器必须在保温前经过试水，保证无渗漏的情况下才能进行。冷水箱和水箱式蒸发器由于体积较大，一般采用木龙骨内粘接玻璃纤维板、软木板、聚苯乙烯泡沫板、水玻璃膨胀珍珠岩板等保温材料的结构形式，保护壳采用三合板、纤维板、石棉水泥及薄钢板等材料，其保温结构形式如图 9-9 所示。

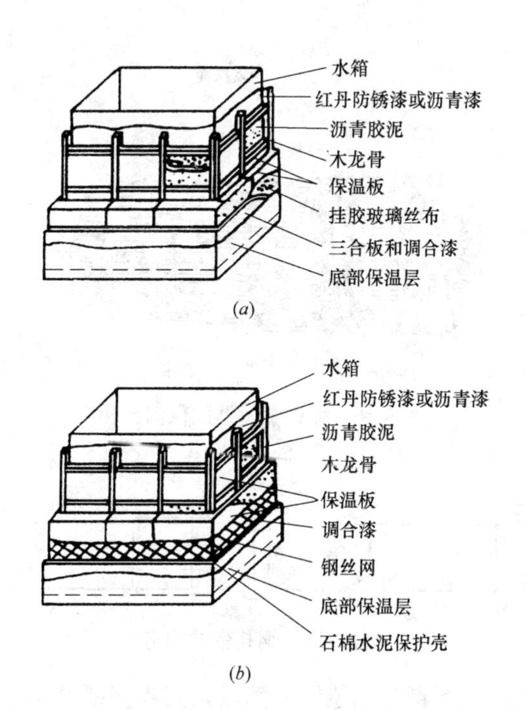

图 9-9　冷水箱和水箱式蒸发器保温结构

(*a*) 三合板或纤维板保护壳构造；(*b*) 石棉水泥保护壳构造

保温的方法与冷水管道相同。水箱放在楼层或底层时，在水箱底部支架或木龙骨空挡内应填塞相同材质的保温板，其厚度与水箱的侧壁相同。水箱放在底层时，底部也可以采用加气混凝土兼作保温层，其厚度＜300mm。

(1) 壳管蒸发器的保温：壳管蒸发器保温材料与水箱式蒸发器相同，图 9-10 所示的保温结构中的隔热层采用软木板。其保温的方法如下：

1) 软木板应事先浸以热沥青，在设备干燥的表面上涂刷一层热沥青并立即贴上软木板，并须交错粘接，然后再涂刷一层热沥青贴另一层软木板，以达到要求的厚度为止；

2) 然后用镀锌铁丝或钢带扎紧。即每隔 1m 用铁丝或钢带扎紧，钢带的形式如图 9-11 所示。

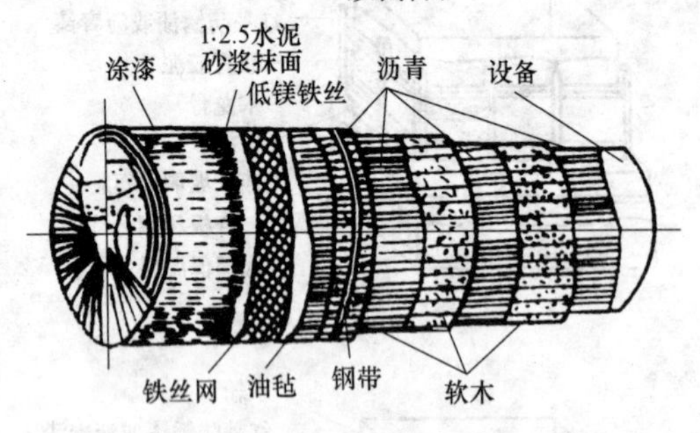

图 9-10　壳管蒸发器的保温结构

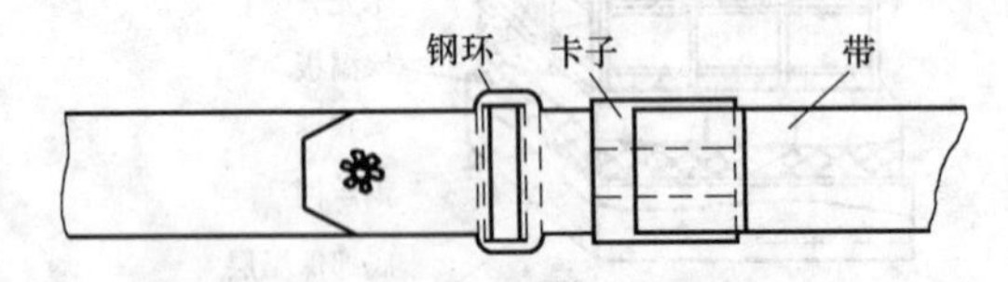

图 9-11　钢扎带的构造

3）再用热沥青贴油毡纸防潮层，其搭接部分不小于 50mm；

4）在油毡纸上包扎铁丝网，再用水泥石棉灰浆抹面。

（2）制冷设备支架的保温：为了防止制冷设备支架由于“冷桥”现象的冷量损失，在保温过程中应引起注意。制冷设备支架应用同类材料进行保温，与制冷设备的保温层应连接严密。

10. 通风、空调系统的调试

空调与洁净系统经过风管及部件的制作及系统设备、附属设备及管路等的安装，构成了各个完整的系统，其最终的目的，在于使空调与洁净房间的温度、湿度、气流速度及洁净度等的效果，能够达到设计给定的参数或生产工艺的要求，保证建设单位能够早日投产使用。根据施工程序和施工质量验收规范的要求，施工单位对所安装的空调与洁净工程，除必须进行单体设备试运转、系统联合试运转外、并按施工质量验收规范规定的调试项目进行系统的试验调整，使单体设备能达到出厂的性能，使系统能够协调动作，使系统各设计参数达到预计的要求。

在新建的工程安装结束后，应由施工、设计和建设单位组成调试班子，对系统进行试验调整，对于检验设计、施工的质量和设备的性能能否满足生产工艺要求是必不可少的环节，是施工单位交工验收的重要工序。系统的试验调整是以设计参数为依据来判断系统是否达到预想的目的，并可以发现设计、施工及设备上存在的问题，从而提出补救措施，并从中吸取经验教训。

空调与洁净系统特别是要求较高的恒温恒湿系统或要求较高的洁净系统的试验调整，是一项综合性较强的技术工作，它牵涉的范围较广，除空调系统外，还涉及制冷系统、供热系统及自动调节系统等各个方面。在调试过程中，空调试调人员不仅与建设单位的动力部门、生产工艺部门加强联系密切配合，而且要与电气试调人员、安装钳工、通风工、管工等有关工种协同工作，方能较顺利地完成系统试验调整工作。

10.1 系统调试应具备的条件

系统调试前除准备经计量检定合格的仪器仪表、必要的工具及电源、水源、冷热源外，其工程的收尾工作已结束，工程的质量必须经过收达到《施工质量验收规范》的要求。为了保证调试工作的顺利进行，必须在调试前对下列部位进行外观检查和验收。

10.1.1 空调工程的外观检查

1. 风管表面平整、无破损、接管合理。风管连接处以及风管与空调器、风量调节阀、消声器等部件无明显缺陷。

2. 各类调节阀的制作和安装应正确牢固、调节灵活，操作方便。防火阀、排烟阀等防火装置应关闭严密，动作可靠。

3. 风口表面应平整，颜色一致，安装位置正确，风口的可调节部件应能正常动作。

4. 管道、阀门及仪表安装位置应正确，无水、气渗漏。

5. 风机、冷水机组、水泵及冷却塔等设备安装的精度，其偏差应符合《施工质量验收规范》的有关规定。

6. 风管、部件及支、吊架型式、位置及间距应符合《施工质量验收规范》的规定。

7. 组合式空调机组外表平整，接缝严密，各功能段组装顺序正确，喷水室无渗漏。

8. 风管、部件、管道及支架的油漆应附着牢固，漆膜厚度均匀，油漆颜色与标志符合设计和国家有关标准要求。

9. 绝热层的材质、厚度应符合设计要求。表面平整、无断裂和松弛。室外防潮层或保护壳应顺水搭接，无渗漏。

10. 消声器安装方向正确，外表面应平整无破损。

11. 风管、管道的柔性接管的位置应符合设计要求，接管不得强扭。

10.1.2 空气洁净工程的外观检查

洁净工程的外观检查除按照空调工程的检查内容外，根据洁净工程的特点，还应进行下列内容的检查。

1. 各种管道、自动灭火装置及净化空调设备（空调器、风机、净化空调机组、高效空气过滤器和空气吹淋室等）的安装应正确、牢固、严密，其偏差应符合《施工质量验收规范》的要求。

2. 高、中效空气过滤器与风管连接及风管与设备的连接处必须密封可靠。

3. 净化空调器、静压箱、风管系统及送、回风口无灰尘。

4. 洁净室的内墙面、吊顶表面和地面，应光滑、平整、色泽均匀，不起灰尘；地板无静电现象。

5. 送、回风口及各类末端装置、各类管道、照明及动力配线、配管及工艺设备等穿越洁净室时，穿越处的密封处理必须可靠严密。

6. 洁净室内各类配电盘、柜和进入洁净室的电气管线管口应密封可靠。

10.2 通风、空调设备的试运转

空调设备、制冷设备及其他附属设备在系统安装结束条件下，进行各个单体设备的试运转，以考核设备的技术性能，并测定有关的技术参数。设备的试运转是系统安装后三项工作中的首项，它为系统联合试运转、系统试验调整创造条件。设备试运转应以设备技术文件和相关的施工质量验收规范为主要的依据，施工现场的水、电、汽等动力保证供应，特别是电气设备的供电系统的控制环节，应经试验调整后才能进行。

10.2.1 试运转的程序

空调及制冷设备工程的试运转、调试一般按下列程序进行：

1. 首先检查通风、空调设备及附属设备（如：风机、喷淋水泵、冷冻水水泵、冷却水水泵、空调冷水机组等）的电气设备、主回路及控制回路的性能，应符合有关规范的要求，达到供电可靠，控制灵敏，为设备试运转创造条件。

2. 按设备的技术文件或机械设备施工及验收规范的要求，分别对各种设备的检查、清洗、调整，并连续进行一定时间的运转。各项技术指标达到要求后，单体设备的试运转告一段落，即可转为下一阶段的工作。对于相互有牵连的设备，应注意单体设备试运转的先后顺序。例如空调冷水机组试运转前，必须在水管污物已清洗的条件下先对冷冻水水泵和冷却水水泵进行单机试运转，待冷冻水和冷却水正常运转后，才能对空调冷水机组进行试车。

3. 各单体通风、空调设备及附属设备试运转合格后，即可组织人力进行系统联动试运转。对于空调系统可按如下的程序进行：

（1）空调系统的风管上的风阀全部开启，启动风机，使总送风阀的开度保持在风机电动机允许的运转电流范围内。

（2）运转冷冻水系统和冷却水系统，待正常后，冷水机组才能投入运转。

（3）空调系统的送风系统、冷冻水系统、冷却水系统及冷水机组等运转正常后，可将冷水控制系统和空调控制系统投入，以确定各类调节阀启闭方向的正确性，为系统的试验调整工作创造条件。

10.2.2　风机的试运转

1. 准备工作

风机试运转准备工作一般为对风机的外观检查和风管系统检查，经处理后一切正常，使之达到试运转条件。

（1）风机的外观检查

1）核对风机、电动机的型号、规格及传动带轮直径是否与设计相符；

2）检查风机、电动机两者的带轮的中心是否在一条直线上或联轴器是否同心、地脚螺钉是否拧紧；

3）检查风机进出口柔性接管（如帆布短管）是否严密；

4）传动带松紧是否适度，太紧了传动带易于磨损，同时增加电动机负荷，太松了传动带在轮子上打滑，降低效率，使风量和风压达不到要求。传动带松紧程度应调整到如图 10-1 所示的程度。

5）检查轴承处是否有足够的润滑油。加注润滑油的种类和数量应符合设备技术文件的规定。

6）用手盘车时，风机叶轮应无卡碰现象。

7）检查风机调节阀门启闭应灵活，定位装置应可靠。

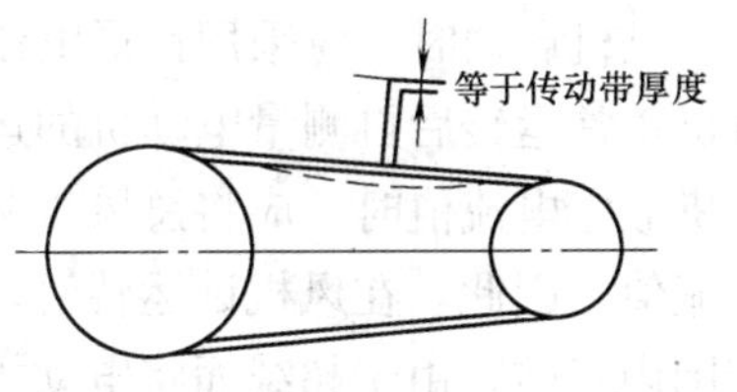

图 10-1 V 带松紧程度的调整

8）检查电动机、风机、风管接地线连接应可靠。

（2）风管系统的风阀、风口检查

1）关好空调器上的检查门和风管上的检查人孔门。

2）主干管、支干管、支管上的风量多叶调节阀应全开，若用三通调节阀应调到中间位置。

3）风管上的防火调节阀应放在开启位置。

4）送、回（排）风口的调节阀全部开启。

5）新风，一、二次回风调节阀和加热器前的调节阀开启到最大位置，加热器的旁通阀应处于关闭状态。

（3）洁净系统的清扫

1）组合式空调器内部必须清扫和擦拭干净；

2）人员可进入的风管应逐段擦拭干净；

3）洁净室内如处于空态状况，应将室内地板、墙壁、屋顶及灯具等擦拭干净；如洁净室已安装工艺设备，应将设备的保护罩打扫和擦拭干净。

4）洁净系统风机运行前，应在回风、新风的吸入口处和粗、中放过滤前设置临时过滤器（如无纺布等），对系统安装的过滤器进行保护。

2. 风机的启动与运转

风机初次启动应经一次启动立即停止运转，检查叶轮与机壳有无摩擦和不正常的声响。风机的旋转方向应与机壳上箭头所示的方向一致。风机启动后如机壳内落有螺钉、石子等杂物时，会发出不正常的“啪、啪”的响声，应立即停上风机的运转，设法取出杂物。

风机启动时，应采用钳形电流表测量电动机的启动电流，待风机正常运转后再测量电动机的运转电流。若运转电流值超过电动机额定电流值时，应将总风量调节阀逐渐关小，直至达到额定电流值。因此，在风机试运转时，其运转电流值必须控制在额定范围内，防止由于超载而将电动机烧坏。

风机运转过程中应借用金属棒或旋具，仔细倾听轴承内有无杂声，来判断轴承是否损坏或润滑油中是否混入杂物。风机运转一段时间后，用表面温度计测量轴承温度，其温度值不应超过设备技术文件的规定，如无具体规定可参照表 10-1 所列的数值。风机运转中轴承的径向振幅应符合设备技术文件的规定，如无规定可参照表 10-2 所列的数值。

轴承温度 **表 10-1**

轴承类型	滚动轴承	滑动轴承
温度不宜高于/℃	80	60

风机的径向振幅（双向） **表 10-2**

转速/(r/min)	≤375	>375～550	>550～750	>750～1000	>1000～1450	>1450～3000	>3000
振幅不应超过/mm	0.18	0.15	0.12	0.10	0.08	0.06	0.04

在风机运转过程中如发现不正常现象时，应立即停车检查，查明原因并消除或处理后，再行运转。风机经运转检查正常后，可进行连续运转，其运转时间不少于 2h。

风机运转正常后，应对风机的转速进行测定，并将测量结果，与风机铭牌或设计给定的参数进行核对，以保证风机的风压和风量满足设计要求。

风机试运转应记录下列数值，并在试运转报告中认真填写。

（1）风机的电动机启动电流和运转电流；

（2）风机的轴承温度；

（3）风机试运转中产生的异常现象；

（4）风机的转速。

3. 风机在运转过程中产生的主要故障及原因

风机在运转过程中产生的主要故障，一般有轴承箱振动剧烈、轴承温升过高、电动机运转电流过大和温升过高及传动带滑下、传动带跳动等现象，其产生的原因如下：

（1）轴承箱振动剧烈

1）机壳或进风口与叶轮相碰而产生摩擦。

2）基础的刚度不够或不牢固。

3）叶轮铆钉松动或轮盘变形。

4）叶轮轴盘与轴松动。

5）机壳与支架、轴承箱与支架、轴承箱盖与座等连接螺栓松动。

6）风机的进出风管安装不良而产生振动。

7）转子不平衡。

（2）轴承温升过高

1）轴承箱振动剧烈。

2）润滑黄油质量不良、变质，或填充过多和含有灰尘、粘砂、污垢等杂质。

3）轴承箱盖座连接螺栓的紧力过大或过小。

4）轴与滚动轴承安装有歪斜现象，致使前后两轴承不同心。

5）滚动轴承损坏。

（3）电动机电流过大和温升过高

1）风机启动时总风管的调节阀开度较大（由于系统阻力小于设计值）；

2）风机的风量超过额定风量范围。

3）电动机的输入电压过低或电源单相断电。

4）受轴承箱振动剧烈的影响。

（4）传动带滑下

风机的传动带从传动带轮上滑下，主要是由于两传动带轮位置彼此不在一个平面上，致使传动带易从小传动带轮上滑下。

（5）传动带跳动

风机两传动带轮距离较近或传动带过长，易使传动带跳动。

10.2.3 空气处理设备的试运转

1. 组合式空调器及新风机组

组合式空调器及新风机组从构造来讲除换热设备和过滤器外，主要设备就是风机。风机的试运转应参照10.2.2进行。组合式空调器及新风机组的试运转过程应注意下列事项：

（1）试运转前必须将其机组的内外部和机房的环境清扫干净，用于空气洁净的组合式空调器的内部必须彻底的擦拭干净，防止已擦拭干净的风管再次污染。

（2）对于一般空调系统试运转前，应保持总送风阀、总回风阀50%～60%的开度。新风阀适当开启。然后根据风机电动机运转电流的情况再将总送、回风阀逐渐开大，防止电动机过载。

（3）空气洁净系统试运转前，应将总送风阀、新风阀开启，而总回风阀关闭，风机开启后即可进行风管的吹扫，将带有灰尘的空气从洁净室排出。

（4）机组试运转后，根据系统试验调整的连续性，连续运转一段时间，将风管内的灰尘吹净，然后清洗粗效空气过滤器。

（5）空气洁净系统在试运转中，由于系统的高效空气过滤器尚未安装，致使系统管网的阻力较小，在试运转中应特别注意总送风阀的开度，不能因风量过大而使电动机超载。

（6）机组的送风、回风和新风口装有电动调节风阀时，应在风机试运转前，先行运转，各电动调节风阀应开关灵活，在风机运转中，再行检验。

（7）用于洁净度较高的洁净系统的组合式空调器有漏风量要求，应先检验泄漏量再进行机组的试运转。

2. 风机盘管机组

风机盘管试运转应注意下列事项：

（1）对于风机盘管安装时间较长空气过滤器受严重污染的，

必须在机组试运转前清洗干净。

（2）机组试运转前应检查卧式风机盘管上平面是否保持水平。暗装型机组是否留出维修用的检查口。

（3）通电运转前对于接线应严格检查，必须按照机组的接线图进行接线。图 10-2 所示的是 42C/V 型风机盘管的接线图，图中电源零线必须同图示的黄线连接，否则易将电动机烧毁。

（4）两台以上（包括两台）的风机盘管不能并联使用同一个风速选择开关，它会产生影响机组正常运转的回路电流，严重时会造成电动机烧毁。

（5）试运转中通入的热媒，不准使用蒸汽及 100℃以上的热水；对于二管制机组的热水温度不能超过 65℃，如超过 65℃空调水系统必须设置软化水装置。

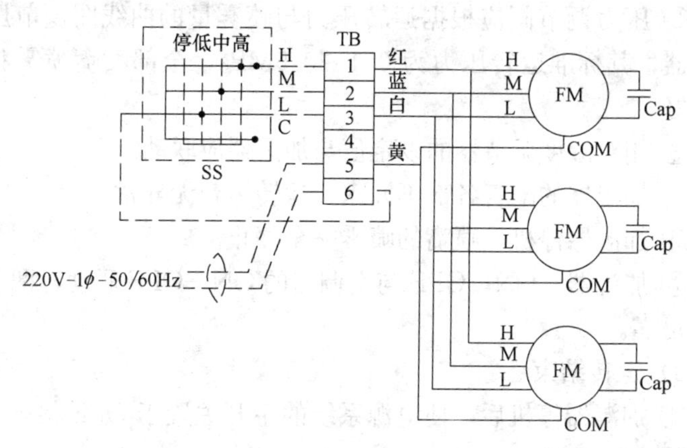

图 10-2　风机盘管电气接线图

Cap 电容器　　　　　　- - -现场接线

FM 风机电动机　　　　一台电动机用于 002，003，004，006 机组

SS 选择开关　　　　　二台电动机用于 008，010，012 机组

TB 接线盒　　　　　　三台电动机用于 014 机组

—产品内接线

3. 加湿器

（1）高压喷雾式加湿器的试运转

高压喷雾式加湿器是用泵给水加压，然后由喷嘴的小孔喷雾

到空气中，被喷雾的水粒子通过与空气的热湿交换而进行蒸发加湿。这种加湿器主要用于组合式空调器的加湿器。

1）运转程序

① 关闭排气旋塞，打开给水备用阀，向加湿器内通水。

② 开启压力调节阀和排气阀，对水泵进行启动前注水，泵内注满水后，并闭排气阀，压力调节阀全部开启

③ 空调器启动运转。

④ 空调房间的相对湿度调节器的指示值调至最大刻度。

⑤ 电源的主开关和加湿器运转开关置于“ON”位置。

2）运转确认事项

① 当空调房间相对湿度低于设定值时，加湿器启动，加湿器开始运转。

② 压力调节阀应根据运转压力与喷雾量的曲线图调节压力调节器，其标准运转压力为0.4～0.5MPa，全部喷嘴喷雾状况应良好。

③ 相对湿度调节器的设定值与加湿器应联动。

④ 加湿器的配管各部不漏水，运转声音无异常。

⑤ 加湿器停机，喷嘴的喷雾完全停止。

⑥ 加湿器，ON—OFF与空调器的ON—OFF联动，两者要连锁可靠。

3）运转结束

① 加湿器停机后，使电源系统的主开关置于OFF状态。并关闭给水备用阀。

② 拧开给水过滤器的滤网罩，清除内部的脏物。

（2）超声波加湿器的试运转

超声波加湿器是用雾化振子头换能器，将电频电能直接转换成超声波机械能，在水中产生170万次的超声波，使剧烈的水滴撕裂而雾化成1～5μm的颗粒，随空调器风道的气流扩散到空气中，从而直接调节空气的湿度，其热湿交换的过程为等焓加湿过程。

1）运转前的准备

① 检查电气接线和给水配管是否正确。

② 确认湿度调节器的指示值和设定值。

③ 加湿器通水前卸下加湿器的水管，放出洗净管内的污水。

2）运转

① 运转前的准备工作完成后，即可连接水管，打开阀门通水。

② 启动空调器并接通加湿器的电源，即可从加湿器的喷雾头喷出雾化粒子开始加湿。

③ 换季时应卸下加湿器管路上的过滤器并清理干净；如水槽内有水垢、灰尘等杂物，应清洗干净并放净水槽内的积水。

（3）蒸气加湿器的试运转

蒸汽加湿器广泛用于空调系统中，以常用的 ZS 型干蒸汽加湿器为例，其工作过程：当需要加湿时先开启蒸汽阀，饱和蒸汽由喷汽管外套进入弯管流向蒸发器内，蒸汽夹带的凝结水被挡水板分离，阻流经加湿器的壳体底部流至疏水器排出。待蒸汽将喷管和蒸发器加热后，调节阀开启，蒸汽由分离室周围通过，由针形调节阀孔进入干蒸汽室，经汽化、干燥后通过金属消声材料进入喷汽管，由喷孔喷出的干蒸汽对空气进行加湿处理。

1）运转前的准备

① 高压蒸汽经减压装置减压后的蒸汽压力应符合设计要求。

② 开启疏水器的排出阀，使凝结水畅通。

③ 电动式或气动式自动调节系统能正常的调节。

2）运转

① 开启组合式空调器并能正常运行。

② 手动开启蒸汽阀门后，待加湿系统稳定后，将湿度自动调节系统投入。

（4）蒸发式加湿器

蒸发式加湿器是通过特别的湿膜加湿器，使流经的水与空气提供较大的接触表面，达到空气与湿润的接触表面之间充分直接接触，增加水分的蒸发量，周围空气温度降低，湿度增加的目的。

湿膜由加入特殊化学原料的植物纤维纸浆制成的。它具有良好的吸湿性和湿挺度以及不随水流、气流作用而分解的特殊性。对于由玻璃纤维材料制成的湿膜还具有阻燃性能。

滤膜加湿器的工作原理如图10-3所示。

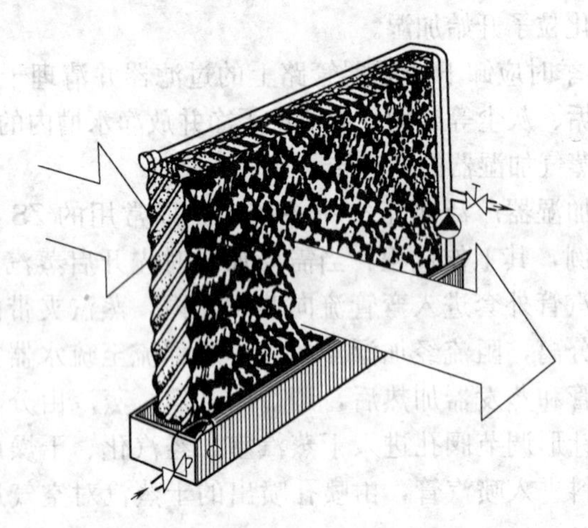

图10-3 滤膜加湿器工作原理示意图

蒸发式加湿器试运转时应注意下列事项：

1）加湿器试运转前，应采用手动调节水阀，用清水清洗30min以上，将加湿板上的尘埃产生的异味清除。

2）加湿用清水水质无特殊要求，加湿器的效果不受水质的影响，仅要求达到城市供水要求。

3）为维持加湿器规定的给水量，应安装“定流量阀门”。如安装不符合产品技术要求的一般调节阀，将会使加湿板堵塞而加湿性能降低。

“定流量阀门”是定流量、过滤器、电磁组合阀门，根据表10-3所列的选用表选用不同流量的阀门。

定流量阀门选用表 **表 10-3**

MSDE-FW 型 （定流量、过滤、电磁组合阀门）	
设定流量/L/min	接管尺寸/in
0.6	3/8
0.8	
1.2	
1.5	
1.8	
2.5	
3.0	
4.0	
5.0	

备注：供水压力范围 0.08～0.7MPa

4）湿度调节器应处于设定值（通常 40%RH）以上，加湿器进行通水运转。否则会使加湿器运转频繁，自清洗作用差而易产生异味。

5）在连续 24h 使用的空调系统，每天至少停止供水 1h 进行干燥运行。

4. 转轮式换热器

转轮式全换热器是一种空调节能设备。它是利用空调房间的排风，在夏季对新风进行预冷减湿，在冬季对新风进行预热加湿。

转轮式全换热器的工作原理如图 10-4 所示。利用特殊工艺处理的铝箔及非金属膜、特种纸等材质作成蜂窝状转轮，由传动装置转动的换热器。转轮上半部通过新风，下半部通过室内排风。冬季排风温湿度高于新风，排风经过转轮使转芯材质的温度升高、含湿量增多，当转芯经过清洗扇转至与新风接触时，转芯便向新风释放热量和水分，使新风升温增湿；夏季与之相反，降低新风温度和湿度。

转轮式换热器试运转应注意下列事项：

（1）空调系统的风量试验调整已完成，新风量和排风量应相

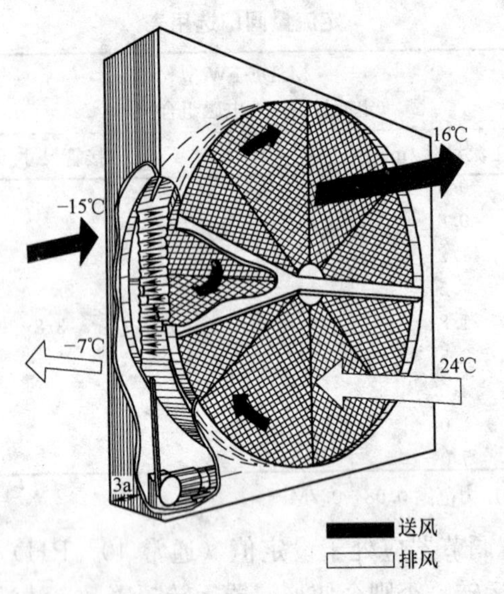

图 10-4　转轮式全换热器工作原理

等。如排风量超过新风量 20%以上时，应采用穿通管道进行调节。

（2）在过渡季节不需要全热交换器进行热回收时，排风量必须全部旁通。

（3）为防止排风量漏入新风系统，应检查并使新风侧的风压大于排风侧的风压。

（4）为保护转轮和延长使用寿命，转轮和排风机进行联锁。

（5）在冬季工况条件下对机组试运转时，应检查新风预热系统的运行状况，防止转轮表面产生结霜或冻结，致使效率降低、孔眼堵塞，甚至使转轮破损。

10.2.4　空气洁净设备的试运转

1. 空气吹淋室

空气吹淋室有两个作用，一是为了减少洁净室的污染尘源，工作人员在进入洁净室前，先经过空气的吹淋，利用高速洁净空气除去身上的灰尘；二是吹淋室兼起气闸作用，以防止室外污染空气进入洁净室。

空气吹淋室在试运转前应进行下列的检查，如符合要求，即可进行试运转。

（1）根据设备的技术文件和使用说明书，对规定的各种动作进行试验调整，使其各项技术指标达到要求。如风机启动、电加热器的投入对吹淋的加热、两门的联锁及时间继电器的试验整定，使达到以下要求：

1）两门互锁。即一门打开时，另一门打不开，使洁净室与外面不直接接通；

2）空气吹淋室在吹淋过程中，两门均打不开；

3）进入洁净室必须经过吹淋，由洁净室出来不要吹淋。

（2）空气吹淋室一般采用球状缩口型喷嘴，具有送风均匀、喷嘴转向可以调整的特点。为了保证吹淋效果，必须使喷嘴射出的气流（两侧沿切线方向）吹到被吹淋人员的全身。对喷嘴的吹淋角度一般应调整至：顶部向下 20°，两侧水平相错 10°，向下 10°，其喷嘴吹淋的角度和气流流型如图 10-5 所示。

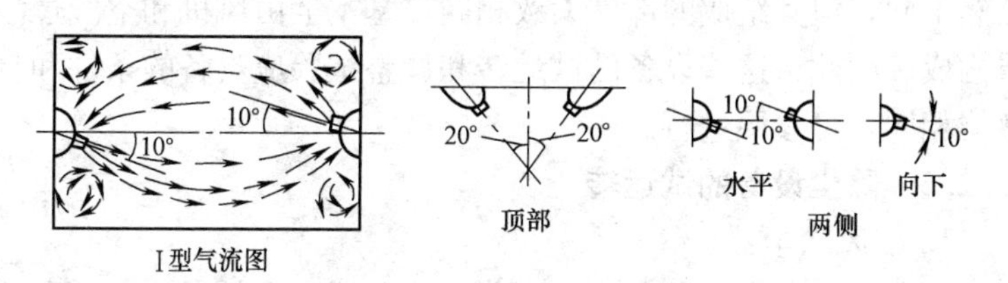

图 10-5　喷嘴角度示意图

2. 自净器

自净器是用来设置在非单向流洁净室的四角或气流涡流区以减少灰尘滞留的机会，也可作为操作点的临时净化措施。

它是由风机、粗效、中效和高（亚高）效过滤器及送风口、进风口等部件组成。在试运转前，洁净室的洁净空调系统应正常运转，洁净室内的清洁卫生必须处于洁净条件，才能试运转。否则不要盲目试运转，防止对空气过滤器的污染。

自净器的运转，只是对风机电动机的启动电流、运转电流进行测定，其参数应与设备铭牌进行对照。

3. 余压阀

余压阀有重锤式和差压调节式两种。

余压阀安装在洁净室壁板下侧，用于保证洁净室处于允许的静压条件下。当洁净室内的静压高于允许静压值时，余压阀将自动开启。因此，余压阀的运转和调整，应在洁净室的系统送风量、回风量及排风量已调整完毕的情况下进行。余压阀的运转和调整是在洁净室的静压调整中进行。对于重锤式余压阀，以调整重锤在滑杆的距离，使余压阀在给定的静压条件下能将阀板自由的开启或关闭。对于差压调节式的余压阀，应以调整差压调节系统的整定值，使室外大气压和洁净室内静压的差压维持在给定范围，达到余压阀自动开启和关闭的作用。

4. 其他洁净设备

净化设备除上述的三种外，还有风口机组、各类净化工作台、洁净棚（层流罩）及净化单元等。它们的构造和使用的场合虽然不同，但其组成的部件大致相同，基本上由风机和空气过滤器构成。因此，这些设备的试运转和调整试验应具备的条件和自净器相同，可参照进行。

10.2.5　除尘设备的试运转

1. 旋风除尘器

旋风除尘器启动前，应检查每个旋风子穿孔情况和以下各连接部位的气密性：

（1）各个旋风子本体的连接部分；

（2）除尘室和烟道、灰斗连接处；

（3）灰斗和除灰装置、输灰装置的连接处。

各连接部位经检查其气密性合乎要求后，应关闭挡板，防止风机在过载的情况下启动。风机启动后慢慢开启挡板，直至风机的运转电流值在额定范围内，排放的空气通过除尘器。

2. 水浴式洗涤除尘器

（1）启动　水浴式洗涤除尘器的除尘效率与其内部的水位高低有密切关系。启动前，应先调整器内的水位。对于用水膜捕集灰尘的装置，应保证形成正常的水膜，然后通入含尘空气，投入运转。

（2）停运　水浴式洗涤除尘器停运时，一般按以下程序进行：

1）关闭给水阀；

2）切断风机电源；

3）关闭排水阀。

3. 袋式除尘器

袋式除尘器的种类较多，应根据设备技术文件的要求进行试运转。对于用于锅炉烟气除尘的场合，为了确保除尘器的正常运转，启动前应做下列的检查：

（1）烟气冷却装置等配套部件应动作可靠；

（2）在有负荷的运转前，应防止除尘器中的气体爆炸，应使除尘器中的 CO、O_2 的浓度低于爆炸极限；应在烟气温度低于爆炸极限下的化合温度之后启动；

（3）烟气温度与压力损失的自动控制器及其他配套的仪表，应检查准确性，动作无误。

4. 电除尘器

电除尘器运转应注意下列问题：

（1）启动前，应将高压网路上绝缘子和绝缘管上的烟尘和水分擦拭干净，防止漏电。然后用 1000V 兆欧表测定高压网络上的绝缘电阻，其值应在 100MΩ 以上。

（2）振打装置如处于休止状态下通入烟气，烟尘容易粘附在电晕电极和沉降电极上，振打装置应在投入烟气前投入自动运转。

（3）为防止烟气中的凝聚物粘附在放电极和沉降极上，启动前应先通烟气或外加热进行充分的预热，待沉降极与放电极及除尘室内各部分干燥后才能通电进行电晕放电。

10.3 通风、空调系统的试验调整

通风、空调系统各单体设备试运转和系统联合试运转后，以设计给定的参数为依据进行系统的试验调整，使之达到设计要求。同时也可发现设计、施工和设备上存在的问题，并提出补救措施。

系统试验调整的内容，应根据系统的具体情况而确定，基本可分为恒温恒湿空调系统、舒适性空调系统及空气洁净系统。

系统试验调整应由施工单位负责、监理单位监督，设计与建设单位参与和配合。系统调试前，施工单位应编制调试方案。报送专业监理工程师审核批准；调试结束后，必须提供完整的调试资料和报告。

10.3.1 系统试验调整的内容

1. 空调系统无生产负荷的试验调整

（1）空调系统的最大送风量和设计送风量测定和调整，其偏差不应＞10％。

（2）系统各送风口的风量测定和调整，使其实测与设计风量的偏差不应＞15％。

（3）空调冷（热）水、冷却水总流量测量和调整的偏差不应＞10％。

（4）防排烟系统的正压风量及前室的静压，应符合设计要求。

（5）舒适性空调系统的房间温度及相对湿度，应符合设计要求。

（6）恒温恒湿性空调系统的房间空气温度、相对湿度及波动范围应符合设计要求。

2. 洁净系统无生产负荷的试验调整

（1）非单向流洁净系统的总风量与设计总风量的允许偏差为0％～20％；系统各送风口风量与设计风量的允许偏差为15％；

新风量与设计新风量的允许偏差为10%。

(2) 单向流洁净系统的室内截面平均风速的允许偏差为0%～20%，且截面风速不均匀度不应>0.25。新风量与设计新风量的允许偏差为10%。

(3) 相邻不同级别洁净室之间和洁净室与非洁净室之间的静压差不应<5Pa，洁净室与室外静压差不应<10Pa。

(4) 室内空气洁净度等级必须符合设计规定的等级或高空验收状态下的等级要求。

(5) 高于或等于5级的单向流洁净室，在门开启的状态下，测定距离的0.6m室内侧工作高度处空气的含尘浓度，不应超过室内洁净度等级上限的规定。

10.3.2 系统试验调整

1. 系统的风量测定和调整

系统风量测定和调整的内容，包括总送风量，新风量，一、二次回风量，排风量及各干、支风管风量和送（回）风口风量等。测定的方法：风管的风量采用毕托管-微压计或热球风速仪测量；送（回）风口的风量采用热球风速仪或叶轮风速仪测量。

(1) 测定截面位置和测定截面内测点位置的确定

1) 测定截面位置的确定：为保证测量结果的准确性和可靠性，测定截面的位置原则上应选择在气流比较均匀稳定的部位。一般选择在产生局部阻力（如风阀、弯头、三通等）部位之后4～5倍管径（或风管大边尺寸），以及产生局部阻力部件之前1.5～2倍管径（或风管大边尺寸）的直管段上。一般系统有时难以找到符合上述条件的截面，应根据实际情况做适当的变动。变动应注意以下两点：一是所选择的截面应是平直管段；二是该截面距前面的局部阻力的距离比距离它后面局部阻力的距离长一些。

2) 测定截面内测点位置的确定：由于风管截面上各点的气流速度是不相等的，应测量许多点求其平均值。测定截面内测点的位置和数目，主要按风管形状和尺寸而定。

① 矩形截面测点的位置　风管截面划分若干个相等的小截面，并使各小截面尽可能接近于正方形，其截面不得大于$0.05m^2$，测点位于各小截面的中心处。至于测点开在风管的大边或小边，视现场情况而定，以方便操作为原则。

矩形截面内的测定位置如图 10-6 所示。

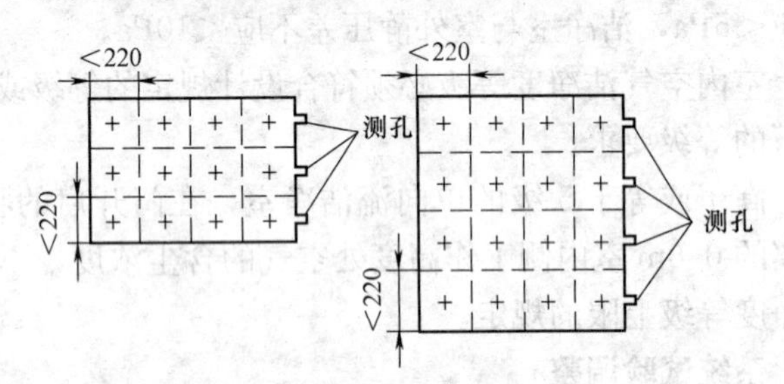

图 10-6　矩形截面的测点位置

② 圆形截面测点的位置　根据管径的大小，将截面分成若干个面积相等的同心圆环，每个圆环测量四个点，而且这个点必须位于互相垂直的两个直径上，所划分的圆环数，可按表 10-4 选用。圆形截面内的测点位置如图 10-7 所示。

圆形风管划分圆环数表　　**表 10-4**

圆形风管直径/mm	200 以下	200～400	400～700	700 以上
圆环数(个)	3	4	5	5～6

各测点距风管中心的距离按下式计算：

$$R_{\mathrm{n}}=R\sqrt{\frac{2n-1}{2m}}$$

式中：R——风管的半径（mm）；

n——自风管中心算起测点的顺序（即圆环顺序）号；

R_{n}——从风管中心到第 n 个测点的距离（mm）；

m——风管划分的圆环数。

在实际测定时，用上式计算比较麻烦，可将各测点到风管中心距离，换算成测点至管壁距离较为方便。如图 10-7 和表 10-5 所示。

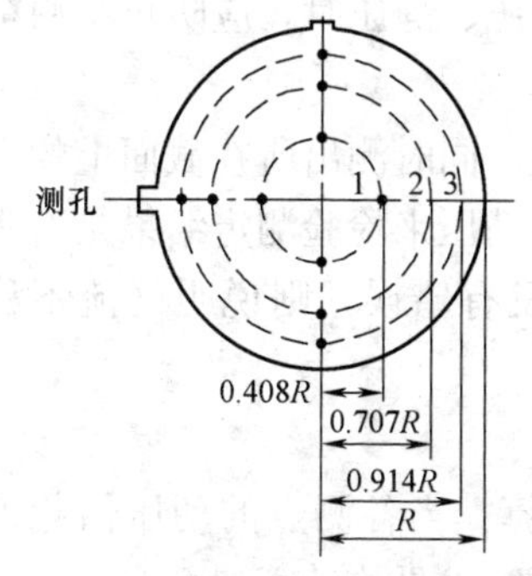

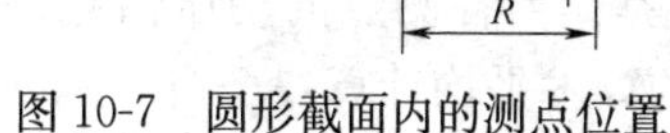

图 10-7　圆形截面内的测点位置

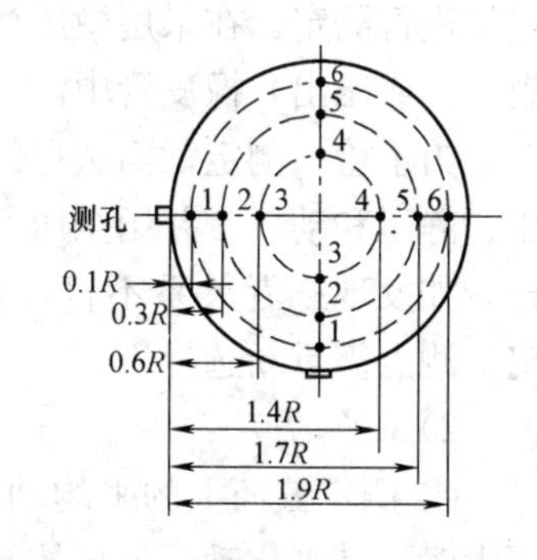

图 10-8　三个圆环的测点位置

圆环上测点至测孔的距离表　　表 10-5

测点＼距离＼圆环数	3	4	5	6
1	0.1R	0.1R	0.05R	0.05R
2	0.3R	0.2R	0.2R	0.15R
3	0.6R	0.4R	0.3R	0.25R
4	1.4R	0.7R	0.5R	0.35R
5	1.7R	1.3R	0.7R	0.5R
6	1.9R	1.6R	1.3R	0.7R
7		1.8R	1.5R	1.3R
8		1.9R	1.7R	1.5R
9			1.8R	1.6R
10			1.95R	1.75R
11				1.85R
12				1.95R

（2）风管内风量的测定和计算

通过风管截面积的风量可按下式计算：

$$L=3600Av \quad (m^3/h)$$

式中：A——风管截面积（m^2）；

v——测定截面内平均风速（m/s）。

1）测定方法：在选择的测点上采用毕托管-微压计或热球风

速仪进行测定。在采用微压计测量全压、静压时，应防止将酒精吸入（或压出）橡皮管中。

为了检验测定截面选择的正确性，同时测出所在截面上的全压、静压和动压，并用全压＝静压＋动压来检验测定结果是否吻合。如发现三者关系不符，若操作没有错误，则说明气流不稳定，测点需重新选择。

2）计算方法：

① 测定截面上的平均动压值计算：当各测点的动压值相差不大时，其平均动压值可按测定值的算术平均计算：

$$P_{db}=\frac{P_{d_1}+P_{d_2}+P_{d_3}+\cdots+P_{d_n}}{n}\quad(\text{Pa})$$

如果各测点相差较大时，其平均动压值应按均方根计算：

$$P'=\frac{\sqrt{P_{d_1}}+\sqrt{P_{d_2}}+\cdots+\sqrt{P_{d_n}}}{n}\quad(\text{Pa})$$

式中的 P_{d_1}、P_{d_2}、…、P_{d_n} 指测定截面上各测点的动压值。

② 已知测定截面的平均动压后，平均风速可按下式计算：

$$v=\sqrt{\frac{2P_{db}}{\rho}}\quad(\text{m/s})$$

式中：P_{pd}——平均动压（Pa）；

ρ——空气密度。

（3）送（回）风口风量的测定

1）辅助风管法：当空气从带有格栅或网格及散流器等形式的送风口送出，将出现网格的有效面积与外框面积相差很大或气流出现贴附等现象，很难测出准确有风量。对于要求较高的系统，为了测出风口的准确风速，可在风口的外框套上与风口截面相同的套管，使其风口出口风速均匀。辅助风管的长度一般以500～700mm 为宜。

2）静压法：在洁净系统中，采用的扩散孔板风口较多，如果直接测量风口的风量极为困难，除在高效过滤器安装前测量或在安装后用辅助风管法测量外，也可采用孔板静压法。其工作原理是扩散板的风量是决定于孔板内静压值的。因此可取一个扩散孔板先测其孔板内的静压，然后再测定其扩散孔板连接的支管风速（即可换算出风量），可绘制静压与风管的风速曲线，只要扩散孔板风口的规格相同，则测出各个扩散孔板内的静压，即可按曲线查出各风口对应的风量。

(4) 送（回）风系统风量的调整

空调系统风量的调整又称作风量平衡，是空调和洁净系统调试的重要环节。经调整后的主干管、支干管及支管和送风口的风量能够达到设计要求，为空调、洁净房间建立起所要求的温、湿度及洁净度提供了最重要的保证。

系统风量的测定和调整的顺序为：①按设计要求调整送风和回风各干、支风管，各送（回）风口的风量；②按设计要求调整空调器内的风量；③在系统风量经调整达到平衡之后，进一步调整通风机的风量，使之满足空调系统的要求；④经调整后在各部分、调节阀不变动的情况下，重新测定各处的风量作为最后的实测风量。

系统风量调整的方法，常用的有流量等比分配法和基准风口调整法。由于每种方法都有各自的适应性，在风量调整过程中可根据管网系统的具体情况，选用相应的方法。

1）流量等比分配法：流量等比分配法的特点，是在系统风量调整时，一般应从系统最远管段也就是从最不利的风口开始，逐步地调向总风管。

为了提高调整速度，使用两套仪器分别测量两支管的风管，用调节阀调节，使两支管的实测风量比值与设计流量比值近似相等，即：

$$\frac{L_{2c}}{L_{1c}}=\frac{L_{2s}}{L_{1s}}$$

虽然两支风管的实测风量不一定能够马上调整到设计风量值，但只需要调整到使两支管的实测风量比值与设计风量比值相等为止。

用同样的方法各支管、支干管的风量，即$\frac{L_{4c}}{L_{3c}}=\frac{L_{4s}}{L_{3s}}$，$\frac{L_{7c}}{L_{6c}}=\frac{L_{7s}}{L_{6s}}$……。显然，实测风量不是设计风量。根据风量平衡原理，只要将风机出口总风量调整到设计风量，其他各支干管、支管的风量就会按各自的设计风量比值进行等比分配，也就会符合设计风量值。

2）基准风口调整法、调整前先用风速仪将全部风口的送风量初测一遍，并将计算出来的各个风口的实测风量与设计风量的比值列入表中，从表中找出各支管最小比值的风口。然后选用各支管最小比值的风口为各自的基准风口，以此来对各支管的风口进行调整，使各比值近似相等。各支管风量的调整，用调节支管调节阀使相邻支管的基准风口的实测风量与设计风量比值近似相等，只要相邻两支管的基准风口调整后达到平衡，则说明两支管也达到平衡。最后调整总风量达到设计值，再测量一遍风口风量，即为风口的实际风量。

（5）室内正压的测定和调整

1）正压的测定：测定前，首先用尼龙丝或薄纸条（或点燃的香），放在稍微开的门缝处，观察飘动的方向来确定空调房间所处的状态。

为保证室内达到规定的正压值的准确性，应采用补偿式微压计来测定。将微压计放在室内，微压计的“—”端与大气相通，从微压计读取室内静压值，即是室内所保持的正压值。

2）正压的调整：为了保持空调房间内的正压，系统中除保证有一定的新风外，一般靠调节室内回风量大小来实现。如果房间内有两个以上的回风口时，在调节回风量时，要考虑各回风口风量的均匀性，不要影响气流组织。如果室内还有排风系统，必须先进行排风系统的风量平衡，排风量应准确；否则，空调房间的正压不易调整。

2. 空调、洁净房间气流组织的测定与调整气流组织就是合理地布置送风口和回风口，使送入房间内经过处理的冷风或热风到达工作区域（一般是指离地面 2m 以下的工作范围）后，能造成比较均匀而稳定的温度、湿度、气流速度和洁净度，以满足生产工艺和人体舒适的要求。

恒温恒湿空调房间气流组织调整测定的主要目的，简单地说就是要缩小工作区的区域温差。产生区域温差的因素较多，有射流进入工作区前中途下落，而温度、速度未能衰减好；射流轴线偏移，各个送风口的风量和送风温度不均匀等。

空气洁净房间气流组织测定调整的主要目的，是使气流形成直流，减少房间内的气流混合和衰减，防止经过滤器处理后的干净空气受到污染。

当空调房间工作区有区域温差要求时，气流组织测定内容包括：气流流型、速度分布和温度分布。若空调房间无区域温差的要求时，就不需要进行气流组织的测定，但应把各送风口的叶片角度进行必要的调整。

气流组织的测定是在空调系统风量调整到符合设计要求，并保证各送风口的风量达到均匀分配以及空调器运转正常条件下进行的。

（1）气流流型的测定

恒温房间气流流型，将直接影响到速度和温度的分布，通过气流流型的测定可判断工艺设备的布置是否合理，同时可看出射流与室内空气的混合情况及能否满足室温允许波动的范围。

1）烟雾法：将蘸上发烟剂（如四氯化钛、四氯化锡等）的棉球绑在测杆上，放在需要测定的部位上，观察气流流型。这种方法虽然比较快，但准确性较差，只能在粗测中采用。由于发烟剂具有腐蚀性，在已经投产或工艺设备已经安装好的房间不能使用。

2）逐点描绘法：将很细的纤维丝或点燃的香绑在测杆上，放在已事先布置好的测定断面各测点的位置上，观察丝线或烟的流动方向，并在记录图上逐点描绘出气流流型。此法比较接近实际，现场测试广为采用。

（2）气流速度分布的测定

气流速度分布的测定，主要是确定射流在进入工作区前，其速度是否衰减好，以及考核恒温区内气流速度是否符合生产工艺和劳动卫生的要求。测定工作是在气流流型测定之后进行，射流区和回流区内的测点布置与流型测定相同。测点的方法将测杆头部绑上风速仪的测头和一条纤维丝，在风口直径倍数的不同断面上从上至下逐点进行测量。在测量时的气流方向靠纤维丝飘动的方向来确定，并将测定的结果用面积图形表示。

（3）温度分布的测定

温度分布的测定主要确定射流的温度在进入恒温区之前是否衰减好，以及恒温区的区域温差值。温度分布的测定一般采用铜-镍铜热电偶逐点测量。温度分布的测定包括射流区温度衰减测定和恒温区域内温度分布测定。

3. 空调系统综合效果的测定

室温允许波动范围要求较小的恒温恒湿空调系统综合效果测定，是检验系统联动运行的综合指标能否满足设计与生产工艺要求而进行的一次全面考核。

测定的内容，通常根据空调房间室温允许波动范围的大小和设计的特殊要求，具体地确定需要测定的内容。对于一般舒适性空调系统，测定的内容可简化。下面是以恒温恒湿空调系统为例的测定内容。

（1）为了考核空调设备的工作能力，并复核制冷系统和供热系统在综合效果测定期间所能提供的最大制冷量和供热量，需要测量空气处理过程中各环节的状态参数，以便作出空调工况分析，特别是要分析各工况点参数的变化对室内温、湿度的影响。

综合效果的测定应在夏季工况或冬季工况进行，也就是尽可能选择在新风参数达到或接近于夏、冬季设计参数的条件下进行较好，但一般空调系统难以做到。

（2）检验自动调节系统投入运行后，房间工作区域内温、湿的变化。

（3）自动调节系统和自动控制设备和元件，除经长时间的考核能安全可靠运行外，应在综合效果测定期间继续检查各环节工况的调节精度能否达到设计要求。如达不到要求，仍需做适当的调整。

温、湿度的测定，一般应采用足够精度的玻璃水银温度计、热电偶及电子温、湿度测定器，测定间隔不大于30min。其测点的布置：

1）送、回风口处；

2）恒温工作区具有代表点的部位（如沿着工艺设备周围或等距离布置）；

3）恒温房间和洁净室中心；

4）测点一般应布置在距外墙表面大于0.5m，离地面0.8～1.2的同一高度的工作区；也可以根据恒温区大小和工艺的特殊要求，分别布置在离地不同高度的几个平面上。测点数应符合表10-6的规定。

温、湿度测点数 **表10-6**

波动范围	室面积≤50m²	每增加20～50m²
±0.5～±2℃	5	增加2～5
±5%～±10%RH		
Δt≤±0.5℃	点间距不大于2m，点数不应少于5个	
ΔRH≤t±t×5%RH		

4. 噪声测定

空调系统的噪声测定，主要是测量计权网络A档声压，必要时测量倍频程频谱进行噪声的评价，测量的对象一般是指通风机、水泵、制冷压缩机、消声器和空调、洁净房间等。测量一般在夜间进行，排除环境噪声的影响。

（1）测点的选择

测点的选择应注意传声器放置在正确的位置上，提高测量的准确性。对于风机、水泵、制冷压缩机等空调设备的测点，应选择在距离设备1m、高1.5m处。对于消声器前后的噪声可在风管内测量。对于空调、洁净房间的测点，一般选择在房间中心距地面1.1m处。

（2）读数方法

当噪声很稳定，声级计的表头上的指针摆动较小时，可使用“快档”，读出表头指针的平均偏转刻度。当噪声不稳定时，声级计的表头上的指针有较大的摆动时，可使用“慢档”，读出表头指针的平均偏转刻度。对于低频噪声的测量，可使用“慢档”。

（3）测量时应注意事项

1）测量记录要标明测点位置，说明使用的仪器型号及被测设备的工作状态。

2）避免本底噪声（即环境噪声）对测量的干扰，如声源噪声与本底噪声相差不到10dB，则应扣除因本底噪声干扰的修正量，其扣除量为：当二者相差6～9dB时，从测量值中减去1dB；当二者相差4～5dB时，从测量值中减去2dB；当二者相差3dB时，从测量值中减去3dB。

3）注意反射声的影响，传声器应尽量离开反射面2～3m。

4）注意风、电磁及振动等影响，防止带来测量误差。

5. 高效过滤器的泄漏检测

高效过滤器的泄漏，是由于过滤器本身或过滤器与框架、框架与围护结构之间的泄漏。因此，过滤器安装在5级或高于5级的洁净室都必须检测。洁净室效果测定，其泄漏检测是基础。在被测对象确认无泄漏，其测定结果才有意义。

对于安装在送、排风末端的高效过滤器，应用扫描法对过滤器边框和全断面进行检测。扫描法有检漏仪法（浊度计）和采样量大于1L/min的粒子计数器法两种。对于超级高效过滤器，扫描法有凝结核计数器法和激光计数器法两种。

（1）被检测过滤器已测定过风量，在设计风量的80%～120%之间。

（2）采用粒子计数器检测时，其上风侧应引入均匀浓度的大气尘或其他气溶胶空气。对大于等于 0.5μm 尘粒，浓度应大于或等于 3.5×10^5 PC/m³ 或对大于等于 0.1μm 尘粒，浓度应大于或等于 3.5×10^7 PC/m³；如检测超级高效过滤器，对大于等于 0.1μm 尘粒，浓度应大于或等于 3.5×10^9 PC/m³。

（3）检测时将计数器的等动力采样头放在过滤器的下风侧，距离过滤器被检部位表面 20～30mm，以 5～20mm/s 的速度移动，沿其表面、边框和封头胶处扫描。在移动扫描中，对计数突然递增的部位，应进行定点检测。

（4）将受检高效过滤器下风侧测得的泄漏浓度换算成透过率，高效过滤器不能大于出厂合格透过率的 2 倍；超级高效过滤器不能大于出厂合格透过率的 3 倍。

（5）在施工现场如发现有泄漏部位，可用 KS 系列密封胶、硅胶堵漏密封。

6. 空气含尘浓度的测定

洁净室含尘浓度测定应选用采样速率大于 1L/min 的光学粒子计数器，应考虑粒径鉴别能力，粒子浓度适应范围。仪器应有有效的标定合格证书。

（1）采样点的规定

采样点应均匀分布于整个面积内，并位于工作区的高度（距地坪 0.8m 的平面）与设计或建设单位指定的位置。其最低限度的采样点数如表 10-7 所列。

最低限度的采样点数 N_L　　　　**表 10-7**

测点数 N_L	2	3	4	5	6	7	8	9	10
洁净区面积 A/m^2	2.1～6.0	6.1～12.0	12.1～20.0	20.1～30.0	30.1～42.0	42.1～56.0	56.1～72.0	72.1～90.0	90.1～110.0

注：1. 在水平单向流时，面积 A 为与空气方向呈垂直的流动空气截面的面积；
2. 最低限度的采样点数 N_L 按公式 $N_L=A^{0.5}$ 计算（四舍五入取整数）。

（2）采样量的确定

测定时的采样量决定于洁净度的级别及粒径的大小，其最小采样量如表 10-8 所列。每个测点的最少采样时间为 1min。

每次采样最少采样量 V_s (L) **表 10-8**

洁净度等级	粒径					
	0.1μm	0.2μm	0.3μm	0.5μm	1.0μm	5.0μm
1	2000	8400	—	—	—	—
2	200	840	1960	5680	—	—
3	20	84	196	568	2400	—
4(10)	2	8	20	57	240	—
5(100)	2	2	2	6	24	680
6(1000)	2	2	2	2	2	68
7(10000)	—	—	—	2	2	7
8	—	—	—	2	2	2
9	—	—	—	2	2	2

注：括号内为 GB 50243——2002 中规定的洁净度等级。

(3) 空气含尘浓度的测定

1) 采样时采样口处的气流速度，应接近室内气流速度。

2) 对单向流洁净室的测定，采样口应朝向气流方向；对非单向流洁净室，采样口宜朝上。

3) 采样管必须干净，连接处无渗漏。采样管长度应符合仪器说明书的要求，如无规定时，不宜大于 1.5m。

4) 测定人员不能超过 3 名，而且必须穿洁净工作服，并应远离或位于采样点的下风侧静止不动或微动。

7. 单向流洁净室平均风速及风速不均匀度的测定

洁净室垂直单向流和非单向流的测点，应选择在距墙或围护结构内表面 0.5m，离地面高度 0.5～1.5m 作为工作区。水平单向流以距送风墙或围护结构内表面 0.5m 的纵断面为第一工作区。其测定截面的点数与温、湿度测量相同。测定风速应采用测定架固定风速仪，以免测定人员人体干扰。如采用手持风速仪测定时，手臂应伸至最长位置，人身必须远离测头。

风速的不均匀度可按下列公式计算：

$$\beta_v = \frac{\sqrt{\frac{\sum (v_i - \overline{v})^2}{n-1}}}{\overline{v}}$$

式中：β_v——风速不均匀度；

v_i——任一点实测风速（m/s）；

$\overline{v}$——平均风速（m/s）；

n——测点数。

10.4 通风、空调系统试验调整后对系统的技术评价

通风、空调系统经过各单体设备的试运转及系统联合运转试验调整后，各项技术参数应满足设计和工艺的要求。

10.4.1 空调系统

舒适性空调系统和恒温恒湿系统应达到下列要求：

1. 系统总风量测试结果与设计风量的偏差不应大于10%；各风口风量经平衡调整后的实测值与设计风量不应大于15%。

2. 有压差要求的房间、厅堂与其他相连房间之间的压差，应符合下列要求：

（1）舒适性空调房间的最大正压不应大于25Pa；

（2）工艺性应符合设计的规定。

3. 空调房间的气流组织应符合设计或工艺要求。

4. 空调房间的温、湿度的实测值，对于舒适性空调系统，其空调房间的温度应稳定在设计的舒适性范围内；对于恒温恒湿空调系统，其室温波动范围按各自测点的各次温度中偏差控制点温度的最大值，占测点总数的百分比整理成累积统计曲线。如90%以上测点偏差在室温波动范围内，为符合设计要求。反之，为不合格。

恒温恒湿空调房间的区域温差，以各测点中最低的一次测试温度为基准，各测点平均温度与超偏差值的点数，占测点总数的百分比整理成累积统计曲线，90%以上测点所达到的偏差值为区

域温差，应符合设计要求。

5. 防排烟系统的性能检测符合设计及消防的要求。

10.4.2 空气洁净系统

单向流和非单向流洁净室应达到下列要求：

1. 非单向流洁净室的风量检测结果应符合下列要求

(1) 系统的实测风量应大于或等于各自的设计风量，但不应超过20%；

(2) 实测新风量和设计新风量的偏差不大于10%；

(3) 室内各风口的实测风量和设计风量的偏差不大于15%。

2. 单向流洁净室的风量和风速检测结果应符合下列要求

(1) 实测新风量和设计新风量的偏差不大于10%；

(2) 实测室内截面平均风速应大于或等于设计风速，但不应超过20%；

(3) 截面风速的不均匀度不应大于0.25。

3. 洁净室的压差控制应符合下列要求

(1) 相邻不同级别的洁净室之间和洁净室与非洁净室之间静压差不小于5Pa；

(2) 洁净室与室外静压差不小于10Pa；

(3) 洁净度高于等于5级的单向流洁净室在门开启状态下，在出入口的室内侧0.6m处不能测出超过室内洁净度等级上限的浓度。

4. 洁净度等级高于等于5级的洁净室，单向气流流线平行度的检测，在工作区内气流流向偏离规定方向的角度不大于15°。

5. 室内洁净度等级必须符合设计规定的等级或在商定验收状态下的等级要求。在洁净度的测试中，必须计算每个测点的平均粒子浓度 C_i 值、全部采样的平均粒子浓度（N）及其标准差，导出95%置信上限值；采样点超过10点时，可采用算术的平均粒子浓度（N）作为置信上限值。

(1) 每个测点的平均粒子浓度 C_i 应小于或等于表10-9所列的洁净度等级规定的限值或所规定的整数等级的计算值。

洁净等级悬浮粒子浓度限值　　　　表 10-9

洁净等级	大于或等于表中粒径(D)的最大浓度 C_n/(PC/m^3)					
	0.1μm	0.2μm	0.3μm	0.5μm	1.0μm	5.0μm
1	10	2	—	—	—	—
2	100	24	10	4	—	—
3	1000	237	102	35	8	—
4	10000	2370	1020	352	83	—
5	100000	23700	10200	3520	832	29
6	1000000	237000	10200	35200	8320	293
7				352000	83200	2930
8				3520000	832000	29300
9				35200000	8320000	293000

对于非整数洁净度等级，其对应于粒子粒径 D（μm）的最大浓度限值（C_n），应按下列公式求取：

$$C_n = 10^N \times \left(\frac{0.1}{D}\right)^{2.08}$$

洁净度等级定级粒径范围为 0.1～5.0μm，用于定级的粒径数不应大于 3 个，且其粒径的顺序差不应小于 1.5 倍。

（2）全部采样点的平均粒子浓度 N 的 95％置信上限值，应小于或等于洁净度等级规定的限值。即：

$$N + t \times S\sqrt{n} \leqslant \text{级别规定的限值}$$

式中：N——室内各测点平均含尘浓度，$N = \Sigma C_i / n$；

n——测点数；

S——室内各测点平均含尘浓度 N 的标准差；

$$S = \sqrt{\frac{(C_i - N)^2}{n-1}}$$

t— 置信度上限为 95％时，单侧分布的系数，如表10-10所列。

t 系数　　　　表 10-10

点数	2	3	4	5	6	7～9
t	6.3	2.9	2.4	2.1	2.0	1.9

参考文献

［1］ 通风与空调工程施工质量验收规范（GB 50243—2002），北京：中国计划出版社.

［2］ 洁净室施工及验收规范（GB 50591—2010），北京：中国建筑工业出版社.

［3］ 通风管道技术规程（JGJ 141—2004），北京：中国建筑工业出版社.

［4］ 通风工陕西省建筑工程“通风工编写组”1973 年，北京：中国建筑工业出版社.

［5］ 简明通风与空调工程安装手册 张学助. 张竞霜 2005. 北京：中国环境科学出版社.